"十四五"时期国家重点出版物出版专项规划项目

现代数学基础丛书 194

随机过程教程

任佳刚 著

科学出版社

北 京

内 容 简 介

本书是随机过程方面的入门书籍, 旨在介绍随机过程基础理论中的部分基本概念、结果、技巧及结构, 内容首先包括一些普遍使用的术语和工具, 紧接着是 Brown 运动, 然后是 Brown 运动在两个方向上的拓广, 即鞅与 Markov 过程, 并着重介绍了构造 Markov 过程的关键工具——随机微分方程, 也初步触及随机微分方程与偏微分方程的联系.

本书读者对象为大体上具备了测度论基础上的概率论知识的数学与统计学专业高年级本科生、研究生及相关研究人员.

图书在版编目 (CIP) 数据

随机过程教程/任佳刚著. —北京: 科学出版社, 2022.9
(现代数学基础丛书; 194)
ISBN 978-7-03-072439-7

I. ①随··· II. ①任··· III. ①随机过程 IV. ①O211.6

中国版本图书馆 CIP 数据核字 (2022) 第 094838 号

责任编辑: 李 欣 李香叶/责任校对: 樊雅琼
责任印制: 吴兆东/封面设计: 陈 敬

科学出版社 出版
北京东黄城根北街 16 号
邮政编码: 100717
http://www.sciencep.com

北京中石油彩色印刷有限责任公司 印刷
科学出版社发行 各地新华书店经销

*

2022 年 9 月第 一 版 开本: 720 × 1000 1/16
2023 年 4 月第二次印刷 印张: 23 1/4
字数: 460 000

定价: 128.00 元
(如有印装质量问题, 我社负责调换)

《现代数学基础丛书》序

对于数学研究与培养青年数学人才而言，书籍与期刊起着特殊重要的作用。许多成就卓越的数学家在青年时代都曾钻研或参考过一些优秀书籍，从中汲取营养，获得教益。

20世纪70年代后期，我国的数学研究与数学书刊的出版由于"文化大革命"的浩劫已经破坏与中断了10余年，而在这期间国际上数学研究却在迅猛地发展着。1978年以后，我国青年学子重新获得了学习、钻研与深造的机会。当时他们的参考书籍大多还是50年代甚至更早期的著述。据此，科学出版社陆续推出了多套数学丛书，其中《纯粹数学与应用数学专著》丛书与《现代数学基础丛书》更为突出，前者出版约40卷，后者则逾80卷。它们质量甚高，影响颇大，对我国数学研究、交流与人才培养发挥了显著效用。

《现代数学基础丛书》的宗旨是面向大学数学专业的高年级学生、研究生以及青年学者，针对一些重要的数学领域与研究方向，作较系统的介绍。既注意该领域的基础知识，又反映其新发展，力求深入浅出，简明扼要，注重创新。

近年来，数学在各门科学、高新技术、经济、管理等方面取得了更加广泛与深入的应用，还形成了一些交叉学科。我们希望这套丛书的内容由基础数学拓展到应用数学、计算数学以及数学交叉学科的各个领域。

这套丛书得到了许多数学家长期的大力支持，编辑人员也为其付出了艰辛的劳动。它获得了广大读者的喜爱。我们诚挚地希望大家更加关心与支持它的发展，使它越办越好，为我国数学研究与教育水平的进一步提高做出贡献。

杨　乐

2003 年 8 月

前　言

P. R. Halmos 说, 学习生活需要时间——当你学会时, 时间已经过去了.

而我的感受是, 当时间过去了, 你仍然没有学会啊.

多少个白天和黑夜, 当阳光洒满书桌, 或者当雪白的台灯被拧亮, 当你打开电脑, 手放在键盘上, 当你敲下一个定义、一个命题、一个证明, 尤其是当你写下你自己的感悟和理解的时候, 当你写下和流行的标准的叙述与证明多少有点不一样的文字的时候, 你为什么会有那么多的犹豫, 那么多的不自信: 你有把握的确是这样的吗? 你有必要在严格的逻辑体系之外再说点什么吗? 你说得这么多不是太啰唆了吗? 你说得这么少不是跳得太快了吗? 你不越雷池一步不是更安全一些吗? 雷池是存在吗? 如果存在的话, 边界又在哪里呢?······ 你确定你能驾驭这个题材吗?

当我年轻时, 当我的兴趣主要集中在自己的研究工作上的时候, 很多概念没时间去细想其演化过程, 很多推理没精力去深究其背后思想, 很多理论没兴趣去了解其历史背景. 现在, 当时间已经过去, 当我已不再年轻, 我需要自问的问题是: 你还有时间、精力和兴趣去学习这一切、了解这一切吗? 在读那些流畅的、抑制不住的才华从笔尖奔流而出的作品的时候, 我常常发自内心地感叹: 那些年纪轻轻就写出了那些清新隽永、别开生面的杰作的学者, 他们是怎样在做出开创性的研究工作的同时做到这一切的? 是天才还是勤奋? 还是既天才又勤奋?

在写作的时候, 我常想起 Wiener, Feller, Doob, Itô, ⋯ 这些响亮的名字. 他们在开辟出一块又一块新天地的时候, 可都还是二三十岁的年轻人啊, 即使 Kolmogorov, 在奠基起概率论的公理体系的时候, 也才四十出头. 在建立概率论和随机过程的严格的数学理论的草创时期, 有这么多才华盖世的年轻人参与, 谁能告诉我, 这是幸运的巧合, 还是上苍的恩赐?

而我呢? 我学会了吗? 没有学会吗? 当我写下心得、我的体会时, 我真的理解了他们的初心——motivation——他们的技巧了吗?

我也不知道, 对你们——好奇的游客和未来的探索者——来说, 在进入一片美丽的风景区的时候, 你们认为哪个更重要: 是尽情地欣赏沿途绮丽的风光, 还是殚精竭虑地规划下一段的行程, 找一条最近的路线?

而我的一点小小的期望是: 当列车在峰峦叠嶂之间穿过一条条隧道, 跨越一道道桥梁的时候, 你是否可以先闭上眼睛想一想, 这样险峻的地方, 如果当初是你, 你会怎么办? 你有办法过去吗? 然后在挠头抓腮气急败坏, 并最终承认黔驴技穷之后, 看看先贤们是如何抽丝剥茧地分析, 怎样像董存瑞那样炸掉一个又一个的碉堡, 怎样披荆斩棘地开拓, 一砖一瓦地建设, 感受他们匠心独运的心迹, 学习他们巧夺天工的创造?

······

越写越觉得力有未逮, 只能是尽力而为了. 随机过程是一门覆盖面非常广泛的学科. 按照 N. V. Krylov 的说法, 可以很轻易地选出十本一学年教程的材料, 各本之间少有交集. 因此, 我只能就我自己比较熟悉一点的题材写一点尽可能系统一点、好懂一点的介绍, 并写出一点我个人多年来积累的感悟和理解, 希望能和未来的年轻的研究者分享. 如果能给他们的学习随机过程提供小小的帮助, 如果能给他们一丁点启发, 如果能激发他们一丝丝的最初的兴趣, 我就心满意足了. 尽管不胜粗浅, 难免错误, 但是, 即使是粗浅的甚至是错误的感受和理解, 也可以将粗浅和错误作为引玉之砖或者反面教材, 培养他们深入思考的习惯和识错、纠错的能力, 不是吗? 不是也要好过只会人云亦云的鹦鹉学舌吗?

就我个人的看法, Markov 过程过去是、现在是、将来也仍然是最重要的随机过程, 不知道有没有之一. 连续时间 Markov 过程最重要的例子是 Brown 运动 (它同时也是历史最悠久的例子和最富于科学背景, 即热力学背景和金融学背景的例子) 和随机微分方程的解, 而随机微分方程的研究须臾离不开鞅论, 且后者最重要的例子依然是 Brown 运动. 所以, 在引入一些基本的概念、名词和普适的结果之后, 我们将从 Brown 运动开始我们的旅程. 其后我们将依次介绍鞅、Markov 过程、随机积分、随机微分方程及其和偏微分方程的联系. 除了最后一部分外, 这些材料都可以在已有的书中找到, 不过我仍然希望在材料的选取和叙述的方式上有自己的特色—— 当然不是为有特色而有特色; 最后一部分涉及偏微分方程粘性解的概率表示, 我个人到目前为止没有在其他书中发现过. 我希望对大部分人来说, 在掌握测度论的相当于例如 [60] 的基础上, 这些内容基本上一学年可以学完.

本书就是在这样的想法下写作的. 我做到了我想做的十分之一了吗? 或许是百分之一乃至更少?

问询南来北往的客 ······

在轻松地然而也是忐忑地关上电脑之前, 有很多人需要感谢.

首先是感谢科学出版社李欣编辑. 没有她的建议与耐心, 我不会想到要根据过去的讲稿写作本书, 写作过程也不可能比预定计划长那么久.

要向汪老师——汪嘉冈教授——表示无尽的感谢. 汪老师非常仔细地阅读了大部分章节, 提出了宝贵的批评和细致的建议, 同时又给予了热情的表扬和温暖的鼓励. 汪老师还给我讲了许多有趣的历史故事.

我曾多次造访姜祖恕教授和周云雄教授. 我忘不了在访问期间姜老师和周老

师对我工作上的殷切教诲和生活上的亲切照顾. 在正式的和非正式的讨论与闲谈中, 我向姜老师和周老师学到了许多东西. 衷心感谢姜老师和周老师.

我也曾多次就 Markov 过程方面的问题向老友应坚刚教授请教, 每次都能得到他不厌其烦的释疑. 谢谢坚刚.

写作过程还得到了许多朋友的帮助和鼓励. 特别是刘继成博士和张华博士, 他们指出了许多打印的与非打印的错误, 在对材料的处理上也提出了许多有益的中肯的意见; 和巫静博士与张明波博士的讨论也使作者多受教益. 向他们以及没有提到名字的同行朋友们表示诚挚的谢意.

还要深深感谢王圣同学. 在讨论这本书稿的长长的日子里, 他非常认真地研读了正文和习题, 发现了不可数个错误, 对几乎所有的章节都提出了建议. 同时要感谢的还有徐笑颜、王首天、黄日铖等同学, 以及 2021 年中山大学春季学期选修随机过程的研究生, 他们同样指出了不少错误, 提出了改进意见.

在写作期间得到了国家自然科学基金 (No.11871484) 的资助和中山大学研究生院研究生教育质量提升专项项目的资助, 对此表示诚挚的谢意.

最后, 感谢我的妻子为我提供了良好的环境, 使我能专心写作, 并且耐心细致地校对了全书的文字.

并谨以本书献给亲爱的奶奶. 自九澧女师毕业的那一天起, 奶奶就是一位普通的乡村女教师, 在平凡的岗位上和艰苦的环境中工作生活了一辈子. 奶奶没能等到我也成为教师的那一天. 今天, 我已超过她当年退休的年龄了, 那么, 就以本书作为向她的汇报吧.

任佳刚

2021 年 9 月于广州

目　　录

记号与约定

1. 公式和习题的编号不带有章号. 在章内引用时将直接说编号, 否则会明确指出章号. 例如, 当 $m \neq n$ 时, 在第 m 章说公式 $(\alpha.\beta)$ 即指该章的公式 $(\alpha.\beta)$; 若这个公式在第 n 章, 则说第 n 章公式 $(\alpha.\beta)$. 习题应用同一原则.

2.
$$a := b \text{ 表示 } a \text{ 定义为 } b; \ b =: a \text{表示将 } b \text{ 记为 } a.$$

3. $A \subset B$ a.s. 的意思是 $P(1_A \leqslant 1_B) = 1$.

4. a.e.: 几乎处处, a.s.: 几乎必然, a.a.: 几乎所有.

5. $b\mathscr{F}$: $\mathscr{F}$-可测的有界随机变量全体, 其中 $\mathscr{F}$ 为 σ-代数.

6. $C([0,T];\mathbb{R}^d)$: $[0,T]$ 上取值于 $\mathbb{R}^d$ 的连续函数全体.

7. $C_0([0,T];\mathbb{R}^d) := \{f \in C([0,T] : \mathbb{R}^d) : f(0) = 0\}$.

8. $C_b^k(\mathbb{R}^d)$: $\mathbb{R}^d$ 上 k 次连续可微并且所有不超过 k 阶的导数都有界的函数全体. $C_b(\mathbb{R}^d) := C_b^0(\mathbb{R}^d)$.

9. $E[\xi; A] := E[\xi 1_A]$.

10. $\mathscr{F}_+$: $\mathscr{F}$-可测的非负随机变量全体.

11. l.i.p.$X_n = X$, $X_n \xrightarrow[n\to\infty]{P} X$: X_n 依概率收敛到 X.

12. $\mathbb{N} := \{0, \pm1, \pm2, \cdots\}$, $\quad \mathbb{N}_+ := \{0, 1, 2, \cdots\}$, $\quad \mathbb{N}_{++} := \{1, 2, \cdots\}$.

13. $\mathbb{R} := (-\infty, \infty)$; $\quad \mathbb{R}_+ := [0, \infty)$; $\quad \bar{\mathbb{R}} = [-\infty, \infty]$; $\quad \bar{\mathbb{R}}_+ = [0, \infty]$.

14. $\mathbb{Q}$: 有理数全体; $\mathbb{Q}_+ := \mathbb{Q} \cap \mathbb{R}_+$.

15.
$$\rightrightarrows: \text{ 一致收敛};$$
$$\upuparrows: \text{ 单调上升一致收敛};$$
$$\downdownarrows: \text{ 单调下降一致收敛}.$$

如果少一个箭头, 则表示同样的收敛, 但未必一致.

16.
$$a \wedge b := \min\{a, b\}, \quad a \vee b := \max\{a, b\},$$
$$\bigwedge_{i \in I} a_i = \inf\{a_i, i \in I\}, \quad \bigvee_{i \in I} a_i = \sup\{a_i, i \in I\}.$$

17. 任意有限维空间的范数, 均用 $|\cdot|$ 表示.

18. $B_\rho(x)$: 以 x 为中心, ρ 为半径的开球.

19. δ_{ij}: Kronecker 符号, 即若 $i = j$, 则 $\delta_{ij} = 1$; 若 $i \neq j$, 则 $\delta_{ij} = 0$.

20. δ_x: Dirac 测度, 即集中于 x 的单点测度.

21. Einstein 约定: 公式中重复出现的指标意味着对该指标求和. 例如, 若 i 的变化范围是 $\{1, \cdots, n\}$, 则

$$a_i b^i := \sum_{i=1}^{n} a_i b^i.$$

第 1 章 通用概念

随机过程, 顾名思义, 它首先是一个过程, 因此是时间 t 的函数; 其次, 它受到定语 "随机" 的修饰, 因此也是某个概率参数 ω 的函数. 所以简言之, 随机过程就是一个二元函数 $X(t,\omega)$.

就像概率论起源于现实生活中的问题 (例如赌博: 其结构在古代是简单的、有限的, 在现代则是综合的、无限的——想想全球股市; 例如天气预报: 在古代是代代相传的经验——你还记得那些古老的农谚吗? 在现代则是建立在科学分析的基础上, 由专业的气象台做出的—— 尽管科学而专业, 但仍然不能绝对准确, 即不是百分之百地确定, 而是只有一定的可靠度, 即确定的比率, 简称确率 (这正是 probability 的日译)) 一样, 随机过程也起源于现实生活中的问题. 实际上, 无论是科学实验中还是日常生活中, 所有随时间流逝而演化的过程, 多多少少都有些不确定性也就是随机性, 区别只是程度不同、重要性不同而已. 比如, 一个小区是否发生火灾, 里面有很多因素. 其中有些因素是确定的, 比如小区的人员、房子的结构等等, 但更多的因素是不确定的, 比如说, 是否有调皮的男孩子偶尔玩玩火, 天气是否干燥炎热, 是否忘记关掉煤气, 等等; 比如, 高铁的飞奔过程中, 司机、乘客人数、行车速度是确定的或至少是可以人为地控制的, 但供电线路是否故障、轨道是否稳定、桥梁是否牢固、是否有狂风暴雨则是随机的或至少是不能完全人为控制的; 还有战场的形势, 战争的双方都有己方所不知晓或不能控制的因素. 而所谓知己知彼百战百胜岂不就是说要尽量减少自己不知晓的因素从而尽量减少不确定性? 就更不用说股市了, 万众仰慕的股神在它的不确定性面前不是也有栽得头破血流的时候?

同是随机的也就是不确定的因素, 其性质往往也不尽相同. 例如现在大家都相信 (尽管伟大如爱因斯坦仍然可能会不同意, 如果彼岸的世界的确存在的话), 量子力学本质上就是随机的; 但扔硬币, 最终得到正面或反面, 如果我们承认扔出去的硬币服从经典动力学原理 (这应该没有什么疑问吧?), 那么只要我们充分地掌握了影响此硬币运动的所有要素, 最终的结果应该就不是随机的而是可以预测的. 问题在于最终的结果只有两个, 是离散的, 而影响这个结果的诸多因素是连续变化的, 因此这些因素中的任何一点微小改变都可能会导致结果的截然不同. 如果你扔的不是一枚硬币而是一个圆球, 我相信结果之于因素的变化也会是连续的, 因而是可以预测、可以计算的——你不相信吗? 但很不幸, 我们现在扔的的确是一枚硬币而不是一个圆球, 所以我们只能认为结果是随机的——否则还能怎么样呢? 对这样一些本质上是确定性的问题, 我们仍然需要概率论来处理.

然而必须承认, 面对着这随机的大千世界, 即使使用了概率论, 我们其实更多的时候也是充满一种无奈无力无所可为感的, 因为就像过于广泛的函数其实没有什么可深入研究的一样, 泛泛的一个随机过程, 其实没有什么好谈的, 因为对于它们, 我们至少在目前的认识还是非常有限的, 如果不是完全没有的话. 所以, 我们真正感兴趣的, 真正能有所作为的, 是满足一些额外的性质的随机过程. 我们需要将它们归类, 然后分门别类进行研究. 不过, 在此之前, 我们仍然有可能且有必要 (从避免重复的角度看) 引进一些有关随机过程的通用概念、术语和记号. 下面就从这里开始我们的随机过程之旅.

1.1 概 率 空 间

没有任何选择的余地, 我们将使用概率论中描述随机性的基本概念与记号 —— $(\Omega, \mathscr{F}, P)$ 表示概率空间.

在初等乃至高等概率论中, 有这个概率空间就够用了. 但现在我们需要考虑随时间演化的过程, 因此还需要一个时间参数集 $\mathbb{T} \subset \mathbb{R}$. $\mathbb{T}$ 主要有下面几种情况: $\mathbb{T} = \mathbb{N}, \mathbb{N}_+, \mathbb{N}_{++}$ 或其有限子集, $\mathbb{T} = [0, T]$ 或 $[0, T)$. 这里 $T \leqslant \infty$. 当 $T = \infty$ 时, $[0, T]$ 理解为 $[0, \infty) = \mathbb{R}_+$(不过, 如果直接写为 $[0, \infty]$, 则仍然理解为是包含了 ∞ 的闭区间). $\mathbb{R}_+$ 与比如说 $[0, 1]$ 的区别并不在于一个是无限区间而另一个是有限区间, 而在于一个是右开的而另一个是右闭的, 所以我们实际上不用考虑有限的左闭右开区间比如说 $[0, 1)$, 因为它显然可以通过一个变换化为 $[0, \infty)$, 故对 $[0, \infty)$ 成立的结果对 $[0, 1)$ 或 $[0, T)$ 也成立, 反之亦然.

我们将常常在 $\mathscr{F}$ 之外, 考虑其一族随 t 的增大而递增的子 σ-代数 $\{\mathscr{F}_t, t \in \mathbb{T}\}$, 以后称其为 σ-代数流. 我们将假定这里的 $\mathscr{F}$ 是完备的, 且任何一个 $\mathscr{F}_t(\forall t \in \mathbb{T})$ 都包含 $\mathscr{F}$ 里的全部 P-可略集[①], 即若以 $\mathscr{N}$ 表示 $\mathscr{F}$ 中的 P-可略集全体, 则 $\mathscr{N} \subset \mathscr{F}_0$. 此外, 当 $\mathbb{T} = [0, T]$ 时, 假定

$$\mathscr{F}_t = \mathscr{F}_{t+} := \bigcap_{\epsilon > 0} \mathscr{F}_{t+\epsilon}, \quad \forall t \in [0, T).$$

这个性质称为 $(\mathscr{F}_t)$ 的右连续性质. 有些时候, 也许我要说是很多时候, 这个性质起初是并不满足的, 但一旦对 σ-代数流进行完备化后, 即在每个 $\mathscr{F}_t$ 中加入 $\mathscr{F}$ 中的所有的 P-可略集之后, 就立即满足了.

有了这个性质, 关于离散时间随机过程的许多性质便可以通过极限手续过渡到连续时间随机过程, 你会慢慢领悟的. 但同时, 我必须现在就告诉你的是, 这个

[①] 这里及以后, P-可略集是指 P 测度为零的集合. 在不会发生混淆时, 我们会省略掉 P 而简称可略集.

性质并不是因为有这种过渡的需要而人为假设的, 在很多重要的情形, 事实上在本书所考虑的所有连续时间过程情形, 这个性质都是满足的. 所以这个性质只是人们所提炼出来的诸多随机模型所拥有的一个共同性质而已.

由于上面所列举的这些条件通常都是满足的, 且是我们常常需要使用的, 故称之为通常条件; 更精准地说, 我们有下面的定义.

定义 1.1.1 设 $(\Omega, \mathscr{F}, P)$ 是概率空间, $(\mathscr{F}_t, t \in \mathbb{T})$ 是 $\mathscr{F}$ 的子 σ-代数族, 其中 $\mathbb{T}$ 是区间. 考虑下列条件:

(i)
$$s < t \Longrightarrow \mathscr{F}_s \subset \mathscr{F}_t;$$

(ii) $\mathscr{F}$ 是 P-完备的;

(iii) 以 $\mathscr{N}$ 表示 $\mathscr{F}$ 中的 P-零集全体, 则 $\mathscr{N} \subset \mathscr{F}_0$;

(iv) $\forall t \in \mathbb{T}$,

$$\mathscr{F}_t = \bigcap_{\epsilon > 0} \mathscr{F}_{t+\epsilon}.$$

这些条件统称为通常条件, 而满足这些条件的 $(\Omega, \mathscr{F}, (\mathscr{F}_t), P)$ 就自然地称为满足通常条件的赋流概率空间, 或仍然简称为概率空间.

这里及以后一般来说我们会省略掉指标集 $\mathbb{T}$, 因为在具体的环境中, 那常常是自明的. 当然, 的确需要时我们会加以说明.

从现在起, 我们约定: 在 $\mathbb{T}$ 为区间的场合, 当我们以后写下 $(\Omega, \mathscr{F}, (\mathscr{F}_t), P)$ 时, 除非明确具体地指定或另有说明, 就自动意味着它是满足通常条件的赋流概率空间. 同时我们假定所有的正则条件概率或正则条件分布均存在——至少对本书涉及的内容而言, 这实际上很难说是一个限制条件, 因为你只要不是钻牛角尖式地构造反例, 它总是满足的. 例如, 我们总可以把我们感兴趣的概率测度定义在 Polish 空间上, 这时就没有任何问题了. 不光如此, 此时该概率空间还是可分的 (可分的定义及良好的基本性质可见 [60]).

1.2 随 机 过 程

作为定义在 $(\Omega, \mathscr{F}, P)$ 上的一族随机变量, 随机过程有其取值的范围, 即值域或更常见一点地称为状态空间. 在这个状态空间上拓扑结构不是绝对必需的 (虽然对深入的研究是必需的, 但对浅显的通识教育不是必需的), 但可测结构是必不可少的. 设这个值域是 S, 它上面的可测结构 (即 σ-代数) 是 $\mathscr{S}$, 则 $(S, \mathscr{S})$ 为可测空间. 本书最常见的情况是 S 为欧氏空间, $\mathscr{S}$ 为其 Borel σ-代数.

下面是正式的初始定义.

定义 1.2.1   设 $(\Omega, \mathscr{F}, P)$ 是概率空间. 若 $\forall t \in \mathbb{T}$, $\Omega \ni \omega \mapsto X(t, \omega) \in S$ 为 $\mathscr{F}/\mathscr{S}$ 可测, 则 $X(\cdot, \cdot)$ 称为 S-值随机过程. 当 $S = \mathbb{R}^d$ 时, 简称 d 维随机过程; S 称为 X 的状态空间. 不需要说明或强调状态空间时简称随机过程, 或更简单一点地称为过程.

我们想强调指出, 正像随机变量一样, 随机过程是定义在概率空间 $(\Omega, \mathscr{F}, P)$ 上的东西, 而不仅仅是定义在可测空间 $(\Omega, \mathscr{F})$ 上的. 也就是说, 概率测度 P 在这里扮演着不可或缺的角色: 哪怕 X 的定义不做任何改变, 只要概率测度变了, 它就代表完全不同的过程. 例如, 设 $\Omega = C([0,1])$ 为 $[0,1]$ 上的实值连续函数全体, 赋予一致收敛拓扑; $\mathscr{F}$ 是 Ω 上的 Borel σ-代数, P 是 $\mathscr{F}$ 上的集中在 $C_0([0,1])$ 上的测度, 这里 $C_0([0,1])$ 是 Ω 中所有在原点取零的函数组成的子空间. 固定 $x \in \mathbb{R}$. 任给 $\omega \in \Omega$, 令 $\xi(t, \omega) := x + \omega(t)$. 则 ξ 为 Ω 到 Ω 的连续映射, 因而是可测映射. 令 $Q_x := P \circ \xi^{-1}$. 则同一个坐标过程 $X(t, \omega) := \omega(t)$, 在 P 下代表着从 0 出发的过程, 因为 $P(X(0) = 0) = 1$; 而在 Q_x 下则代表着从 x 出发的过程, 因为 $Q_x(X(0) = x) = 1$——它们当然是不同的过程.

随机过程 $X(t, \omega)$ 的两个参数中, t 代表时间, 因此称为时间参数; ω 代表样本, 因此称为概率参数. 固定 $\omega \in \Omega$, 函数 $t \mapsto X(t, \omega)$ 称为 X 的样本轨道, 或简称轨道, 常常用 $X(\cdot, \omega)$ 表示. 对随机过程 X, 我们常根据行文方便记为 $X(t)$, $X_t(\omega)$, $X(t, \omega)$ 或 X_t; 需要说明一下的是, 根据上下文, 将不难区分比如说 $X(t, \omega)$ 到底是表示 X 还是 X 在 (t, ω) 处的值. 所以这虽然涉嫌滥用记号, 但也会带来很多便利, 且同样的事——比如将 f 与 $f(x)$ 通用, 虽然用 $f(\cdot)$ 更符合逻辑一些——我们早在学数学分析的时候就做过, 这样做的明显的好处之一是用 $f(x)$ 顺带就说明了自变量 x 的属性和变化范围, 而不需要另加说明, 这尤其在有多个变量时会省很多事. 现在这样做也基于同样的理由. 不过在诸如 "有一列随机过程 X_n" 的句子或短语中, 这个下标 n 自然不会是时间, 这在具体的语境中也将是自明的. 这些不同的记法往往会交替出现, 甚至会出现在相邻的式子里. 交替出现也许是为了记号的简洁, 也许是为了排版的方便, 甚至, 谁知道呢, 也许只是随机选择的. 但根据上下文, 一般不会导致混淆. 确有混淆的危险时, 我们会另行明确之. 现在提前在这里说明, 勿谓言之不预, 引起困惑.

设 X 是概率空间 $(\Omega, \mathscr{F}, P)$ 上的随机过程. 以 $\mathscr{N}$ 表示 P-可略集全体. 令

$$\mathscr{F}_t^{X,0} := \sigma(X_s, s \leqslant t) \vee \mathscr{N} := \sigma(\sigma(X_s, s \leqslant t), \mathscr{N}),$$

$$\mathscr{F}_t^X := \bigcap_{\epsilon > 0} \mathscr{F}_{t+\epsilon}^{X,0}.$$

则 $(\mathscr{F}_t^X)$ 满足通常条件, 称为 X 的自然 σ-代数流. 为简洁起见, 以后常用 $\sigma(X_s, s \leqslant t)$ 表示 $\mathscr{F}_t^{X,0}$. 类似地, 对任何一个随机变量 ξ, 我们也用 $\sigma(\xi)$ 表示 $\sigma(\xi) \vee \mathscr{N}$.

下面是涉及两个随机过程间关系的两个基本概念.

定义 1.2.2 设 X, Y 是定义在同一个概率空间上的两个过程.

1. 若 $\forall t \in \mathbb{T}$, $X_t = Y_t$ a.s., 则称 X 和 Y 随机等价, 或互为修正.

2. 若 $P(X_t = Y_t, \forall t \in \mathbb{T}) = 1$, 则称 X 与 Y 无区别.

虽然修正是相互的. 但在处理任何问题时, 我们总是想将一个不那么好的东西修得比较好而不是相反——相反的话就叫捣毁了. 例如, 如果 X 有一个修正, 其轨道是几乎必然连续的, 则称 X 有连续修正. X 有连续修正并不意味着 X 本身的轨道几乎必然连续 (你能举出个例子吗?), 所以修正后 X 的确是变好了.

随机等价概念的提出是基于以下理由: 对一个自然现象, 我们只能在有限个时间点去观察它, 因此得到的是有限个观察值. 然而这组数据提供的信息并不能唯一决定 X 的轨道状况. 具体一点说, 设这个观察是 X_t, 若记 Y 是另一组观察, 那么哪怕

$$P(X_{t_1} = Y_{t_1}, \cdots, X_{t_n} = Y_{t_n}) = 1$$

对任意选择的 $n, t_1, \cdots, t_n$ 都成立, 也不能保证

$$P(X_. = Y_.)(:= P(X_t = Y_t, \forall t \in \mathbb{T})) = 1.$$

事实上, 若不附加适当的条件, 上式左边是否有意义都成问题, 因为 $\{X_t = Y_t, \forall t \in \mathbb{T}\}$ 可能不是事件. 诸如此类的问题往往会给事情的处理带来很大的困扰. 这时我们自然希望能建立一个比较好处理的数学模型来描述它, 也就是说我们可以在所有这些过程中选择一个样本轨道比较好的来作为它的代表, 因此便诞生了随机等价这个概念. 至于什么叫比较好的轨道, 什么时候有比较好的代表, 那是另一个复杂的问题.

为解决这个问题, 历史上曾出现过可分过程的概念, 例如见 [11, 76]. 但这一概念过于宽泛, 且用处有限, 已经慢慢淡出了人们的视野. 现在人们意识到, 最有研究价值的是几乎所有轨道均连续的或右连左极 (在每一条轨道的每一点都是右连续, 同时有左极限) 的过程. 本书则主要集中于轨道连续的过程——这种过程简称为连续过程.

而无区别, 顾名思义, 则是指两个过程 (几乎) 是完全一样的. 无区别的过程显然随机等价, 但反之不然. 如果硬要与我们熟悉的概念类比的话, 无区别的概念相当于数学分析中两个函数恒等的概念, 而随机等价在数学分析中没有对应的概念, 它是随机过程理论中特有的.

1.3　停　　时

伴随着一个随机过程, 我们常常会给它设立一个大大小小的目标. 例如, 如果你是一个商人, 也许你会给自己设立一个小目标: 赚一个亿; 如果你是一个学生, 也许你会给自己设立一个大目标: 进入年级前百分之五. 凡此种种, 不一而足. 实现这个目标的时刻, 自然因人而异, 且往往具有特别的重要性. 这样的时刻 τ, 我们称之为停止时刻, 简称停时. 下面是它的正式定义.

定义 1.3.1　概率空间 $(\Omega, \mathscr{F}, (\mathscr{F}_t), P)$ 上的取值于 $\bar{\mathbb{T}} := \mathbb{T} \cup \{a\}$ 的随机变量 τ, 若满足

$$\{\tau \leqslant t\} \in \mathscr{F}_t, \quad \forall t \in \bar{\mathbb{T}},$$

则称为 $(\mathscr{F}_t)$-停时, 无混淆危险时简称停时, 其中 $a := \sup\{t : t \in \mathbb{T}\}$, $\mathscr{F}_a := \bigvee_{t \in \mathbb{T}} \mathscr{F}_t$.

当 $\mathbb{T}$ 为区间时, τ 为停时等价于 (见习题 4)

$$\{\tau < t\} \in \mathscr{F}_t, \quad \forall t \in \mathbb{T}.$$

显然, 作为定义在 Ω 上的函数, $\tau \in \mathscr{F}_a$.

当 $\mathbb{T}$ 是有限闭区间或 $\mathbb{N}_+$ 的有限子集时, 自然 $a \in \mathbb{T}$; 其他情况下 a 则是 $\mathbb{T}$ 的上确界, 并不属于 $\mathbb{T}$. 之所以要纳入 a, 是因为例如若定义

$$\tau := \inf\{t : X_t = x\},$$

则需要照顾到 X 永远碰不到 x 的情况, 此时需要对空集取 inf, 而 inf 定义为 $\mathbb{T}$ 的上确界是最合理的.

"停时" 的直观意义是: 若 τ 表示一个事情发生的时刻, 且在任何固定的时刻 t, 我们可以根据现在拥有的全部信息 $(\mathscr{F}_t)$ 判断出 τ 是否已经来到, 即该事件是否已经发生, 则它就是停时.

例如, 在本节开始举的例子中, 在任何时刻, 我们都可以明确地知道那个实现目标的时刻是否已经到来, 所以它们都是停时, 不是吗?

一个未带地图的旅人, 他首次到达某一地的时刻是停时, 然而最后一次到达某一地的时刻就不是停时, 不是吗?

再比如, 在球类比赛中, 拿到第一个赛点的时刻是停时; 同样地, 顺着数, 拿到第二个、第三个、 $\cdots$ 赛点的时刻也是停时. 但如果倒着数, 拿到最后一个赛点的时刻就不是停时, 因为要等到以后比赛结束时才能知道最后一个赛点是何时产生的. 同样地, 拿到倒数第二个、第三个、 $\cdots$ 赛点的时刻也不是停时.

我们当然还需要从数学上给出停时的例子. 我们从离散时间过程开始.

例 1.3.2 设 $(\Omega, \mathscr{F}, (\mathscr{F}_n), P)$ 为概率空间, $X_n(n \in \mathbb{N}_+)$ 为定义在其上的过程, 且 $\forall n, X_n \in \mathscr{F}_n$. 设 $a \in \mathbb{R}$. 令

$$\tau_a := \inf\{n; \ X_n = a\} \qquad (\inf \varnothing = \infty).$$

则 τ 为停时. 同样, 对任意 $a < 0 < b$,

$$\tau := \inf\{n; \ X_n \notin (a, b)\} \qquad (\inf \varnothing = \infty)$$

为停时.

请自行验证本例的结论.

连续时间过程也是类似的, 但因为现在的时间参数集是不可数的, 所以需要对轨道加上正则性条件.

例 1.3.3 设 $(\Omega, \mathscr{F}, (\mathscr{F}_t), P)$ 为概率空间, $X_t(t \in \mathbb{R}_+)$ 为其上的连续过程, 且 $\forall t, X_t \in \mathscr{F}_t$. 设 $a \in \mathbb{R}$. 令

$$\tau_a := \inf\{t \geqslant 0; \ X_t = a\} \qquad (\inf \varnothing = \infty),$$

则 τ_a 为停时. 同样, 对任意 $a < 0 < b$,

$$\tau := \inf\{t \geqslant 0; \ X_t \notin (a, b)\} \qquad (\inf \varnothing = \infty)$$

为停时.

事实上, 对任意 t, 有

$$\{\tau \leqslant t\} = \bigcap_n \bigcup_{s \in \mathbb{Q}_+, s \leqslant t} \left\{ X_s \notin \left(a + \frac{1}{n}, b - \frac{1}{n} \right) \right\} \in \mathscr{F}_t.$$

另一结论可类似证明.

对停时 τ, 定义

$$\mathscr{F}_\tau := \{A \in \mathscr{F} : A \cap \{\tau \leqslant t\} \in \mathscr{F}_t, \ \forall t \in \bar{\mathbb{T}}\}.$$

$\mathscr{F}_\tau$ 称为 (相应于 τ 的) 停止 σ-代数, 或称为 τ 前 σ-代数. $\mathscr{F}_\tau$ 的元素称为 τ 前事件 (发生在 τ 之前的事件). 显然 $\mathscr{F}_\tau \subset \mathscr{F}_a$. 这里所谓 "$\tau$ 前" 是广义的, 即可以和 τ 同时. 如果要研究轨道不连续的过程即带跳的过程, 则要进行更细致的分类, 区分 "τ 前" 与 "严格 τ 前". 本书不打算研究这种过程, 所以可免去这类麻烦.

从字面意义上理解, 所谓 A 是 τ 前事件, 即指如果 τ 在 t 之前到来 (即 $\tau \leqslant t$), 那么由于 A 在 τ 前发生, 故也一定在 t 之前发生, 因此事件 $A \cap \{\tau \leqslant t\}$ 便是发生在 t 之前的事件, 即 $A \cap \{\tau \leqslant t\} \in \mathscr{F}_t$.

我们来看一个具体例子. 设有一场万米长跑比赛, τ 是甲选手第三次从后面赶上并超越乙选手的时刻, A_n 为全程甲从后面赶上并超越乙选手 n 次这个事件. 则 $A_3 \in \mathscr{F}_\tau$, 但 $A_4 \notin \mathscr{F}_\tau$.

停时的许多基本性质, 我们放在后面的习题里. 在此特别提醒大家注意一个有一点令人意外——至少令我意外过——的性质: 若 σ, τ 均为停时, 那么 $\{\sigma = \tau\}$, $\{\sigma > \tau\}$, $\{\sigma \geqslant \tau\}$ 均属于 $\mathscr{F}_{\sigma \wedge \tau}$(如果说属于 $\mathscr{F}_{\sigma \vee \tau}$, 则不太令人意外——当然不令人意外, 因为那是平凡的).

我们最后引进一个记号以结束此节. 设 X 为 d 维过程, τ 为停时, $\mathbb{T}$ 是时间参数集, $a := \sup\{t : t \in \mathbb{T}\}$. 若 $a \in \mathbb{T}$, 令 $X_\tau(\omega) := X_{\tau(\omega)}(\omega)$; 若 $a \notin \mathbb{T}$, 则令

$$X_\tau(\omega) := \begin{cases} X_{\tau(\omega)}(\omega), & \tau(\omega) < a, \\ 0, & \tau(\omega) = a. \end{cases} \tag{3.1}$$

1.4　适应过程与循序可测过程

我们说过, 泛泛的随机过程, 如果没有任何限制条件, 其实是无法研究什么的. 所以, 我们要对随机过程通过加各种不同的条件予以分类.

设 $(\Omega, \mathscr{F}, (\mathscr{F}_t), P)$ 为概率空间, $\mathbb{T} = [0, T]$. 本节所有的过程都是定义在这个概率空间上、以 $\mathbb{T}$ 为时间参数集的过程. 对任意 $t \in [0, T]$, 以 $\mathscr{B}_t$ 表示 $[0, t]$ 上的 Borel σ-代数.

定义 1.4.1　过程 $X(t, \omega)$, 如果对任意 t 均有 $X_t \in \mathscr{F}_t$, 则称为适应过程; 如果在 $\mathbb{T} \times \Omega$ 上为 $\mathscr{B}_T \times \mathscr{F}$ 可测, 则称为可测过程; 若对于任意 $t \in [0, T]$, 限制在 $[0, t] \times \Omega$ 上的函数 X 为 $\mathscr{B}_t \times \mathscr{F}_t$ 可测, 则称为循序可测过程 (取循序渐进可测之意), 或简称循序过程. 循序过程全体所生成的 σ-代数称为循序 σ-代数, 其全体用 $\mathscr{P}$ 表示.

由 Fubini 定理, 一切循序过程皆为适应过程. 但反之不然, 因为适应过程不涉及对 t 的可测性的任何要求, 从而例如任何一个只依赖于 t 而不依赖于 ω 的确定性函数 $t \mapsto f(t)$, 若不是 t 的可测函数, 则它就是适应过程而不是循序过程.

循序过程之多出适应过程的, 除了要求对固定的 ω, 关于 t 是 Borel 可测之外, 还要求关于 (s, ω) 限制在 $s \in [0, t]$ 上是二元可测的. 这一点十分重要. 比如考察积分

$$\int_0^t X_s ds.$$

如果 X 只是适应过程, 则由于关于 t 是否可测都是问题, 所以这个积分是否存在就无从谈起; 即便另外再假定它关于 t 可测, 那么尽管 (积分存在时) 积分出来的结果是 ω 的函数, 但也不能保证它是 ω 的可测函数, 即随机变量, 故你仍然会对

它束手无策. 但如果 X 是循序过程, 且对任意 ω 及 t, 该积分可积, 则这个积分出来的结果就是随机变量. 不仅如此, 作为过程它仍然是适应过程. 实际上它还是循序过程, 因为它显然是连续过程, 而我们有:

引理 1.4.2 设 X 是适应过程. 若其所有轨道均是左连续或右连续的, 则它是循序过程.

证明 以 $\mathbb{T} = [0,1]$ 为例, 一般情况类似. 先设 X 右连续. 任意固定 $t \in [0,1]$. 对 $s \in [0,t]$, 令

$$X_s^n := \sum_{k=1}^{2^n} X(k2^{-n}t)1_{[(k-1)2^{-n}t, k2^{-n}t)}(s) + X(t)1_{\{t\}}(s).$$

则 $X^n \in \mathscr{B}([0,t]) \times \mathscr{F}_t$. 又对所有的 ω 和所有的 $s \in [0,t]$, $X_s^n(\omega) \to X_s(\omega)$, 所以限制在 $[0,t]$ 上, $X \in \mathscr{B}([0,t]) \times \mathscr{F}_t$.

左连续的情况更加容易, 因为此时不必预先固定 t, 而可以统一取

$$X_t^n := \sum_{k=1}^{2^n} X((k-1)2^{-n})1_{((k-1)2^{-n}, k2^{-n}]}(t) + X(0)1_{\{0\}}(t).$$

则 X^n 是循序过程且 $X_t^n(\omega) \to X_t(\omega)$, $\forall (t,\omega) \in [0,1] \times \Omega$, 所以 X 也是循序过程. $\qquad\square$

循序可测过程还有如下性质.

定理 1.4.3 设 $T < \infty$, X 为 $[0,T]$ 上的循序可测过程, τ 为停时. 则 X_τ 为 $\mathscr{F}_\tau$-可测;

设 $T = \infty$, 则 X_τ 在 $\{\tau < \infty\}$ 上为 $\mathscr{F}_\tau$-可测, 即

$$X_\tau : (\{\tau < \infty\}, \{\tau < \infty\} \cap \mathscr{F}_\tau) \mapsto (\mathbb{R}, \mathscr{B})$$

为可测.

这里后一种情况时限制在 $\{\tau < \infty\}$ 上的理由很简单, 因为在其外 X_τ 没有定义. 虽然可人为地补充 $X_\infty = 0$, 但这只是为了记号方便, 行文干净, 与 X 本身已没有任何关系了. 当然, 由本定理立即可见, 这样补充之后, X_τ 在整体上也是 $\mathscr{F}_\tau$-可测的.

证明 只证第二种情况, 第一种情况的证明是一样的. 由 $\mathscr{F}_\tau$ 的定义, 需要证明对任意 $t \geqslant 0$ (证第一种情况时只要把这里改为 $0 \leqslant t \leqslant T$),

$$X_\tau : (\{\tau \leqslant t\}, \{\tau \leqslant t\} \cap \mathscr{F}_t) \mapsto (\mathbb{R}, \mathscr{B})$$

为可测映射.

因为 τ 是停时, 故 $\forall t \in \mathbb{R}_+$, $\forall B \in \mathscr{B}([0,t])$, $\tau^{-1}(B) \in \mathscr{F}_t$. 于是 $\tau^{-1}(B) \in \{\tau \leqslant t\} \cap \mathscr{F}_t$. 由此易见映射 $\Gamma(\omega) := (\tau(\omega), \omega)$ 为 $(\{\tau \leqslant t\}, \{\tau \leqslant t\} \cap \mathscr{F}_t)$ 到 $([0,t] \times \Omega, \mathscr{B}([0,t]) \times \mathscr{F}_t)$ 的可测映射. 故作为 X 与 Γ 的复合, X_τ 具有所宣示的可测性.   □

1.5   时   变

在不同的环境中选择不同的时间尺度, 这是科学研究中常见的做法. 这就涉及对时间参数的变换, 即时变. 但这里——随机过程里——的时变总是与随机过程的轨道联系在一起的, 因而不是确定的, 而是随机的. 做时变时要考虑三个因素: ① 时间是有顺序关系即大小关系的, 时变需要保持这种关系不变; ② 没有突变, 即时变是时间的连续函数; ③ 现在有一个概率参数 ω, 而时变一般依赖于这个 ω, 因此需要有可测性方面的限制.

这样我们就有如下定义:

定义 1.5.1   一个随机时间变换, 简称时变, 是指一个连续适应增过程 φ_t, $\varphi_0 \equiv 0$.

由引理 1.4.2, 时变为循序增过程.

设 φ 为时变. 令 τ_t 为其反函数, 即[①]

$$\tau_t := \inf\{u : \varphi_u > t\}.$$

则对 $t > 0$,

$$\tau_{t-} = \inf\{u : \varphi_u \geqslant t\}.$$

再规定

$$\tau_{0-} := 0.$$

设 t_0 属于 φ 的值域. 若 φ 在水平线 t_0 上严格单调, 即只有一个 s_0 使 $\varphi_{s_0} = t_0$, 则易见 $\tau_{t_0-} = \tau_{t_0} = s_0$; 若有不止一个 s 使得 $\varphi_s = t_0$, 令

$$s_1 := \inf\{s : \varphi_s = t_0\}, \quad s_2 := \sup\{s : \varphi_s = t_0\}.$$

则 $s_1 = \tau_{t_0-} < \tau_{t_0} = s_2$. 所以 $t \mapsto \tau_t$ 未必是左连续的. 至于右连续性, 则是无条件成立的, 即我们有:

命题 1.5.2 $\forall t \geqslant 0$, τ_t 为 $(\mathscr{F}_t)$-停时, 且 $t \mapsto \tau_t$ 右连续.

证明   右连续性可由等式

$$\lim_{\epsilon \downarrow 0} \inf\{u : \varphi_u > t + \epsilon\} = \inf\{u : \varphi_u > t\}$$

---

① 严格地说应称为广义反函数, 因为它不是传统意义下的反函数.

看出. 至于 τ_t 是停时, 可由下式看出: $\forall s \geqslant 0$,

$$\begin{aligned}
\{\tau_t \leqslant s\} &= \{\forall u > s, \varphi_u > t\} \\
&= \bigcap_{n=1}^{\infty} \{\varphi_{s+\frac{1}{n}} > t\} \\
&= \lim_{m \to \infty} \bigcap_{n=m}^{\infty} \{\varphi_{s+\frac{1}{n}} > t\} \\
&\in \mathscr{F}_{s+} = \mathscr{F}_s.
\end{aligned}$$

$\qquad\square$

令

$$\hat{\mathscr{F}}_t := \mathscr{F}_{\tau_t}.$$

易证 $(\hat{\mathscr{F}}_t)$ 满足通常条件 (见习题 7). 因为

$$\{\varphi_t \leqslant s\} = \{\tau_s \geqslant t\} \in \mathscr{F}_{\tau_s} = \hat{\mathscr{F}}_s,$$

故 φ_t 是 $(\hat{\mathscr{F}}_t)$-停时.

上面结果中的 t 换为任一停时后依然成立——见下面诸多结果中的第一个.

定理 1.5.3 1. 若 σ 为 $(\mathscr{F}_t)$-停时, 则 φ_σ 为 $(\hat{\mathscr{F}}_t)$-停时.

2. 若 θ 为 $(\hat{\mathscr{F}}_t)$-停时, 则 τ_θ 为 $(\mathscr{F}_t)$-停时.

证明 1. 由于 φ 连续, 故对任意 $t \geqslant 0$,

$$\{\varphi_\sigma \leqslant t\} = \{\sigma \leqslant \tau_t\} \in \mathscr{F}_{\tau_t} = \hat{\mathscr{F}}_t.$$

2. 对任意 $t \geqslant 0$,

$$\{\tau_\theta < t\} = \{\varphi_t > \theta\} = \bigcup_{q \in \mathbb{Q}} (\{t > \tau_q\} \cap \{q \geqslant \theta\}).$$

但 $\{q \geqslant \theta\} \in \hat{\mathscr{F}}_q$, 故 $\{t > \tau_q\} \cap \{q \geqslant \theta\} \in \mathscr{F}_t$. 从而 $\{\tau_\theta < t\} \in \mathscr{F}_t$. $\qquad\square$

如果 φ 严格递增, 那么 τ 就是 φ 的真正的反函数, 于是 $t = \tau(\varphi(t))$. 形式地利用这个等式, 我们得到

$$\hat{\mathscr{F}}_{\varphi(t)} = \mathscr{F}_{\tau(\varphi(t))} = \mathscr{F}_t.$$

尽管这不能算证明 (为什么?), 但它却将我们引导到了正确的结论上, 即我们有:

命题 1.5.4 设 φ 严格递增, 则

$$\hat{\mathscr{F}}_{\varphi_t} = \mathscr{F}_t.$$

证明 设 $B \in \hat{\mathscr{F}}_{\varphi_t}$, 则 $\forall s$, $B \cap \{\varphi_t \leqslant s\} \in \hat{\mathscr{F}}_s$. 故 $\forall u$, $B \cap \{\varphi_t \leqslant s\} \cap \{\tau_s \leqslant u\} \in \mathscr{F}_u$, 即 $B \cap \{\varphi_t \leqslant s\} \cap \{\varphi_u \geqslant s\} \in \mathscr{F}_u$. 于是, 由于 φ 是严格递增的, 故对任意 $\epsilon > 0$,

$$B = B \cap \bigcup_{q \in \mathbb{Q}} (\{\varphi_t \leqslant q\} \cap \{\varphi_{t+\epsilon} \geqslant q\}) \in \mathscr{F}_{t+\epsilon}.$$

故 $B \in \mathscr{F}_{t+} = \mathscr{F}_t$.

反之, 若 $B \in \mathscr{F}_t$, 则对任意 s, 有

$$B \cap \{\varphi_t \leqslant s\} \in \mathscr{F}_t.$$

于是, 若 $u < t$, 则

$$B \cap \{\varphi_t \leqslant s\} \cap \{\tau_s \leqslant u\} = B \cap \{\varphi_t \leqslant s\} \cap \{s \leqslant \varphi_u\} = \varnothing \in \mathscr{F}_u;$$

若 $u \geqslant t$, 则自然也有

$$B \cap \{\varphi_t \leqslant s\} \cap \{\tau_s \leqslant u\} \in \mathscr{F}_u,$$

即无论如何总有

$$B \cap \{\varphi_t \leqslant s\} \cap \{\tau_s \leqslant u\} \in \mathscr{F}_u.$$

这样就得到 $B \cap \{\varphi_t \leqslant s\} \in \hat{\mathscr{F}}_s$, 故 $B \in \hat{\mathscr{F}}_{\varphi_t}$.   □

这样我们就有了对称性: φ_t 与 τ_t 互为反函数, $(\mathscr{F}_t)$ 与 $(\hat{\mathscr{F}}_t)$ 互为时变 σ-代数, 等等.

当 φ 严格单调递增时, τ 就是 φ 的普通的反函数, 因此是连续函数. 但 φ 不严格单调递增时, τ 未必左连续的事实带来了一个问题, 就是说即使过程 X 是连续过程, 那么时变以后的过程 $\hat{X} := X \circ \tau$ 也未必是连续过程. 但我们后面将会看到, 在最重要的应用情形, 即当 X 为鞅, φ 为 X 的平方变差过程时, $\hat{X}$ 恰好是连续过程.

1.6 可选过程

循序可测过程的结构十分复杂, 因此在其中挑选一类结构比较简单因而比较好处理的过程是必要的, 至少是有用的与方便的. 挑选的原则是: 这类过程除了简单以外, 还要足够多, 以使得任何循序可测过程都可在其中找到一个代表. 实践证明, 所谓可选过程担当此大任.

为简明计, 从现在起, 本节之内固定概率空间 $(\Omega, \mathscr{F}, (\mathscr{F}_t), P)$, 并设 $\mathbb{T} = [0, \infty)$. $\mathbb{T}$ 为闭区间时定义是类似的, 叙述的修改是明显的, 证明是更加容易的, 有些甚至是无需证明的.

定义 1.6.1　1. $\mathbb{T}$ 上的函数, 如果在每一点都是右连续的, 并且有左极限, 则称为右连左极函数.

2. 一个过程, 若其 (几乎所有) 轨道都是 $\mathbb{T}$ 上的右连左极函数, 则称为 R-过程.

3. 一个过程如果有一个修正为 R-过程, 则称为有 R-修正.

$\Omega \times \mathbb{T}$ 上由所有适应 R-过程生成的 σ-代数称为可选 σ-代数, 用 $\mathscr{O}$ 表示. 关于这个 σ-代数可测的过程称为可选过程.

由引理 1.4.2, R-过程皆为循序过程, 所以可选过程首先是循序过程, 因而也是适应过程. 特别地, 对任何 $A \in \mathscr{O}$, 过程

$$X := 1_A$$

为适应过程.

我们将使用所谓随机区间的记号. 设 $\sigma, \tau : \Omega \mapsto \bar{\mathbb{R}}_+$. 定义

$$[\sigma, \tau) = \{(t, \omega) : \sigma(\omega) \leqslant t < \tau(\omega)\}.$$

类似可定义 (σ, τ) 等. 注意随机区间不是 $\bar{\mathbb{R}}_+$ 上的集合, 而是 $\bar{\mathbb{R}}_+ \times \Omega$ 上的集合.①

现在我们证明:

命题 1.6.2　设 $\tau : \Omega \mapsto [0, \infty]$. 若

$$[\tau, \infty) \in \mathscr{O},$$

则 τ 为停时.

证明　由于

$$X := 1_{[\tau, \infty)}$$

为适应过程, 故对任意 t,

$$X_t = 1_{[\tau, \infty)}(t) = 1_{\tau \leqslant t} \in \mathscr{F}_t,$$

即

$$\{\tau \leqslant t\} \in \mathscr{F}_t.$$

从而 τ 为停时. □

这里选用 $\mathscr{O}$ 来表示可选 σ-代数不是一个随机选择: $\mathscr{O}$ 代表 Optional, 即可选.

上面的定义中, "几乎所有" 这四个字之所以打上了括号, 是因为定义可选过程实际上只需要 σ-代数流, 而不需要概率, 所以没有什么 "几乎所有" 的概念. 但

___
① 在 Strasbourg 的记号中, 为避免产生误会, 这样的区间是用双括号表示的, 例如 $[\![\sigma, \tau)\!]$. 所谓 Strasbourg 学派是指 20 世纪下半叶由当时在 Strasbourg 工作的法国科学院通讯院士 P. A. Meyer 领导的学派.

在实际使用中, 又总是有个概率. 有概率时只要 "几乎所有" 的轨道满足要求就行了, 因为将剩下不满足要求的轨道修改为恒等 (于 0, 比如说), 就得到了其所有轨道满足要求的过程, 且此新过程与老过程无区别.

下面的引理给出了可选过程的基本例子. 这里 "基本" 二字的意思是: ① 初等, 因而很好处理; ② 从它们出发可以构造出所有的可选过程.

引理 1.6.3   设 σ, τ 为停时, $\sigma \leqslant \tau$, $\xi \in \mathscr{F}_\sigma$. 令

$$H := \xi 1_{[\sigma, \tau)}, \tag{6.2}$$

即

$$H(t, \omega) := \begin{cases} \xi(\omega), & \sigma(\omega) \leqslant t < \tau(\omega), \\ 0, & \text{其他}. \end{cases}$$

则 H 为可选过程.

证明   不必说, H 为 R-过程. 因此只需证它为适应过程. 首先, 我们有

$$\{H_t = 0\} = (\{\xi = 0\} \cap \{\sigma \leqslant t < \tau\}) \cup \{\sigma > t\} \cup \{\tau \leqslant t\}.$$

因为 $\xi \in \mathscr{F}_\sigma$, 所以 $\{\xi = 0\} \in \mathscr{F}_\sigma$, 从而 $\{\xi = 0\} \cap \{\sigma \leqslant t\} \in \mathscr{F}_t$. 又 $\{\tau > t\} \in \mathscr{F}_t$, 故 $\{\xi = 0\} \cap \{\sigma \leqslant t < \tau\} \in \mathscr{F}_t$. 最后, $\{\sigma > t\}$ 与 $\{\tau \leqslant t\}$ 均属于 $\mathscr{F}_t$, 故 $\{H_t = 0\} \in \mathscr{F}_t$.

再设 $B \subset \mathbb{R} \setminus \{0\}$ 为 Borel 集. 则

$$\{H_t \in B\} = \{\xi \in B\} \cap \{\sigma \leqslant t < \tau\} = (\{\xi \in B\} \cap \{\sigma \leqslant t\}) \cap \{t < \tau\}.$$

因为 $\{\xi \in B\} \in \mathscr{F}_\sigma$, 所以 $\{\xi \in B\} \cap \{\sigma \leqslant t\} \in \mathscr{F}_t$. 又 $\{t < \tau\} \in \mathscr{F}_t$, 于是最终有 $\{H_t \in B\} \in \mathscr{F}_t$. □

上面引理中的形如 (6.2) 的过程当然是很简单的过程, 不是吗?

特别地, 取 $\xi \equiv 1$, $\tau \equiv \infty$, 我们得到:

推论 1.6.4   设 σ 是停时, 则 $[\sigma, \infty) \in \mathscr{O}$.

结合命题 1.6.2 与推论 1.6.4, 我们得到:

命题 1.6.5   设 $\tau : \Omega \mapsto [0, \infty]$. 则 τ 为停时的充要条件是 $[\tau, \infty) \in \mathscr{O}$.

因为本推论, 停时也称为可选时.

下面证明, $[\tau, \infty)$ 这样的集合是足够多, 足以生成 $\mathscr{O}$.

命题 1.6.6

$$\mathscr{O} = \sigma([\tau, \infty) : \tau \text{ 为停时}).$$

证明 显然

$$\sigma([\tau, \infty) : \tau \text{为停时}) \subset \mathscr{O},$$

故只需证反包含成立. 因为引理 1.6.3 中的函数 ξ 可由形如

$$\sum_{i=1}^{n} a_i 1_{\Lambda_i}, \quad a_i \in \mathbb{R}, \ \Lambda_i \in \mathscr{F}_\sigma$$

的函数逼近, 而对 $c \in \mathbb{R}, \Lambda \in \mathscr{F}_\sigma$,

$$c 1_\Lambda 1_{[\sigma, \tau)} = c 1_{[\sigma', \infty)} - c 1_{[\tau', \infty)},$$

其中

$$\sigma' := \sigma 1_\Lambda + \infty 1_{\Lambda^c}, \quad \tau' := \tau 1_\Lambda + \infty 1_{\Lambda^c},$$

所以若以 $\mathscr{G}$ 表示下面的 σ-代数:

$$\mathscr{G} = \sigma\{H : H = \xi 1_{[\sigma, \tau)}, \sigma, \tau \text{ 为停时}, \xi \in \mathscr{F}_\sigma\},$$

则 $\mathscr{G} \subset \sigma([\tau, \infty) : \tau \text{为停时})$. 于是只需证 $\mathscr{O} \subset \mathscr{G}$.

设 X 为有界适应 R-过程. $\forall \epsilon > 0$, 定义

$$\sigma_0^\epsilon = 0, \quad \xi_0^\epsilon = X(\sigma_0^\epsilon);$$

然后归纳地定义

$$\sigma_{k+1}^\epsilon := \inf\{t > \sigma_k^\epsilon : |X_t - X_{\sigma_k^\epsilon}| > \epsilon\} \wedge (k+1),$$

$$\xi_{k+1}^\epsilon = X(\sigma_{k+1}^\epsilon).$$

则每个 σ_k^ϵ 都是停时, 并且由于 X 是 R-过程, 所以必有 $\sigma_k^\epsilon \uparrow \infty \ (k \to \infty)$. 令

$$Y^\epsilon := \sum_{k=0}^{\infty} \xi_k^\epsilon 1_{[\sigma_k^\epsilon, \sigma_{k+1}^\epsilon)}.$$

则 $\sup_{t,\omega} |X_t(\omega) - Y_t^\epsilon(\omega)| \leqslant \epsilon$. 由于 $Y^\epsilon \in \mathscr{G}$, 所以 $\mathscr{O} \subset \mathscr{G}$. $\qquad\square$

由这个命题可以立即得到:

推论 1.6.7 令

$$\mathscr{A} := \left\{ F : F = \sum_{i=0}^{n} [\sigma_{2i}, \sigma_{2i+1}), n = 1, 2, \cdots, \{\sigma_i, i = 0, 1, \cdots, 2n+1\} \text{为递增停时列} \right\}.$$

则 $\mathscr{A}$ 为代数且 $\sigma(\mathscr{A}) = \mathscr{O}$.

我们还可以顺便得到一个结果.

推论 1.6.8　设 τ 为停时, 则 $\omega \mapsto S(\omega) = (\omega, \tau(\omega))$ 为 $\mathscr{F}_\tau / \mathcal{O}$-可测.

证明　只需证明对任意停时 τ', $S^{-1}([\tau', \infty)) \in \mathscr{F}_\tau$. 但这是显然的, 因为它等于

$$\{\tau \geqslant \tau'\} \in \mathscr{F}_{\tau \wedge \tau'} \subset \mathscr{F}_\tau. \qquad \square$$

注意我们这里用到了我们着重指出过的性质: $\{\tau \geqslant \tau'\}$ 属于 $\mathscr{F}_{\tau \wedge \tau'}$, 而不仅仅属于 $\mathscr{F}_{\tau \vee \tau'}$.

下面的命题揭示了可选过程在时变下的变化规律.

命题 1.6.9　沿用定义 1.5.1 的记号.

(i) 若 σ 为 $(\mathscr{F}_t)$-停时, 则 φ_σ 为 $(\hat{\mathscr{F}}_t)$-停时; 当 φ 严格递增时, 若 γ 为 $(\hat{\mathscr{F}}_t)$-停时, 则 τ_γ 为 $(\mathscr{F}_t)$-停时;

(ii) 若 X 为 $\mathcal{O}$-可选过程, 则 $\hat{X} := \{X_{\tau_t}\}$ 为 $\hat{\mathcal{O}}$-可选过程; 当 φ 严格递增时, 若 $\hat{X}$ 为 $\hat{\mathcal{O}}$-可选过程, 则 $X := \{\hat{X}_{\varphi_t}\}$ 为 $\mathcal{O}$-可选过程.

证明　(i) 设 σ 为 $(\mathscr{F}_t)$ 停时, 于是

$$\{\varphi_\sigma \leqslant t\} = \{\tau_t \geqslant \sigma\} \in \mathscr{F}_{\tau_t} = \hat{\mathscr{F}}_t.$$

由对称性可证第二个结论——我们说过了, 当 φ 严格递增时, 我们有对称性可用.

(ii) 由单调类定理及命题 1.6.6, 只需对适应 R-过程证明. 设 X 为 $(\mathscr{F}_t)$- 适应 R-过程, 则它当然首先为 $(\mathscr{F}_t)$-适应过程, 因此由推论 1.6.8, 对任意 t, $X_{\tau_t} \in \hat{\mathscr{F}}_t$, 即 $\hat{X}$ 为 $(\hat{\mathscr{F}}_t)$-适应过程. 又显然它是 R-过程, 因此为 $(\hat{\mathscr{F}}_t)$-可选过程. 由对称性得到第二个结论. $\qquad \square$

由于本书主要考虑连续过程, 所以, 也许, R-过程的引入会给人一种错觉, 即它只是为了定义可选集而出现的. 不! 不是这样的! 为了避免这种错觉, 下面简单提一下一种最简单的自然 R-过程——Poisson 过程.

设 $\xi_1, \xi_2, \cdots$ 是独立同分布随机变量序列, 且其共同分布是参数为 λ 的指数分布, 即

$$P(\xi_1 > t) = e^{-\lambda t}, \quad \forall t \geqslant 0.$$

令

$$\tau_n := \xi_1 + \cdots + \xi_n,$$

$$X_t := \inf\{n : \tau_n \leqslant t\}.$$

则 X 为非负 R-过程, 每条轨道都是非减的跳跃度为 1 的阶梯函数, 且具有独立的 Poisson 增量, 即对任意 $0 \leqslant t_0 < t_1 < \cdots < t_n$, 有

$$P(X(t_i) - X(t_{i-1}) = k_i, \ i = 1, \cdots, n) = \prod_{i=1}^{n} \exp(-\lambda(t_i - t_{i-1})) \frac{(\lambda(t_i - t_{i-1}))^k}{k_i!}.$$

注意这个过程是不可能有连续修正的, 因此也提供了一个后面的 Kolmogorov 连续性准则中条件不满足时的一个反例.

1.7 初遇与截口

设 $F \subset \mathbb{R}_+ \times \Omega$. 其初遇定义为

$$D_F(\omega) := \inf\{t \geqslant 0 : (t, \omega) \in F\}.$$

所以初遇是 Ω 到 $\mathbb{R}_+ \cup \{\infty\}$ 的映射. 很多常见的停时都是初遇的特例. 例如, 一个循序过程 X 首次到达一个开集或闭集 A 的时刻, 就是一个初遇, 因为此时只要取

$$F := \{(t, \omega) : X(t, \omega) \in A\}$$

即可. 但与开集或闭集的情况不同, 如果 A 只是 Borel 可测集, 就很难看清楚这个时刻是否仍然为停时——实际上连它是不是随机变量我们也看不出来, 遑论停时! 但下面的初遇定理清楚地告诉了我们它何时是随机变量, 何时又是停时.

定理 1.7.1 (初遇定理) 若 $F \in \mathscr{B}(\mathbb{R}_+) \times \mathscr{F}$, 则 D_F 为随机变量; 若 F 为循序集, 则 D_F 为停时.

这个定理的证明例如可见 [9, IV.50] 或 [25, 第 1 章第 3 节].

下面我们介绍截口定理. 它的动因之一是下面的问题: 若 X 为循序过程, 且对任意停时 τ 都有 $X_\tau = 0$ a.s.(由定理 1.4.3, X_τ 为随机变量; 提醒一下, $X_\infty := 0$). 问是否有 $P(X_t = 0, \forall t \in \mathbb{R}_+) = 1$? 这个问题又显然等价于下面的问题: 若 X, Y 为循序过程, 且对任意停时 τ 都有 $X_\tau = Y_\tau$ a.s.. 问是否有 $P(X_t = Y_t, \forall t \in \mathbb{R}_+) = 1$?

首先我们注意到, 若令

$$F := \{(t, \omega) : X(t, \omega) \neq 0\},$$

则由上面的初遇定理, 有

$$\{X_t = 0, \forall t \in \mathbb{R}_+\} = \{D_F = \infty\} \in \mathscr{F},$$

因此 $P(X_t = 0, \forall t \in \mathbb{R}_+)$ 是有意义的. 假设它小于 1, 则 $P(D_F < \infty) > 0$. 若——我是说**若**——此时对使 $D_F(\omega) < \infty$ 的 ω 均有 $X_{D_F}(\omega) \neq 0$, 则直接得到矛盾. 因此 $P(X_t = 0, \forall t \in \mathbb{R}_+) = 1$. 但不幸的是尽管 D_F 是停时, 又是 F 的初遇, 却没有理由说 $X_{D_F} \neq 0$, 因为 $(D_F(\omega), \omega)$ 未必属于 F. 因此, 我们自然会想到是否可用另一个不恒为 ∞ 的停时 τ 代替 D_F, 使得当 $\tau(\omega) < \infty$ 时 $(\tau(\omega), \omega) \in F$

成立, 从而 $X_\tau \neq 0$ 成立? 这就是下面的截口定理要解决的问题. 必须记住的是, 截口定理只对可选集成立, 而不是对一般的循序集都成立.

定理 1.7.2 (截口定理) 设 F 为可选集, 则 $\forall \epsilon > 0$, 存在停时 τ 满足

(i) 若 $\tau(\omega) < \infty$, 则 $(\tau(\omega), \omega) \in F$;

(ii) $P(\tau < \infty) \geqslant P(D_F < \infty) - \epsilon$.

特别地, 若 $P(D_F < \infty) > 0$, 则存在停时 τ 使得当 $\tau(\omega) < \infty$ 时 $(\tau(\omega), \omega) \in F$, 且 $P(\tau < \infty) > 0$.

其证明见 [9, IV.84].

有了这个定理, 就可以给前面的驱动问题以肯定的回答了, 因为既然 $P(D_F < \infty) > 0$, 就可以取足够小的 $\epsilon > 0$, 使得 $P(D_F < \infty) - \epsilon > 0$. 然后用定理中所说的 τ 代替 D_F 进行前面的推理就可以了.

现在, 证明下面的结论真的是容易得连掌都不用反了:

推论 1.7.3 两个可选过程 X, Y, 若对任意停时 τ 有 $X_\tau = Y_\tau$, 则 X, Y 无区别.

更一般地, 截口定理可用于下面的问题.

设有一个与时间 (t, ω) 有关的命题 $P(t, \omega)$, 对每个固定的 t 都有一个可略集 A_t, 使得在 A_t 之外该命题成立, 问是否有一个公共的可略例外集, 使得在此之外 $P(t, \omega)$ 对所有的 (t, ω) 都成立?

为看清这个问题, 令

$$C = \{(t, \omega) : P(t, \omega)\text{成立}\}.$$

则问题的条件是对每个 t,

$$A_t := \{\omega : (t, \omega) \in C\}$$

为可略集. 而需要知道的答案是

$$A = \bigcup_t A_t$$

是否仍是可略集. 因为涉及对不可数的集合求并, 所以这个问题的答案一般来说是否定的. 但如果这个与时间有关的命题可以预先推广到对每个固定的停时 τ(这种推广往往可以, 对于鞅可以用 Doob 停止定理, 对于 Markov 过程可以用强 Markov 性, 而获得), 都存在一个可略例外集, 使得在此之外 $P(\tau, \omega)$ 成立. 如果你能够进一步证明 C 是可选集, 那么你就可以立即由截口定理断言 A 是可略集.

本节的两个定理都很深刻, 证明也都很复杂与困难. 如果你问我是否应该掌握其证明, 我的建议是除非你需要弄清其原理以用到某个问题上, 否则更重要的是知道在什么时候、什么地方对什么问题怎么使用这个结果——工具.

1.8 Kolmogorov 连续性准则

对以连续时间为参数的过程, 本书大部分时间将只考虑连续过程. 但具体问题中涉及的过程, 其样本轨道的连续性不是自动获得的. 我们往往只知道这个过程的有限维分布, 而需要确定它是否有轨道连续的修正. 证明一个过程有连续修正的最重要的最常用的——如果不是唯一的话——工具是所谓 Kolmogorov 准则. 实际上这个准则不仅给出了连续修正的存在性, 而且给出了连续模. 同时, 其条件也十分简明, 只涉及过程的二维分布, 即 (X_s, X_t) 的分布——严格来说只是 $|X_s - X_t|$ 的分布, s, t 跑遍其定义域.

为叙述这一准则, 让我们从随机连续过程开始.

定义 1.8.1 随机过程 X_t, 如果满足

$$\forall t_0 \in \mathbb{T}, \quad \underset{t \to t_0}{\text{l.i.p.}} X_t = X_{t_0},$$

则称为随机连续.

回忆一下, 依概率收敛是可以度量化的. 具体地说, 以 L_0 表示概率空间 $(\Omega, \mathscr{F}, P)$ 上的所有随机变量全体. 对 $\xi, \eta \in L_0$, 定义

$$\rho(\xi, \eta) := E[|\xi - \eta| \wedge 1].$$

则 (L_0, ρ) 是完备度量空间, 且

$$\underset{n \to \infty}{\text{l.i.p.}} \xi_n = \xi \Longleftrightarrow \lim_{n \to \infty} \rho(\xi_n, \xi) = 0.$$

因此过程 X 在区间 $\mathbb{T}$ 上随机连续就相当于 $t \mapsto X_t$ 为 $\mathbb{T}$ 到 (L_0, ρ) 的连续映射.

随机连续过程本质上具有联合可测性, 也就是说我们有:

命题 1.8.2 任意随机连续过程都有可测修正.

证明 我们只需证明在任何有限区间上有联合可测修正, 因此不妨假定 $\mathbb{T} = [0, 1]$. 设 X 是 $[0, 1]$ 上的随机连续过程. 由于 X 在 $[0, 1]$ 上一致随机连续[①], 故对任意 n, 存在自然数 a_n, 使得

$$s, t \in [0, 1], |s - t| \leqslant 2^{-a_n} \Longrightarrow P(|X_t - X_s| \geqslant 2^{-n}) \leqslant 2^{-n}.$$

令

$$X_t^n := \begin{cases} X(2^{-a_n}[2^{a_n} t]), & t \in [0, 1), \\ X(1), & t = 1. \end{cases}$$

---

① 看出这点的最快途径是, 注意依概率收敛是可以度量化的——我们刚说过的.

则 X^n 为可测过程, 且 $\forall t \in [0,1]$, $X_t^n \to X_t$ a.s.. 令

$$\tilde{X}(t,\omega) = \limsup_{n\to\infty} X^n(t,\omega).$$

则 $\tilde{X}$ 仍是可测过程的且 $\forall t$, $\tilde{X}_t = X_t$ a.s..　　　　　　　　　　　　□

从证明中还可以看出, 我们有如下的:

推论 1.8.3　若 X 是适应的随机连续过程, 则它有循序可测修正.

连续过程和随机连续过程的区别是: 前者的几乎所有的样本轨道均是连续的, 而后者, 只是 $t \to X_t$ 是依概率连续的. 于是连续过程一定是随机连续过程. 反之, 我们有如下的:

定理 1.8.4 (Kolmogorov 连续性准则)　设 B 为可分 Banach 空间. 设 $d \in \mathbb{N}_+$, $p > 1$, $1 \geqslant r > 0$ 为常数且 $pr > d$, $T \in (0,\infty)$. 则对 $\alpha \in \left[0, r - \dfrac{d}{p}\right)$, 存在普适常数 $C = C(p,r,\alpha,d,T) > 0$, 使得任意满足

$$A(X) := \int_{[0,T]^d} E|X_t|^p dt + \int_{[0,T]^d}\int_{[0,T]^d} \frac{E|X_t - X_s|^p}{|t-s|^{d+pr}} ds dt < \infty \qquad (8.3)$$

的 B-值随机连续过程 $\{X_t, t \in [0,T]^d\}$ 都存在连续修正 $\{\widetilde{X}_t, t \in [0,T]^d\}$, 满足

$$E\left[\left(\sup_{s\neq t}\left(\frac{|\widetilde{X}_t - \widetilde{X}_s|}{|t-s|^\alpha}\right)\right)^p\right] \leqslant CA(X). \qquad (8.4)$$

特别地, $\widetilde{X}$ 的几乎所有轨道都是 α-阶 Hölder 连续的, $\forall \alpha \in \left(0, r - \dfrac{d}{p}\right)$.

证明　因为 X 随机连续, 故由命题 1.8.2, 它有一个可测修正. 必要时以此可测修正代替 X, 不妨假定 X 就是可测过程. 故由 Fubini 定理有

$$E\int_{[0,T]^d}|X_t|^p dt + E\int_{[0,T]^d}\int_{[0,T]^d} \frac{|X_t - X_s|^p}{|t-s|^{d+pr}} ds dt < \infty.$$

于是, 对 a.a. ω,

$$X.(\omega) \in W^{r,p}([0,T]^d).$$

故由 Sobolev 嵌入定理 (例如见 [1, Theorem 7.57]), 对这样的 ω, 存在 $\widetilde{X}.(\omega)$ 使得 $\widetilde{X}.(\omega) \in C^\alpha([0,T]^d)$, $\widetilde{X}.(\omega) = X.(\omega)$ dt-a.e., 且存在常数 $C = C(p,r,\alpha,d,T) > 0$ 使得

$$\left(\sup_{s\neq t}\frac{|\widetilde{X}_t(\omega) - \widetilde{X}_s(\omega)|}{|t-s|^\alpha}\right)^p \leqslant C\int_{[0,T]^{2d}} \frac{|\widetilde{X}_t(\omega) - \widetilde{X}_s(\omega)|^p}{|t-s|^{d+pr}} ds dt$$

$$= C \int_{[0,T]^{2d}} \frac{|X_t(\omega) - X_s(\omega)|^p}{|t-s|^{d+pr}} ds dt. \tag{8.5}$$

由于对 $t \in [0,T)$

$$\widetilde{X}_t(\omega) = \lim_{h\downarrow 0} \frac{1}{h^d} \int_{[t,\, t+\boldsymbol{h}]} \widetilde{X}_s(\omega) ds = \lim_{h\downarrow 0} \frac{1}{h^d} \int_{[t,\, t+\boldsymbol{h}]} X_s(\omega) ds,$$

其中 $\boldsymbol{h} := (h, \cdots, h)$, 而

$$\widetilde{X}_T(\omega) = \lim_{h\downarrow 0} \frac{1}{h^d} \int_{[T-\boldsymbol{h},T]} \widetilde{X}_s(\omega) ds = \lim_{h\downarrow 0} \frac{1}{h^d} \int_{[T-\boldsymbol{h},T]} X_s(\omega) ds,$$

故 $\widetilde{X}_t$ 对每个 $t \in [0,T]^d$ 关于 ω 可测. 由于 $\widetilde{X}$ 的轨道是连续的, 所以 $\widetilde{X}_{\cdot}(\cdot)$ 关于 (t,ω) 二元可测. 这样, 再用一次 Fubini 定理就有: 对 a.a. $t \in [0,T]^d$,

$$\widetilde{X}_t = X_t \text{ a.s..} \tag{8.6}$$

由于 $\widetilde{X}$ 与 X 均为随机连续, 故对每个 $t \in [0,T]^d$,

$$\widetilde{X}_t = X_t \text{ a.s..} \tag{8.7}$$

最后, (8.5) 及 (8.3) 意味着 (8.4). $\qquad\square$

注 (1) 这是 Kolmogorov 的一个经典结果, 我们给出的是一个基于 Sobolev 嵌入定理的证明. Kolmogorov 的原始证明应该与此不同, 因为那时还没有 Sobolev 嵌入定理 (甚至, 或许 Sobolev 嵌入定理的发现受到了这个结果的启发也不一定). 当然, 这只是猜测, 事实上我们并不知道 Kolmogorov 是怎么证的, 因为他从来没有正式发表过他的这个准则及其证明. 更概率一点的证明基本上是大同小异的, 可参见几乎任何一本随机过程或随机分析方面的书.

(2) 需要注意的是, 这里给出的条件和用概率方法给出的条件略有差别, 互不包含, 但应用上几乎没有差别. 因为要用 Sobolev 空间的理论, 这里假定了 $p > 1$, 但事实上用概率方法证明时并不需要这个条件, 而只要求 $p > 0$. 不过我实在很怀疑 $p \leqslant 1$ 时这个结果有什么实际用处, 因为此时连最简单的过程 $X(t) = t$ 也不满足定理的条件.

(3) 由于要照顾到一般情况, 所以对具体的过程来说, 这个准则所保证的连续性未必是最佳的. 例如, 用这个准则, 最多只能得到 Hölder 连续性, 即使对事实上的确是 Lipschitz 连续的函数, 例如 $X(t) = t$, 也只能得到 Hölder 连续性. 所以要得到更好的连续性甚至可微性时, 需要更聪明地、更灵活地而不是机械地、教条地使用这个准则. 后面关于随机微分方程解对初值的可微性的推导就是一个很好的例子.

(4) 最后, 我们不得不感叹一下, 这样一个重要的结果 Kolmogorov 竟然不屑于发表, 你知道 Kolmogorov 有多伟大了吧?!

下面的推论用起来更方便一些.

推论 1.8.5　设 d, p, r, α, T 同上. 令

$$B(X) := \sup_{s,t\in[0,T]^d,\, s\neq t} \frac{E[|X_t - X_s|^p]}{|t-s|^{d+\beta}}.$$

若 $B(X) < \infty$, 则 X 存在连续修正 $\widetilde{X}_t, t \in [0,T]^d$, 且存在常数 $C = C(p, \beta, \alpha, d, T) > 0$ 使得对 $\forall \alpha \in [0, \beta/p)$,

$$E\left[\left(\sup_{s\neq t}\left(\frac{|\widetilde{X}_t - \widetilde{X}_s|}{|t-s|^\alpha}\right)\right)^p\right] \leqslant CB(X).$$

证明　对 $Y_t := X_t - X_0$ 直接用定理 1.8.4, 注意 Y 的随机连续性是显然的 (你说是吗?). □

1.9　连续过程的弱收敛性

我们先回忆一下有关概率测度和随机变量的弱收敛性的一些概念和结果. 详细叙述可见 [60].

设 E 是 Polish 空间, $\mathscr{E}$ 是其 Borel σ-代数, $\{\mu_n\}$ 是 $(E, \mathscr{E})$ 上的一列概率测度, μ 是 $(E, \mathscr{E})$ 上的概率测度. 若对 E 上的任意有界连续函数 f 均有

$$\lim_{n\to\infty}\int_E f(x)d\mu_n = \int_E f(x)d\mu,$$

则称 μ_n 弱收敛于 μ. 又设 ξ_n, ξ 为取值于 E 的随机变量 (可以定义在不同的概率空间上), 分别以 μ_n, μ 为其分布. 若 μ_n 弱收敛于 μ, 则也称 ξ_n 弱收敛于 ξ.

应用中重要的问题是要知道什么时候一列测度 $\{\mu_n\}$ 在弱收敛的意义下是相对紧的, 即在其任何一个子列中均可再抽出一个弱收敛的子列. 根据 Prohorov 定理, 这等价于要判断什么时候这列测度是胎紧的, 即对任意 $\epsilon > 0$, 存在紧集 $K \subset E$, 使得

$$\inf_n \mu_n(K) > 1 - \epsilon.$$

设 ξ_n 的分布是 μ_n. 若 $\{\mu_n\}$ 胎紧, 则称 $\{\xi_n\}$ 胎紧.

下面我们就对连续过程给出具体的胎紧性判别准则. 我们先从一些相当一般的概念和记号开始.

考虑 $C([0,\infty);B)$, 即 $[0,\infty)$ 上的取值于 B 的连续函数全体, 其中 B 为可分度量空间, 度量为 ρ. 你当然也可以只考虑定义在有限区间 $[0,T]$ 上的连续函数, 那样的话一切都是类似的, 如果不是更简单一些的话.

在此空间上定义度量

$$\rho(x,y) := \sum_{n=1}^{\infty} 2^{-n} \sup_{t \in [0,n]} (\rho(x_t, y_t) \wedge 1).$$

按此度量, $C([0,\infty);B)$ 也成为可分度量空间. 以后如无特别说明, 此空间上的可测结构均取为其作为该度量空间的 Borel 代数 $\mathscr{C}$.

对 $x \in C([0,\infty);B)$, 令

$$\pi_{(t_1,\cdots,t_n)}(x) := (x_{t_1}, \cdots, x_{t_n}),$$

$$\Pi := \bigcup_{n=1}^{\infty} \bigcup_{(t_1,\cdots,t_n) \in [0,\infty)^n} \sigma(\pi_{(t_1,\cdots,t_n)}).$$

则我们有:

命题 1.9.1 Π 为 π 类, 且 $\sigma(\Pi)$ 恰为 $C([0,\infty);B)$ 上的 Borel 代数.

证明留作习题.

设 $X = \{X_t, t \geqslant 0\}$ 是定义在 $(\Omega, \mathscr{F}, P)$ 上、取值于 $(B, \mathscr{B})$ 的连续过程. 则

$$\omega \mapsto X_\cdot(\omega)$$

为 Ω 到 $C([0,\infty), B)$ 上的映射, 且为 $\mathscr{F}/\mathscr{C}$-可测, 因而在 $C([0,\infty))$ 上诱导了一个测度, 这个测度称为 $X_\cdot$ 的分布.

两个过程 X, Y(可以定义在不同的概率空间上), 如果其有限维分布系统相同 (即对任意 n 及 $t_1, t_2, \cdots, t_n \in [0,\infty)$, $(X_{t_1}, \cdots, X_{t_n})$ 与 $(Y_{t_1}, \cdots, Y_{t_n})$ 同分布), 那么 X 与 Y 也具有相同的分布. 事实上, 设其分布分别为 μ_X 及 μ_Y, 则限制在 Π 上, $\mu_X = \mu_Y$. 故由单调类定理知 $\mu_X = \mu_Y$.

现在取 $B = \mathbb{R}^d$. 令 $W := C([0,\infty); \mathbb{R}^d)$. 在 W 上定义度量

$$\rho(w_1, w_2) = \sum_{n=1}^{\infty} 2^{-n} \left[\left(\max_{0 \leqslant t \leqslant n} |w_1(t) - w_2(t)| \right) \wedge 1 \right], \quad w_1, w_2 \in W^d.$$

则 (W, ρ) 为 Polish 空间. 以 $\mathscr{W}$ 表示该空间的 Borel 代数, 则显然 d 维连续随机过程可视为是取值于 $(W, \mathscr{W})$ 的随机变量. 在 $(W, \mathscr{W})$ 上定义坐标过程

$$X(t, w) := w(t),$$

并令

$$\mathscr{W}_t := \sigma(X(s) : s \leqslant t).$$

有必要指明维数时, 我们将分别写为 W^d, $\mathscr{W}^d$ 与 $\mathscr{W}_t^d$.

我们有下面的定理.

定理 1.9.2   设 $\{X_n(t), t \in \mathbb{R}_+\}$ 为一列 (分别定义在可能不同的概率空间 $(\Omega_n, \mathscr{F}_n, P_n)$ 上的) 连续随机过程, 则 $\{X_n\}$ 胎紧的充要条件为

$$\lim_{N \to \infty} \sup_n P_n(|X_n(0)| > N) = 0 \tag{9.8}$$

与

$$\lim_{\delta \downarrow 0} \sup_n P_n \left(\max_{0 \leqslant s,t \leqslant T, |s-t| < \delta} |X_n(t) - X_n(s)| > \epsilon \right) = 0, \quad \forall T > 0, \epsilon > 0. \tag{9.9}$$

证明   以 μ_n 记 X_n 的分布.

必要性: 设 $\{\mu_n\}$ 胎紧, 则对任给 $\alpha > 0$, 存在紧集 $K_\alpha \subset W^d$ 使得

$$\inf_n \mu_n(K_\alpha) > 1 - \alpha.$$

由 Ascoli-Arzelà 定理, 有

$$C_\alpha := \sup_{w \in K_\alpha} |w(0)| < \infty,$$

且对任意 $T > 0$,

$$\lim_{\delta \downarrow 0} \sup_{w \in K_\alpha} \sup_{0 \leqslant s,t \leqslant T, |s-t| < \delta} |w(t) - w(s)| = 0.$$

而这两式显然分别意味着 (9.8) 与 (9.9).

充分性: 设 $\epsilon > 0$ 任意给定. 由 (9.8), 可取 N 使得

$$\inf_n \mu_n(|w(0)| \leqslant N) > 1 - \epsilon/2.$$

再令

$$A_{T,\delta,\epsilon'} := \left\{ w \in W^d : \sup_{|s-t| < \delta, s,t \in [0,T]} |w(t) - w(s)| \leqslant \epsilon' \right\}.$$

由 (9.9), 可取 $\delta_k > 0$ 使得

$$\inf_n \mu_n(A_{k,\delta_k,2^{-k}}) > 1 - 2^{-(k+1)}\epsilon.$$

令

$$K_\epsilon := \{|w(0)| \leqslant N\} \bigcap_{k=1}^\infty A_{k,\delta_k,2^{-k}}.$$

由 Ascoli-Arzelà 定理, K_ϵ 为相对紧集且

$$\inf \mu_n(K_\epsilon) > 1 - \left(\epsilon/2 + \sum_{k=2}^\infty \frac{\epsilon}{2^k}\right) = 1 - \epsilon. \qquad \square$$

在实际应用中, 条件 (9.8) 与 (9.9), 尤其是 (9.9), 往往不太好直接验证. 这时, 下面的充分条件就显得很方便.

推论 1.9.3　沿用定理 1.9.2 的记号. 设
(i) 存在正常数 p 与 C 使得

$$\sup_n E_n[|X_n(0)|^p] \leqslant C;$$

(ii) $\forall k > 0$, 存在常数 $\alpha_k > 1$, $\beta_k > 1$, $C_k > 0$ 使得

$$\sup_n E_n[|X_n(t) - X_n(s)|^{\alpha_k}] \leqslant C_k|t - s|^{\beta_k}, \quad \forall n, \ \forall s, t \in [0, k].$$

则 $\{X_n\}$ 胎紧.

证明　由 (i) 及 Chebyshev 不等式得

$$\sup_n P_n(|X_n(0)| > N) \leqslant N^{-p} \sup_n E_n[|X_n(0)|^p] \leqslant N^{-p}C.$$

故

$$\lim_{N\to\infty} \sup_n P_n(|X_n(0)| > N) = 0.$$

再由 (ii) 及推论 1.8.5, 知存在常数 $C_k' > 0$ 及 $q_k \in \left[0, \dfrac{\beta_k - 1}{\alpha_k}\right)$ 使得

$$\sup_n E_n\left[\left(\sup_{|s-t|\leqslant\delta,s,t\in[0,k]} (|t-s|^{-q_k}|X_n(s) - X_n(t)|)\right)^{\alpha_k}\right] \leqslant C_k'.$$

故

$$P_n\left(\sup_{|s-t|\leqslant\delta,s,t\in[0,k]} |X_n(s) - X_n(t)| > \epsilon\right)$$

$$\leqslant P_n\left(\sup_{|s-t|\leqslant\delta,s,t\in[0,k]} \frac{|X_n(s) - X_n(t)|}{|t - s|^{q_k}} > \epsilon\delta^{-q_k}\right)$$

$$\leqslant \epsilon^{-\alpha_k} \delta^{\alpha_k q_k} C.$$

所以

$$\limsup_{\delta \downarrow 0} \sup_n P_n \left(\sup_{|s-t|\leqslant\delta, s,t\in[0,k]} |X_n(s) - X_n(t)| > \epsilon \right) = 0.$$

这样上面定理的两个条件都满足了, 因而本推论获证.   □

习　题　1

1. 举例说明互为修正的过程未必是无区别的, 并证明两个互为修正的过程, 若几乎所有的轨道都是右 (或左) 连续的, 则无区别.

2. 设 $(\Omega, \mathscr{F}, P)$ 为完备概率空间, $\mathscr{F}_n, n = 1, 2, \cdots$ 是递减的 $\mathscr{F}$ 的子 σ-代数列. 以 $\mathscr{N}$ 表示 P-可略集全体. 证明求交与完备化的过程是可以交换的, 即

$$\bigcap_{n=1}^{\infty} \sigma(\mathscr{F}_n, \mathscr{N}) = \sigma\left(\bigcap_{n=1}^{\infty} \mathscr{F}_n, \mathscr{N}\right).$$

3. 设 $X_t, t \geqslant 0$ 为随机过程, 且 $P(X_s \leqslant X_t) = 1, \forall s < t$. 证明 X 有一修正 Y, 其几乎所有轨道都是单调上升的.

4. 设 $\mathbb{T} = [0, T]$ 或 $[0, \infty)$. 证明: τ 为 $(\mathscr{F}_t)$-停时的充要条件是 $\{\tau < t\} \in \mathscr{F}_t, \forall t \in \mathbb{T}$.

5. 证明: τ, σ 为停时 $\Rightarrow \tau \wedge \sigma, \tau \vee \sigma, \tau + \sigma$ 均为停时, 其中 $\tau \wedge \sigma := \min\{\tau, \sigma\}$, $\tau \vee \sigma := \max\{\tau, \sigma\}$, 且有

(a)
$$\tau \in \mathscr{F}_\tau;$$

(b)
$$\sigma \leqslant \tau \Longrightarrow \mathscr{F}_\sigma \subset \mathscr{F}_\tau;$$

(c)
$$\mathscr{F}_\sigma \cap \mathscr{F}_\tau = \mathscr{F}_{\sigma \wedge \tau};$$

(d)
$$\mathscr{F}_\sigma \vee \mathscr{F}_\tau = \mathscr{F}_{\sigma \vee \tau};$$

(e)
$$\{\sigma = \tau\}, \{\sigma \leqslant \tau\}, \{\sigma < \tau\} \in \mathscr{F}_{\sigma \wedge \tau};$$

(f)
$$A \in \mathscr{F}_\sigma \Longrightarrow A\{\sigma = \tau\}, A\{\sigma \leqslant \tau\}, A\{\sigma < \tau\} \in \mathscr{F}_{\sigma \wedge \tau};$$

(g)
$$A \in \mathscr{F}_{\sigma \vee \tau} \Longrightarrow A\{\sigma \geqslant \tau\}, A\{\sigma > \tau\} \in \mathscr{F}_\sigma, \quad A\{\sigma = \tau\} \in \mathscr{F}_{\sigma \wedge \tau}.$$

6. 设 τ_n 是停时, 证明

$$\inf_n \tau_n, \quad \limsup_n \tau_n, \quad \liminf_n \tau_n$$

均是停时.

7. 设 τ_n, τ 是停时, $\tau_n \downarrow \tau$. 证明:

(a) $\mathscr{F}_\tau$ 完备;

(b)

$$\mathscr{F}_\tau = \bigcap_{n=1}^\infty \mathscr{F}_{\tau_n}.$$

8. 设 τ 为停时, $\sigma : \Omega \mapsto [0, \infty]$, $\sigma \geqslant \tau$ 且 $\sigma \in \mathscr{F}_\tau$. 证明 σ 也为停时.

9. 设 τ 为停时, $n \in \mathbb{N}_+$. 令

$$\tau_n := 2^{-n}([2^n \tau] + 1),$$

$$\tau_n' := 2^{-n}[2^n \tau],$$

这里 $[x]$ 表示 x 的整数部分. 证明 τ_n 为停时, 并举例说明 τ_n' 不是停时.

10. 设 (ξ_n) 为 $(\mathscr{F}_n)$ 适应, $c \in \mathbb{R}$. 令

$$\tau := \inf\{n \geqslant 0 : \xi_n \geqslant c\} \qquad (\inf \varnothing := \infty).$$

证明 τ 为停时. 另外, 问是否有 $\xi_\tau = c$?

11. 设 $\mathbb{T} = \mathbb{R}_+$, $(S, \mathscr{S}) = (\mathbb{R}^d, \mathscr{B}^d)$, (X_t) 为左连续或右连续适应过程, $G \subset \mathbb{R}^d$ 为开集. 令

$$\tau := \inf\{t : X_t \in G\}.$$

证明 τ 为停时, 并由此证明命题 1.6.6 的证明中所定义的 σ_k^ϵ 的确都是停时.

12. 设 τ 为停时, (ξ_n) 为 $(\mathscr{F}_n)$ 适应 $(\mathscr{F}_\infty := \mathscr{F})$. $E[|\xi|] < \infty$. 证明:

(a)

$$\xi_\tau, \ \xi_n 1_{\tau=n} \in \mathscr{F}_\tau, \quad n = 1, 2, \cdots, \infty;$$

(b) 在每一集合 $\{\tau = n\}$ 上

$$E[\xi | \mathscr{F}_\tau] = E[\xi | \mathscr{F}_n], \quad n = 1, 2, \cdots, \infty.$$

13. 设 $\tau : \Omega \mapsto [0, \infty]$. 证明 τ 为停时的充要条件是 $(\tau, \infty) \in \mathscr{O}$.

14. 证明所有左连右极适应过程均是可选过程.

15. 证明: 左连续或右连续的适应过程是循序可测过程.

16. 设 $(\xi_t, t \in \mathbb{T})$ 为 $(\Omega, \mathscr{F}, P)$ 上的有界随机过程且 $(t, \omega) \mapsto \xi_t(\omega)$ 为 $\mathscr{B}_\mathbb{T} \times \mathscr{F}$-可测; 设 $\mathscr{G}$ 为 $\mathscr{F}$ 的子 σ-代数, $\eta \in \mathscr{G}_+$. 则 $E[\xi_t | \mathscr{G}]$ 为 $\mathscr{B}_\mathbb{T} \times \mathscr{G}$ 二元可测, 且 $E[\xi_\eta | \mathscr{G}] = E[\xi_t | \mathscr{G}]|_{t=\eta}$.

17. 设 $(\Omega, (\mathscr{F}_t), \mathscr{F}, P)$ 为概率空间, σ 是停时.

(a) 令

$$\mathscr{G}_t = \mathscr{F}_{\sigma+t}.$$

证明 $(\mathscr{G}_t)$ 满足通常条件.

(b) 设 τ 是 $(\mathscr{G}_t)$-停时, 证明 $\sigma + \tau$ 是 $(\mathscr{F}_t)$-停时.

(c) 设 X 是 $(\mathscr{F}_t)$ 可选过程, 令 $Y_t = X_{\sigma+t}$. 证明 Y 是 $(\mathscr{G}_t)$-可选过程.

(d) 设 A 是 $(\mathscr{F}_t)$-可选集, 证明

$$\theta_\sigma(A) := \{(\sigma(\omega) + t, \omega) : (t, \omega) \in A\}$$

为 $(\mathscr{G}_t)$-可选集.

18. 设 X_t 在 $[0,1]$ 上随机连续, 证明:

(a) 它在 $[0,1]$ 上一致随机连续, 即 $\forall \epsilon, \gamma > 0, \exists \delta > 0$, 使得

$$t, s \in [0,1], \ |t - s| < \delta \Longrightarrow P(|X_t - X_s| > \epsilon) < \gamma.$$

(b) 它在 $[0,1]$ 上依概率有界, 即

$$\lim_{c \to \infty} \sup_{t \in [0,1]} P(|X_t| > c) = 0.$$

19. 设 X 是 $[0,1]$ 上的连续过程. 证明: $\forall \epsilon > 0$,

$$\lim_{\delta \downarrow 0} P\left(\sup_{|s-t| \leqslant \delta} |X_t - X_s| > \epsilon\right) = 0.$$

20. 举例说明随机连续的过程未必是连续过程.

21. 举例说明若仅有

$$E[|X_t - X_s|^p] \leqslant C|t - s|,$$

那么并不能保证 X 有连续修正.

22. 设 X_t, Y_t 是连续过程 (可定义在不同的概率空间上), 且具有相同的有限维分布系统, A 为闭集. 令

$$\tau := \inf\{t : X_t \in A\}, \quad \sigma := \inf\{t : Y_t \in A\}.$$

证明: $(X_\cdot, \tau)$ 与 $(Y_\cdot, \sigma)$ 同分布, X_τ 与 Y_σ 同分布.

23. 设 τ 为停时.

(a) 证明映射

$$\omega \mapsto (\tau(\omega), \omega)$$

为 $\mathscr{F}_\tau / \mathscr{P}$ 可测.

(b) 设 X 为循序过程. 证明 $X_\tau \in \mathscr{F}_\tau$.

24. 设 $\{X(t, x, \omega), (t, x) \in \mathbb{R}_+ \times \mathbb{R}^d\}$ 满足

(a) 对任意 $x, \omega, X(\cdot, x, \omega)$ 连续;

(b) 对任意 $t, X(t, \cdot, \cdot) \in \mathscr{B}^d \times \mathscr{F}$. 设 A 为开集或闭集. 令

$$\tau(x, \omega) := \inf\{t : X(t, x, \omega) \notin A\}.$$

证明: $\tau \in \mathscr{B}^d \times \mathscr{F}$.

25. 举例说明命题 1.5.4 在 φ 不是严格单调时不再成立.

26. 设 X, Y 为可选过程且满足下面两个条件之一:

(i) 对任意有界停时 τ,

$$P(X_\tau = Y_\tau) = 1;$$

(ii) X, Y 均有界且对任意停时

$$E[X_\tau; \tau < \infty] = E[Y_\tau; \tau < \infty].$$

证明 X 与 Y 无区别.

27. 设 X_t, $t \in [0,1]$ 是随机过程, 在 $(0,1]$ 上连续, 在 $[0,1]$ 上有连续修正. 证明 X 本身就在 $[0,1]$ 上连续, 无需修正.

28. 设 X 是 $[0,1]$ 上的连续过程. 证明: $\forall \epsilon > 0$,

$$\lim_{\delta \downarrow 0} P\left(\sup_{s,t \in [0,1], |s-t| < \delta} |X_t - X_s| < \epsilon\right) = 1.$$

29. 设 X 为连续过程, $p \geqslant 1$, $\beta > 0$, 满足

$$E[|X_t - X_s|^p] \leqslant C|t-s|^{1+\beta}, \quad s,t \in [0,T].$$

证明: $\forall \alpha < \beta$, $\exists C > 0$, 使得 $\forall \delta > 0$ 有

$$E\left[\sup_{s,t \in [0,T], |s-t| \leqslant \delta} |X_t - X_s|^p\right] \leqslant C\delta^\alpha.$$

30. 证明命题 1.9.1.

31. 设 φ 为右连续增函数, τ 为其反函数, 证明 $\varphi(\tau(t)) \geqslant t$; 若进一步 φ 连续, 则 $\varphi(\tau(t)) = t$.

32. 设 g 为 $\mathbb{R}_+$ 上的连续函数, φ 为 $\mathbb{R}_+$ 上的连续递增函数, τ 为其反函数. 令 $f(t) := g(\tau_t)$. 证明: 若 g 在 φ 的常值区间上为常值, 则 f 为连续函数.

33. 设取值于 $\mathbb{R}^m$ 的连续过程列 $\{X_n\}$ 胎紧, $f_n : \mathbb{R}^m \mapsto \mathbb{R}^d$ 为在任意有界区域上等度连续的连续函数列且 $\sup_n |f_n(0)| < \infty$. 证明: $\{f_n(X_n)\}$ 胎紧.

第 2 章 Brown 运动

自然界有这样一种运动, 即 1827 年英国植物学家 Robert Brown 所发现的悬浮在液体中的微粒 (例如花粉) 的无规则运动——这是一种乍看起来不符合经典力学规则的运动. 而后人们发现这种运动是由大量的液体分子的碰撞引起的, 碰撞无序地改变着微粒位移的快慢, 更改变着方向, 因而其统计特征 (如平均位移、区域分布等) 与液体的物理性质诸如温度、粘性等参数有密切的关系, 故从原则上讲可以通过观察这种运动测定这些参数, 这自然引起了物理学家的兴趣. 1905 年 Albert Einstein 依据分子运动学原理并以偏微分方程为工具计算了这种运动的概率分布, 尔后, Jean Baptiste Perrin 通过 Einstein 的公式确定了 Avogadro 常数——这一工作获得了 1926 年的诺贝尔物理学奖. 这种运动后来以它的发现者的名字命名, 被称为 Brown 运动.

Langevin 在经典力学的范畴内解释了 Einstein 的工作. 他的依据很简单, 就是牛顿第二定律, 只不过在通常的摩擦力之外, 加上了一种所谓的无规力 (即大量分子撞击产生的合力), 由此很明快地推导出了 Einstein 的结果. 后来 Ornstein、Uhlenbeck 及王明贞系统地发展了 Langevin 的思想, 他们的研究留下的深刻痕迹是数学上从此有了一种叫 Ornstein-Uhlenbeck 过程的随机过程.

需要特别指出的是, 物理学家如 Einstein、Langevin、Ornstein、Uhlenbeck、王明贞等笔下的 Brown 运动, 是上面这种运动的轨迹, 即速度对时间的积分. 而今天数学上所说的 Brown 运动, 其实是真实的物理现实中推动这种运动的无规力, 亦即 Langevin 笔下的无规力, 而这是不能被直接观察到的. 因而, 物理现实中微粒所做的 Brown 运动是有速度的, 只是没有加速度而已. 其速度过程就是 Ornstein-Uhlenbeck 过程, 而没有加速度的原因则在于该微粒受到的力是大量分子撞击所形成的无规则的力.

在做了上面的说明之后, 我们将仍然按数学界的既有习惯, 将物理上推动这种运动的无规力称为 Brown 运动, 并且的确将其视为一种运动, 比如将其随时间而变化的状态称为 "轨道".

1923 年 Nobert Wiener 建立了这种运动——即我们下面所说的数学 Brown 运动——的严格数学模型, 从而奠定了对它进行数学分析的基础. 也因此 Brown 运动今天在数学上的同义词是 Wiener 过程.

殊途同归. 1900 年, 法国数学家 Louis Bachelier 通过对巴黎股票市场的观察与研究也得到了 Brown 运动的许多深刻性质, 比 Einstein 还早 5 年. 但遗憾的是, Einstein 和 Bachelier 的名字在这种运动的命名中都缺席了. Einstein 是无所谓了, 反正任何东西相对于相对论来说都是高阶无穷小. 但对 Bachelier 来说, 这实在是太遗憾了, 因为他除了 Brown 运动以外好像就没有其他东西了. 但有什么办法呢? 历史常常是让人叹息的啊!

2.1 定义及构造

剔除了其物理属性之后, 数学上的 Brown 运动 ——不少文献中常常简记为 BM (Brownian Motion), 是如下这样定义的.

定义 2.1.1 标准 Brown 运动, 或者简称 Brown 运动, 又称 Wiener 过程, 是定义在某一概率空间 $(\Omega, \mathscr{F}, P)$ 上的满足下列条件的随机过程 $\{w_t(\omega)\}$.

1. $w_0 \equiv 0$;

2. 任取 $0 \leqslant t_0 < t_1 < \cdots < t_n$, $w_{t_1} - w_{t_0}, w_{t_2} - w_{t_1}, \cdots, w_{t_n} - w_{t_{n-1}}$ 相互独立;

3. $w_t - w_s \sim N(0, t-s)$, $\forall t \geqslant s \geqslant 0$;

4. 对 a.a. ω, $t \mapsto w_t(\omega)$ 连续.

如果去掉第一条关于初值为 0 的要求, 而另设 $w_0 = \xi$, 则称为初值为 ξ 的 Brown 运动.

我们说过, Brown 运动在物理上的含义是大量分子碰撞所产生的无规力, 因而上述假设的正当性需要物理洞察来支持, 这种支持可见 [42, 73, 75].

为从数学上严格证明 Brown 运动存在, Wiener 在当时的数学水平的条件下花费了相当大的力气, 他直接在 $C([0,1])$ 上构造了一个 Gauss 测度, 在这个测度下坐标过程 (若以 ω 代表 $C([0,1])$ 中的一般点, 那么 $X_t(\omega) := \omega(t)$ 就称为坐标过程) 就是 Brown 运动. 于是后来这个 Gauss 测度就被称为 Wiener 测度, 带这个测度的 $C([0,1])$ 称为 Wiener 空间, Brown 运动也称为 Wiener 过程. 后来法国数学家 Paul Lévy 给出了一种新的构造方法. 下面采用的证明的基本思想是 Lévy 的, 但因为我们有了当时 Lévy 所没有的 Kolmogorov 准则这个强有力的工具, 技术上比 Lévy 原来的证明要简洁一些.

我们先回顾一下一些初等概念和结果.

定义 2.1.2 一个 d 维随机向量 $\xi := (\xi_1, \cdots, \xi_d)^*$, 如果其特征函数 φ 有表达式

$$\varphi(t) = \exp\left(im^*t - \frac{1}{2}t^*At\right), \quad t \in \mathbb{R}^d,$$

其中 $m \in \mathbb{R}^d$, A 为 $d \times d$ 对称非负定矩阵, 则称为具有参数 (m, A) 的 Gauss 向

量, 记为 $\xi \sim N(m, A)$.

例 2.1.3　设 $\xi_i \sim N(0, 1)$(标准正态分布), $i = 1, \cdots, d$, 且 $\xi_1, \cdots, \xi_d$ 相互独立, 则 $(\xi_1, \cdots, \xi_d)^* \sim N(0, I)$, 其中 I 是 $d \times d$ 单位矩阵.

例 2.1.4　设 $\xi \sim N(m, A)$, B 是 $d \times d$ 矩阵, $b \in \mathbb{R}^d$. 令

$$\eta := B\xi + b.$$

则 $\eta \sim N(Bm + b, BAB^*)$.

我们还需要下面的引理.

引理 2.1.5　1. 设 (X_n) 为一列定义在同一个概率空间上的 Gauss 随机变量且 X_n 依概率收敛于 X, 则 X 也为 Gauss 随机变量且 $X_n \xrightarrow{L^p} X$, $\forall p \geqslant 1$.

2. 若 (X_n) 为相互独立的 Gauss 随机变量列, 且 $\sum_{n=1}^{\infty} X_n$ 依概率收敛于 X, 则这一收敛也在几乎必然和 L^p 意义下成立, $\forall p \geqslant 1$.

证明　1. 设 X_n 的特征函数为

$$f_n(t) := E[e^{itX_n}] = \exp\left\{ im_n t - \frac{1}{2}\sigma_n^2 t^2 \right\}.$$

因为 $X_n \xrightarrow{P} X$, 所以 f_n 对每个 t 收敛, 因此必有 $m, \sigma \in \mathbb{R}$ 使得

$$m_n \to m, \quad \sigma_n \to \sigma.$$

所以

$$E[e^{itX}] = \lim_{n \to \infty} E[e^{itX_n}] = \exp\left\{ imt - \frac{1}{2}\sigma^2 t^2 \right\}.$$

从而 $X \sim N(m, \sigma^2)$. 再由 $\{|m_n|, \sigma_n, n \geqslant 1\}$ 有界容易推出

$$\sup_n E[|X_n|^p] < \infty, \quad \forall p \geqslant 1.$$

因此 $\forall p \geqslant 1$, $\{|X_n|^p, n \geqslant 1\}$ 一致可积, 于是 $X_n \xrightarrow{L^p} X$.

2. 令

$$Y_n := \sum_{k=1}^{n} X_k.$$

则 Y_n 是 Gauss 变量且 $Y_n \xrightarrow{P} X$. 于是由上一结论, $Y_n \xrightarrow{L^p} X$. 再根据 [74, 定理 3.2.3], $Y_n \xrightarrow{\text{a.s.}} X$. □

接下来我们证明:

命题 2.1.6 设 H 为实可分 Hilbert 空间, 则存在概率空间 $(\Omega, \mathscr{F}, P)$ 及其上的随机变量族 $\{X(h), h \in H\}$, 使

1. 映射 $h \mapsto X(h)$ 为线性. (即对 $\forall a, b \in \mathbb{R}, h, g \in H$, 有 $X(ah + bg) = aX(h) + bX(g)$ a.s..) (注意例外集与 a, b, h, g 有关.)

2. $\forall h, X(h) \sim N(0, \|h\|^2)$.

证明 由乘积空间理论 (例如见 [60]), 有概率空间 $(\Omega, \mathscr{F}, P)$ 及其上独立随机变量列 (g_n), 使 $P \circ g_n^{-1} = N(0, 1), \forall n$.

再取 H 的标准正交基 $\{e_n\}$. 考察级数

$$\sum_{n=1}^{\infty} \langle h, e_n \rangle g_n. \tag{1.1}$$

因对正整数 $M > N$, 有

$$E\left[\left|\sum_{n=N}^{M} \langle h, e_n \rangle g_n\right|^2\right] = \sum_{n=N}^{M} \langle h, e_n \rangle^2 \to 0 \quad (M, N \to \infty),$$

故级数 (1.1) 在 L^2 中收敛, 其和记为 $X(h)$. 由 $\{g_n\}$ 的独立性, 对任意 n, $\sum_{k=1}^{n} \langle h, e_k \rangle g_k$ 为 Gauss 变量, 且

$$E\left[\left|\sum_{k=1}^{n} \langle h, e_k \rangle g_k\right|^2\right] = \sum_{k=1}^{n} \langle h, e_k \rangle^2.$$

由引理 2.1.5, $X(h)$ 为 Gauss 随机变量. 又

$$X(ah + bg) = \sum_{n=1}^{\infty} \langle ah + bg, e_n \rangle g_n$$

$$= a \sum_{n=1}^{\infty} \langle h, e_n \rangle g_n + b \sum_{n=1}^{\infty} \langle g, e_n \rangle g_n$$

$$= aX(h) + bX(g),$$

且

$$E[\|X(h)\|^2] = E\left[\left|\sum_{k=1}^{\infty} \langle h, e_k \rangle g_k\right|^2\right]$$

$$= \sum_{k=1}^{\infty} \langle h, e_k \rangle^2 = \|h\|^2. \qquad \square$$

现在我们证明:

定理 2.1.7　Brown 运动是存在的.

证明　取 $H := L^2(\mathbb{R}_+, \mathscr{B}, dt)$, X 为命题 2.1.6 中构造的线性映射. 则 $\forall t$, $1_{[0,t]} \in H$. 令

$$w_t := X(1_{[0,t]}).$$

由习题 12, $\{w_t\}$ 满足 Brown 运动之定义的前三条性质. 但没有理由期待它满足第四条即几乎所有的轨道是连续的. 为得到连续轨道, 必须对 $\{w_t\}$ 予以修正——这有可能吗?

这就是 Kolmogorov 连续性准则一显身手的地方了. 由于 $w_t - w_s \in N(0, t - s)$, 故

$$E[|w_t - w_s|^4] = 3|t - s|^2.$$

由 Kolmogorov 准则, w 在每一区间 $[n, n+1]$ 上都存在连续修正. 将这些连续修正拼接起来, 则得到 w 在 $[0, \infty)$ 上的连续修正. 易见该修正满足 Brown 运动之定义中的所有条件, 因此就是 Brown 运动.　　　　　□

为简洁计, 修正 w 后得到的 Brown 运动今后仍用 w 表示. $[0, T]$ 上的 Brown 运动在 $C([0,T])$ 上的分布称为 Wiener 测度 (重复一遍: $T = \infty$ 时 $[0, T]$ 理解为 $[0, \infty)$). 显然 Wiener 测度集中在 $C_0([0, T])$ 上, 其中

$$C_0([0, T]) = \{\omega \in C([0, T]) : \omega(0) = 0\}.$$

上面所定义的 Brown 运动实际上是一维 Brown 运动. 把 n 个独立的一维 Brown 运动放在一起, 就得到 n 维 Brown 运动, 即我们有:

定义 2.1.8　设 $\{w_t^i\}$, $i = 1, 2, \cdots, n$ 是定义在同一个概率空间上的 n 个独立的 Brown 运动, 则 $\{(w_t^1, \cdots, w_t^n)\}$ 称为 n 维 Brown 运动.

在上面的构造过程中, $X(1_{[0,t]})$ 是作为一个独立随机变量的和出现的, 这个和几乎必然收敛, 但并不排除对于不同的 t 例外集不同, 而即便是对所有的 t 可以有公共的例外集, 也还有一个收敛对 t 是否一致的问题. 因此, 将 $X(1_{[0,t]})$ 修正后得到的 w_t 是否能直接表示为独立随机变量 (取值于连续函数空间) 的和就成了一个问题, 一个远非平凡的问题. 下面的 Itô-Nisio 定理回答了这个问题.

定理 2.1.9 (Itô-Nisio)　设 $\{\varphi_n, n = 1, 2, \cdots\}$ 是 $L^2([0, 1], dt)$ 的标准正交基, $\{\xi_n\}$ 是一列相互独立的标准 Gauss 变量. 则级数

$$\sum_{n=1}^{\infty} \xi_n \int_0^t \varphi_n(s) ds, \quad t \in [0, 1]$$

在 $[0, 1]$ 上几乎必然一致收敛, 且其和是 $[0, 1]$ 上的标准 Brown 运动.

这个定理的证明见 [32]. 注意它虽然是对 $[0,1]$ 叙述的, 但显然在任意有限区间上都有相同的结果. 此外, 这个定理包含了 Brown 运动的 Wiener 构造及 Lévy 构造 (见 [31]) 作为特例.

2.2　基 本 性 质

本节我们介绍 Brown 运动的一些最基本的性质. 设 $\{w_t\}$ 是一维 Brown 运动.

2.2.1　轨道的 Hölder 连续性

我们已经知道 Brown 运动的轨道是连续的, 但我们实际上可以说得更多一些, 即我们有:

定理 2.2.1　除开一个可略集外, $\forall T > 0$, $\forall \alpha < \dfrac{1}{2}$, $w(\cdot)$ 在 $[0,T]$ 上 α-Hölder 连续.

证明　对任意固定的 $T > 0$, $\alpha < \dfrac{1}{2}$, 取自然数 n 使得 $\dfrac{1}{2} - \dfrac{1}{2n} > \alpha$. 由于存在 $C_T > 0$ 使

$$E[|w(t) - w(s)|^{2n}] \leqslant C_T|t - s|^n, \quad \forall s, t \in [0, T],$$

所以由 Kolmogorov 准则知除开一个可略集 $N_{T,\alpha}$ 外, $w(\cdot)$ 在 $[0,T]$ 上 α-Hölder 连续. 令 $N = \bigcup_{T \in \mathbb{N}_+, \alpha \in \mathbb{Q}_+, \alpha < \frac{1}{2}} N_{T,\alpha}$, 则 N 为可略集且在 N 之外结论成立. $\quad\square$

所以 Brown 运动的轨道不只是连续的, 其实还是 α-Hölder 连续的, $\forall \alpha < 1/2$. 但它们不是 $1/2$-Hölder 连续的. 实际上人们早就搞清楚了 Brown 运动的连续模, 见 [19].

2.2.2　轨道的平方变差

区间 $[0,T]$ 上的一个函数 f, 如果它是 α-Hölder 连续的, 那么易见它的 $1/\alpha$-变差就是有限的, 即

$$\sup_n \sup_{0 = t_0 < t_1 < \cdots < t_n = T} \sum_{i=0}^{n-1} |f(t_{i+1}) - f(t_i)|^{1/\alpha} < \infty.$$

Brown 运动的轨道虽然不是 $1/2$-Hölder 连续的, 其如上定义的 2-变差即平方变差也的确不是有限的, 但我们可以证明, 在弱一些的意义下, 其平方变差存在, 并且非常奇妙, 几乎所有轨道的平方变差都是一样的. 下面就介绍这方面的结果.

首先我们有:

命题 2.2.2　设 $0 \leqslant a = t_0 < t_1 < \cdots < t_n = b$, 则在 L^2 中

$$\lim_{\max(t_i - t_{i-1}) \to 0} \sum_{i=0}^{n-1} (w_{t_{i+1}} - w_{t_i})^2 = b - a.$$

证明　直接计算如下:

$$E\left[\left(\sum_{i=0}^{n-1}(w_{t_{i+1}}-w_{t_i})^2-(b-a)\right)^2\right]$$

$$=E\left[\left(\sum_{i=0}^{n-1}(w_{t_{i+1}}-w_{t_i})^2-E\sum_{i=0}^{n-1}(w_{t_{i+1}}-w_{t_i})^2\right)^2\right]$$

$$=\mathrm{Var}\left[\sum_{i=0}^{n-1}(w_{t_{i+1}}-w_{t_i})^2\right]$$

$$=\sum_{i=0}^{n-1}\mathrm{Var}[(w_{t_{i+1}}-w_{t_i})^2]\quad(\text{因为}w_{t_{i+1}}-w_{t_i},i=0,1,2,\cdots,n-1,\text{相互独立})$$

$$=\sum_{i=0}^{n-1}E[(w_{t_{i+1}}-w_{t_i})^4-(E(w_{t_{i+1}}-w_{t_i})^2)^2]$$

$$=\sum_{i=0}^{n-1}[3(t_{i+1}-t_i)^2-(t_{i+1}-t_i)^2]$$

$$=2\sum_{i=0}^{n-1}(t_{i+1}-t_i)^2$$

$$\leqslant 2(\max_i|t_{i+1}-t_i|)\sum_{i=0}^{n-1}|t_{i+1}-t_i|$$

$$=2(\max_i|t_{i+1}-t_i|)(b-a)\to 0\quad(\max_i|t_{i+1}-t_i|\to 0).\qquad\square$$

上述收敛是在 L^2 中的. 我们还可以得到几乎必然收敛的结果.

命题 2.2.3　定义随机过程列 ξ_n 如下:

$$\xi_n(0)=0,$$

$$\xi_n(k2^{-n}):=\sum_{i=0}^{k-1}(w_{(i+1)2^{-n}}-w_{i2^{-n}})^2,\quad k=1,2,\cdots,$$

而在每一小区间 $[(k-1)2^{-n},k2^{-n}]$ 上 ξ_n 为线性函数. 则 $\forall T>0$,

$$\lim_{n\to\infty}\sup_{t\in[0,T]}|\xi_n(t)-t|=0,\quad\text{a.s..}\qquad(2.2)$$

证明　由习题 18, 只需证明对几乎所有的 ω, 对所有的 $t=k2^{-n}$, $k=0,1,2,\cdots,n=1,2,\cdots$, 有

$$\lim_{n\to\infty}\xi_n(t)=t.\qquad(2.3)$$

因为

$$E(\xi_n(t) - t)^2 = 2^{-n+1}t, \quad \forall t = k2^{-n},$$

所以

$$E\left[\sum_{n=1}^{\infty}(\xi_n(t) - t)^2\right] = \sum_{n=1}^{\infty} E(\xi_n(t) - t)^2 = t\sum_{n=0}^{\infty} 2^{-n} < \infty.$$

从而

$$\sum_{n=0}^{\infty}(\xi_n(t) - t)^2 < \infty \qquad \text{a.s.},$$

由此

$$\xi_n(t) \to t, \qquad \text{a.s..}$$

于是除开一个公共的可略集外, 上式对所有 $t = k2^{-n}, k = 0, 1, 2, \cdots, n = 1, 2, \cdots$ 成立. $\square$

Brown 运动的轨道横七竖八, 千沟万壑, 各行其是, 然而所有轨道的平方变差竟然都等于同一个过程 t, 你说是不是世界真奇妙?

虽然上述结果是说沿着二进制分割点的平方变差趋于 t, 但沿二进制分割点取极限并不是本质要求, 事实上只要是逐步加细的分割, 我们基本上都能得到类似的结果, 例如见 [25, 62, 65]. 然而, 这些都不是实变函数意义下的平方变差——这种平方变差的定义是

$$\sup\left\{\sum_{i=1}^{n} |w(t_i) - w(t_{i-1})|^2 : n \in \mathbb{N}_+, \ 0 = t_0 < t_1 < \cdots < t_n = 1\right\}.$$

实际上对 Brown 运动的几乎所有轨道, 则此量都等于 ∞. 见 [19, p.48].

不过, 从上述结果可以很轻易地推出:

推论 2.2.4 Brown 运动的几乎所有轨道都是无限变差的.

证明 沿用上一命题的记号. 记 w 在 $[0, T]$ 上的全变差为 V, 则

$$|\xi_n(T)| \leqslant V \sup_{|t-s| \leqslant 2^{-n}, t,s \in [0,T]} |w_t - w_s|.$$

故若 $V(\omega) < \infty$, 则 $\lim_n |\xi_n(T)(\omega)| = 0$. 但由命题 2.2.3, 对几乎所有的 ω, $\lim_n |\xi_n(T)(\omega)| = T$. 因此 $V(\omega) = \infty$ a.s.. $\square$

更细致的分析可以证明 (例如见 [19]):

命题 2.2.5 Brown 运动的几乎所有轨道都是处处不可微的.

我们都知道, Weierstrass 构造了一个处处连续但处处不可微的函数. 之所以冠上了 Weierstrass 的大名, 说明这个构造是多么困难! 然而我们现在知道了, 原来 Brown 运动的几乎所有轨道都有这种性质. 当然, 也不能据此而说这个结果比 Weierstrass 的高明, 因为 Weierstrass 是实打实地构造了这样一个函数, 而这个结果虽说告诉你有非常多的这样的函数, 却一个具体的也没有告诉你——没法告诉你.

2.2.3 自相似性

下面这个定理所展现的两个性质称为 Brown 运动的自相似性. 其中第一个是比较稀松平常的, 相当于说你匀速移动着观察一个 Brown 运动的轨迹时, 和你改变一下速度 (但仍然保持匀速) 但拿着一个合适倍率的放大镜观察, 所得到的图像是一样的. 第二个则要更深刻, 它是说一个 Brown 运动, 其实在 (时轴的) 0 点和在无穷远点的形态是一样的, 只要你拿着一个随时间合适地变化着倍率的放大镜观察. 而我想说的是, 有没有拿放大镜看其实对看到的轨道样子没有任何影响, 因为无非是个相似变换. 因此我们可以, 例如, 得出结论说 σ-代数

$$\bigcap_{n=1}^{\infty}\bigcap_{t\leqslant\frac{1}{n}}\sigma(w_t) \quad 与 \quad \bigcap_{n=1}^{\infty}\bigcap_{t\geqslant n}\sigma(w_t)$$

本质上是一样的.

定理 2.2.6 1. 设 $c\neq 0$ 为常数, 则 $c^{-1}w_{c^2t}$ 为 Brown 运动.

2. 令

$$\hat{w}_t := \begin{cases} 0, & t=0, \\ tw_{t^{-1}}, & t>0. \end{cases}$$

则 $\hat{w}_t$ 为 Brown 运动.

证明 1. 由定义很容易证明.

2. 容易验证对任意 n 及 $t_1,\cdots,t_n$, $(\hat{w}_{t_1},\cdots,\hat{w}_{t_n})$ 为 Gauss 变量, 且 $E[\hat{w}_t\hat{w}_s] = s\wedge t$. 由习题 4, 只需证 $\hat{w}_t$ 的样本轨道是几乎必然连续的. 又 $t\mapsto\hat{w}_t$ 在 $(0,\infty)$ 上显然是几乎必然连续的. 故剩下只需证明 $t\mapsto\hat{w}_t$ 在 0 点连续.

直接计算可知, $\forall p>2$, $r\in(p^{-1},2^{-1})$, 有

$$\int_0^1\int_0^1\frac{1}{|t-s|^{1+pr}}E[|\hat{w}_t-\hat{w}_s|^p]dsdt$$
$$\leqslant C\int_0^1\int_0^1|t-s|^{-1+p(\frac{1}{2}-r)}dtds$$
$$<\infty.$$

故用定理 1.8.4, $t \mapsto \hat{w}_t$ 在 $[0,1]$ 上有连续修正. 但 $t \mapsto \hat{w}_t$ 在 $(0,1]$ 上连续, 故不必修正, $t \mapsto \hat{w}_t$ 本身在 $[0,1]$ 上连续 (见第 1 章习题 27). □

2.3 Brown 运动的 Markov 性

一个取值于状态空间 $(S, \mathscr{S})$ 的、关于 σ-代数流 $(\mathscr{F}_t)$ 适应的随机过程 X, 如果具有性质

$$P(X_{t+s} \in A|\mathscr{F}_t) = P(X_{t+s} \in A|X_t), \quad \forall s, t \geqslant 0, \ \forall A \in \mathscr{S}, \tag{3.4}$$

即是说, X_{t+s} 在给定 $\mathscr{F}_t$ 下的条件分布, 与在给定 X_t 下的条件分布一样, 那么就称为具有 Markov 性, 或者说 X 是一个 Markov 过程. 如果把 t 理解为现在, 那么 Markov 性就是说, 在知道现在状态 X_t 的条件下, 对未来时刻 $t+s$ 的状态 X_{t+s} 的条件分布的计算, 与在知道更多的信息即从过去到现在为止的所有信息 $\mathscr{F}_t$ 下的计算是一样的.

由单调类定理, (3.4) 等价于

$$E[f(X_{t+s})|\mathscr{F}_t] = E[f(X_{t+s})|X_t], \quad \forall s, t > 0, \ \forall f \in \mathscr{S}_+, \tag{3.5}$$

而使本式成立的充要条件是左端是 X_t 的可测函数.

关于 Markov 过程的系统讨论我们稍后在第 5 章进行. 现在先看看一类特殊的离散时间参数下的 Markov 过程. 考虑定义在概率空间 $(\Omega, \mathscr{F}, P)$ 上的独立随机变量列 $\{\xi_n\}$. 令

$$X_n = \xi_1 + \cdots + \xi_n,$$

$$\mathscr{F}_n = \sigma\{X_1, \cdots, X_n\}.$$

由独立性有: $\forall m, n$,

$$E[f(X_{m+n} - X_n)|\mathscr{F}_n] = E[f(X_{m+n} - X_n)].$$

如果进一步假定 $\{\xi_n\}$ 同分布, 则后者就等于 $E[f(X_m)]$. 虽然这个假设会带来诸多的记号上的便利, 但对下一步的讨论不是本质的.

本质的事情是, 由上面的观察我们有

$$\begin{aligned}
E[f(X_{m+n})|\mathscr{F}_n] &= E[f(X_{m+n} - X_n + X_n)|\mathscr{F}_n] \\
&= E[f(X_{m+n} - X_n + y)|\mathscr{F}_n]|_{y=X_n} \\
&= E[f(X_{m+n} - X_n + y)]|_{y=X_n} \\
&\quad (\text{因为 } X_{m+n} - X_n \text{ 与 } \mathscr{F}_n \text{ 独立})
\end{aligned}$$

$$= E[f(X_{m+n} - X_n + X_n)|X_n]$$
$$= E[f(X_{m+n})|X_n].$$

所以 $\{X_n\}$ 是 Markov 过程.

可以想见, 作为独立同分布随机变量序列的部分和的连续时间对应物, Brown 运动也有与此相似的性质. 不过由于在 Brown 运动中, 时间参数是连续的, 所以会涉及更多的概念.

首先, 我们可利用 σ-代数流的概念推广 Brown 运动的定义.

定义 2.3.1 (($\mathscr{F}_t$)-Brown 运动)　设 $(\Omega, \mathscr{F}, P)$ 为概率空间, w 为其上的 Brown 运动, $(\mathscr{F}_t)$ 为其上递增的 σ-代数流. 若 $\forall t, h \in \mathbb{R}_+, w_t \in \mathscr{F}_t$ 且 $w_{t+h} - w_t$ 与 $\mathscr{F}_t$ 独立, 则 $(w_t, \mathscr{F}_t)$ 称为 Brown 运动. 或称 (w_t) 为 ($\mathscr{F}_t$)-Brown 运动.

由定义立即得到, $(w_t, \mathscr{F}_t)$ 为 Brown 运动的充要条件是: 对 $\mathbb{R}$ 上任意非负 Borel 函数 f,

$$E[f(w_t - w_s)|\mathscr{F}_s] = E[f(w_t - w_s)]$$
$$= \frac{1}{\sqrt{2\pi(t-s)}} \int_{-\infty}^{\infty} f(x) e^{-\frac{x^2}{2(t-s)}} dx, \quad \forall 0 \leqslant s \leqslant t. \quad (3.6)$$

由单调类定理, 这又等价于该式对 $\mathbb{R}$ 上任意有界连续函数成立.

跟上面一样, 由此可推出, $\forall 0 \leqslant s \leqslant t$,

$$E[f(w_t)|\mathscr{F}_s] = E[f(w_t - w_s + w_s)|\mathscr{F}_s]$$
$$= E[f(w_t - w_s + y)]|_{y=w_s}$$
$$= E[f(w_t - w_s + w_s)|w_s]$$
$$= E[f(w_t)|w_s]. \quad (3.7)$$

这不就是本节开始时所阐述的 Markov 性吗? 所以说 Brown 运动是 Markov 过程. 以后我们会知道, 它不是一个普通的 Markov 过程, 而是一个最基本的 Markov 过程, 是一大堆 Markov 过程之父, 也就是说, 通过 Brown 运动驱动的随机微分方程, 可以构造出许许多多的 Markov 过程.

(3.7) 的进一步的推论是, 若 $s \leqslant t_1 \leqslant t_2$, f_1, f_2 均是 $\mathbb{R}$ 上的非负 Borel 函数, 那么

$$E[f_1(w_{t_1})f_2(w_{t_2})|\mathscr{F}_s]$$
$$= E[E[f_1(w_{t_1})f_2(w_{t_2})|\mathscr{F}_{t_1}]|\mathscr{F}_s]$$
$$= E[f_1(w_{t_1})E[f_2(w_{t_2})|\mathscr{F}_{t_1}]|\mathscr{F}_s]$$

$$= E[f_1(w_{t_1})E[f_2(w_{t_2})|w_{t_1}]|\mathscr{F}_s]$$
$$= E[f_1(w_{t_1})E[f_2(w_{t_2})|w_{t_1}]|w_s].$$

所以 $E[f_1(w_{t_1})f_2(w_{t_2})|\mathscr{F}_s] \in \sigma(w_s)$. 于是

$$E[f_1(w_{t_1})f_2(w_{t_2})|\mathscr{F}_s] = E[f_1(w_{t_1})f_2(w_{t_2})|w_s].$$

同样的道理, 用归纳法易证, 对任意 n, 任意非负 Borel 函数 $f_1, \cdots, f_n$, 以及任意 $s \leqslant t_1 \leqslant t_2 \leqslant \cdots \leqslant t_n$, 有

$$E[f_1(w_{t_1})f_2(w_{t_2})\cdots f_n(w_{t_n})|\mathscr{F}_s] = E[f_1(w_{t_1})f_2(w_{t_2})\cdots f_n(w_{t_n})|w_s].$$

这样, 由单调类定理, 对任意可积的 $\xi \in \sigma(w_u, u \geqslant s)$, 有

$$E[\xi|\mathscr{F}_s] = E[\xi|w_s]. \tag{3.8}$$

这一性质源于 (3.7), 高于 (3.7), 但实际上又等价于 (3.7).

由 Fourier 变换理论可知, (3.6) 又等价于

$$E[e^{i\lambda(w_t-w_s)}|\mathscr{F}_s] = e^{-\frac{\lambda^2(t-s)}{2}}, \quad \forall 0 \leqslant s \leqslant t, \ \lambda \in \mathbb{R}. \tag{3.9}$$

注意我们这里暂时没有假定 $(\mathscr{F}_t)$ 的右连续性, 其原因在于若 $\mathscr{F}_t := \sigma(w_s, s \leqslant t)$, 则 $(\mathscr{F}_t)$ 就不是右连续的. 实际上, 例如, $\forall t$,

$$\limsup_{\epsilon\downarrow 0} \frac{w_{t+\epsilon} - w_t}{\epsilon} \in \mathscr{F}_{t+} \text{ 但} \notin \mathscr{F}_t. \tag{3.10}$$

所以说即使是轨道连续的过程 X, 它所生成的自然 σ-代数流也未必是右连续的, 事实上基本上都不是右连续的.

不过, 我们现在要证明, 用 $\mathscr{F}_{t+}$ 代替 $\mathscr{F}_t$ 后, Brown 运动的 Markov 性依然保持. 这实际上是把 Brown 运动的 Markov 性加强了一点点, 因为对较小的 σ-代数流的 Markov 过程并不会自动对较大的 σ-代数流也是 Markov 过程. 虽然 $\mathscr{F}_{t+}$ 只是比 $\mathscr{F}_t$ 大了一点点, 因而 Markov 性也只是加强了一点点, 但其后果比乍看起来要重要得多.

命题 2.3.2 (Brown 运动的扩展 Markov 性)   若 $(w_t, \mathscr{F}_t)$ 为 Brown 运动, 则 $(w_t, \mathscr{F}_{t+})$ 依然为 Brown 运动.

证明 $\forall t > s$, 由条件期望的控制收敛定理有

$$E[e^{i\lambda(w_t-w_s)}|\mathscr{F}_{s+}]$$
$$= \lim_{n\to\infty} E[e^{i\lambda\left(w_t-w_{s+\frac{1}{n}}\right)}|\mathscr{F}_{s+}]$$

$$= \lim_{n\to\infty} E[E[e^{i\lambda(w_t - w_{s+\frac{1}{n}})}|\mathscr{F}_{s+\frac{1}{n}}]|\mathscr{F}_{s+}]$$
$$= \lim_{n\to\infty} e^{\frac{\lambda^2(t-s-\frac{1}{n})}{2}}$$
$$= e^{-\lambda^2\frac{t-s}{2}}. \qquad\qquad \square$$

因为这个事实, 以后再谈 $(\mathscr{F}_t)$-Brown 运动时, 在必要时以 $\mathscr{F}_{t+}$ 代替 $\mathscr{F}_t$, 我们均直接假定 $(\mathscr{F}_t)$ 是右连续的, 即

$$\mathscr{F}_t = \mathscr{F}_{t+}.$$

此外, 从一开始便以 $\mathscr{F}_t$ 的完备化代替 $\mathscr{F}_t$, 即令

$$\bar{\mathscr{F}}_t := \sigma\{\mathscr{F}_t, \mathscr{N}\},$$

其中 $\mathscr{N}$ 表示 P-零集全体. 由于关于一个 σ-代数的条件期望和关于其完备化的条件期望是几乎必然相等的, 因此以 $\bar{\mathscr{F}}_t$ 代替 $\mathscr{F}_t$ 也不会改变 Markov 性这一事实. 这样, 我们以后可以假定, 并将假定, $(\mathscr{F}_t)$ 是完备的右连续 σ-代数流, 亦即它满足通常条件.

$(\mathscr{F}_t)$-Brown 运动这个概念的引入是十分方便的, 如果不是绝对必要的话. 它在明确 (w_t) 是 Brown 运动之外, 还要求或者指明 $w_t - w_s$ 与 $\mathscr{F}_s$ 是独立的, 而 $(\mathscr{F}_t)$ 可以比 w 的自然流大. 比如, 若 w 为 $(\mathscr{F}_t)$-Brown 运动, $(\mathscr{G}_t)$ 为另一与 w 独立的 σ-代数流, 则 w 仍为 $(\mathscr{F}_t \vee \mathscr{G}_t)$-Brown 运动. 又比如, 若 w 为 $(\mathscr{F}_t)$-Brown 运动, $(\mathscr{G}_t)$ 为 $(\mathscr{F}_t)$ 的子 σ-代数流, 且 w 关于 $(\mathscr{G}_t)$ 适应, 则 w 也为 $(\mathscr{G}_t)$-Brown 运动.

这也使我们看到, 所谓通常条件并不是空洞无物的, 它有着非常重要的例子.

我们要特别提醒注意的是, 是否完备化对流的右连续性是有重大影响的. 例如, 刚刚说了, 若 B 是定义在某概率空间 $(\Omega, \mathscr{F}, P)$ 上的 Brown 运动,

$$\mathscr{F}_t := \sigma\{B_s, s \leqslant t\},$$

则 $\mathscr{F}_{t+}$ 是严格大于 $\mathscr{F}_t$ 的. 不过, 如果我们将每个 $\sigma(B_s, s \leqslant t)$ 完备化, 两者就是相等的. 准确地说, 我们有:

定理 2.3.3　以 $\mathscr{N}$ 表示 $\mathscr{F}$ 中的 P-零集, 并令

$$\mathscr{F}_t := \sigma(B_s, s \leqslant t) \vee \mathscr{N}.$$

则

$$\mathscr{F}_{t-} = \mathscr{F}_t = \mathscr{F}_{t+},$$

其中 $\mathscr{F}_{t-} = \bigvee_{s<t} \mathscr{F}_s$.

证明 由 Brown 轨道的左连续性, 知 $\sigma(B_t) \subset \sigma(B_s, s < t)$. 因此 $\sigma(B_s, s \leqslant t) = \sigma(B_s, s < t)$. 由此立即得到 $\mathscr{F}_t = \mathscr{F}_{t-}$.

由于 $(B_t, \mathscr{F}_{t+})$ 为 Brown 运动, 所以由 (3.8), 对任意 $\xi \in \sigma(B_u, u \geqslant t)$, $\xi \in L^1$, 有

$$E[\xi|\mathscr{F}_{t+}] = E[\xi|B_t].$$

故对任意可积的 $\xi \in \mathscr{F}_\infty$,

$$E[\xi|\mathscr{F}_{t+}] = E[\xi|\mathscr{F}_t].$$

特别, 取 $A \in \mathscr{F}_{t+}$, 有 $1_A = E[1_A|\mathscr{F}_t]$. 注意 $\mathscr{F}_t$ 是完备的, 因此 $A \in \mathscr{F}_t$. □

本定理看起来只是一个测度论方面的结果, 却需要转弯抹角地通过扩张 Markov 性来证明, 是不是也算使人大开眼界了呢? 你有办法不通过 Markov 性而直接证明这个结论吗?

在 $t = 0$ 时用这一结论, 并注意 $\forall A \in \mathscr{F}_0$, $P(A) = 0$ 或 1, 我们有:

推论 2.3.4 (Blumenthal 0-1 律) $\forall A \in \mathscr{F}_{0+}$, $P(A) = 0$ 或 1.

现在回过头去看前面 (3.10) 中的那个随机变量

$$\xi := \limsup_{\epsilon \downarrow 0} \frac{w_{t+\epsilon} - w_t}{\epsilon}.$$

我们虽然还不知道它等于多少, 但由本推论, 我们知道它为常数[①].

注 1. 从以上讨论可以看出, 若 w 为 $(\Omega, \mathscr{F}, P)$ 上的 Brown 运动, $(\mathscr{F}_t^w)$ 为在其自身生成的 σ-代数流加入所有 $\mathscr{F}$ 中的 P-可略集所共同生成的 σ-代数流, 即

$$\mathscr{F}_t^w := \sigma\{w_s, s \leqslant t\} \vee \mathscr{N},$$

其中 $\mathscr{N}$ 是 P-可略集全体, 则

$$\mathscr{F}_{t-}^w = \mathscr{F}_t^w = \mathscr{F}_{t+}^w,$$

且 $(w_t, \mathscr{F}_t^w)$ 为 Brown 运动.

2. 设 $(w_t, \mathscr{F}_t)$ 为 Brown 运动, $\mathscr{G}$ 为与 $(\mathscr{F}_t)$ 独立的 σ-代数. 令 $\mathscr{G}_t := \sigma(\mathscr{G}, \mathscr{F}_t)$. 则 $(w_t, \mathscr{G}_t)$ 为 Brown 运动.

3. 若 $(w_t, \mathscr{F}_t)$ 为 Brown 运动, $(\mathscr{G}_t)$ 为另一递增的 σ-代数流且 $\mathscr{F}_t^w \subset \mathscr{G}_t \subset \mathscr{F}_t$, $\forall t$, 则 $(w_t, \mathscr{G}_t)$ 为 Brown 运动. .

下面我们可以叙述 Brown 运动的 Markov 性的另一种表现形式了.

命题 2.3.5 设 $(w_t, \mathscr{F}_t)$ 为 Brown 运动. 则 $\forall t > 0$, $(w_{t+s} - w_t, s \geqslant 0)$ 为与 $\mathscr{F}_t$ 独立的 Brown 运动.

[①] 事实上, 由 Brown 运动的重对数律 (例如见 [62]), $\xi = \infty$.

人们往往把本命题中展示的性质称为 Brown 运动的 Markov 性, 但事实上这些性质比单纯的 Markov 性形式更简明, 内涵更丰富, 因为它既宣示了 $w_{t+\cdot} - w_t$ 与 $\mathscr{F}_t$ 的独立性, 也宣示了 $w_{t+\cdot} - w_t$ 与 $w_\cdot$ 是同分布的. 这两个性质都是一般的 Markov 性所没有的, 且可用同一个数学公式表现出来, 即

$$E[Fg(w_{t_1+t} - w_t, \cdots, w_{t_k+t} - w_t)] = E[F]E[g(w_{t_1}, \cdots, w_{t_k})], \tag{3.11}$$

对任意有界 $F \in \mathscr{F}_t$, $0 \leqslant t_1 < t_2 < \cdots < t_k$, $g \in C_b(\mathbb{R}^k)$, $k = 1, 2, \cdots$ 成立.

这个命题直接用 Brown 运动的定义验证即可. 但实际上 Brown 运动满足一个更强的性质, 即所谓强 Markov 性. 强 Markov 性与 Markov 性之比较, 是容许上面命题中的确定性时刻 t 换为一类特殊的随机时刻, 即我们已经谈了很多的所谓 "停时".

具体地说, Brown 运动的强 Markov 性是指下面的

定理 2.3.6　设 $(w_t, \mathscr{F}_t)$ 为 $(\Omega, \mathscr{F}, P)$ 上的 Brown 运动, τ 为停时, 且 $P(\tau < \infty) > 0$. 则对于任意有界 $F \in \mathscr{F}_\tau$, $0 \leqslant t_1 < t_2 < \cdots < t_k$, $g \in C_b(\mathbb{R}^k)$, $k = 1, 2, \cdots$,

$$E[F1_{\{\tau < \infty\}} g(B_{t_1}, \cdots, B_{t_k})] = E[F1_{\{\tau < \infty\}}] E[g(w_{t_1}, \cdots, w_{t_k})], \tag{3.12}$$

其中

$$B_t := w_{\tau+t} - w_\tau.$$

从而, 对 $C([0, \infty))$ 上的任意有界可测函数 G,

$$E^Q[G(B_\cdot) | \mathscr{F}_\tau] = E^P[G(w_\cdot)], \tag{3.13}$$

其中 $Q(\cdot) := P(\cdot | \tau < \infty)$, 即

$$Q(A) := \frac{P(A \cap \{\tau < \infty\})}{P(\tau < \infty)}, \quad \forall A \in \mathscr{F}.$$

因此在条件概率 $P(\cdot | \tau < \infty)$ 下, B 是与 $\mathscr{F}_\tau$ 独立的 Brown 运动.

特别地, 若 $\tau < \infty$ a.s., 则在原概率 P 下, B 是与 $\mathscr{F}_\tau$ 独立的 Brown 运动.

另外, 毋庸置疑, $-B$ 即 $(w_\tau - w_{\tau+t})$ 也具有同样的性质.

这个定理的证明的基本思想是根据 τ 的不同取值而分而治之, 即在每个 $\{\tau = t\}$ 上分别处理问题, 然后综合起来得到整体的结果. 技术性的困难在于, 对每个 t, $\{\tau = t\}$ 都可能是可略集, 因此实际上是可以被忽略掉的, 你再怎么处理都是白搭. 此其一. 其二, 这里有不可数个 t, 因此即便你对每个 t 都处理好了, 也无法从个体走向整体. 由于这两个技术性困难对离散停时都不是问题, 所以克服这个困难的办法是将 τ 用离散停时列逼近.

证明 假设 (3.12) 已证, 那么由 (3.12), 取 $F = 1_A$, $A \in \mathscr{F}_\tau$, 得

$$\int 1_{A \cap \{\tau < \infty\}} g(B_{t_1}, \cdots, B_{t_k}) dP = P(A \cap \{\tau < \infty\}) E[g(w_{t_1}, \cdots, w_{t_n})].$$

两边同除以 $P(\tau < \infty)$ 即得

$$\int 1_A g(B_{t_1}, \cdots, B_{t_k}) dQ = Q(A) E[g(w_{t_1}, \cdots, w_{t_n})].$$

因此

$$E^Q[g(B_{t_1}, \cdots, B_{t_k}) | \mathscr{F}_\tau] = E[g(w_{t_1}, \cdots, w_{t_n})].$$

再用单调类定理即推得 (3.13); 因为 (3.13) 的右边是常数, 所以 $\{B_\cdot\}$ 与 $\mathscr{F}_\tau$ 独立. 再在两边关于 Q 取期望, 得

$$E^Q[G(B_\cdot)] = E^P[G(w_\cdot)],$$

由此得 $B_\cdot$ 在 Q 下的分布与 $w_\cdot$ 在 P 下的分布相同, 故为 Q 下的 Brown 运动.

所以我们只需证 (3.12). 先看 τ 只取可数个离散值 $r_1 < r_2 < \cdots$ 及 ∞ 的特殊情况. 此时

$$\{\tau = r_n\} = \{\tau \leqslant r_n\} \setminus \{\tau \leqslant r_{n-1}\} \in \mathscr{F}_{r_n}.$$

所以

$$F_n := F 1_{\tau = r_n} \in \mathscr{F}_{r_n}.$$

因此

$$\begin{aligned}
& E[F 1_{\{\tau < \infty\}} g(B_{t_1}, \cdots, B_{t_k})] \\
& = E\left[F \sum_{n=1}^{\infty} 1_{\{\tau = r_n\}} g(B_{t_1}, \cdots, B_{t_k}) \right] \\
& = \sum_{n=1}^{\infty} E[F_n g(w_{t_1 + r_n} - w_{r_n}, \cdots, w_{t_k + r_n} - w_{r_n})] \\
& = \sum_{n=1}^{\infty} E[F_n] E[g(w_{t_1 + r_n} - w_{r_n}, \cdots, w_{t_k + r_n} - w_{r_n})] \\
& = \sum_{n=1}^{\infty} E[F_n] E[g(w_{t_1}, \cdots, w_{t_k})] \\
& = E[F 1_{\{\tau < \infty\}}] E[g(w_{t_1}, \cdots, w_{t_k})].
\end{aligned}$$

现在转到一般情况. $\forall n \in \mathbb{N}_{++}$, 令

$$\tau_n(\omega) := \sum_{k=1}^{\infty} k2^{-n} 1_{\{(k-1)2^{-n} < \tau(\omega) \leqslant k2^{-n}\}} + \infty 1_{\tau=\infty}.$$

则 $\tau_n \downarrow \tau$ 且 $\forall t \geqslant 0$,

$$\{\tau_n > t\} = \{\tau > 2^{-n}[2^n t]\} \in \mathscr{F}_{2^{-n}[2^n t]} \subset \mathscr{F}_t.$$

故 τ_n 为停时. 因此由刚刚证明的结果

$$\begin{aligned}
& E[F1_{\{\tau<\infty\}} g(B_{t_1}, \cdots, B_{t_k})] \\
&= \lim_{n\to\infty} E[F1_{\{\tau_n<\infty\}} g(B_{t_1}, \cdots, B_{t_k})] \\
&= \lim_{n\to\infty} E[F1_{\{\tau_n<\infty\}}] E[g(w_{t_1}, \cdots, w_{t_k})] \\
&= E[F1_{\{\tau<\infty\}}] E[g(w_{t_1}, \cdots, w_{t_k})],
\end{aligned}$$

此乃欲证.   □

完全类似地, 或者对 $\tau' := \infty 1_{A^c} \vee \tau$ 直接应用上述定理, 我们得到:

推论 2.3.7　设 $A \in \mathscr{F}_\tau$, $P(A \cap \{\tau < \infty\}) > 0$. 令

$$Q(\cdot) := P(\cdot | A \cap \{\tau < \infty\}).$$

则在 Q 下, (B_t) 为 Brown 运动且在 P 下与 $\mathscr{F}_\tau$ 独立.

我们还可以得到如下推论:

推论 2.3.8　保持上面定理的记号, 另设有非负的 $\eta_1, \cdots, \eta_k \in \mathscr{F}_\tau$. 则

$$\begin{aligned}
& E[F1_{\{\tau+\eta_1+\cdots+\eta_k<\infty\}} g(B_{\eta_1}, \cdots, B_{\eta_k})] \\
&= E[F1_{\{\tau+\eta_1+\cdots+\eta_k<\infty\}} E[g(w_{t_1}, \cdots, w_{t_k})]|_{t_1=\eta_1, \cdots, t_k=\eta_k}].
\end{aligned} \tag{3.14}$$

特别地, 若 $\tau < \infty$, $\eta_i < \infty$, $i = 1, \cdots, k$, 则得到

$$E[g(B_{\eta_1}, \cdots, B_{\eta_k})|\mathscr{F}_\tau] = E[g(w_{t_1}, \cdots, w_{t_k})]|_{t_1=\eta_1, \cdots, t_k=\eta_k}. \tag{3.15}$$

这个结果的灵活性在于 η_i 不必是停时. 例如, 取

$$\eta := (t - \tau) \vee 0 = t \vee \tau - \tau.$$

因为 $\tau + \eta = t \vee \tau$, 我们得到

$$E[g(w_{t\vee\tau} - w_\tau)|\mathscr{F}_\tau] = E[g(w_s)]|_{s=(t-\tau)\vee 0} = E[g(w_s)]|_{s=t\vee\tau-\tau}.$$

证明 先设诸 η_i 均只取可数个值, 其有限值为 $\alpha_{i,m}$, $m = 1, 2, \cdots$. 令

$$F_{(1,m_1),\cdots,(k,m_k)} := F1_{\{\tau<\infty, \eta_i=\alpha_{i,m_i}, i=1,\cdots,k\}} \in \mathscr{F}_\tau.$$

则由定理 2.3.6, 有

$$
\begin{aligned}
&E[F_{(1,m_1),\cdots,(k,m_k)} g(B_{\eta_1}, \cdots, B_{\eta_k})] \\
&= E[F_{(1,m_1),\cdots,(k,m_k)} g(B_{\alpha_{1,m_1}}, \cdots, B_{\alpha_{k,m_k}})] \\
&= E[F_{(1,m_1),\cdots,(k,m_k)}] E[g(w_{\alpha_{1,m_1}}, \cdots, w_{\alpha_{k,m_k}})] \\
&= E[F_{(1,m_1),\cdots,(k,m_k)} E[g(w_{\alpha_{1,m_1}}, \cdots, w_{\alpha_{k,m_k}})]].
\end{aligned}
$$

然后两边对 $m_1, \cdots, m_k$ 求和即得 (3.14).

一般地, 令

$$\eta_i^n := 2^{-n}([2^n \eta_i] + 1).$$

则首先有 (3.14) 对 η_i^n 成立. 再令 $n \to \infty$ 知它对 η_i 也成立. □

Brown 运动之强 Markov 性的最立竿见影的应用是能由此得到 Brown 运动的反射原理, 并进而得到 Brown 运动的极大值的分布. 详细叙述如下:

设 (w_t) 是 Brown 运动. 对于 $a \in \mathbb{R}$, 令

$$\tau_a := \inf\{t > 0 : w_t = a\}.$$

我们已经知道 τ_a 是停时, 且由习题 13 可看出它是几乎处处有限的. 但我们现在就可以给出这个事实的一个更直接也更简单的证明. 实际上我们只需要证明:

引理 2.3.9

$$P\left(\limsup_{n\to\infty} w_n = \infty\right) = 1,$$

$$P\left(\liminf_{n\to\infty} w_n = -\infty\right) = 1.$$

证明 只需证明第一式, 第二式由对称性得到. 任给 $a > 0$, 由 Fatou 引理, 有

$$
\begin{aligned}
&P\left(\limsup_{n\to\infty} w_n \geqslant a\right) \\
&\geqslant P\left(\limsup_{n\to\infty}\{w_n \geqslant a\}\right) \\
&\geqslant \limsup_{n\to\infty} P(w_n \geqslant a) \\
&= \frac{1}{2}.
\end{aligned}
$$

令 $a \to \infty$ 得

$$P\left(\limsup_{n\to\infty} w_n = \infty\right) \geqslant \frac{1}{2}.$$

显然 $\{\limsup_{n\to\infty} w_n = \infty\}$ 是独立随机变量列 $\{w_n - w_{n-1}\}$ 的尾事件, 因此由 Kolmogorov 0-1 律 (例如见 [74, 定理 3.1.1]) 有

$$P\left(\limsup_{n\to\infty} w_n = \infty\right) = 1. \qquad \square$$

从证明中可以看出, 上面引理中的 $\{w_n\}$ 实际上可以换成任意 $\{w_{t_n}\}$, 其中 t_n 满足 $t_n \uparrow \infty$.

在 Brown 运动到达 a 后, 将其轨道对 a 做镜面反射, 则得到新过程

$$\tilde{w}_t(\omega) := \begin{cases} w_t(\omega), & t < \tau_a(\omega), \\ 2a - w_t(\omega), & t \geqslant \tau_a(\omega). \end{cases} \tag{3.16}$$

根据定义, $\tilde{w}$ 的轨道在 τ 之前与 w 重合, τ 之后是对 w 的轨道做关于 a 的镜面反射. 由于 w 在 τ 之后的轨道是始于 a 的 Brown 运动, 且独立于 $\mathscr{F}_\tau$, 而起始于 a 的 Brown 运动的分布关于 a 是对称的, 因此 $\tilde{w}$ 在 τ 之后也是轨道始于 a 且独立于 $\mathscr{F}_\tau$ 的 Brown 运动. 因此从整体上看, $\tilde{w}$ 依然应该是 Brown 运动. 也就是说, 我们有:

定理 2.3.10 (Brown 运动的反射原理) $(\tilde{w}_t)$ 是 Brown 运动.

根据刚刚的分析, 直观上这一定理是正确的. 现在我们再稍微详细地解释一下. 由强 Markov 性, $\{w_{t+\tau_a} - a, t \geqslant 0\}$ 为在 0 时刻从 0 点出发的 Brown 运动且与 w^{τ_a} 独立, 这里 w^{τ_a} 表示停止于 τ_a 的过程, 即

$$w_t^{\tau_a} := w(\tau_a \wedge t).$$

所以 $\{w_{t+\tau_a}, t \geqslant 0\}$ 为 0 时刻从 a 点出发的 Brown 运动且与 w^{τ_a} 独立. 由对称性, $\{2a - w_{t+\tau_a}, t \geqslant 0\}$ 为 0 时刻从 a 点出发的 Brown 运动且与 w^{τ_a} 独立, 也即 $\{2a - w_t, t \geqslant \tau_a\}$ 为 τ_a 时刻从 a 点出发的 Brown 运动且与 w^{τ_a} 独立. 从而将 w^{τ_a} 与 $\{2a - w_t, t \geqslant \tau_a\}$ 拼接起来便得到一个完整的 Brown 运动.

下面是这个定理的严格数学证明. 我们破一下例, 将对这个结果给出三个证明. 现在先给出两个.

证明   第一个证明   由上一定理, $B_t := (w_{\tau_a+t}) - a$ 是与 $\mathscr{F}_{\tau_a}$ 独立的 Brown 运动. 因此 $-B$ 也是与 $\mathscr{F}_{\tau_a}$ 独立的 Brown 运动. 于是 B 与 $-B$ 都是与 (X, τ_a) 独立的 Brown 运动, 其中 $X_t := (w_{t \wedge \tau_a})$. 从而 (X, τ_a, B) 与 $(X, \tau_a, -B)$ 在 $C_0([0,\infty)) \times \mathbb{R}_+ \times C_0([0,\infty))$ 上具有相同的分布, 这里在 $C_0([0,\infty))$ 上我们取

紧集上一致收敛拓扑的 Borelσ-代数, $\mathbb{R}_+$ 上取通常距离下的 Borel σ-代数, 而在 $C_0([0,\infty)) \times \mathbb{R}_+ \times C_0([0,\infty))$ 上取乘积 σ-代数. 现在, 对 $(Y,t,Z) \in C_0([0,\infty)) \times \mathbb{R}_+ \times C_0([0,\infty))$, 定义

$$\varphi(Y,t,Z)(s) := Y_s + Z_{s-t}1_{s>t}, \quad s \in [0,\infty).$$

则显然 $\varphi(Y,t,Z)(\cdot) \in C_0([0,\infty))$, 因此 φ 是从 $C_0([0,\infty)) \times \mathbb{R}_+ \times C_0([0,\infty))$ 到 $C_0([0,\infty))$ 的映射. 又对任意 $s \geqslant 0$, $(Y,t,Z) \mapsto \varphi(Y,t,Z)(s)$ 为 Borel 可测, 故

$$C_0([0,\infty)) \times \mathbb{R}_+ \times C_0([0,\infty)) \ni (Y,t,Z) \mapsto \varphi(Y,t,Z) \in C_0([0,\infty))$$

为可测映射, 其中在作为值域的 $C_0([0,\infty))$ 上我们仍然取紧集上一致收敛拓扑的 Borel σ-代数. 这样, 因为 (X,τ_a,B) 与 $(X,\tau_a,-B)$ 同分布, 所以 $\varphi(X,\tau_a,B)$ 与 $\varphi(X,\tau_a,-B)$ 同分布. 但前者刚好是 w 而后者刚好是 $\tilde{w}$, 所以 $\tilde{w}$ 是 Brown 运动.

第二个证明　任取 $s_1,\cdots,s_k$. 由推论 2.3.8 及 w 的分布的对称性,

$$(B_{(s_1-\tau_a)^+},\cdots,B_{(s_k-\tau_a)^+})$$

与

$$(-B_{(s_1-\tau_a)^+},\cdots,-B_{(s_k-\tau_a)^+})$$

在给定 $\mathscr{F}_{\tau_a}$ 时的条件分布相同. 由于 k 及 s_i 是任意的, 所以

$$(X,\tau_a,B_{(\cdot-\tau_a)^+})$$

与

$$(X,\tau_a,-B_{(\cdot-\tau_a)^+})$$

同分布, 因此

$$\{X_t + B_{(t-\tau_a)^+}1_{t>\tau_a},\ t \geqslant 0\}$$

与

$$\{X_t - B_{(t-\tau_a)^+}1_{t>\tau_a},\ t \geqslant 0\}$$

同分布. 最后再重复上一个证明的最后一句话即可: 前者刚好是 w 而后者刚好是 $\tilde{w}$, 所以 $\tilde{w}$ 是 Brown 运动. $\qquad\square$

现在我们可以得到 Brown 运动的极大值分布了, 即我们有:

定理 2.3.11　令

$$S_t := \sup\{w_u : u \leqslant t\}.$$

则对 $a, y \geqslant 0$ 有

$$P(S_t \geqslant a, w_t \leqslant a - y) = P(w_t \geqslant a + y), \tag{3.17}$$

$$P(S_t \geqslant a) = 2P(w_1 \geqslant a/\sqrt{t}). \tag{3.18}$$

证明   令

$$\tilde{S}_t := \sup\{\tilde{w}_u : u \leqslant t\}.$$

因为 w 与 $\tilde{w}$ 同为 Brown 运动, 故

$$P(S_t \geqslant a, w_t \leqslant a - y) = P(\tilde{S}_t \geqslant a, \tilde{w}_t \leqslant a - y).$$

但 $\{S_t \geqslant a\} = \{\tilde{S}_t \geqslant a\}$, 且在 $\{S_t \geqslant a, w_t \leqslant a - y\}$ 上 $\tau_a \leqslant t$, 所以

$$\{\tilde{S}_t \geqslant a, \tilde{w}_t \leqslant a - y\} = \{S_t \geqslant a, w_t \geqslant a + y\}.$$

故有

$$P(S_t \geqslant a, w_t \leqslant a - y) = P(S_t \geqslant a, w_t \geqslant a + y).$$

但

$$\{S_t \geqslant a, w_t \geqslant a + y\} = \{w_t \geqslant a + y\},$$

由此得到 (3.17). 至于 (3.18), 是因为由 (3.17), 并注意 $P(w_t = a) = 0$, 有

$$\begin{aligned}
P(S_t \geqslant a) &= P(S_t \geqslant a, w_t < a) + P(S_t \geqslant a, w_t \geqslant a) \\
&= 2P(S_t \geqslant a, w_t \geqslant a) \\
&= 2P(w_t \geqslant a) \\
&= 2P(w_1 \geqslant a/\sqrt{t}).
\end{aligned}$$

$\square$

在 (3.17) 中用 x 代替 a, y 代替 $a - y$, 得到

$$P(S_t \geqslant x, w_t < y) = P(w_t \geqslant 2x - y), \quad x \geqslant 0 \vee y.$$

所以

$$P(S_t < x, w_t < y) = P(w_t < y) + P(w_t < 2x - y) - 1, \quad x \geqslant 0 \vee y.$$

此外易见

$$P(S_t < x, w_t < y) = 0, \quad x < 0,$$

$$P(S_t < x, w_t < y) = P(S_t < x), \quad 0 \leqslant x < 0 \vee y.$$

于是, 对上面几式求混合偏导得到:

推论 2.3.12 (S_t, w_t) 的分布关于 $\mathbb{R}^2$ 上的 Lebesgue 测度绝对连续, 且分布密度为

$$p(x, y) = \begin{cases} \left(\dfrac{2}{\pi}\right)^{\frac{1}{2}} \dfrac{2x - y}{t^{3/2}} \exp\left\{-\dfrac{(2x - y)^2}{2t}\right\}, & x \geqslant 0 \vee y, \\ 0, & \text{其他}. \end{cases}$$

2.4 Wiener 空间与 Wiener 积分

我们曾在 2.1 节里提及过 Wiener 空间. 由于这是一个十分基本、十分重要的概念, 我们现在正式定义且系统地介绍它.

令

$$W_0 := C_0([0, T]; \mathbb{R}^d)$$

表示从 $[0, T]$ 到 $\mathbb{R}^d$ 的且在 0 点取值 0 的连续函数全体. 仍要记住这里当 $T = \infty$ 时, $W_0 := C_0([0, \infty); \mathbb{R}^d)$. 用 w 表示 W_0 的一般点, 并用 $w(t)$ 表示 w 在 t 点的值, 于是 $\{w(t)\}$ 就是所谓坐标过程. 赋予 W_0 以任意有限区间上一致收敛拓扑, 则 W_0 在 $T < \infty$ 时为可分 Banach 空间, 在 $T = \infty$ 时为 Polish 空间. 事实上, $T < \infty$ 时可定义范数

$$\|w\| = \|w\|_T := \sup\{|w(t)|, \ 0 \leqslant t \leqslant T\},$$

$T = \infty$ 时可定义度量

$$\rho(w_1, w_2) := \sum_{n=1}^{\infty} 2^{-n}\{\|w_1 - w_2\|_n \wedge 1\}.$$

再以 $\mathscr{W}_0$ 表示 W_0 的 Borel 代数.

设 B 是定义在某个概率空间 $(\Omega, \mathscr{F}, P)$ 上的 $[0, T]$ 上的 d 维 Brown 运动. 由于对任意有限的 $T_0 \leqslant T$ 及任意 $a \in \mathbb{R}^d$,

$$\sup_{0 \leqslant t \leqslant T_0} |B_t - a| = \sup_{0 \leqslant t \leqslant T_0, t \in \mathbb{Q}_+} |B_t - a|,$$

所以对任意 $r > 0$,

$$\left\{\omega : \sup_{0 \leqslant t \leqslant T_0} |B_t - a| < r\right\} \in \mathscr{F}.$$

于是

$$\omega \mapsto B(\cdot, \omega)$$

为取值于 $(W_0, \mathscr{W}_0)$ 的随机变量, 因此它在 $(W_0, \mathscr{W}_0)$ 上诱导了一个概率测度. 用 μ 表示这个测度, 称为 Wiener 测度; $\mathscr{F}$ 表示 $\mathscr{W}_0$ 关于 μ 的完备化, 并令

$$\mathscr{F}_t = \bigcap_{\epsilon > 0} \sigma(w_s, s \leqslant t + \epsilon) \vee \mathscr{N},$$

其中 $\mathscr{N}$ 是 $\mathscr{F}$ 的 μ-可略集全体. 则 $(W_0, \mathscr{W}_0, (\mathscr{F}_t), \mu)$(有时省略掉 σ-代数流而简写为 $(W_0, \mathscr{W}_0, \mu)$, 或有时为了指明 Brown 运动的维数而写成 $(W_0^d, \mathscr{W}_0^d, \mu)$) 满足通常条件, 称为 Wiener 空间, 其原因是 Nobert Wiener 在 1923 年首次在 $(W_0, \mathscr{F})$ 上直接构造了一个测度 μ, 使得在此测度下坐标过程就是 Brown 运动 (见 [79]). 这是首次从数学上严格地构造了 Brown 运动——Lévy 的构造那是后来的事. 当然现在清楚了, 此 μ 就是 Brown 运动的分布, 如果你能用任何一种办法构造出 Brown 运动的话.

此时 $(w_t, \mathscr{F}_t)$ 为 Brown 运动, 称为 Brown 运动的典则实现, 因为上述原因, Brown 运动也很自然地——至少对数学家们是很自然地——又名 Wiener 过程, 因为没有这样严格的构造, 是无法从数学上严格研究 Brown 运动的, 至少研究起来是很不放心的.

根据概率论的基础理论 (例如见 [60, 定理 10.5.8]), 任何一个随机变量都可以构造在 $([0,1], \mathscr{B}([0,1]), dx)$ 上, 所以 Brown 运动当然也是如此. 既然可以定义在如此简单的概率空间上, 那我们为什么还要抱着 Wiener 空间不放呢? 回答是: 利用 $(W_0, \mathscr{F}, (\mathscr{F}_t), \mu)$ 作为 Wiener 过程所植根的概率空间有很多好处, 我们会逐步看到. 现在我们只叙述其一: 在 $(W_0, \mathscr{F}, (\mathscr{F}_t), \mu)$ 上可定义一般概率空间上无法定义的推移算子:

$$\theta_t w(s) := w(t + s) - w(t).$$

根据 Brown 运动的 Markov 性, 这一算子有如下性质:

(1) $(\theta_t)_* \mu = \mu$;

(2) 过程 $\theta_t w(\cdot)$ 是与 $\mathscr{F}_t$ 独立的 Brown 运动.

更一般地, 设 τ 为停时, 在 $\tau < \infty$ 上定义

$$\theta_\tau w(\cdot) := w(\tau + \cdot) - w(\tau),$$

$$\nu(\cdot) := \mu(\cdot | \tau < \infty).$$

根据 Brown 运动的强 Markov 性, 有

(1) $(\theta_\tau)_* \nu = \mu$;

(2) 在 ν 下, 过程 $\theta_\tau w(\cdot)$ 是与 $\mathscr{F}_\tau$ 独立的 Brown 运动.

下面我们转向 Wiener 积分.

设 B 为 (定义在某概率空间上的) Brown 运动, f 为 $\mathbb{R}_+$ 上的 Lebesgue 可测函数, 满足

$$\int_0^t f^2(s)ds < \infty, \quad \forall t > 0.$$

我们的目的是定义积分

$$\int_0^t f(s)dB_s, \quad \forall t \geqslant 0.$$

这种积分首次出现是在 [53] 中, 我们为简洁起见按惯例称为 Wiener 积分 (尽管称为 Paley-Wiener 积分可能更合适)[1], 是后面要讲的 Itô 积分的一种特例. 按时间顺序来讲, 它出现得更早; 按难度来讲, 它更容易. 但是, 它有一些独特的性质, 并且, 我们有理由相信它给 Itô 积分的出现带来过启示, 尽管他们两位的初心可能非常不一样. 因此, 这里预先介绍一下这种积分, 也以此作为引进 Itô 积分的一个热身.

由于对 a.a. ω, $s \mapsto B_s(\omega)$ 都不是有限变差的, 所以不能指望按 Lebesgue-Stieltjes 积分的方式定义这种积分. [53] 解决这个问题的思路是先对比较光滑的函数利用分部积分定义它, 然后用保范性推广到一般的函数上去. 我们这里没有用这个原始思想, 而是充分利用 Brown 运动的独立增量性.

不失一般性, 我们将只在 $[0,1]$ 上考虑这个积分. 若 f 是简单函数:

$$f(t) = \sum_{i=1}^n a_i 1_{[t_{i-1}, t_i)}(t)$$

(最后一个区间理解为 $[t_{n-1}, t_n]$, 下同), 其中诸 a_i 是常数, $0 = t_0 < t_1 < \cdots < t_n = 1$, 则自然定义

$$I := \int_0^1 f(t)dB_t = \sum_{i=1}^n a_i(B(t_i) - B(t_{i-1})).$$

容易验证右边与 f 的具体表达形式无关, 因此定义是合理的. 作为独立 Gauss 变量的线性组合, I 也为 Gauss 变量, 且

$$E[I] = 0,$$

$$E[I^2] = \sum_{i=1}^n a_i^2(t_i - t_{i-1}) + 2 \sum_{1 \leqslant i < j \leqslant n} E[a_i a_j (B(t_i) - B(t_{i-1}))(B(t_j) - B(t_{j-1}))]$$

---

[1] 至于为什么会有这种惯例, 也许, 正如 Wiener 在该书的前言中所言, 这本反映两人合作的工作的书是在 Paley 因滑雪事故意外去世后由 Wiener 完成的, 而这种积分出现在书的最后一部分. 也许他们同时代的或接近同时代的人知道这是 Wiener 独立的工作?

$$= \int_0^1 f^2(t)dt.$$

对于一般的 $f \in L^2([0,1])$, 令

$$f_n(t) = \sum_{i=1}^{2^n} 2^n \int_{2^{-n}(i-1)}^{2^{-n}i} f(u)du \cdot 1_{[2^{-n}(i-1),\, 2^{-n}i)}(t).$$

由第 3 章习题 21, 在 $L^2([0,1], dt)$ 中有 $f_n \to f$. 再令

$$I_n := \int_0^1 f_n(t)dB_t.$$

由于 $f_n - f_m$ 仍为阶梯函数, 故

$$E[|I_n - I_m|^2] = E\left[\left|\int_0^1 (f_n(t) - f_m(t))dB_t\right|^2\right] = \int_0^1 |f_n(t) - f_m(t)|^2 dt.$$

因此 $\{I_n\}$ 为 $L^2(\Omega, P)$ 中的 Cauchy 列, 故有极限 I, 且 I 满足

$$E[I^2] = \lim_{n\to\infty} \int_0^1 f_n^2(t)dt = \int_0^1 f^2(t)dt.$$

I 称为 f 的 Wiener 积分, 记为 $\int_0^1 f(t)dB_t$. 作为中心 Gauss 变量的 L^2 极限, $\int_0^1 f(t)dB_t$ 自然也是中心 Gauss 变量.

总结起来, 这个积分有下列性质:

(i)
$$\int_0^1 (\alpha f(t) + \beta g(t))dB_t = \alpha \int_0^1 f(t)dB_t + \beta \int_0^1 g(t)dB_t;$$

(ii)
$$E\left[\int_0^1 f(t)dB_t\right] = 0,$$

$$E\left[\left|\int_0^1 f(t)dB_t\right|^2\right] = \int_0^1 f^2(t)dt,$$

$$E\left[\int_0^1 f(t)dB_t \cdot \int_0^1 g(t)dB_t\right] = \int_0^1 f(t)g(t)dt;$$

(iii) $\int_0^1 f(t)dB_t$ 是 Gauss 变量.

如此这般, 我们可以对每个 t 定义 $\int_0^t f(s)dB_s$. 我们有:

命题 2.4.1 $\forall s < t,$

$$\int_0^s f(u)dB_u = \int_0^t f(u)1_{[0,s]}(u)dB_u.$$

证明 若 f 是阶梯函数, 这个等式可以直接根据定义验证. 一般地用阶梯函数逼近. $\qquad\square$

现在我们证明:

定理 2.4.2 过程 $t \mapsto \int_0^t f(s)dB_s$ 存在连续修正.

以后我们谈到不定积分 $\int_0^{\cdot} f(s)dB_s$ 时, 总是自动地取这个修正.

证明 只需在任意有限区间 $[0,T]$ 上证明有这样的修正. 设 f 是阶梯函数:

$$f = \sum_{i=1}^n a_i 1_{[t_{i-1}, t_i)},$$

则

$$\int_0^t f(s)dB_s = \sum_{i=1}^n a_i(B(t_i \wedge t) - B(t_{i-1} \wedge t)).$$

所以它是连续过程. 类似于习题 8, 可证:

$$P\left(\max_{0 \leqslant t \leqslant T}\left|\int_0^t f(s)dB_s\right| \geqslant \epsilon\right) \leqslant \frac{1}{\epsilon^2}\int_0^T f^2(s)ds, \quad \forall \epsilon > 0.$$

一般地, 取阶梯函数 f_n 使得在 $L^2([0,T], dt)$ 中 $f_n \to f$. 则 $\forall \epsilon > 0,$

$$P\left(\max_{0 \leqslant t \leqslant T}\left|\int_0^t f_n(s)dB_s - \int_0^t f_m(s)dB_s\right| \geqslant \epsilon\right) \leqslant \frac{1}{\epsilon^2}\int_0^T |f_n(s) - f_m(s)|^2 ds.$$

所以 $\int_0^t f_n(s)dB_s$ 在 $[0,T]$ 上依概率一致收敛于某连续过程——此过程自然是 $\int_0^t f(s)dB_s$ 的连续修正. $\qquad\square$

从这个定理的证明还可以看出 Wiener 积分实际上还是 Brown 运动的轨道泛函, 即我们有:

命题 2.4.3 设 $f \in L^2([0,T])$, $\forall T > 0$. 则存在 $(W_0, \mathscr{W}_0, \mu)$ 上的连续适应过程 X, 使得对任意概率空间上的任意 Brown 运动 B, 对几乎所有的 ω, 有

$$X(t, B_{\cdot}(\omega)) = \int_0^t f(s)dB_s(\omega), \quad \forall t \in \mathbb{R}_+.$$

证明 令

$$f_n(s) = \sum_{i=1}^{\infty} 2^n \int_{(i-1)2^{-n}}^{i2^{-n}} f(u)du \cdot 1_{[(i-1)2^{-n}, i2^{-n})}(s).$$

令

$$X_n(t, w) := \int_0^t f_n(s)dw_s.$$

则 $\forall \omega$,

$$X_n(t, B_\cdot) = \int_0^t f_n(s)dB_s, \quad \forall t.$$

任意固定 $T > 0$, 则

$$\lim_{m,n \to \infty} \int_0^T |f_m(s) - f_n(s)|^2 ds = 0.$$

因此 $\forall \epsilon > 0$,

$$\mu\left(\sup_{0 \leqslant t \leqslant T} |X_m(t) - X_n(t)| \geqslant \epsilon\right) \leqslant \frac{1}{\epsilon^2} \int_0^T |f_m(t) - f_n(t)|^2 dt \to 0.$$

故在每个 $[0, T]$ 上, X_n 都有几乎必然一致收敛的子列. 再由对角线法, 知存在 W_0 上的连续适应过程 X 及子列 $\{n_k\}$, 使得除开一个可略集之外, $\{X_{n_k}\}$ 在每一有限区间上均一致收敛到 X. 于是

$$\mu\left(\sup_{0 \leqslant t \leqslant T} |X_n(t) - X(t)| \geqslant \epsilon\right) \to 0, \quad \forall T > 0.$$

从而必有

$$P\left(\sup_{0 \leqslant t \leqslant T} \left|\int_0^t f_n(s)dB_s - X(t, B_\cdot)\right| \geqslant \epsilon\right) \to 0, \quad \forall T > 0.$$

但同样有

$$P\left(\sup_{0 \leqslant t \leqslant T} \left|\int_0^t f_n(s)dB_s - \int_0^T f(s)dB_s\right| \geqslant \epsilon\right) \to 0, \quad \forall T > 0.$$

因此对几乎所有的 ω,

$$X(\cdot, B_\cdot) = \int_0^\cdot f(s)dB_s. \qquad \square$$

2.5 经典 Wiener 空间与 Cameron-Martin 定理

本节我们考虑 Wiener 空间上的一种附加结构. 我们以 $T = 1$ 为例, 一般情况是类似的.

回忆

$$W_0 := C_0([0,1]; \mathbb{R}^d) = \{w : w \in C([0,1]; \mathbb{R}^d), w(0) = 0\},$$

我们赋予 W_0 以一致收敛范数, 则 W_0 为可分 Banach 空间; 以 $\mathscr{W}_0$ 表示 W_0 的 Borel σ-代数; 再记

$$\mu := [0,1] \text{上的 Brown 运动在 } W_0 \text{ 上的分布.}$$

依照 2.4 节引进的术语, $(W_0, \mathscr{W}_0, \mu)$ 为 Wiener 空间. 同样是依据 2.4 节的讨论, $[0,1]$ 上的平方可积函数, 由于对其可以定义 Wiener 积分, 因而在 Brown 运动的分析理论中有着特殊重要的地位, 我们也因之引进 W_0 的子空间:

$$H := \left\{ f \in W_0 : f \text{ 绝对连续}, \|f\|_H^2 := \int_0^1 |\dot{f}(t)|^2 dt < \infty \right\}.$$

赋予 H 以内积

$$(f, g) := \int_0^1 \dot{f}(t) \dot{g}(t) dt,$$

则 H 为可分 Hilbert 空间, 且在 W_0 中稠密. 如果将 H^* 等同于 H, 则有

$$W_0^* \subset H^* = H \subset W_0,$$

且 W_0^* 在 H^* 中也稠密, 其中 $*$ 表示拓扑对偶, 而我们知道

$$W_0^* = \{f \in H^* : \ddot{f} \text{ 是有限测度}\}.$$

注意在这种等同下, $\forall g \in W_0^*$,

$$g(w) = \int_0^1 \dot{g}_t dw_t.$$

注意这等式左边是对所有的 w 都有定义, 而右边只对 μ-几乎所有的 w 有定义. 关于这一问题, 我们马上会回来进一步讨论.

现在我们引入:

定义 2.5.1 三元组 (W_0, H, μ) 称为经典 Wiener 空间, H 称为其 Cameron-Martin 子空间.

H 在 W_0 中的特殊地位体现在其导数是平方可积的, 因而可以定义随机积分中, 还更进一步地体现在下面的定理中——实际上 Cameron-Martin 空间的名称也起源于这个定理.

固定 $h \in H$, 考虑映射

$$W_0 \ni w \mapsto w + h \in W_0.$$

μ 在这一映射之下的像记为 ν. 我们有:

定理 2.5.2 (Cameron-Martin 定理) 设 $h \in H$, 则 $\mu \sim \nu$ 且

$$\frac{d\nu}{d\mu} = \exp\left\{\int_0^1 \dot{h}_s dw_s - \frac{1}{2}\int_0^1 \dot{h}_s^2 ds\right\}.$$

这个公式自然称为 Cameron-Martin 公式. 它和 $\mathbb{R}^d$ 上的标准 Gauss 测度在平移变换下的公式形式上看起来是相似的. 事实上, 以 γ 记 $\mathbb{R}^d$ 上标准 Gauss 测度, γ' 记 γ 在映射 $x \mapsto x + h$ 下的像, 其中 $h \in \mathbb{R}^d$, 则易见

$$\frac{d\gamma'}{d\gamma}(x) = \exp\left\{(x, h) - \frac{1}{2}|h|^2\right\}. \tag{5.19}$$

所以只要在这个公式中, 将 $\mathbb{R}^d$ 的内积 (x, h) 转换成 Wiener 积分 $\int_0^1 \dot{h}_s dw_s$, 将 $\mathbb{R}^d$ 中的范数 $|h|$ 转换成 H 的范数 $\|h\|$, 就得到了 Cameron-Martin 公式.

将 $\mathbb{R}^d$ 的内积 (x, h) 转换成 Wiener 积分 $\int_0^1 \dot{h}_s dw_s$ 这一操作, 启示我们可以将 Wiener 积分视为 H 的内积的一种推广: 本来在 (h, g) 中, 因为

$$(h, g) = \int_0^1 (\dot{h}(t), \dot{g}(t))dt = \int_0^1 \dot{h}_t dg_t,$$

所以 h 与 g 均应属于 H, 但推广后 g 可以跑遍整个 W_0——几乎整个 W_0. 这一推广并不只是形式上的, 事实上可以这样来实现: 若 $f \in H$ 且 f 二次连续可微, 则由后面要证明的 Itô 公式——实际上不用那么一般的 Itô 公式, 你现在就可以试着直接证明, 有

$$\int_0^1 \dot{f}_t dw_t = \dot{f}_1 w_1 - \int_0^1 \ddot{f}_t w_t dt.$$

由于等式右边对所有 w 有定义, 所以左边可视为对所有 w 有定义, 且易见这样定义出了一个 W_0^* 中的元素 $w \mapsto (f, w)$; 对一般的 h, 可找出一列二次连续可微的函数 f_n 在 H 中收敛到 h, 因此

$$(f_n, w) \to \int_0^1 \dot{h}_t dw_t \text{ a.s..}$$

故 $\int_0^1 \dot{h}_t dw_t$ 的确是内积的拓广, 也因此我们有时将此积分记为 (h, w).

现在我们来证明这个定理. $\mathbb{R}^d$ 上的公式 (5.19) 可以直接用定义证明, 但这种证明不能移植到 W_0 上; 可以移植到 W_0 上的证明是使用特征函数. 事实上, 取 $g \in W_0^*$, 则

$$\int \exp\{i(g, w)\} \exp\left\{(h, w) - \frac{1}{2}\|h\|^2\right\} d\mu(w)$$
$$= \exp\left\{-\frac{1}{2}\|h\|^2\right\} \int \exp\{(ig + h, w)\} d\mu(w)$$
$$= \exp\left\{i(g, h) - \frac{1}{2}\|g\|^2\right\},$$

这里最后一步我们用到了 $((h, w), (g, w))$ 的分布, 见习题 39. 另一方面

$$\int e^{i(g, w)} d\nu(w) = \int e^{i(g, w+h)} d\mu(w)$$
$$= e^{i(g, h)} \int e^{i(g, w)} d\mu(w)$$
$$= \exp\left\{i(g, h) - \frac{1}{2}\|g\|^2\right\}.$$

所以由 [4, Lemma 7.13.5] (如果你无暇查这本书, 你也可以用附录之定理 12.4.2) 便完成了定理的证明.

于是 $w \mapsto w - h$ 在 ν 下的分布为 μ, 因此我们有下面直接的推论.

推论 2.5.3 沿用上面定理的记号和假设. 令 $\tilde{w}_t = w_t - h_t$. 则在 ν 下, $\tilde{w}$ 为 Brown 运动.

最后, 我们想顺便指出, 与 "经典" 对应的, 不是 "时尚", 而是 "抽象", 即 L. Gross 引进的所谓 "抽象 Wiener 空间". 具体地说, 若 B 是任一可分 Banach 空间, H 是可分 Hilbert 空间, 且连续稠密地嵌入为 B 的子空间, μ 为 B 上的测度且

$$\int_B \exp\{i\varphi(x)\} d\mu = \exp\left\{-\frac{1}{2}\|\varphi\|_H^2\right\}, \quad \forall \varphi \in B^* \subset H^*,$$

则三元组 (B, H, μ) 称为抽象 Wiener 空间. 显然, 经典 Wiener 空间为抽象 Wiener 空间之一例—— 之经典一例.

Cameron-Martin 定理可以推广到抽象 Wiener 空间. 关于抽象 Wiener 空间的更详细的讯息, 可见 [25, 67].

习　题　2

1. 设 ξ 服从标准正态分布. 证明: 对任意 n, 当 $x \to \infty$ 时有

$$\sqrt{2\pi} P(\xi \geqslant x) = e^{-\frac{x^2}{2}} \left[\sum_{k=0}^{n} (-1)^k k \frac{n!!}{x^{2k+1}} + o\left(\frac{1}{x^{2k+1}} \right) \right],$$

其中 $n!! := 1 \cdot 3 \cdots (2n-1)$.

2. 设 $\xi = (\xi_1, \cdots, \xi_d) \sim N(m, A)$. 证明:

$$m_i = E[\xi_i], \quad a_{ij} = E[(\xi_i - m_i)(\xi_j - m_j)].$$

3. 设 $\xi = (\xi_1, \cdots, \xi_d) \sim N(m, A)$, Q 为 $k \times d$ 矩阵. 令 $\eta := b + Q\xi$. 证明: $\eta \sim N(b + Qm, QAQ^*)$.

4. 证明 Brown 运动定义中之第二款与第三款可换为: 对任意 n 及 $t_1, \cdots, t_n$, $(w_{t_1}, \cdots, w_{t_n})$ 为 Gauss 变量且

$$E[w_t] = 0, \quad E[w_t w_s] = t \wedge s, \forall s, t.$$

5. 一个过程 (X_t), 如果满足对任意 n 及任意 $t_1, \cdots, t_n \in [0, \infty)$, 都有 $(X(t_1), \cdots, X(t_n))$ 服从 Gauss 分布, 则称为 Gauss 过程. 定义

$$m(t) = E[X(t)], \quad \rho(s, t) = \text{cov}(X(s), X(t)).$$

证明: 一个实值连续过程为 Brown 运动的充要条件是它是 Gauss 过程, 且 $m(t) \equiv 0$, $\rho(s, t) = s \wedge t$.

6. 直接 (即不利用 Brown 运动) 证明: 对任意 n, $a_1, \cdots, a_n \in \mathbb{R}$, $t_1, \cdots, t_n \geqslant 0$, 有

$$\sum_{i,j=1}^{n} a_i a_j \min(t_i, t_j) \geqslant 0.$$

7. (a) 设 (ξ_n) 是独立同分布随机变量序列, 且 $\forall C > 0$, $P(|\xi_1| < C) < 1$. 证明:

$$P\left(\sup_n |\xi_n| = +\infty \right) = 1.$$

(b) 设 $B.$ 为 Brown 运动. 证明: 对任意 $\epsilon > 0$,

$$P\left(\sup_{0 < s < t \leqslant \epsilon} \frac{|B_t - B_s|}{\sqrt{t - s}} = \infty \right) = 1.$$

8. 设 B 为 Brown 运动, 证明: $\forall \epsilon > 0$,

$$P\left(\sup_{0 \leqslant s \leqslant t} |B_s| \geqslant \epsilon \right) \leqslant \frac{t}{\epsilon^2}.$$

(提示: 利用关于独立随机变量之和的 Kolmogorov 不等式.)

9. 设 $\{w_t\}$ 为 Brown 运动, $0 < t_1 < t_2 < \cdots < t_n$. 写出 $(w_{t_1}, \cdots, w_{t_n})$ 的分布密度.

10. 设 ξ, η 分别为取值于 $\mathbb{R}^m$ 和 $\mathbb{R}^n$ 的随机向量, 且有联合分布密度 $p_{\xi\eta}(x, y)$. 记给定 $\eta = y$ 时 ξ 的条件密度为 $p_\xi(x | \eta = y)$. 设 $f : \mathbb{R}^n \mapsto \mathbb{R}^m$ 为 Borel 可测. 令 $\zeta := \xi + f(\eta)$. 证明:

(a) (ζ,η) 存在分布密度 $p_{\zeta\eta}$.

(b) $p_{\zeta}(x|\eta=y)=p_{\xi}(x-f(y)|\eta=y)$.

11. 利用上题重新推导出 Brown 运动的有限维分布密度, 即 $\forall 0 < t_1 < t_2 < \cdots < t_n$, 写出 $(w_{t_1},\cdots,w_{t_n})$ 的联合分布密度.

12. 沿用定理 2.1.7 的记号. 证明:

(a) $\sum_{n=0}^{\infty}\langle h,e_n\rangle g_n$ a.s. 收敛.

(b) $E[X(h)X(g)]=\langle h,g\rangle_H, \forall h,g \in H$.

(c) 设 $h,g \in H$, 则 $X(h)$ 与 $X(g)$ 独立的充要条件是 $h\perp g$.

(d) 证明 $(w_t,t \in \mathbb{R}_+)$ 满足 Brown 运动定义中的前三条.

13. 设 $w_t, t \geqslant 0$ 为 BM. 证明:

$$\limsup_{t\downarrow 0}\frac{w_t}{\sqrt{t}}=\infty \text{ a.s.,} \quad \limsup_{t\to\infty}\frac{w_t}{\sqrt{t}}=\infty \text{ a.s.,}$$

$$\liminf_{t\downarrow 0}\frac{w_t}{\sqrt{t}}=-\infty \text{ a.s.,} \quad \liminf_{t\to\infty}\frac{w_t}{\sqrt{t}}=-\infty \text{ a.s.,}$$

14. 设 w 是 Brown 运动. 令

$$\tau=\inf\{t:w_t>0\}, \quad \sigma=\inf\{t:w_t<0\}.$$

证明:

$$\tau=\sigma=0 \text{ a.s..}$$

15. 令

$$\xi_t:=w_{1-t}-w_1, \quad t \in [0,1],$$

证明 ξ 亦为 $[0,1]$ 上的 Brown 运动.

16. 设 B 为 Brown 运动.

(a) 令

$$\mathscr{G}:=\bigcap_{t>0}\sigma(B_s,s \geqslant t).$$

证明: $\forall A \in \mathscr{G}, P(A)=0$ 或 1.

(b) 设 f 为 Borel 可测函数. 证明: 若 $\lim_{t\to\infty}f(B_t)$ 几乎必然存在, 则 f 几乎必然等于一个常数.

17. 计算

$$X(\omega):=\int_0^1 w_s^2(\omega)ds$$

的一、二阶矩.

18. 设 f_n 为 $[a,b]$ 上的单调增函数, D 为 $[a,b]$ 的稠密子集且包含两个端点. 证明: 若 f_n 在 D 上处处收敛到 $[a,b]$ 上的连续函数 f, 则 f_n 在 $[a,b]$ 上一致收敛到 f.

19. 设 $\{w\}$ 为 Brown 运动. 令

$$\eta_n(t):=\sum_{i=0}^{\infty}(w_{(i+1)2^{-n}\wedge t}-w_{i2^{-n}\wedge t})^2.$$

证明: $\forall T > 0$,

$$\lim_{n\to\infty}\sup_{0\leqslant t\leqslant T}|\eta_n(t)-t|=0 \text{ a.s..}$$

20. 设 $\forall i = 1, \cdots, n$, $(w_t^i, \mathscr{F}_t^i)$ 为定义在同一概率空间上的 Brown 运动, 且对任意 t, $\mathscr{F}_t^i, i = 1, 2, \cdots$ 独立. 令 $\mathscr{F}_t := \vee_{i=1}^n \mathscr{F}_t^i$, $w_t = (w_t^1, \cdots, w_t^n)$. 证明: $(w_t, \mathscr{F}_t)$ 为 n 维 Brown 运动.

21. 设 $(w_t^1, \cdots, w_t^n)$ 为 n 维 Brown 运动.

(a) 设 $0 \leqslant a = t_0 < t_1 < \cdots < t_n = b$. 证明: 若 $k \neq j$, 则在 L^2 中

$$\lim_{\max|t_{i+1}-t_i| \to 0} \sum_{i=0}^{n-1} (w_{t_{i+1}}^k - w_{t_i}^k)(w_{t_{i+1}}^j - w_{t_i}^j) = 0.$$

(b) 证明: 若 Q 为 $n \times n$ 正交阵, $B_t := Qw_t$, 则 $\{B_t\}$ 也为 Brown 运动.

(c) 在 (b) 成立的前提下. 设 F 为 Wiener 空间上的有界 Borel 函数. 证明: 对任意 t 及任意 $1 \leqslant k \leqslant n$, 若

$$E[F(w.)|w_t^1, \cdots, w_t^k] = G(w_t^1, \cdots, w_t^k),$$

则

$$E[F(B.)|B_t^1, \cdots, B_t^k] = G(B_t^1, \cdots, B_t^k).$$

(d) 令

$$\xi_n(t) := \sum_{i=1}^\infty (w^k(t \wedge (i-1)2^{-n}) - w^k(t \wedge i2^{-n}))(w^l(t \wedge (i-1)2^{-n}) - w^l(t \wedge i2^{-n})).$$

证明: 对任意 $T > 0$,

$$\lim_n \sup_{t \in [0,T]} |\xi_n(t) - \delta_{kl}t| = 0 \text{ a.s..}$$

22. 设 w_t 是 $[0,T]$ 上的 Wiener 过程. 令 $\xi_t := aw_t + b$, $\eta_t := cw_t + d$, 其中 $a, b, c, d \in \mathbb{R}$. 证明: 若 $(|a|, b) \neq (|c|, d)$, 那么 $\xi.$ 与 $\eta.$ 在 $C([0,T])$ 上的分布是相互奇异的.

23. 在定理 2.3.6 的证明中, 能否取

$$\tau_n(\omega) := \sum_{k=1}^\infty (k-1)2^{-n} 1_{(k-1)2^{-n} \leqslant \tau(\omega) < k2^{-n}} + \infty 1_{\tau=\infty}?$$

为什么?

24. 设 w_t 为一维 Brown 运动. 证明

$$E[e^{w_t - \frac{t}{2}}] = 1, \quad \forall t > 0.$$

再令

$$Q(d\omega) := e^{w_1 - \frac{1}{2}} P(d\omega).$$

证明在 Q-下, $w_t - t$ 为 $[0,1]$ 上的 Brown 运动. 利用此事实计算

$$P\left(\left\{\max_{s \leqslant 1}[w_s - s] \leqslant a\right\}\right).$$

25. 设 $w_t = (w_t^1, \cdots, w_t^n)$ 为定义在某概率空间 $(\Omega, \mathscr{F}, (\mathscr{F}_t), P)$ 上的连续适应过程, $w_0 = 0$. 证明下面两个条件都是 $(w_t, \mathscr{F}_t)$ 成为 n 维 Brown 运动的充要条件.

(a) $\forall \lambda_i \in \mathbb{R}, t > s$,

$$E\left[\exp\left\{\sqrt{-1}\sum_{i=1}^{n}\lambda_i(w_t^i - w_s^i)\right\}\bigg|\mathscr{F}_s\right] = \exp\left\{-\frac{t-s}{2}\sum_{i=1}^{n}\lambda_i^2\right\}.$$

(b) 对任意 $x \in \mathbb{R}^n$, $\|x\| = 1$, (w_t, x) 是一维 $(\mathscr{F}_t)$-Brown 运动.

26. 设 X, Y 为定义在同一个概率空间上的两个独立的 Brown 运动, $t_0 > 0$. 令

$$Z_t = X_{t \wedge t_0} + Y_t - Y_{t \wedge t_0}.$$

证明 Z 为 Brown 运动.

27. 设 X, Y 为定义在同一个概率空间上的两个独立的 Brown 运动, τ 是 X 的自然 σ-代数流的停时. 令

$$Z_t = X_{t \wedge \tau} + Y_t - Y_{t \wedge \tau}.$$

证明 Z 为 Brown 运动.

28. 设 w^1 与 w^2 是定义在同一概率空间上的 Brown 运动, τ 为关于 w^1 的自然 σ-代数流的停时, w^2 与 $\mathscr{F}_\tau$ 独立. 令

$$w_t := w_{t \wedge \tau}^1 + w_{(t-\tau) \vee 0}^2 1_{t > \tau}.$$

证明 w 为 Brown 运动.

29. 设 X, Y 同为 m 维 Brown 运动. 令

$$\tau := \inf\{t : |X_t| = 1\}, \quad \sigma := \inf\{t : |Y_t| = 1\}.$$

证明: X_τ 与 Y_σ 同分布.

30. 设 X 为 m 维 Brown 运动. 令

$$\tau := \inf\{t : |X_t| = 1\}.$$

证明: X_τ 服从 $\{x : \|x\| = 1\}$ 上的均匀分布.

31. 设 w_t 是 Brown 运动. $x \neq 0$. 令

$$\tau(x) := \inf\{t \geqslant 0 : w_t = x\}.$$

证明 $\tau(x)$ 为随机变量, $P(\tau(x) < \infty) = 1$, $\tau(x)$ 的分布绝对连续, 且其密度为

$$p(y) := \begin{cases} 0, & y \leqslant 0, \\ \dfrac{1}{\sqrt{2\pi}}|x|y^{-\frac{3}{2}}\exp\left(-\dfrac{1}{2y}x^2\right), & y > 0. \end{cases}$$

32. 设 $T > 0$. 在 Wiener 空间上 $(W_0, (\mathscr{F}_t), \mathscr{F}, \mu)$ 上定义映射

$$F(w)(t) = \begin{cases} w(t), & t \geqslant T, \\ w(T) - w(T-t), & t < T. \end{cases}$$

证明 $F_*\mu = \mu$.

33. 设 $(w_t, \mathscr{F}_t)$ 为 Brown 运动, F 为非负 Borel 可测函数, $s > 0$, $a < b$, τ 为有限停时. 证明:

(a)
$$E[F(w_{\tau+s})|\mathscr{F}_\tau] = \frac{1}{\sqrt{2\pi s}} \int_{-\infty}^{\infty} F(x + w_\tau) \exp\left(-\frac{x^2}{2s}\right) dx;$$

(b)
$$P(w_{\tau+s} \in [a,b]|\mathscr{F}_\tau) \leqslant \frac{b-a}{\sqrt{2\pi s}}.$$

34. 设 $(\Omega, \mathscr{F}, P)$ 为可分概率空间 (即 P 是可分测度, 见 [60]), $\mathscr{G} \subset \mathscr{F}$, $X \in \mathscr{G}$. 以

$$P(x, d\omega) = P(d\omega|X = x) = P^x(d\omega)$$

表示给定 $X = x$ 时的正则条件概率. 设

$$E[Y|\mathscr{G}] = Z.$$

令

$$\nu(dx) = P(X \in dx).$$

证明: ν-a.e. x, 有

$$E^x[Y|\mathscr{G}] = Z, \quad P^x\text{- a.e.}$$

类似地, 令 $\mathscr{G}_1 \subset \mathscr{G}$, $P(\omega, d\omega')$ 表示给定 $\mathscr{G}_1$ 时的正则条件概率, E^ω 表示关于 $P(\omega, d\omega')$ 的期望. 证明: 若

$$E[Y|\mathscr{G}] = Z,$$

则

$$E^\omega[Y|\mathscr{G}] = Z, P\text{-a.a.}\omega.$$

35. 设 B 为 $(\mathscr{F}_t)$-Brown 运动, $(\mathscr{G}_t)$ 为另一 σ-代数流, 且 $\forall t$, $(\mathscr{F}_t)$ 与 $(\mathscr{G}_t)$ 独立. 证明 B 为 $(\mathscr{F}_t \vee \mathscr{G}_t)$-Brown 运动.

36. 设 $(\Omega, \mathscr{F}, (\mathscr{F}_t), P)$ 是概率空间, 其中 ω 为 Polish 空间, $\mathscr{F}$ 是其上的 Borel σ-代数, B 为 $(\mathscr{F}_t)$-Brown 运动. 证明:

(a) 令 $P(\omega', \omega)$ 为给定 $\mathscr{F}_0$ 时的正则条件概率, 则对 P-几乎所有的 ω', 在 $P(\omega', d\omega)$ 下, B 是标准 Brown 运动;

(b) 设 $\xi \in \mathscr{F}_0$, 令 $P(x, \omega)$ 为给定 $\xi = x$ 时的正则条件概率, 则对 $P \circ \xi^{-1}$-几乎所有的 x, 在 $P(x, d\omega)$ 下, B 是标准 Brown 运动.

37. 举例说明: B 同时为 $(\mathscr{F}_t)$-Brown 运动与 $(\mathscr{F}'_t)$-Brown 运动, 也不能保证它为 $(\mathscr{F}_t \vee \mathscr{F}'_t)$-Brown 运动.

38. 设 f 绝对连续. 证明:

$$\int_0^t f_s dw_s = f_t w_t - \int_0^t w_s df_s.$$

39. 设 (B, H, μ) 是抽象 Wiener 空间. 证明: 对任意 $f_1, \cdots, f_n \in H$, $((f_1, w), \cdots, (f_n, w))$ 是 Gauss 变量, 其协方差矩阵为 $((f_i, f_j)_{i,j})$.

第 3 章   离散时间鞅

所谓鞅, 是 martingale 的中译. Martingale 这个单词无论在英语里还是在法语里均有两个意思, 其一是指一种输了便将赌资加倍继续赌下去的赌博方法 (所以是一个输红了眼的赌徒的做法, 不是吗?), 这种词义没有简洁的中文翻译; 其二是指一种套在马脖子上使得马头不能猛烈上扬的那根缰绳, 意思刚好与古汉语中的 "鞅" 吻合. 现在这个词的通用中译是借用第二种意思的中文表示, 即 "鞅", 但其含义和第二种意思似乎没有关系; 它的含义应该是直接脱胎于第一种意思的, 但也并不尽然. 它似乎更多的是指一种公平设计的赌博机制, 也因此在几十年前这一概念初引入时, 某些地区出版物中, 它是直接被翻译成 "平赌" 的. 不过回过头来看, martingale 的这两种含义之间真的没有关系吗? 加倍注入赌资不是也可以理解为控制赌盘, 犹如缰绳控制马头吗? 只要赌博的设计是公平的, 你的资产又是无穷多的话, 不是总有一天你是会赢回来的吗? 犹如只要马车夫是个大力士, 不是最终总是能控制住局面而不让马狂奔吗?

3.1   基 本 定 义

我们从较简单的离散时间情形开始介绍数学上的 "鞅". 先回顾与引进各一个术语.

定义 3.1.1   设 $(\Omega, \mathscr{F}, (\mathscr{F}_n), P)$ 为完备赋流概率空间, 其中 $n \in \mathbb{N}_+$. 此空间上的随机变量列 (X_n) 若满足 $X_n \in \mathscr{F}_n, \forall n$, 则称为 $(\mathscr{F}_n)$-适应的; 若满足 $X_n \in \mathscr{F}_{n-1}, \forall n \geqslant 1, X_0 \equiv 0$, 则称为 $(\mathscr{F}_n)$-可料的.

以后本节乃至本章如无特别说明, 均在这样一个赋流概率空间上考虑问题. 当然, 指标集不一定非 $\mathbb{N}_+$ 不可, 而可以是 $\mathbb{N} \cup \{\infty\}$ 的任何一个有限或无限子集, 此时定义本质上是一样的. 只是在明显需要修改地方做必要的合适的然而也是明显的修改即可.

接下来我们就可以给出 (上、下) 鞅的定义了.

定义 3.1.2   实值可积且 $(\mathscr{F}_n)$-适应的随机变量列 (X_n) 若满足

$$E[X_m | \mathscr{F}_n] = X_n, \quad \forall 0 \leqslant n \leqslant m,$$

则称 $(X_n, \mathscr{F}_n)$ 为鞅, 或称 (X_n) 为 $(\mathscr{F}_n)$-鞅; 若上面的等号分别用 $\leqslant$ 或 $\geqslant$ 代替, 则分别称为 $(\mathscr{F}_n)$-上鞅或下鞅. 无混淆危险或 $\mathscr{F}_n = \sigma(X_k, k \leqslant n)$ 时, 则简称为

鞅及上下鞅.

注意这里的术语的内涵意义与字面表述相反: 就平均趋势而言, 上鞅是下降的, 而下鞅则是上升的. 这和凸函数的情况有点类似: 我们知道凸函数的图像是下凸的, 因此在通常的即实际生活上的意义上是凹的, 正好相反. 不知这是巧合还是的确要照顾和凸函数的关系: 你可以证明凸函数复合鞅是下鞅, 增凸函数复合下鞅依然是下鞅, 而增凹函数复合上鞅还是上鞅 (见习题 5)[①].

另外我们注意到, 若 X 为上鞅, 则 $-X$ 为下鞅. 因此, 所有关于上鞅的结果都可以由此转移到下鞅, 反之亦然. 故而我们以后只叙述关于鞅及下鞅的结果.

最后我们看到, 一个序列是否为鞅, 只要任意从中抽出两项, 看这个两项序列是否为鞅即可.

下面这个结果是显然的.

命题 3.1.3　设 (X_n) 为 $(\mathscr{F}_n)$-适应, 则 $(X_n, \mathscr{F}_n)$ 为鞅的充要条件是: $\forall n$, $E|X_n| < \infty$ 且 $E[X_{n+1}|\mathscr{F}_n] = X_n$.

实际上, 必要性是直接的; 至于充分性, 则可用归纳法证之.

对上、下鞅也有类似的结果, 请自行叙述并证明.

我们来看几个例子.

例 3.1.4　设 X 是概率空间 $(\Omega, \mathscr{F}, P)$ 上的可积随机变量, $(\mathscr{F}_n)$ 是 $\mathscr{F}$ 的递增子 σ-代数列. 令 $X_n := E[X|\mathscr{F}_n]$. 则 $(X_n, \mathscr{F}_n)$ 是鞅.

事实上, 用条件期望的基本性质, 有,

$$E[X_{n+1}|\mathscr{F}_n] = E[E[X|\mathscr{F}_{n+1}]|\mathscr{F}_n] = E[X|\mathscr{F}_n] = X_n.$$

例 3.1.5　设 $\{\xi_n\}$ 是可积独立随机变量列, $E[\xi_n] = 0$, $\forall n$. 令 $\mathscr{F}_n = \sigma(\xi_k, k \leqslant n)$. 再设 $\{C_n\}$ 为有界可料, 则

$$X_n := \sum_{k=0}^{n} C_k \xi_k$$

为鞅.

---

① 在 20 世纪五六十年代出版的一些随机过程著作 (例如 [10, 76]) 中, 下鞅是被称为半鞅 (semimartingale) 的, 而上鞅则被称为下半鞅 (lower semimartingale), 似乎也印证了当时人们是注意到了上鞅的总体趋势是向下的这个事实. 有趣的是, 据说 Doob 原本是要用前缀 super 及 sub 的 (根据他最终选定的名词看, 我想恐怕他对 super 与 sub 的选取与我们今天使用的是相反的), 但在他写作他的鸿篇巨著 [10] 时, 美国电台正在热播 superman 的节目, 而他家的小孩常听这些节目. 或许这对他的写作有干扰, 或许对他教育小孩有干扰 (就像今天的电子游戏对家长一样), 使得他十分厌恶 superman 这个词, 所以故意避开了 super 这个前缀. 但后来他在有关位势的文章和书中还是使用了这两个前缀. 所以按合理的推理, 历史事实似乎应该是: 上鞅下鞅中上与下的选取, 是照顾到了与调和函数的一致: 上调和函数复合 Brown 运动是上鞅, 下调和函数复合 Brown 运动是下鞅, 调和函数复合 Brown 运动是鞅.

事实上, 由于 $X_n, C_{n+1} \in \mathscr{F}_n$,

$$
\begin{aligned}
E[X_{n+1}|\mathscr{F}_n] &= E[X_n + C_{n+1}\xi_{n+1}|\mathscr{F}_n] \\
&= X_n + C_{n+1}E[\xi_{n+1}|\mathscr{F}_n] \\
&= X_n + C_{n+1}E[\xi_{n+1}] \\
&= X_n,
\end{aligned}
$$

这里倒数第二个等式是因为 ξ_{n+1} 与 $\mathscr{F}_n$ 独立.

这个例子可描述前面所说的赌博方法: 将 ξ_n 看成第 n 盘单位赌资的输赢, C_n 看成是第 n 盘时投入的赌资, 这个赌资是可料的, 即根据前面 $n-1$ 盘的输赢而决定的. 赌博设计是公平的是指 $E[\xi_n] = 0$, 而赌博的过程是公平的是指 $C_n \in \mathscr{F}_{n-1}$. 如果有人有内幕消息, 则他或她在时刻 n 所掌握的讯息 C_n 就不只是限于 $\mathscr{F}_{n-1}$, 这时 (X_n) 也就不再是鞅. 所以, 即便赌博的设计是公平的, 如果赌博的过程不是公平的, 赌博的结果也将不是公平的. 只有当设计和过程都是公平的时候, 结果才是公平的, 即 $(X_n, \mathscr{F}_n)$ 是鞅.

从这个例子出发可以构造许多鞅. 特别地, 若取 $C_n \equiv 1$, 则得到期望为零的独立随机变量的部分和序列为鞅.

例 3.1.6 设 $\{X_n, n = 0, 1, \cdots\}$ 为鞅, $\{C_n, n = 0, 1, \cdots\}$ 为有界可料列. 令

$$
Y_n := \sum_{k=0}^{n} C_k(X_k - X_{k-1}) \quad (X_{-1} := 0, 下同).
$$

则 $\{Y_n\}$ 为鞅.

事实上, 因为 $Y_{n+1} = Y_n + C_{n+1}(X_{n+1} - X_n)$, 故

$$
\begin{aligned}
E[Y_{n+1}|\mathscr{F}_n] &= Y_n + C_{n+1}E[X_{n+1} - X_n|\mathscr{F}_n] \\
&= Y_n + C_{n+1}(E[X_{n+1}|\mathscr{F}_n] - X_n) \\
&= Y_n.
\end{aligned}
$$

这里的 $\{Y_n\}$ 称为 $\{X_n\}$ 的鞅变换, 是后面要讲的随机积分的雏形, 即离散型的随机积分. 我要说的是, 它们和随机积分的关系就相当于 Riemann 和与 Riemann 积分的关系.

最后, 我们以对这里使用的术语做一点解释来结束本节. "可料" 一词是英文 predictable 的中译. 在英文文献特别是早期的英文文献中, 同样的对象也常常用 non-anticipating 来描述. 这两个词乍看起来意思相反, 但只要注意它们一个是被动态, 另一个是主动态就容易理解了. Predictable 意即 can be predicated, 是指该过程可以被人, 我们, 根据现有的知识来预测; 而 non-anticipating 意为 do not anticipate, 是指该过程本身不包含未来的信息. 所以两者的意思是一样的, 看问题的角度不同而已.

3.2   Doob 分解

既然下鞅在平均趋势上是上升的, 那么是否有可能将上升的部分拎出来, 使得剩下的部分在平均趋势上是常值的? 答案是肯定的. 实际上, 设 $X = (X_n)$ 为任意可积适应序列, 令

$$A_n = \begin{cases} \sum_{k=1}^{n} E[X_k - X_{k-1}|\mathscr{F}_{k-1}], & n \geqslant 1, \\ 0, & n = 0. \end{cases}$$

则 A 为可料过程且 $M := X - A$ 为鞅, 且当 X 为下鞅时, A 为增过程. 反之, 若 M 是鞅, A 是可料过程且 $A_0 = 0$, 使得 $X = M + A$, 则易证 A 一定满足上式. 这就是下面著名的

定理3.2.1(Doob 分解)   任一可积适应过程 X 均可唯一分解为一鞅 M 与一零初值的可料过程 A 之和, 而当 X 为下鞅时, A 为增过程.

你一定要注意, 只有对过程 A 加上 "可料" 的限制后, 上述分解才是唯一的, 否则未必唯一. 例如, 设 X 为鞅, $X_0 = 0$, 且 $E[X_n^2] < \infty$, $\forall n$(我们有很多这样的鞅, 不是吗?). 则 (X_n^2) 为下鞅. 因为

$$X_k^2 - X_{k-1}^2 = 2X_{k-1}(X_k - X_{k-1}) + (X_k - X_{k-1})^2,$$

所以

$$X_n^2 = \begin{cases} 2\sum_{k=1}^{n} X_{k-1}(X_k - X_{k-1}) + \sum_{k=0}^{n}(X_k - X_{k-1})^2, & n \geqslant 1, \\ 0, & n = 0, \end{cases}$$

其中第一项是鞅, 第二项是增过程——不过不是可料的. 所以 X^2 以这种方式写成了鞅与增过程之和; 但这不是 Doob 分解, 因为按前之所述, 当 $n \geqslant 1$ 时, 其 Doob 分解的增过程部分为

$$\sum_{k=1}^{n} E[X_k^2 - X_{k-1}^2|\mathscr{F}_{k-1}]$$

$$= 2\sum_{k=1}^{n} E[X_{k-1}(X_k - X_{k-1})|\mathscr{F}_{k-1}] + \sum_{k=0}^{n} E[(X_k - X_{k-1})^2|\mathscr{F}_{k-1}]$$

$$= \sum_{k=1}^{n} E[(X_k - X_{k-1})^2 | \mathscr{F}_{k-1}].$$

这两者自然不是一回事. 前者更简单一些, 因为它不涉及条件期望, 因而不会随概率测度的改变而改变. 不过, 如果我们考虑具有连续的样本轨道的连续时间鞅, 并且将连续时间鞅视为离散时间鞅的极限, 即离散的时间间隔逐步变小而趋于零时的极限, 那么它们之间的差别将会随着极限过程消失于无形——你会看到的. 对于轨道未必连续的连续时间鞅, 这两者的差别永远存在, 并且是使得许多事情复杂化的根本原因之所在. 幸运的是, 这不在本书讨论范围之列.

3.3 鞅 与 停 时

我们已经接触过停时. 在鞅论中, 停时起着重要的作用. 首先我们针对离散时间的情形回顾一下停时的概念.

定义 3.3.1 设 $(\mathscr{F}_n)$ 为 σ-代数流, τ 为取值于 $\{0, 1, \cdots, \infty\}$ 的随机变量. 若 $\forall n = 0, 1, 2, \cdots$, $\{\tau \leqslant n\} \in \mathscr{F}_n$, 则 τ 称为停时.

那么, 停时是通过什么方式起作用的呢?

易见 τ 为停时的充要条件是

$$\forall n, \quad \{\tau = n\} \in \mathscr{F}_n.$$

由此可见, 离散情形的好处是可以按 $\{\tau = n\}$, $n = 1, 2, \cdots$, 将全空间分解为可数个不相交事件的并, 并且这种分解是适应的, 即 $\{\tau = n\} \in \mathscr{F}_n$. 因此利用停时, 我们可以先将全空间分解以分而治之, 然后就可以对问题聚而歼之了. 实践证明, 这是一个屡试不爽的正确思想. 当然这个正确思想不是从天上掉下来的, 而是继承了前人的思想: 实际上在证明独立随机变量和的强大数定律时就是这样干的. 当然那时候这样干的人可不是等闲之辈, 而是 Kolmogorov, 不知道他的正确思想是从哪里来的.

这种分解对连续时间时的停时是不存在的, 因此连续时间过程往往要假定轨道的右连续性, 这样才好用离散停时逼近原停时, 从而利用离散时间情形已有的结果过渡——你会慢慢理解的. 这一原则不只适用于鞅, 而且适用于 Markov 过程与随机微分方程. 由于对 Markov 过程与随机微分方程, 本书只限于处理连续过程, 而对于连续时间鞅, 我们又能证明它们永远存在几乎所有的轨道都有 R-修正, 所以这一假设永远是满足的, 因而你也就永远可以放心地使用这个技巧.

下面这个著名的 Doob 停止定理的证明就是利用这种分解的一个很好的范例. 它的博弈学含义是: 如果一个赌博是公平的, 那么它在任何一个停时停止都是公平的. 为叙述这个结果, 我们需要先定义停止过程. 所谓停止过程是将一个随机过程停止于一个停时所得到的新过程. 更具体一点, 我们有下面的正式定义:

定义 3.3.2   设 (ξ_n) 为过程而 τ 为停时, 则停止过程定义为

$$\xi_n^\tau(\omega) := \xi_{n\wedge\tau}(\omega) := \xi_{n\wedge\tau(\omega)}(\omega).$$

现在我们可以叙述 Doob 停止定理了.

定理 3.3.3 (Doob 停止定理)   设 $(\xi_n, \mathscr{F}_n)_{n=0}^\infty$ 为 (上、下) 鞅, τ 为 $(\mathscr{F}_n)$-停时. 则 $(\xi_{n\wedge\tau}, \mathscr{F}_n)_{n=0}^\infty$ 为 (上、下) 鞅.

证明   因为

$$\forall k = 0, 1, \cdots, n, \quad \{\tau = k\} \in \mathscr{F}_k, \quad \{\tau > n\} \in \mathscr{F}_n,$$

所以

$$1_{\tau > n} \in \mathscr{F}_n,$$

$$1_{\tau \leqslant n}\xi_\tau = \xi_0 1_{\tau=0} + \cdots + \xi_n 1_{\tau=n} \in \mathscr{F}_n.$$

因此

$$
\begin{aligned}
E(\xi_{(n+1)\wedge\tau}|\mathscr{F}_n) &= E(1_{\tau>n}\xi_{n+1}|\mathscr{F}_n) + E(1_{\tau\leqslant n}\xi_\tau|\mathscr{F}_n)\\
&= 1_{\tau>n}E(\xi_{n+1}|\mathscr{F}_n) + 1_{\tau\leqslant n}\xi_\tau\\
&= 1_{\tau>n}\xi_n + 1_{\tau\leqslant n}\xi_\tau = \xi_{n\wedge\tau}.
\end{aligned}
\tag{3.1}
$$

$\square$

我们再看一个例子.

例 3.3.4   设 (ξ_n) 是适应于 $(\mathscr{F}_n)$ 的随机变量序列, $n = 1, 2, \cdots$. 补充 $\xi_0 = 0$, $\mathscr{F}_0$ 为平凡 σ-代数. 设存在常数 C 使得

$$E[|\xi_{n+1} - \xi_n||\mathscr{F}_n] \leqslant C, \text{ a.s. 在 } \{\tau > n\} \text{ 上}, \quad \forall n.$$

设 τ 是 $(\mathscr{F}_n)$-停时且 $E[\tau] < \infty$, 则 $E[|\xi_\tau|] \leqslant CE[\tau]$.

如果 $\tau = N$ 为常数, 那么这一结果是显然的, 因为

$$E|\xi_N| \leqslant E\left[\sum_{n=1}^N |\xi_n - \xi_{n-1}|\right]$$

$$\leqslant \sum_{n=1}^N E|\xi_n - \xi_{n-1}| \leqslant NC.$$

但 τ 不是常数时, 就要根据 τ 的取值分而治之了. 事实上, 令

$$\eta_0 := |\xi_0|, \quad \eta_k := |\xi_k - \xi_{k-1}|, \quad \forall k \geqslant 1.$$

则

$$
\begin{aligned}
E[|\xi_\tau|] &\leqslant E\left[\sum_{k=0}^{\tau} \eta_k\right] \\
&= E\left[\sum_{n=1}^{\infty} \sum_{k=1}^{n} \eta_k 1_{\tau=n}\right] \\
&= \sum_{n=1}^{\infty} \sum_{k=1}^{n} E[\eta_k 1_{\tau=n}] \\
&= \sum_{k=1}^{\infty} \sum_{n=k}^{\infty} E[\eta_k 1_{\tau=n}] \\
&= \sum_{k=1}^{\infty} E[\eta_k 1_{\tau \geqslant k}] \\
&= \sum_{k=1}^{\infty} E[E[\eta_k 1_{\tau \geqslant k} | \mathscr{F}_{k-1}]] \\
&= \sum_{k=1}^{\infty} E[1_{\tau \geqslant k} E[\eta_k | \mathscr{F}_{k-1}]] \\
&\leqslant C \sum_{k=1}^{\infty} E[1_{\tau \geqslant k}] \\
&= CE[\tau].
\end{aligned}
$$

我们注意到, 满足这个例子的条件的一个典型情况是: $\xi_n = \sum_{i=1}^{n} \zeta_i$, 其中 (ζ_n) 是独立随机变量列, 且 $\sup_n E[|\zeta_n|] < \infty$.

回忆停止 σ-代数的定义:

$$\mathscr{F}_\tau := \{A \in \mathscr{F} : A \cap \{\tau \leqslant n\} \in \mathscr{F}_n, \forall n\}.$$

在现在的离散时间情形, 我们有:

引理 3.3.5 设 τ, σ 为 $(\mathscr{F}_n)$-停时, ξ 为随机变量, $\xi_n, n = 0, 1, 2, \cdots, \infty$ 为随机变量列, $\xi_n \in \mathscr{F}_n(\mathscr{F}_\infty := \mathscr{F})$, $E|\xi| < \infty$. 则

(i)

$$\mathscr{F}_\tau = \{A \in \mathscr{F} : A \cap \{\tau = n\} \in \mathscr{F}_n, \forall n\}.$$

(ii) $\{\tau \leqslant \sigma\}, \{\tau < \sigma\}, \{\tau = \sigma\} \in \mathscr{F}_\tau \cap \mathscr{F}_\sigma$.

(iii) $\tau \leqslant \sigma \Rightarrow \mathscr{F}_\tau \subset \mathscr{F}_\sigma$.

(iv) $\tau, \xi_\tau, \xi_n 1_{\tau=n} \in \mathscr{F}_\tau, \forall n = 0, 1, \cdots, \infty$.

(v) $1_{\tau=n} E[\xi | \mathscr{F}_\tau] = 1_{\tau=n} E[\xi | \mathscr{F}_n]$, $\forall n = 0, 1, \cdots, \infty$.

证明   (i) 设 $A \in \mathscr{F}_\tau$. 因为 $\mathscr{F}_{n-1} \subset \mathscr{F}_n$, 所以 $A \cap \{\tau = n\} = A \cap \{\tau \leqslant n\} \setminus A \cap \{\tau \leqslant n-1\} \in \mathscr{F}_n$.

反之, 若 $\forall k, A \cap \{\tau = k\} \in \mathscr{F}_k$, 则 $A \cap \{\tau \leqslant n\} = \bigcup_{k=0}^n (A \cap \{\tau = k\}) \in \mathscr{F}_n$.

(ii) 对任意 n 有

$$\{\tau \leqslant \sigma\} \cap \{\sigma = n\} = \{\tau \leqslant n\} \cap \{\sigma = n\} \in \mathscr{F}_n,$$

因此 $\{\tau \leqslant \sigma\} \in \mathscr{F}_\sigma$, 又

$$\{\tau \leqslant \sigma\} \cap \{\tau = n\} = \{\tau = n\} \cap \{\sigma \geqslant n\} \in \mathscr{F}_n,$$

故 $\{\tau \leqslant \sigma\} \in \mathscr{F}_\tau$. 这样 $\{\tau \leqslant \sigma\} \in \mathscr{F}_\sigma \cap \mathscr{F}_\tau$.

于是 $\{\tau > \sigma\} = \{\tau \leqslant \sigma\}^c \in \mathscr{F}_\sigma \cap \mathscr{F}_\tau$. 交换 τ 与 σ 的位置得 $\{\tau < \sigma\} \in \mathscr{F}_\sigma \cap \mathscr{F}_\tau$, 且进一步有 $\{\tau = \sigma\} = \{\tau \leqslant \sigma\} \setminus \{\tau < \sigma\} \in \mathscr{F}_\sigma \cap \mathscr{F}_\tau$.

(iii) 现设 $\tau \leqslant \sigma$. 任取 $A \in \mathscr{F}_\tau$, 则

$$A \cap \{\sigma = n\} = \bigcup_{k=0}^n (A \cap \{\tau = k\} \cap \{\sigma = n\}) \in \mathscr{F}_n.$$

因此 $A \in \mathscr{F}_\sigma$.

(iv) 任取 n, 在 (ii) 中取 $\sigma \equiv n$, 就有 $\{\tau \leqslant n\} \in \mathscr{F}_\tau \cap \mathscr{F}_n \subset \mathscr{F}_\tau$.

设 $c \in \mathbb{R}$. 令 $A := \{\xi_\tau < c\}$, 则对任意 n, 有

$$A \cap \{\tau = n\} = \{\xi_n < c\} \cap \{\tau = n\} \in \mathscr{F}_n,$$

于是 $A \in \mathscr{F}_\tau$, 即 $\xi_\tau \in \mathscr{F}_\tau$. 此外

$$\xi_n 1_{\tau=n} = \xi_\tau 1_{\tau=n} \in \mathscr{F}_\tau.$$

(v) 记

$$\eta := 1_{\tau=n} E[\xi | \mathscr{F}_\tau], \qquad \zeta := 1_{\tau=n} E[\xi | \mathscr{F}_n].$$

要证 $\eta = \zeta$. 首先注意 $\zeta \in \mathscr{F}_n$. 再注意 $\forall c \in \mathbb{R}$, 因为 $E[\xi | \mathscr{F}_\tau] \in \mathscr{F}_\tau$, 故

$$\{\eta < c\} = \{\tau \neq n, 0 < c\} \cup (\{\tau = n\} \cap \{E[\xi | \mathscr{F}_\tau] < c\}),$$

说明 η 也是 $\mathscr{F}_n$-可测. 因此为证明 $\eta = \zeta$, 只需证明对任意 $A \in \mathscr{F}_n$, 有

$$E[1_A \eta] = E[1_A \zeta]. \tag{3.2}$$

为此, 定义随机变量列 $\xi_k = 1_A 1_{k=n}$. 显然 $\xi_k \in \mathscr{F}_k$. 这样可以用 (iv) 得到 $\xi_\tau = 1_A 1_{\tau=n} \in \mathscr{F}_\tau$. 于是

$$E[1_A \eta] = E[1_A 1_{\tau=n} E[\xi|\mathscr{F}_\tau]] = E[E[1_A 1_{\tau=n} \xi|\mathscr{F}_\tau]] = E[1_A 1_{\tau=n} \xi].$$

但由于 $1_A 1_{\tau=n} \in \mathscr{F}_n$, 故上式右边等于

$$E[1_A 1_{\tau=n} \xi] = E[E[1_A 1_{\tau=n} \xi|\mathscr{F}_n]] = E[1_A 1_{\tau=n} E[\xi|\mathscr{F}_n]] = E[1_A \zeta].$$

(3.2) 得证. □

　　特别地, 这个定理告诉我们, 在集合 $\{\tau = n\}$ 上, 你完全可以把 $\mathscr{F}_\tau$ 当成 $\mathscr{F}_n$ 看待——包括对 $\mathscr{F}_\tau$ 的条件期望, 也可以当成对 $\mathscr{F}_n$ 的来取. 这个离散时间情形时停止 σ-代数的性质特别重要, 因为尽管 $\mathscr{F}_\tau$ 是如此令人难以捉摸, 但一旦限制在 $\{\tau = n\}$ 上, 即一旦某个集合 $A \subset \{\tau = n\}$, 那么 A 是否属于 $\mathscr{F}_\tau$ 就完全取决于它是否属于 $\mathscr{F}_n$ 了, 就好比落入了如来佛手掌心的孙猴子只能乖乖就范了, 此其一; 其二, $\{\{\tau = n\}, n = 1, 2, \cdots\}$ 构成了全空间的一个分割, 利用这个分割, 可以把许多对确定性时刻成立的性质推广到停时, 因此我们就有了关于鞅的 Doob 停止定理, 就有了关于 Markov 过程的强 Markov 性, 等等. 在连续时间情形, 我们无法直接按停时的取值对全空间进行分割, 因此必须借助离散时间停时向前推进——我们将慢慢展开这一幅画卷.

推论 3.3.6　在定理 3.3.3 的假设下, $(\xi_{n\wedge\tau}, \mathscr{F}_{n\wedge\tau})_{n=0}^\infty$ 为 (上、下) 鞅.

证明　由上一引理, $\xi_{n\wedge\tau} \in \mathscr{F}_{n\wedge\tau}$, 故由定理 3.3.3 有

$$\begin{aligned}
E[\xi_{(n+1)\wedge\tau}|\mathscr{F}_{n\wedge\tau}] &= E[E[\xi_{(n+1)\wedge\tau}|\mathscr{F}_n]|\mathscr{F}_{n\wedge\tau}] \\
&= E[\xi_{n\wedge\tau}|\mathscr{F}_{n\wedge\tau}] \\
&= \xi_{n\wedge\tau}.
\end{aligned}$$

□

此外还有:

推论 3.3.7　若 (ξ_n) 为 (上、下) 鞅, τ 是有界停时, 则

$$E[\xi_\tau|\mathscr{F}_n] = (\leqslant, \geqslant) \xi_{\tau\wedge n}.$$

证明　只考虑鞅的情况, 其他两种情况类似. 设 $\tau \leqslant N$, 则 $\xi_\tau = \xi_{(N+n)\wedge\tau}$ 且

$$E[\xi_\tau|\mathscr{F}_n] = E[\xi_{(N+n)\wedge\tau}|\mathscr{F}_n] = \xi_{n\wedge\tau}.$$

□

上述推论可进一步推广为

命题 3.3.8 设 $(\xi_n, \mathscr{F}_n)$ 为 (上、下) 鞅, σ 为有限停时, τ 为有界停时. 则

$$E[\xi_\tau | \mathscr{F}_\sigma] = (\leqslant, \geqslant) \xi_{\tau \wedge \sigma}.$$

证明 同样只考虑鞅的情况, 其他两种情况类似. 由引理 3.3.5 有

$$
\begin{aligned}
E[\xi_\tau | \mathscr{F}_\sigma] &= \sum_{n=1}^{\infty} E[\xi_\tau | \mathscr{F}_\sigma] 1_{\sigma=n} \\
&= \sum_{n=1}^{\infty} E[\xi_\tau | \mathscr{F}_n] 1_{\sigma=n} \\
&= \sum_{n=1}^{\infty} [\xi_n 1_{\tau>n} 1_{\sigma=n} + \xi_\tau 1_{\tau \leqslant n} 1_{\sigma=n}] \\
&= \xi_\sigma 1_{\tau>\sigma} + \xi_\tau 1_{\tau \leqslant \sigma} \\
&= \xi_{\tau \wedge \sigma}.
\end{aligned}
$$
$\square$

现在我们着手去掉上一命题中 τ 有界这个假设. 首先我们给出

定义 3.3.9 若 (ξ_n) 在为 (上、下) 鞅的同时, 还是一致可积的, 则称为一致可积 (上、下) 鞅.

然后我们有:

引理 3.3.10 设 (ξ_n) 为一致可积 (上、下) 鞅, τ 为有限停时, 则 $\xi_\tau \in L^1$ 且

$$\lim_{n \to \infty} \|\xi_{\tau \wedge n} - \xi_\tau\|_1 = 0.$$

证明 不妨设 (ξ_n) 为下鞅 (否则考虑 $(-\xi_n)$). 由于 (ξ_n) 一致可积, 故

$$\sup_n E[|\xi_n|] < \infty.$$

任给 n, 由于 $\tau \wedge n$ 为有界停时, 故由上一命题,

$$E[\xi_{\tau \wedge n}] \geqslant E[\xi_0].$$

因此

$$E[|\xi_{\tau \wedge n}|] = 2E[\xi_{\tau \wedge n}^+] - E[\xi_{\tau \wedge n}] \leqslant 2E[\xi_{\tau \wedge n}^+] - E[\xi_0].$$

但由习题 5 之 (ii), (ξ_n^+) 为下鞅, 因此由上一命题有

$$\xi_{\tau \wedge n}^+ \leqslant E[\xi_n^+ | \mathscr{F}_{\tau \wedge n}].$$

于是

$$E[\xi_{\tau\wedge n}^+] \leqslant E[\xi_n^+] \leqslant E[|\xi_n|].$$

从而

$$\sup_n E[\xi_{\tau\wedge n}^+] \leqslant \sup_n E[\xi_n^+] \leqslant \sup_n E[|\xi_n|] < \infty.$$

故由 Fatou 引理有

$$E[|\xi_\tau|] \leqslant \liminf_{n\to\infty} E[|\xi_{\tau\wedge n}|] < \infty,$$

即 $\xi_\tau \in L^1$. 最后, 因为

$$|\xi_{\tau\wedge n}| \leqslant |\xi_\tau| + |\xi_n|,$$

所以 $\{\xi_{\tau\wedge n}\}$ 一致可积. 从而

$$\begin{aligned}
&\lim_{n\to\infty} E[|\xi_{\tau\wedge n} - \xi_\tau|] \\
&= \lim_{n\to\infty} E[|\xi_{\tau\wedge n} - \xi_\tau|1_{\tau>n}] \\
&= E[\lim_{n\to\infty} |\xi_{\tau\wedge n} - \xi_\tau|1_{\tau>n}] \\
&= 0.
\end{aligned}$$ □

现在我们可以叙述下面的

命题 3.3.11 设 $(\xi_n, \mathscr{F}_n)$ 为一致可积 (上、下) 鞅, σ, τ 为有限停时. 则

$$E[\xi_\tau|\mathscr{F}_\sigma] = (\leqslant, \geqslant)\xi_{\tau\wedge\sigma}.$$

证明 任意固定 n, 对 $\tau\wedge n$ 与 σ 用命题 3.3.8, 得

$$E[\xi_{\tau\wedge n}|\mathscr{F}_\sigma] = (\leqslant, \geqslant)\xi_{\tau\wedge n\wedge\sigma}.$$

由于条件期望是 L^1 中的连续算子, 故由上一引理, 两边取 $n \to \infty$ 即得结论. □

这里一致可积性的假设不能去掉. 例如, 若 $\{\eta_n, n = 1, 2, \cdots\}$ 是独立随机变量序列,

$$P(\eta_n = 1) = P(\eta_n = -1) = \frac{1}{2}, \ \forall n,$$

$$\xi_0 := 0, \quad \xi_n := \sum_{i=1}^n \eta_i.$$

易证 (比如用中心极限定理及 Kolmogorov 0-1 律)

$$\sup_n E[|\xi_n|] = \infty,$$

$$\sup_n \xi_n = \infty \text{ a.s.}, \quad \inf_n \xi_n = -\infty \text{ a.s..}$$

因此 $\{\xi_n\}$ 不是一致可积的, 且若令

$$\tau := \inf\{n : \xi_n = 1\},$$

则 τ 为有限停时. 再令 $\sigma = 0$. 则

$$E[\xi_\tau | \mathscr{F}_\sigma] = E[1] = 1 \neq 0 = \xi_\sigma.$$

有了以上的准备工作, 现在便可以很容易地得到:

推论 3.3.12 设 $(\xi_n, \mathscr{F}_n), n \geqslant 0$ 为 (上、下) 鞅, 设 $\tau_i, i = 1, \cdots, m$ 为递增有界停时列. 则 $(\xi_{\tau_i}, \mathscr{F}_{\tau_i})$ 为 (上、下) 鞅. $(\xi_n, \mathscr{F}_n)$ 为一致可积时只需假定诸 τ_i 有限.

证明 在上一命题中取 $\sigma = \tau_i$, $\tau = \tau_{i+1}$ 即可.   □

这一定理的特殊情况是: 考虑两个有界停时 $\tau \leqslant \sigma$, 则 $E[\xi_\sigma | \mathscr{F}_\tau] = (\leqslant, \geqslant)\xi_\tau$, 因此更有

$$E[\xi_\sigma] = (\leqslant, \geqslant)E[\xi_\tau]. \tag{3.3}$$

在有些书中, 上式就是用来当作鞅或上下鞅的定义的. 因此, 我们需要验证这两个定义的等价性, 即

命题 3.3.13 适应过程 $\{\xi_n\}$ 是 (上、下) 鞅的充要条件是: 对任意 n 及任意停时 $\tau \leqslant n$, 有

$$E[\xi_n] = (\leqslant, \geqslant)E[\xi_\tau].$$

特别地, $\{\xi_n\}$ 是鞅的充要条件是: 对任意有界停时 τ, $E[\xi_\tau] = E[\xi_1]$.

注意: 1. 命题的叙述及下面的证明不仅对离散时间鞅适用, 对连续时间鞅也同样适用.

2. 停时的有界性不能代之以有限性, 见习题 13.

证明 必要性包含在上一推论中, 往证充分性. 任意固定 n, 设 $B \in \mathscr{F}_n$. 令

$$\tau := n 1_B + (n+1) 1_{B^c}.$$

则 τ 为停时且 $\tau \leqslant n + 1$. 因此

$$E[\xi_{n+1}] = E[\xi_n 1_B + \xi_{n+1} 1_{B^c}].$$

故

$$E[\xi_{n+1}1_B] = E[\xi_n 1_B].$$

这意味着

$$E[\xi_{n+1}|\mathscr{F}_n] = \xi_n.$$

因此 $\{\xi_n\}$ 为鞅. 上、下鞅的证明完全一样, 只需在合适的地方用不等号代替等号. $\qquad\square$

回忆推论 3.3.6 的证明: 在 τ 为停时, $(\xi_{\tau\wedge n}, \mathscr{F}_n)$ 为 (上、下) 鞅的前提下, 再对 $\mathscr{F}_{\tau\wedge n}$ 取一次条件期望, 就得到 $(\xi_{\tau\wedge n}, \mathscr{F}_{\tau\wedge n})$ 为 (上、下) 鞅. 实际上这个结果反推也是可以的, 即我们有:

命题 3.3.14 设 $(\xi_n, \mathscr{F}_n)$ 为适应过程, τ 为停时, 且 $(\xi_{\tau\wedge n}, \mathscr{F}_{\tau\wedge n})$ 为 (上、下) 鞅, 则 $(\xi_{\tau\wedge n}, \mathscr{F}_n)$ 为 (上、下) 鞅.

证明 只证鞅的情况, 其他两种情况类似. 任给 n,

$$\begin{aligned}
&E[\xi_{(n+1)\wedge\tau}|\mathscr{F}_n]\\
&= E[\xi_{(n+1)\wedge\tau}1_{\tau\leqslant n}|\mathscr{F}_n] + E[\xi_{(n+1)\wedge\tau}1_{\tau\geqslant n+1}|\mathscr{F}_n]\\
&= E[\xi_\tau 1_{\tau\leqslant n}|\mathscr{F}_n] + E[\xi_{(n+1)\wedge\tau}1_{\tau\geqslant n+1}|\mathscr{F}_n].
\end{aligned}$$

由于 $\xi_\tau 1_{\tau\leqslant n} = \xi_0 1_{\tau=0} + \cdots + \xi_n 1_{\tau=n} \in \mathscr{F}_n$, 所以

$$E[\xi_\tau 1_{\tau\leqslant n}|\mathscr{F}_n] = \xi_\tau 1_{\tau\leqslant n}.$$

另一方面, 任给 $A \in \mathscr{F}_n$, 易证 $A \cap \{\tau \geqslant n+1\} \in \mathscr{F}_{\tau\wedge n}$, 因而

$$\begin{aligned}
&E[\xi_{(n+1)\wedge\tau}1_{\tau\geqslant n+1}1_A]\\
&= E[E[\xi_{(n+1)\wedge\tau}1_{\tau\geqslant n+1}1_A|\mathscr{F}_{\tau\wedge n}]]\\
&= E[1_{\tau\geqslant n+1}1_A E[\xi_{(n+1)\wedge\tau}|\mathscr{F}_{\tau\wedge n}]]\\
&= E[1_{\tau\geqslant n+1}1_A \xi_{n\wedge\tau}].
\end{aligned}$$

所以

$$E[\xi_{(n+1)\wedge\tau}1_{\tau\geqslant n+1}|\mathscr{F}_n] = 1_{\tau\geqslant n+1}\xi_{n\wedge\tau}.$$

这样就有

$$E[\xi_{(n+1)\wedge\tau}|\mathscr{F}_n] = \xi_{n\wedge\tau}. \qquad\square$$

上面这个证明是第一时间比较容易想到的. 但实际上还有一个更简短的证明.

证明   先注意若 σ 为 $(\mathscr{F}_n)$ 停时, 则 $\sigma\wedge\tau$ 为 $(\mathscr{F}_{n\wedge\tau})$ 停时. 事实上, 对任意 n 有

$$\{\sigma\wedge\tau=n\}\in\mathscr{F}_{\sigma\wedge\tau}\cap\mathscr{F}_n=\mathscr{F}_{\sigma\wedge\tau\wedge n}\subset\mathscr{F}_{\tau\wedge n}.$$

现在任取两个有界 $(\mathscr{F}_n)$-停时 $\sigma_1\leqslant\sigma_2$. 因为 $\sigma_i\wedge\tau$ 是 $(\mathscr{F}_{\tau\wedge n})$ 停时, 故

$$E[\xi^\tau_{\sigma_1\wedge\tau}]=E[\xi^\tau_{\sigma_2\wedge\tau}].$$

即

$$E[\xi^\tau_{\sigma_1}]=E[\xi^\tau_{\sigma_2}].$$

所以由命题 3.3.13, $(\xi^\tau_n,\mathscr{F}_n)$ 为鞅. $\qquad\square$

这个结果的用处在于: 为证明 $(\xi_{\tau\wedge n},\mathscr{F}_n)$ 是鞅, 只要证明 $(\xi_{\tau\wedge n},\mathscr{F}_{\tau\wedge n})$ 是鞅就够了. 因为 $\mathscr{F}_{\tau\wedge n}\subset\mathscr{F}_n$, 所以证明后者要容易些.

我们知道, 从总趋势上看, 下鞅是上升的, 因此它在某个区间上的极大值在某种意义下应该能由其终端值控制. 同样, 上鞅的极值应该能用其初值控制. 但这一"极平常的"结论的证明却需要极不寻常的脑袋——Kolmogorov 与 Doob 那样的脑袋[①]. 我们来看看他们的结果.

定理 3.3.15 (Kolmogorov-Doob 不等式)

1. 设 $(\xi_n,\mathscr{F}_n)$, $n=0,1,\cdots$ 为下鞅, $c>0$ 为常数, N 为自然数. 则

$$P\left(\max_{n\leqslant N}\xi_n\geqslant c\right)\leqslant\frac{1}{c}E[\xi^+_N1_{\{\max_{n\leqslant N}\xi_n\geqslant c\}}]\leqslant\frac{1}{c}E[\xi^+_N],\tag{3.4}$$

$$P\left(\min_{n\leqslant N}\xi_n\leqslant -c\right)\leqslant\frac{1}{c}E[\xi^-_0+\xi^+_N],\tag{3.5}$$

$$P\left(\sup_n\xi_n\geqslant c\right)\leqslant\frac{1}{c}\sup_n E[\xi^+_n],\tag{3.6}$$

$$P\left(\inf_n\xi_n\leqslant -c\right)\leqslant\frac{1}{c}\sup_n E[\xi^-_0+\xi^+_n].\tag{3.7}$$

2. 设 $(\xi_n,\mathscr{F}_n)$, $n=0,1,\cdots$ 为上鞅, $c>0$ 为常数, 则

$$P\left(\sup_n\xi_n\geqslant c\right)\leqslant\frac{1}{c}\sup_n E[\xi^+_0+\xi^-_n].\tag{3.8}$$

特别地, 若 $(\xi_n,\mathscr{F}_n)$, $n=0,1,\cdots$ 为非负上鞅 $c>0$ 为常数, 则

$$P\left(\sup_n\xi_n\geqslant c\right)\leqslant\frac{1}{c}E[\xi_0].\tag{3.9}$$

[①] 似乎主要是 Kolmogorov 的脑袋, 他对于一种特殊的鞅, 即独立随机变量之和构成的序列证明了这个结果, 然后 Doob 发现可以把这个证明搬到鞅上.

证明 先证 (3.4). 由于其中第二个不等式是显然的, 只需证第一个.
由于

$$\left\{ \max_{n \leqslant N} \xi_n \geqslant c \right\} = \left\{ \max_{n \geqslant N} \xi_n^+ \geqslant c \right\},$$

而 (ξ_n^+) 也为下鞅, 故可设也将设 (ξ_n) 为非负下鞅.

证明的基本思想是将集合 $\left\{ \max_{n \leqslant N} \xi_n \geqslant c \right\}$ 按到达的先后次序分类, 然后在每个类上分析处理, 最后再综合起来. 具体地说, 即令

$$\tau := \inf\{n : \xi_n \geqslant c\}.$$

则

$$\left\{ \max_{n \leqslant N} \xi_n \geqslant c \right\} = \{\tau \leqslant N\} = \{\xi_{\tau \wedge N} 1_{\tau \leqslant N} \geqslant c\}.$$

故由 Chebyshev 不等式及命题 3.3.8 有

$$
\begin{aligned}
P\left(\max_{n \leqslant N} \xi_n \geqslant c \right) &\leqslant \frac{1}{c} E[\xi_{\tau \wedge N} 1_{\tau \leqslant N}] \\
&\leqslant \frac{1}{c} E[E[\xi_N | \mathscr{F}_{\tau \wedge N}] 1_{\tau \leqslant N}] \\
&= \frac{1}{c} E[E[\xi_N 1_{\tau \leqslant N} | \mathscr{F}_{\tau \wedge N}]] \\
&\leqslant \frac{1}{c} E[\xi_N 1_{\tau \leqslant N}],
\end{aligned}
$$

此即第一个不等式.

再证 (3.5). 令

$$\tau := \inf\{n : \xi_n \leqslant -c\}.$$

则由于 $(-\xi_n)$ 是上鞅, 故

$$
\begin{aligned}
P\left(\min_{0 \leqslant n \leqslant N} \xi_n \leqslant -c \right) \\
\leqslant \frac{1}{c} E[|\xi_\tau| 1_{\tau \leqslant N}] \\
= \frac{1}{c} E[-\xi_{\tau \wedge N} 1_{\tau \leqslant N}] \\
= \frac{1}{c} E[-\xi_{\tau \wedge N} (1 - 1_{\tau > N})] \\
= \frac{1}{c} E[-\xi_{\tau \wedge N}] + \frac{1}{c} E[\xi_N 1_{\tau > N}]
\end{aligned}
$$

$$\leqslant \frac{1}{c}E[-\xi_0] + \frac{1}{c}E[\xi_N^+]$$

$$\leqslant \frac{1}{c}E[\xi_0^-] + \frac{1}{c}E[\xi_N^+].$$

现在看 (3.6). 如果有

$$\left\{\sup_n \xi_n \geqslant c\right\} = \bigcup_N \left\{\max_{n \leqslant N} \xi_n \geqslant c\right\},$$

则 (3.6) 直接从 (3.4) 就得到了. 但可惜没有. 为此我们需要转一点点弯, 就是说, 我们注意对任意 $\epsilon > 0$ 有

$$\left\{\sup_n \xi_n \geqslant c\right\} \subset \bigcup_N \left\{\max_{n \leqslant N} \xi_n \geqslant c - \epsilon\right\},$$

因为上式右边是单调增集合的并, 故

$$P\left(\sup_n \xi_n \geqslant c\right) \leqslant \lim_{N \to \infty} P\left(\max_{n \leqslant N} \xi_n \geqslant c - \epsilon\right) \leqslant \lim_{N \to \infty} \frac{1}{c - \epsilon}E[\xi_N] \leqslant \sup_n \frac{1}{c - \epsilon}E[\xi_n].$$

再令 $\epsilon \to 0$ 即可. (3.7) 也可类似地由 (3.5) 导出.

最后证 (3.8). 这只需要考虑下鞅 $(-\xi_n)$ 并注意

$$\left\{\sup_n \xi_n \geqslant c\right\} = \left\{\inf_n (-\xi_n) \leqslant -c\right\},$$

然后用上面现成的结论即可. □

这个定理的证明思想仍然是利用停时分而治之的思想, 你注意到了吗?

在叙述下一个结果之前, 我们先回忆一个有用的公式.

命题 3.3.16 若 X 为非负随机变量, p 为正常数, 则

$$E[X^p] = \int_0^\infty p\lambda^{p-1} P(X > \lambda) d\lambda.$$

证明 由 Fubini 定理, 右端等于

$$E\int_0^\infty p\lambda^{p-1} 1_{X > \lambda} d\lambda = E\int_0^X p\lambda^{p-1} d\lambda = E[X^p]. \quad \square$$

现在我们可以叙述下面的

定理 3.3.17 (Doob 极大值不等式 (离散情形)) 设 $(\xi_n, \mathscr{F}_n)$, $n = 0, 1, 2, \cdots$ 为非负下鞅, $p > 1$, 则

$$E\left[\left(\sup_n \xi_n\right)^p\right] \leqslant q^p \sup_n E[\xi_n^p],$$

其中 $q := p/(p-1)$.

证明 若不等式右端为 ∞, 则没有什么好证的. 现假定它有限, 则对任意 N 有

$$(\sup_{n \leqslant N} \xi_n)^p = \sup_{n \leqslant N} \xi_n^p \leqslant \sum_{n \leqslant N} \xi_n^p.$$

故

$$E[(\sup_{n \leqslant N} \xi_n)^p] < \infty.$$

由上一命题,

$$
\begin{aligned}
& E[(\sup_{n \leqslant N} \xi_n)^p] \\
= & p \int_0^\infty \lambda^{p-1} P(\sup_{n \leqslant N} \xi_n \geqslant \lambda) d\lambda \\
\leqslant & p \int_0^\infty \lambda^{p-2} E[\xi_N 1_{\{\sup_{n \leqslant N} \xi_n \geqslant \lambda\}}] d\lambda \quad \text{(Kolmogorov-Doob 不等式)} \\
= & p E[\xi_N \int_0^\infty \lambda^{p-2} 1_{\{\sup_{n \leqslant N} \xi_n \geqslant \lambda\}} d\lambda] \\
= & q E[\xi_N (\sup_{n \leqslant N} \xi_n)^{p-1}] \\
\leqslant & q (E[\xi_N^p])^{1/p} (E[(\sup_{n \leqslant N} \xi_n)^p])^{1-1/p} \quad \text{(Hölder 不等式)}.
\end{aligned}
$$

两边同除以 $(E[(\sup_{n \leqslant N} \xi_n)^p])^{1-1/p}$ 再取 p 方得

$$E[(\sup_{n \leqslant N} \xi_n)^p] \leqslant q^p E[\xi_N^p] \leqslant q^p \sup_n E[\xi_n^p].$$

再在左边令 $N \to \infty$, 用单调收敛定理即得结论. □

由此立即推出:

推论 3.3.18 设 (ξ_n) 为鞅, $p > 1$. 则

$$E[\sup_n |\xi_n|^p] \leqslant q^p \sup_n E[|\xi_n|^p].$$

特别地, 若 $\sup_n E[|\xi_n|^p] < \infty$, 则 (ξ_n) 一致可积.

证明 对下鞅 $(|\xi_n|)$ 用定理 3.3.17. □

3.4 平方变差过程

按定义, 鞅的每一项都必须首先是一个可积随机变量. 但很多问题中, 仅有可积性是不够的, 还需要更高阶的可积性. 为此我们引入

定义 3.4.1 设 $p \geqslant 1$. 一个鞅 $M = (M_n, \mathscr{F}_n)_{n \geqslant 0}$ 若满足

$$E[|M_n|^p] < \infty, \quad \forall n,$$

则称为 p-方可积鞅, $p = 2$ 的特殊情况称为平方可积鞅.

设 $M = (M_n, \mathscr{F}_n)_{n \geqslant 0}$ 为平方可积鞅, $M_0 \equiv 0$. 简单计算可知

$$E[(M_n - M_{n-1})^2 | \mathscr{F}_{n-1}] = E[M_n^2 - M_{n-1}^2 | \mathscr{F}_{n-1}].$$

因此, 若记

$$[M]_n := \begin{cases} \sum_{k=1}^n (M_k - M_{k-1})^2, & n \geqslant 1, \\ 0, & n = 0, \end{cases}$$

则 $M^2 - [M]$ 为鞅. $[M]$ 称为 M 的平方变差过程.

这个平方变差过程我们实际上在前面讨论 Doob 分解的时候就已经提及, 且那时证明了:

$$M_n^2 = \begin{cases} 2\sum_{k=1}^n M_{k-1}(M_k - M_{k-1}) + [M]_n, & n \geqslant 1, \\ 0, & n = 0. \end{cases} \tag{4.10}$$

因而, 两边取期望, 我们有

$$E[M_n^2] = E[[M]_n].$$

由 (4.10) 可直接得到下面的所谓能量等式.

定理 3.4.2 (能量等式) 对任意 $l \geqslant k$,

$$E[(M_l - M_k)^2 | \mathscr{F}_k] = E[M_l^2 - M_k^2 | \mathscr{F}_k] = E[[M]_l - [M]_k | \mathscr{F}_k].$$

特别地,

$$E[(M_l - M_k)^2] = E[[M]_l - [M]_k].$$

能量等式说明了 M_n 的 L^2 范数和其平方变差的 L^1 范数是相等的. 对一般的 p 范数, 我们有下面十分重要、非常有用的 BDG (Burkholder-Davis-Gundy) 不等式.

定理 3.4.3 (BDG 不等式 (离散时间)) 设 (M_n) 为鞅, $p > 0$. 令

$$M_n^* := \sup_{k \leqslant n} |M_k|.$$

则存在常数 c_p 及 C_p 使得对任意 n

$$c_p E[[M]_n^p] \leqslant E[|M_n^*|^{2p}] \leqslant C_p E[[M]_n^p].$$

由于 $p > 1$ 时 M_n 和 M_n^* 的 L^p 范数等价 (Doob 极大值不等式), 所以在 $p > 1$ 时, 定理中的 M_n^* 可换为 M_n, 当然这时不等式中涉及的常数 c_p 与 C_p 会有所不同——但这常常无关紧要. 如果这些常数具体的最优值在你的问题中的确重要, 那么也有文献可查——我们不提供参考文献了, 你在网上搜一下, 就会出现海量的有用的与无用的参考文献.

这个定理的证明例如可见 [65]. 这两个不等式的意义在于: 第一, M_n 甚至 M_n^* 的 $2p$ 阶矩上下均被其 "平方变差" 的 p 阶矩控制; 第二, 对于用得较多的第二个不等式, 使用它比不使用它而直接蛮干要轻巧、有效得多. 不信我们看一个具体例子.

如果你知道控制每一步的差 $M_k - M_{k-1}$, 而需要最终控制 M_n, 那么自然会想到利用

$$M_n = \sum_{k=0}^{n} (M_k - M_{k-1}).$$

如果直接放大的话, 得到的是

$$E[|M_n|^{2p}] \leqslant n^{2p-1} \sum_{k=0}^{n} E[|M_k - M_{k-1}|^{2p}].$$

但如果中间用一下 BDG 不等式, 则得到

$$E[|M_n|^{2p}] \leqslant n^{p-1} C_p \sum_{k=0}^{n} E[|M_k - M_{k-1}|^{2p}]. \tag{4.11}$$

容易看出, 当 n 大时, 下面的常数差不多只有上面的常数的平方根级大, 甚至还不到这么大——差别是巨大的.

现在我们关注一下 (4.11) 中的常数 C_p 的具体值的问题. Burkholder 曾经证明, 下面的不等式成立:

$$\|M_n\|_{2p} \leqslant C_p \|[M]_n^{\frac{1}{2}}\|_{2p},$$

且 C_p 的最佳值为 $C_p := 2p - 1$. 因此

$$\|M_n\|_{2p}^2 \leqslant (2p-1)^2 \|[M]_n\|_p. \tag{4.12}$$

由此得到

$$\|M_n\|_{2p}^{2p} \leqslant (2p-1)^{2p} n^{p-1} \sum_{i=0}^{n} \|M_i - M_{i-1}\|_{2p}^{2p}. \tag{4.13}$$

然而 (4.13) 中的常数 $(2p-1)^{2p}$ 并不是最佳的. 实际上我们有

定理 3.4.4 (见 [63])　设 $p \geqslant 1$. 则

$$\|M_n\|_{2p}^2 \leqslant (2p-1) \sum_{i=0}^{n} \|M_i - M_{i-1}\|_{2p}^2. \tag{4.14}$$

为证明它, 实际上只需要证明下述引理.

引理 3.4.5　设 $p \geqslant 1$, $\xi, \eta \in L^{2p}$, 且 $E[\eta|\xi] = 0$. 则

$$\|\xi + \eta\|_{2p}^2 \leqslant \|\xi\|_{2p}^2 + (2p-1)\|\eta\|_{2p}^2.$$

证明　令

$$\varphi_t := \|\xi + t\eta\|_{2p}^{2p}.$$

设 $x, y \in \mathbb{R}$. Taylor 展开到二阶项, 得

$$|x + ty|^{2p} = |x|^{2p} + 2pt|x|^{2p-2}xy + 2p(2p-1) \int_0^t ds \int_0^s |x + uy|^{2p-2} y^2 du.$$

将 x, y 用 ξ, η 代入, 取期望, 并注意

$$E[|\xi|^{2p-2}\xi\eta] = E[E[\eta|\xi]|\xi|^{2p-2}\xi] = 0$$

及 (由 Hölder 不等式)

$$E[|\xi + u\eta|^{2p-2}\eta^2] \leqslant \|\xi + u\eta\|_{2p}^{2p-2}\|\eta\|_{2p}^2,$$

我们有

$$\varphi_t \leqslant \|\xi\|_{2p}^{2p} + 2p(2p-1)\|\eta\|_{2p}^2 \int_0^t ds \int_0^s \varphi_u^{1-1/p} du.$$

于是由附录推论 12.1.4

$$\varphi_t \leqslant (\|\xi\|_{2p}^2 + (2p-1)t^2\|\eta\|_{2p}^2)^p.$$

取 $t = 1$ 并在两边开 p 次方即完成证明.　　　　　　　　　　　　　　□

有了这个引理, 定理 3.4.4 的证明就呼之即出了. 实际上, 我们有

$$\begin{aligned}
\|M_n\|_{2p}^2 &= \|M_{n-1} + (M_n - M_{n-1})\|_{2p}^2 \\
&\leqslant \|M_{n-1}\|_{2p}^2 + (2p-1)\|(M_n - M_{n-1})\|_{2p}^2 \\
&\leqslant \cdots \\
&\leqslant (2p-1) \sum_{i=0}^{n} \|(M_i - M_{i-1})\|_{2p}^2.
\end{aligned}$$

我们注意到, 这个证明并不需要用到 BDG 不等式. 不过, 你要记住它控制的是 $|M_n|$, 而非 M_n^*.

由定理 3.4.4 出发, 我们得到

$$\|M_n\|_{2p}^{2p} \leqslant (2p-1)^p n^{p-1} \sum_{i=0}^{n} \|M_i - M_{i-1}\|_{2p}^{2p}.$$

这个不等式比不等式 (4.13) 中的要好, 因为它的常数要好得多.

下面的两个著名不等式对大多数的 p, 或许我要说对应用中最重要的 p, 都是 BDG 不等式的推论. 但它们也的确不完全是 BDG 不等式的推论. 并且, 从历史发展的角度看, 它们当然对 BDG 不等式的建立提供了重要的暗示和启示.

定理 3.4.6 (Khinchin 不等式) 设 $\xi_1, \xi_2, \cdots$ 是独立同分布随机变量列, 且 $P(\xi_1 = 1) = P(\xi_1 = -1) = \dfrac{1}{2}$. 则对任意 $p > 0$, 存在仅依赖于 p 的常数 $0 < c_p < C_p$ 使得对任意 n 及任意实数 $c_1, \cdots, c_n$ 有

$$c_p \left(\sum_{i=1}^{n} c_i^2 \right)^{p/2} \leqslant E |\sum_{i=1}^{n} c_i \xi_i|^p \leqslant C_p \left(\sum_{i=1}^{n} c_i^2 \right)^{p/2}.$$

定理 3.4.7 (Marcinkiewicz-Zygmund 不等式) 设 $p \geqslant 1$. 则存在仅依赖于 p 的常数 $0 < c_p < C_p$ 使得对任意 n 及任意满足 $E[\xi_1] = 0$ 的独立同分布随机变量列 $\xi_1, \cdots, \xi_n$ 有

$$c_p E \left[\left(\sum_{i=1}^{n} \xi_i^2 \right)^{p/2} \right] \leqslant E \left[\left| \sum_{i=1}^{n} \xi_i \right|^p \right] \leqslant C_p E \left[\left(\sum_{i=1}^{n} \xi_i^2 \right)^{p/2} \right].$$

这两个不等式的证明可见 [44]. 在有了更一般的 BDG 不等式的今天, 这两个不等式仍然以其简单明了而保有其价值. 例如, 让我们观察 Khinchin 不等式. 设 $x = (x_1, \cdots, x_d) \in \mathbb{R}^d$. 那么 Khinchin 不等式意味着

$$c_p \|x\|^p \leqslant E \left| \sum_{i=1}^{d} \xi_i x_i \right|^p \leqslant C_p \|x\|^p.$$

由于其中 c_p, C_p 均不依赖于维数 d, 这就提供了把多维问题转化为一维问题的可能性, 得到多维情形时常数不依赖于维数的不等式, 从而可以直通无穷维.

让我们用实例说明这一点. 假设 $M = (M^1, \cdots, M^d)$ 为 d 维鞅, 即每个 M^i 均为鞅, $i = 1, 2, \cdots, d$. 定义其平方变差

$$[M]_n := \sum_{k=1}^{n} \sum_{i=1}^{d} (M_k^i - M_{k-1}^i)^2.$$

我们有

定理 3.4.8　设 $p > 0$. 则存在不依赖于 d 的常数 $0 < c_p < C_p$, 使得对任意 d 维鞅 $M = (M^1, \cdots, M^d)$, 有

$$c_p E[[M]_n^p] \leqslant E[\|M_n^*\|^{2p}] \leqslant C_p E[[M]_n^p],$$

其中

$$M_n^* := \sup_{1 \leqslant k \leqslant n} \|M_k\| = \sup_{1 \leqslant k \leqslant n} \sqrt{(M_k^1)^2 + \cdots + (M_k^d)^2}.$$

证明　我们只证第二个不等式, 第一个类似. 设 $\xi_i, i = 1, 2, \cdots$ 是 Khinchin 不等式中的随机变量列, 定义在概率空间 $(\Omega', \mathscr{F}', P')$ 上. 以 E' 表示 $(\Omega', \mathscr{F}', P')$ 上的期望, 则由定理 3.4.6 及定理 3.4.3 有

$$
\begin{aligned}
E[|M_n^*|^{2p}] &= E[(\sup_{0 \leqslant k \leqslant n} |M_k|^2)^p] \\
&= E\left[\left(\sup_{0 \leqslant k \leqslant n} \sum_{i=1}^d |M_k^i|^2\right)^p\right] \\
&\leqslant C_p E\left[\sup_{0 \leqslant k \leqslant n} E'\left|\sum_{i=1}^d \xi_i M_k^i\right|^{2p}\right] \\
&\leqslant C_p E E'\left[\sup_{0 \leqslant k \leqslant n} \left|\sum_{i=1}^d \xi_i M_k^i\right|^{2p}\right] \\
&= C_p E' E\left[\sup_{0 \leqslant k \leqslant n} \left|\sum_{i=1}^d \xi_i M_k^i\right|^{2p}\right] \\
&\leqslant C_p E' E\left[\left|\sum_{k=0}^n \left(\sum_{i=1}^d \xi_i (M_k^i - M_{k-1}^i)\right)^2\right|^p\right] \\
&= C_p E' E\left[\left|\sum_{k=0}^n \sum_{i,j=1}^d \xi_i \xi_j (M_k^i - M_{k-1}^i)(M_k^j - M_{k-1}^j)\right|^p\right] \\
&= C_p E E'\left[\left|\sum_{i,j=1}^d \xi_i \xi_j \sum_{k=0}^n (M_k^i - M_{k-1}^i)(M_k^j - M_{k-1}^j)\right|^p\right] \\
&\leqslant C_p E\left[\left|\sum_{i=1}^d \sum_{k=0}^n (M_k^i - M_{k-1}^i)^2\right|^p\right] \\
&= C_p E[[M]_n^p].
\end{aligned}
$$

这里在倒数第二步我们用到了引理 9.6.2.　　　　　　　　　　　　　　　　$\square$

下面我们计算鞅变换的平方变差. 设 $(\Omega, \mathscr{F}, (\mathscr{F}_n), P)$ 为完备概率空间, $(M_n, \mathscr{F}_n)_{n \geqslant 0}$ 为鞅, 而其中 $\mathscr{F}_0$ 为平凡 σ-代数, $M_0 = 0$. 设 (H_n) 为有界可料随机变量列.

令

$$(H \cdot M)_n := \sum_{k=1}^{n} H_k(M_k - M_{k-1}).$$

我们曾经证明了 $H \cdot M$ 为鞅. 现在我们可以写出它的平方变差过程:

定理 3.4.9 $(H \cdot M)$ 为鞅, 且

$$[H \cdot M]_n = \sum_{k=1}^{n} H_k^2([M]_k - [M]_{k-1}).$$

证明是直接的.

3.5 鞅的收敛定理

设 $(\xi_n, \mathscr{F}_n)$ 为鞅, 本节我们要研究极限 $\xi_\infty := \lim_{n \to \infty} \xi_n$ 的存在性问题, 以及如果存在的话, $(\xi_1, \xi_2, \cdots, \xi_\infty)$ 是否为鞅的问题.

给定一个数列 (λ_n), 为证明它的极限存在, 我们首先想到的是 Cauchy 准则. 对于随机变量当然也是如此. 不过现在这种情况直接用 Cauchy 准则行不通. 为此, 要做一些技术上的革新.

想想 Cauchy 准则的内涵: 一个数列收敛的条件是它的项越来越靠近. 换句话说, 是它的振幅越来越小: 对任意预先给定的数, 振幅超过这个数的项只有有限对. 更精确地说, 对任意 $a < b$, 令 $n_1 := \inf\{n : \lambda_n \leqslant a\}$, $m_1 := \inf\{n > n_1 : \lambda_n \geqslant b\}$, $\cdots$, $n_k := \inf\{n > m_{k-1} : \lambda_n \leqslant a\}$, $m_k := \inf\{n > n_k : \lambda_n \geqslant b\}$, $\cdots$. 将平面上的这些点 (n_i, λ_{n_i}) 与 (m_i, λ_{m_i}) 依次用直线连接, 则得到一条有可能是无穷长的折线, 这条折线从下到上穿越区间 (a, b) 的总次数称为 (λ_n) 对 (a, b) 的上穿数 (从上往下穿的次数则称为下穿数). 于是 (λ_n) 收敛 (允许收敛到无穷大) 的充分必要条件是它对任意区间的上穿数都是有限的.

是 Doob 发现了这个技术革新并得到了关键的、现在以他的名字命名的上穿不等式. 我们现在就来介绍这个不等式.

设 (ξ_n), $n = 0, 1, \cdots, N$ 是下鞅, $a < b$. 令

$$\tau_1 := \inf\{n : \xi_n \leqslant a\},$$

$$\sigma_1 := \inf\{n > \tau_1 : \xi_n \geqslant b\},$$

$$\cdots$$

$$\tau_k := \inf\{n > \sigma_{k-1} : \xi_n \leqslant a\},$$

$$\sigma_k := \inf\{n > \tau_k : \xi_n \geqslant b\},$$

$$\cdots.$$

$(\inf\{\varnothing\} = N)$. 再令 $\beta(a,b)$ 表示 (ξ_n) 对 (a,b) 的上穿数. 则有

定理 3.5.1 (Doob 上穿不等式)

$$E[\beta(a,b)] \leqslant \frac{1}{b-a} E[(\xi_N - a)^+].$$

我们注意到不等式右边的随机变量是 $(\xi_N - a)^+$, 这是合理的, 因为 ξ_n 是否从 a 往上穿只涉及 $(\xi_n - a)$ 的正部 (往下穿则涉及其负部). 另外的一个关键之处就是右边只依赖于 ξ_N 而不依赖于 N, 即不依赖于这个鞅的项数. 正因为有了这个性质, 才使得我们有可能令项数无限增加, 从而考虑具有无限项的鞅的收敛问题.

证明　注意 $\beta(a,b)$ 也是下鞅 $(\xi_n - a)^+$ 对 $(0, b-a)$ 的上穿数, 因此可假定 $\xi_n \geqslant 0$ 且 $a = 0$, 否则以 $(\xi_n - a)^+$ 代 ξ_n, $(0, b-a)$ 代 $(0,b)$ 即可. 此时恒有 $\xi_{\sigma_n} - \xi_{\tau_n} \geqslant 0$ 且仅在 $\xi_{\sigma_n} - \xi_{\tau_n} \geqslant b$ 时对 $(0,b)$ 发生上穿. 因此

$$b\beta(a,b) \leqslant \sum_{n=1}^{N} (\xi_{\sigma_n} - \xi_{\tau_n}).$$

由于 $\tau_{n+1} \geqslant \sigma_n$, 所以 $E[\xi_{\tau_{n+1}}] \geqslant E[\xi_{\sigma_n}]$. 于是

$$bE[\beta(a,b)] \leqslant -E[\xi_{\tau_1}] + (E[\xi_{\sigma_1}] - E[\xi_{\tau_2}])$$

$$+ \cdots + (E[\xi_{\sigma_{N-1}}] - E[\xi_{\tau_N}]) + E[\xi_{\sigma_N}]$$

$$\leqslant E[\xi_{\sigma_N}] \leqslant E[\xi_N]. \qquad \square$$

现在考虑无限项的下鞅 $(\xi_n, \mathscr{F}_n)$, $n = 0, 1, 2, \cdots$. 以 $\beta(a,b)$ 表示整个序列上穿 (a,b) 的次数而以 $\beta_N(a,b)$ 表示前 N 项上穿 (a,b) 的次数. 则

$$\beta_N(a,b) \uparrow \beta(a,b).$$

于是由上一定理和 Fatou 引理得到

推论 3.5.2

$$E[\beta(a,b)] \leqslant \frac{1}{b-a} \sup_n E[(\xi_n - a)^+] \leqslant \frac{1}{b-a} \sup_n E[(\xi_n)^+ + |a|].$$

由此可以证明下鞅的收敛定理.

定理 3.5.3 设 $(\xi_n, \mathscr{F}_n)$, $n = 0, 1, 2, \cdots$ 为下鞅且 $\sup_n E[(\xi_n)^+] < \infty$, 则 $\lim\limits_{n\to\infty} \xi_n$ 几乎必然收敛, 且极限 ξ_∞ 可积. 如果进一步有 (ξ_n) 一致可积, 令

$$\mathscr{F}_\infty := \vee_{n=0}^\infty \mathscr{F}_n.$$

则 $(\xi_n, \mathscr{F}_n)_{0 \leqslant n \leqslant \infty}$ 为下鞅, 即

$$\xi_n \leqslant E[\xi_m | \mathscr{F}_n], \quad \forall 0 \leqslant n < m \leqslant \infty,$$

且当 $(\xi_n, \mathscr{F}_n)_{0 \leqslant n < \infty}$ 为鞅时它也为鞅.

证明 首先注意, 由于 $E[\xi_n]$ 为单调上升, 所以由

$$E[\xi_n] = E[(\xi_n)^+] - E[(\xi_n)^-],$$

得到

$$\sup_n E[(\xi_n)^-] \leqslant \sup_n E[(\xi_n)^+] - E[\xi_0].$$

这样就有

$$\sup_n E[|\xi_n|] \leqslant 2\sup_n E[(\xi_n)^+] - E[\xi_0] < \infty.$$

令 $\mathbb{Q}$ 表示 $\mathbb{R}$ 中的有理数全体, 则

$$\{\limsup_n \xi_n > \liminf_n \xi_n\} = \bigcup_{a,b\in\mathbb{Q}, a<b} \{\beta(a,b) = \infty\}.$$

但由于

$$E[\beta(a,b)] \leqslant \frac{1}{b-a} \sup_n E[(\xi_n)^+ + |a|],$$

所以对任意 $a, b \in \mathbb{Q}$, $a < b$, 有 $\beta(a,b) < \infty$ a.s.. 于是

$$P(\limsup_n \xi_n > \liminf_n \xi_n) = 0.$$

这说明 ξ_n 几乎必然收敛. 记 $\xi_\infty := \lim_{n\to\infty} \xi_n$. 则由 Fatou 引理, 有

$$E[|\xi_\infty|] \leqslant \liminf_{n\to\infty} E[|\xi_n|] \leqslant \sup_n E[|\xi_n|] < \infty.$$

当 (ξ_n) 一致可积时, 更进一步有 $\|\xi_n - \xi_\infty\|_1 \to 0$, 再根据条件期望在 L^1 中的连续性便得到后面一个结论. $\square$

注意, 由于对任意随机变量 η 有 $E[\eta] \leqslant E[\eta^+]$, 所以定理的条件强于 $\sup_n E[\xi_n] < \infty$. 实际上, 后面这个条件是不够的, 因为若 ξ_n 为鞅, 则总有 $\sup_n E[\xi_n] = E[\xi_1] < \infty$, 但显然并不是所有的鞅都收敛, 比如 (w_n) 就不收敛 $((w_t)$ 是 Brown 运动).

我们还要指出的是, 本定理并没有对 ξ_n 是否在 L^1 中收敛于 ξ_∞ 提供任何线索. 在 ξ_n 几乎必然收敛于 ξ_∞ 的前提下, 它是否也在 L^1 中收敛就取决于它是否一致可积, 而这是定理的条件所没有保证的. 不过当 ξ_n 为鞅时, 若 $E[[\xi]_\infty^{\frac{1}{2}}] < \infty$, 则由 BDG 不等式,

$$E[\sup_n |\xi_n|] < \infty,$$

因此 (ξ_n) 是一致可积的. 这就提供了一个 L^1 收敛的充分条件.

下面是一个几乎必然收敛但非 L^1 收敛的例子.

例 3.5.4 设 $\Omega = [0,1)$, $\mathscr{F}_n = \sigma\{[k2^{-n}, (k+1)2^{-n}), k = 0, 1, \cdots, 2^n - 1\}$, P 为 Lebesgue 测度. 令

$$\xi_n = 2^n 1_{[0, 2^{-n})}.$$

则 $(\xi_n, \mathscr{F}_n)$ 是非负鞅, 且 $\xi_\infty = 0$. 因而 $E[|\xi_n - \xi_\infty|] \equiv 1$.

把上鞅反号得到下鞅, 再应用上定理, 就得到

推论 3.5.5 设 $(\xi_n, \mathscr{F}_n)$, $n = 0, 1, 2, \cdots$ 为上鞅且 $\sup_n E[(\xi_n)^-] < \infty$, 则 $\lim\limits_{n\to\infty} \xi_n$ 几乎必然收敛, 且极限可积. 特别地, 若 $(\xi_n, \mathscr{F}_n)$, $n = 0, 1, 2, \cdots$ 为非负上鞅 (再一次特别地, 非负鞅), 则结论成立.

注意定理的条件 $\sup_n E[(\xi_n)^+] < \infty$, 或者说 $\sup_n E[|\xi_n|] < \infty$, 并不意味着 (ξ_n) 一致可积. 它们之间的差别见下一定理.

我们知道若 ξ 为可积随机变量, $\{\mathscr{F}_n\}$ 为 σ-代数流, 则 $\xi_n := E[\xi|\mathscr{F}_n]$ 为鞅且一致可积, 故更有 $\sup_n E[|\xi_n|] < \infty$. 这样首先由上一定理得到 $\xi_\infty := \lim\limits_{n\to\infty} \xi_n$ 几乎必然存在, 然后由一致可积性知道 $\lim\limits_{n\to\infty} E[|\xi_n - \xi_\infty|] = 0$. 自然的问题是: ξ_∞ 和 ξ 是什么关系?

首先我们注意 $\xi_\infty \in \mathscr{F}_\infty := \sigma(\mathscr{F}_n, n = 0, 1, 2, \cdots)$. 其次由于对任意 m 有

$$\xi_n = E[\xi_{n+m}|\mathscr{F}_n].$$

因为

$$E|E[\xi_{m+n}|\mathscr{F}_n] - E[\xi_\infty|\mathscr{F}_n]| \leqslant E|\xi_{m+n} - \xi_\infty|,$$

令 $m \to \infty$ 就得到

$$\xi_n = E[\xi_\infty|\mathscr{F}_n].$$

但同时我们又有

$$\xi_n = E[\xi|\mathscr{F}_n] = E[E[\xi|\mathscr{F}_\infty]|\mathscr{F}_n].$$

故

$$E[\xi_\infty|\mathscr{F}_n] = E[E[\xi|\mathscr{F}_\infty]|\mathscr{F}_n], \quad \forall n.$$

由于 $\mathscr{F}_n$ 递增且 $\mathscr{F}_\infty = \vee_{n=0}^\infty \mathscr{F}_n$, 所以由单调类定理,

$$\xi_\infty = E[\xi|\mathscr{F}_\infty].$$

现在提出上面问题的反问题: 对一个一般的鞅 $(\xi_n, \mathscr{F}_n)$, 什么时候有 ξ_∞ 使

$$\xi_n = E[\xi_\infty|\mathscr{F}_n]$$

呢? 从这个表达式本身就可以知道, 一致可积性是一个必要条件. 但同时它也是一个充分条件, 因为一致可积 (蕴涵积分一致有界) 同时保证了 ξ_n 的几乎必然收敛性和 L^1 收敛性.

总结起来, 我们就得到了

定理 3.5.6　设 $(\xi_n, \mathscr{F}_n)$ 为鞅. 则当且仅当存在可积随机变量 $\xi_\infty \in \mathscr{F}_\infty :=$ $\sigma(\mathscr{F}_n, n = 0, 1, 2, \cdots)$, 使 $\xi_n = E[\xi_\infty|\mathscr{F}_n]$ 时, $(\xi_n, \mathscr{F}_n)$ 为一致可积. 此时 $\lim\limits_{n\to\infty} \xi_n = \xi_\infty$ a.s., 且收敛在 L^1 中也成立. 若 $\xi_\infty \in L^p$, $p > 1$, 则收敛在 L^p 中也成立.

这里的结论, 除了最后一个外, 都已经证明了. 最后这一个的证明留给读者自己想.

所以对满足 $\sup_n E[|\xi_n|] < \infty$ 的鞅, 永远会存在一个 ξ_∞ 使得 $\xi_n \to \xi_\infty$ a.s.. 但与此同时有没有 $\|\xi_n - \xi_\infty\|_1 \to 0$, 则要看 ξ_∞ 是否是该鞅的终端值, 即是否有

$$\xi_n = E[\xi_\infty|\mathscr{F}_n], \ \forall n?$$

而这又要看 (ξ_n) 是否一致可积. 根据测度论, 一致可积等价于存在增凸函数 φ: $\mathbb{R}_+ \mapsto \mathbb{R}_+$, 满足 $\lim_{x\to\infty} x^{-1}\varphi(x) = \infty$, 使得 $\sup_n E[\varphi(|\xi_n|)] < \infty$(见 [60, 命题 4.1.14]). 所以它比积分的一致有界性要强一些. 这里常用的函数有 $\varphi(x) = x^p$, $p > 1$, 或 $\varphi(x) = x\ln^+(x)$, 或者多重对数——不管多少重.

一致可积性遭到破坏时的反例, 见例 3.5.4.

最后我们要指出的是, 上面的这些结论还可推广到 $(\xi_t, \mathscr{F}_t)$ 是鞅或下鞅的情形, 其中 $t \in D$, 而 D 是任一可数集. 这种情形和上面以自然数为指标集的情形的差别是, 在自然数指标情形, 取 $n \uparrow \infty$ 就可以覆盖所有自然数, 而在一般的 D 的情形, 不可能找到一列增序列 $\{t_n\}$ 来覆盖 D. 不过这个问题可以很轻易地解决. 我们只以定理 3.5.3 为例叙述相应的结果, 其他结果可按此办理.

定理 3.5.7　　设 $D \subset \mathbb{R}_+$ 是任一可数集合且 $\sup\{t : t \in D\} = t_0$. 设 $(\xi_t, \mathscr{F}_t)_{t \in D}$ 为下鞅且 $\sup_{t \in D} E[(\xi_t)^+] < \infty$. 则 $\lim_{t \uparrow t_0, t \in D} \xi_t$ 几乎必然收敛且极限可积.

为证明它, 取 $D_n \uparrow D$ 且每个 D_n 为有限集. 将 D_n 的元素按从小到大的顺序排列, 则 $(\xi_t, \mathscr{F}_t)_{t \in D_n}$ 为下鞅. 以 $\beta_n(a, b)$ 表示此下鞅上穿 (a, b) 的次数, 再令

$$\beta(a, b) := \lim_{n \to \infty} \beta_n(a, b).$$

则

$$\{\limsup_n \xi_n > \liminf_n \xi_n\} = \bigcup_{a, b \in \mathbb{Q}, a < b} \{\beta(a, b) = \infty\}.$$

以下重复定理 3.5.3 的证明即可.

3.6　逆　　　鞅

前面我们所讨论的鞅或下鞅的极限时, 是向右的极限, 即起点为 $n = 0$, $n \to \infty$ 时的极限; 如果是向左的极限, 即指标集为 $-\mathbb{N}$, 起点依然为 0, 但考虑 $n \to -\infty$ 时的极限, 情况会怎么样? 这就是鞅或下鞅的逆极限问题.

为了避免使用负指标, 我们使用逆鞅的概念, 而极限仍然是 $n \to \infty$ 时的极限.

所谓逆 (下) 鞅 $(X_n, \mathscr{F}_n)$, 是指 $X_n \in \mathscr{F}_n$(这点和 (下) 鞅一样), $(\mathscr{F}_n)$ 单调递减 (这点和 (下) 鞅相反), 且

$$E[X_n | \mathscr{F}_{n+1}] = (\geqslant) X_{n+1}, \ \forall n.$$

这显然又等价于

$$E[X_n | \mathscr{F}_m] = (\geqslant) X_m, \ \forall m \geqslant n.$$

这点表面上和 (下) 鞅相反, 实际上和 (下) 鞅是一样的: 都是对较小的 σ-代数取条件期望. 这是当然的了, 你难道还想闲得无聊地对较大的 σ-代数取条件期望不成? 所以所谓逆 (下) 鞅, 就是将时序逆转时, 是一个 (下) 鞅[①].

鞅是逐步散开的. 比如若 $\{\xi_k\}$ 是相互独立的 Bernoulli 随机变量序列, 令

$$X_n = \xi_1 + \cdots + \xi_n.$$

则 X_1 的值域为 $\{1, -1\}$, X_2 的值域为 $\{2, 0, -2\}$, X_3 的值域为 $\{3, 1, -1, -3\}$, 等等, 是逐步散开的. 而逆鞅则是逐步收拢的. 例如若固定 N, 令 $Y_n = \xi_1 + \cdots +$

---

① 这个概念在英文中有两种叫法, backward martingale (例如 [14]) 或 inverse martingale (例如 [38]), 因此中文相应也有两种叫法: 倒鞅 (例如 [74]) 或此地的逆鞅. 都是同一个东西.

ξ_{N-n+1}, 则 Y_1 的值域最大, 而后逐步缩小, 最后 $Y_N = \xi_1$ 的值域为 $\{1, -1\}$. 当然, 所谓缩小不是简单的集合之间的包含关系, 但每往前走一步, 都意味着在更粗糙的意义下取平均值, 从而有把各个值逐渐抹平的意味, 所以是收拢的, 即往一块收的.

我们再看一个例子.

例 3.6.1 设 (ξ_n) 是独立同分布随机变量序列, $E[|\xi_1|] < \infty$. 令

$$X_n := \frac{1}{n} \sum_{i=1}^n \xi_i, \quad \mathscr{F}_n := \sigma(X_m, m \geqslant n).$$

则 $(X_n, \mathscr{F}_n)$ 为逆鞅.

为证明这点, 只需证

$$E[X_n | \mathscr{F}_{n+1}] = X_{n+1}, \quad \forall n.$$

但上式左边等于

$$\frac{n+1}{n} X_{n+1} - \frac{1}{n} E[\xi_{n+1} | \mathscr{F}_{n+1}].$$

因而只需证

$$E[\xi_{n+1} | \mathscr{F}_{n+1}] = X_{n+1}. \tag{6.15}$$

注意

$$\mathscr{F}_n = \sigma \left(\sum_{i=1}^n \xi_i, \sum_{i=1}^{n+1} \xi_i, \sum_{i=1}^{n+2} \xi_i, \cdots \right)$$
$$= \sigma(X_n, \xi_{n+1}, \xi_{n+2}, \cdots).$$

由于 $(\xi_1, \cdots, \xi_{n+1})$ 与 $(\xi_{n+2}, \xi_{n+3}, \cdots)$ 独立, 故 (6.15) 等价于

$$E[\xi_{n+1} | \xi_1 + \cdots + \xi_{n+1}] = X_{n+1}. \tag{6.16}$$

但由于诸 ξ_i 是独立同分布的, 故

$$E[\xi_i | \xi_1 + \cdots + \xi_{n+1}] = E[\xi_j | \xi_1 + \cdots + \xi_{n+1}], \quad \forall i, j = 1, \cdots, n+1.$$

从而

$$\sum_{i=1}^{n+1} E[\xi_i | \xi_1 + \cdots + \xi_{n+1}] = E \left[\sum_{i=1}^{n+1} \xi_i \,\middle|\, \xi_1 + \cdots + \xi_{n+1} \right] = (n+1) X_{n+1},$$

所以 (6.16) 成立.

下面考虑所谓逆鞅的收敛定理. 前面说了, 逆鞅的趋势就是逐步收拢的, 因而似乎不需要再加额外的条件, 自动就会收敛. 再从更数学一点的观点看, 逆鞅的首项相当于顺鞅的末项, 因而在 Doob 上穿不等式中, 无论后面加多少项, 控制平均上穿数的量是不变的, 故整体上穿数是几乎必然有限的, 于是序列是几乎必然收敛的.

事实上也的确如此, 即我们有

定理 3.6.2 (逆鞅收敛定理)　1. 设 $(X_n, \mathscr{F}_n)$ 为逆下鞅, 则 $X_\infty = \lim_{n\to\infty} X_n$ 几乎必然存在.

2. 若 $(X_n, \mathscr{F}_n)$ 为逆鞅, 且 $X_1 \in L^p$, $p \geqslant 1$, 则 $\lim_{n\to\infty} \|X_n - X_\infty\|_p = 0$, 且

$$X_\infty = E[X_1| \bigcap_{n=1}^\infty \mathscr{F}_n].$$

证明　1. 任意固定 n, 我们考虑 $X_1, \cdots, X_n$ 的下穿数. 令 $Y_k := X_{n-k+1}$, $\mathscr{G}_k := \mathscr{F}_{n-k+1}$, 则 $(Y_k, \mathscr{G}_k)$ 为下鞅, 且 $(X_1, \cdots, X_n)$ 下穿区间 (a,b) 的次数 $\alpha(n; a,b)$ 就等于 $(Y_1, \cdots, Y_n)$ 上穿它的次数 $\beta(n; a,b)$. 因此有

$$E[\alpha(n; a,b)] \leqslant \frac{1}{b-a} E[(Y_n - a)^+] = \frac{1}{b-a} E[(X_1 - a)^+].$$

所以由 Fatou 引理, 整个 X 下穿 (a,b) 的次数 $\alpha(a,b)$ 满足

$$E[\alpha(a,b)] \leqslant \frac{1}{b-a} E[(X_1 - a)^+] < \infty.$$

因此对几乎所有的 ω, $\lim_n X_n(\omega) = X_\infty$ 都存在.

2. 若 $(X_n, \mathscr{F}_n)$ 是逆鞅, 则 $X_n = E[X_1|\mathscr{F}_n]$. 若 $X_1 \in L^p$, 则由 Jensen 不等式有

$$|X_n|^p \leqslant E[|X_1|^p|\mathscr{F}_n].$$

由于 $X_1 \in L^p$, 故存在 $\mathbb{R}_+$ 上的增凸函数 φ, 满足

$$\lim_{x\to\infty} \frac{\varphi(x)}{x} = \infty,$$

使得

$$E[\varphi(|X_1|^p)] < \infty$$

(见 [60, 命题 3.6.5]). 再用一次 Jensen 不等式即得

$$\varphi(|X_n|^p) \leqslant E[\varphi(|X_1|^p)|\mathscr{F}_n].$$

因此

$$\sup_n E[\varphi(|X_n|^p)] \leqslant E[\varphi(|X_1|^p)] < \infty.$$

从而由 [60, 命题 4.1.14], $(|X_n|^p)$ 一致可积, 故 $\lim_n \|X_n - X_\infty\|_p = 0$.

显然 $X_\infty \in \bigcap_{m=1}^\infty \mathscr{F}_m$. 因为 $\forall n$,

$$E[X_n 1_A] = E[X_1 1_A], \quad \forall A \in \bigcap_{m=1}^\infty \mathscr{F}_m \subset \mathscr{F}_n,$$

而 (X_n) 又一致可积, 所以

$$E[X_\infty 1_A] = E[\lim_n X_n 1_A] = \lim_n E[X_n 1_A] = E[X_1 1_A].$$

从而 $X_\infty = E[X_1 | \bigcap_{n=1}^\infty \mathscr{F}_n]$. □

和顺鞅与顺下鞅的情形一样, 这一定理中的指标集也可以是任一可数集. 说得更具体一点, 我们有:

定理 3.6.3　设 D 为可数集, $\sup\{t : t \in D\} = t_0$.

1. 设 $(X_t, \mathscr{F}_t)_{t \in D}$ 为逆下鞅, 则 $X_\infty = \lim_{t \to t_0, t \in D} X_t$ 几乎必然存在.

2. 若 $(X_t, \mathscr{F}_t)_{t \in D}$ 为逆鞅, 且 $X_1 \in L^p$, $p \geqslant 1$, 则 $\lim_{t \to t_0, t \in D} \|X_t - X_{t_0}\|_p = 0$, 且

$$X_{t_0} = E\left[X_1 \bigg| \bigcap_{t \in D} \mathscr{F}_t\right].$$

由定理 3.6.2 我们知道, 若 (X_n) 是逆鞅, 则 X_n 除了几乎必然收敛到某个 X_∞ 外, 至少还有

$$\lim_{n \to \infty} \|X_n - X_\infty\|_1 = 0.$$

那么对于逆下鞅的 L^1 收敛性, 我们能说什么呢?

设 X 是逆下鞅, 那么 $E[X_n]$ 是递减的. 如果它一直减减减, 不知伊于胡底 (比如看 $X_n := -n$ 好了), 当然谈不上 L^1 收敛性. 但如果能有个底将它托住, 它就是 L^1 收敛的. 也就是说我们有下面的

定理 3.6.4　设 $(X_n, \mathscr{F}_n)$ 是逆下鞅, 且

$$\lim_{n \to \infty} E[X_n] > -\infty,$$

则 (X_n) 一致可积, 从而 $\lim_{n \to \infty} \|X_n - X_\infty\|_1 = 0$.

证明　设

$$\lim_{n \to \infty} E[X_n] = c.$$

因为

$$X_n^+ \leqslant (E[X_0|\mathscr{F}_n])^+ \leqslant E[X_0^+|\mathscr{F}_n],$$

所以

$$E[X_n] \leqslant E[X_n^+] \leqslant E[X_0^+].$$

于是

$$E[|X_n|] = 2E[|X_n^+|] - E[X_n] \leqslant 2E[X_0^+] - c =: c', \ \forall n.$$

因此由 Chebyshev 不等式, 对任意 $\lambda > 0$,

$$\sup_n P(|X_n| > \lambda) \leqslant \frac{c'}{\lambda}.$$

$\forall \epsilon > 0$, 取 m 使得

$$E[X_n] \in \left[c, c + \frac{\epsilon}{2}\right), \quad \forall n \geqslant m.$$

由于 $\{X_0, X_1, \cdots, X_m\}$ 一致可积, 故可取 $\lambda > 0$ 使得

$$\sup_{n \leqslant m} E[|X_n|1_{|X_n| > \lambda}] < \frac{\epsilon}{2}.$$

而对 $n \geqslant m$, 也有

$$
\begin{aligned}
& E[|X_n|1_{|X_n| > \lambda}] \\
&= E[X_n 1_{X_n > \lambda}] - E[X_n 1_{X_n < -\lambda}] \\
&= E[X_n 1_{X_n > \lambda}] + E[X_n 1_{X_n \geqslant -\lambda}] - E[X_n] \\
&\leqslant E[X_m 1_{X_n > \lambda}] + E[X_m 1_{X_n \geqslant -\lambda}] - E[X_m] + \frac{\epsilon}{2} \\
&= E[|X_m|1_{|X_n| > \lambda}] + \frac{\epsilon}{2} \\
&< \epsilon.
\end{aligned}
$$

因而 X 一致可积.   □

3.7　鞅收敛定理的初步应用例子

3.7.1　条件期望的计算

条件期望是现代概率论的基本概念. 然而条件期望的计算, 哪怕只是原则上的计算, 却是一件相当困难的事情, 因为它是通过 Radon-Nikodym 导数来定义的, 在一般情况下没有什么好的计算方法.

不过应用鞅收敛定理, 我们还是能在一些特殊情况下得到条件期望的计算公式.

设给定了概率空间 $(\Omega, \mathscr{F}, P)$ 及 $\mathscr{F}$ 的子 σ-代数 $\mathscr{G}$. 假设对每一个 n, 都存在互不相交的有限集类 $\mathscr{P}_n = \{A_{n,1}, A_{n,2}, \cdots, A_{n,k_n}\}$ 使得

$$A_{n,i} \in \mathscr{G}, \quad i = 1, \cdots, k_n,$$

$$\Omega = \sum_{i=1}^{k_n} A_{n,i}.$$

并且 $\mathscr{P}_n$ 是逐步加细的, 即对任意 n 及任意 $1 \leqslant i \leqslant k_{n+1}$, 总有 $1 \leqslant j \leqslant k_n$, 使得 $A_{n+1,i} \subset A_{n,j}$.

令

$$\mathscr{G}_n := \sigma\{A_{n,1}, A_{n,2}, \cdots, A_{n,k_n}\}.$$

则当 ξ 可积时, $(E[\xi|\mathscr{G}_n])$ 是鞅. 假设 $\bigvee_{n=1}^{\infty} \mathscr{G}_n = \mathscr{G}$, 直接应用定理 3.5.6 就得到

定理 3.7.1 设 ξ 可积, 则

$$E[\xi|\mathscr{G}] = \lim_{n\to\infty} E[\xi|\mathscr{G}_n].$$

我们知道

$$E[\xi|\mathscr{G}_n] = \sum_{i=1}^{k_n} \frac{E[1_{A_{n,i}}\xi]}{P(A_{n,i})} 1_{A_{n,i}} \quad \left(\frac{0}{0} := 0\right),$$

所以以上定理提供了一种计算方法.

又设 Q 为 $\mathscr{F}$ 上的另一测度, $Q \ll P$. 再设 $\mathscr{F}_n \uparrow$ 且 $\mathscr{F} = \bigvee_{n=1}^{\infty} \mathscr{F}_n$. 则

$$\frac{dQ|_{\mathscr{F}_n}}{dP|_{\mathscr{F}_n}} = E\left[\frac{dQ}{dP}\bigg|\mathscr{F}_n\right],$$

所以

$$\frac{dQ}{dP} = \lim_{n\to\infty} \frac{dQ|_{\mathscr{F}_n}}{dP|_{\mathscr{F}_n}}.$$

而我们知道, 当 $\mathscr{F}_n$ 是有限产生的, 比如说 $\mathscr{F}_n = \sigma\{A_1, \cdots, A_n\}$(其中 A_i 两两不交) 时

$$\frac{dQ|_{\mathscr{F}_n}}{dP|_{\mathscr{F}_n}} = \sum_{i=1}^{n} \frac{Q(A_i)}{P(A_i)} 1_{A_i},$$

因为右边是简单的四则运算, 所以这也提供了一种 Radon-Nikodym 导数的可能的计算方法.

现在设 η 是另一随机变量. 我们想计算 $E[\xi|\eta = x]$.

回忆一下, 这个条件期望的定义是

$$E[\xi|\eta = x] = \frac{d\nu}{d\mu}(x),$$

这里对任意 Borel 集 A, $\nu(A) := \int_{\eta \in A} \xi dP$, $\mu(A) := P(\eta \in A)$. 令 $\mathscr{B}_n := \sigma\{[2^{-n}(k-1), 2^{-n}k), k = 0, \pm 1, \pm 2, \cdots\}$, 则

$$\frac{d\nu|_{\mathscr{B}_n}}{d\mu|_{\mathscr{B}_n}}(x) = \frac{E[\xi, \eta \in [2^{-n}(k-1), 2^{-n}k)]}{P(\eta \in [2^{-n}(k-1), 2^{-n}k))} 1_{[2^{-n}(k-1), 2^{-n}k)}(x).$$

所以

$$E[\xi|\eta = x] = \lim_{n \to \infty} \frac{E[\xi, \eta \in [2^{-n}[2^n x], 2^{-n}([2^n x] + 1))]}{P(\eta \in [2^{-n}[2^n x], 2^{-n}([2^n x] + 1)))}.$$

特别地,

$$P(\xi \in A|\eta = x) = \lim_{n \to \infty} \frac{P(\xi \in A, \eta \in [2^{-n}[2^n x], 2^{-n}([2^n x] + 1)))}{P(\eta \in [2^{-n}[2^n x], 2^{-n}([2^n x] + 1))}.$$

这个式子太烦琐. 简洁一点, $\forall x \in \mathbb{R}$, 我们大体上可以这样计算:

$$P(\xi \in A|\eta = x) = \lim_{\epsilon \downarrow 0} \frac{P(\xi \in A, \eta \in (x - \epsilon, x + \epsilon))}{P(\eta \in (x - \epsilon, x + \epsilon))}.$$

说 "大体上" 是因为一般来说, 谈条件概率在一个特定点的值是——常常是——没有意义的. 但如果上式右边对所有的 x 都存在, 或者至少对 μ-几乎所有的 x 都存在, 那么它就可以作为条件概率的一个代表.

3.7.2　无穷维分布的绝对连续性

设 X, Y 是 $[0,1]$($[0,T]$ 也是一样, 当然) 上的定义在概率空间 $(\Omega, \mathscr{F}, P)$ 上的两个连续过程, 因此可视为取值于 $C([0,1])$ 的两个随机变量. 我们的问题是: 什么时候 X 与 Y 在 $C([0,1])$ 上的分布是相互等价的, 抑或是相互奇异的?

这是一个相当微妙的问题.

首先, 它们的有限维分布没有提供直接的信息. 例如, 设 w 是 Brown 运动, 那么 w 与 $\frac{1}{2}w$ 的任意有限维分布都是相互等价的, 然而它们的无穷维分布却是相互奇异的.

其次, 有限维分布仍然是重要的乃至唯一的信息来源——不然还有什么更合适的来源呢?

为回答这个问题, 我们先准备一个引理.

引理 3.7.2 设 $(\Omega, \mathscr{F})$ 是可测空间, μ, ν 是 $\mathscr{F}$ 上的两个概率测度. 设 $\{\mathscr{F}_n\}$ 是 $\mathscr{F}$ 的增子 σ-代数列, 且 $\bigvee_{n=1}^{\infty} \mathscr{F}_n = \mathscr{F}$. 以 μ_n, ν_n 分别表示 μ, ν 在 $\mathscr{F}_n$ 上的限制. 设 $\mu_n \ll \nu_n, \forall n$. 令

$$\rho_n := \frac{d\mu_n}{d\nu_n}.$$

则

1. (ρ_n) 为 $(\Omega, \mathscr{F}, \nu)$ 上的非负鞅.
2. 令

$$\rho := \limsup \rho_n.$$

则 $\forall A \in \mathscr{F}$,

$$\mu(A) = \int_A \rho \, d\nu + \mu(A \cap \{\rho = \infty\}).$$

证明 1. 显然 $\rho_n \geqslant 0$ 且

$$E^\nu[\rho_n] = \mu(\Omega) = 1.$$

$\forall A \in \mathscr{F}_n$, 有

$$E^\nu[\rho_{n+1} 1_A] = \mu(A) = E^\nu[\rho_n 1_A].$$

因此 (ρ_n) 为 $(\Omega, \mathscr{F}, \nu)$ 上的鞅.

2. 由鞅的收敛定理, $\lim_{n \to \infty} \rho_n$ ν-几乎必然存在且有限. 因此

$$\rho = \lim_{n \to \infty} \rho_n < \infty \quad \nu\text{-a.s.}.$$

我们只需证

$$\mu(A \cap \{\rho < \infty\}) = \int_A \rho \, d\nu, \quad \forall A \in \mathscr{F}.$$

为此, 由单调类定理, 又只需证

$$\mu(A \cap \{\rho < \infty\}) = \int_A \rho \, d\nu, \quad \forall A \in \bigcup_{n=1}^{\infty} \mathscr{F}_n.$$

固定 $A \in \mathscr{F}_n$. 首先, 当 $m > n$ 时有

$$\mu(A) = \int_A \rho_m \, d\nu.$$

故由 Fatou 引理有

$$\mu(A) \geqslant \int_A \rho \, d\nu.$$

由单调类定理, 上式对 $\forall A \in \mathscr{F}$ 成立. 因此

$$\mu(A \cap \{\rho < \infty\}) \geqslant \int_{A \cap \{\rho < \infty\}} \rho d\nu = \int_A \rho d\nu.$$

另一方面, 对任意 $A \in \mathscr{F}_n, C > 0$,

$$\mu(A \cap \{\rho_n \leqslant C\}) = \int_{A \cap \{\rho_n \leqslant C\}} \rho_n d\nu \leqslant \int_A (\rho_n \wedge C) d\nu.$$

因此

$$\mu(A \cap \{\sup_{m \geqslant n} \rho_m \leqslant C\}) \leqslant \int_A (\rho_n \wedge C) d\nu.$$

令 $n \to \infty$, 由 Fatou 引理

$$\mu(A \cap \{\rho < C\}) \leqslant \int_A (\rho \wedge C) d\nu.$$

令 $C \to \infty$ 得

$$\mu(A \cap \{\rho < \infty\}) \leqslant \int_A \rho d\nu.$$

这就完成了证明.　　　　　　　　　　　　　　　　　　　□

由此引理我们马上得到:

推论 3.7.3　沿用上一引理的记号.

1. 下面条件等价:

(i) $E^\nu[\rho] = 1$;

(ii) $\lim_{n \to \infty} E^\nu[|\rho_n - \rho|] = 0$;

(iii) $\{\rho_n\}$ 为 ν-一致可积鞅;

(iv) $\mu \ll \nu$.

(v) $\mu(\rho = \infty)=0$.

2.
$$E^\nu[\rho] = 0 \iff \mu \perp \nu.$$

3.
$$\nu(\rho > 0) = 1 \iff \nu \ll \mu.$$

证明　1.

(i)$\iff$(ii): (i) 蕴含 (ii) 由 Prat 定理 (见 [60, 第 4 章习题 10]), (ii) 蕴含 (i) 是当然的.

(ii)⟺(iii), (iv)⟺(v): 当然的.

(v)⟺(i): (v) 等价于

$$\mu(A) = \int \rho d\nu, \quad \forall A \in \mathscr{F},$$

而这又蕴含 (i). 反之, 设 (i) 成立, 则

$$\mu(\rho = \infty) = \mu(\Omega) - E^{\nu}[\rho] = 1 - 1 = 0,$$

此即 (v).

(2) 与 (3) 都是显然的. □

为应用这一推论的结论 (2) 中的充分性, 便要验证 $E^{\nu}[\rho] = 0$ 这个条件. 直接用 Fatou 引理我们可以得到

$$E^{\nu}[\rho] \leqslant \liminf_n E^{\nu}[\rho_n].$$

但右边的每一项都永远为 1, 不可能趋于零, 所以纵然有不等号也无济于事, 导不出任何结论. 不过, 我们注意到, 如果有 $\mathbb{R}_+$ 上的连续函数 f 使得 $f(0) = 0$, $f(t) > 0, \forall t > 0$, 且 $E^{\nu}[f(\rho)] = 0$, 也就够了. 所以我们知道, 若能找出这样一个函数 f, 使得

$$\liminf_n E^{\nu}[f(\rho_n)] = 0.$$

则就有 (还是由 Fatou 引理) $E^{\nu}[f(\rho)] = 0$, 从而 $E^{\nu}[\rho] = 0$. 特别地, 取 $f(t) = t^{\alpha}$, 就有

推论 3.7.4 *若存在 $\alpha \in (0,1)$ 使得*

$$\liminf_n E^{\nu}[\rho_n^{\alpha}] = 0.$$

则 $\mu \perp \nu$.

这里限定 $\alpha < 1$ 的原因很简单: 当 $\alpha \geqslant 1$ 时该条件不可能满足.

你能构造一个能运用这个结果的具体例子吗?

现在回到开始时的问题. 设 X, Y 都是取值于 $C([0,1])$ 的随机变量. 令

$$t_n^k = k2^{-n}, \quad n = 1, 2, \cdots, \ k = 0, 1, \cdots, 2^n.$$

以 w 表 $C([0,1])$ 的一般点, $\mathscr{F}$ 表其 Borel σ-代数, $Z_t(w) := w(t)$ 表坐标过程. 令

$$\mathscr{F}_n := \sigma(Z(t_n^k) : k = 0, 1, \cdots, 2^n).$$

则 $\vee_{n=1}^{\infty}\mathscr{F}_n = \mathscr{F}$. 以 μ, ν 分别表 X, Y 在 $C([0,1])$ 上的分布, κ_n, λ_n 分别表示 $Z^n(X)$, $Z^n(Y)$ 在 $\mathbb{R}^{2^n+1}$ 上的分布, 其中

$$Z^n(w) = (Z_0(w), Z_{2^{-n}}(w), Z_{2 \cdot 2^{-n}}, \cdots, Z_1(w)).$$

设对任意 n 有 $\kappa_n \ll \lambda_n$. 令

$$\theta_n(x) = \frac{d\kappa_n}{d\lambda_n}(x), \quad x \in \mathbb{R}^{2^n+1},$$

$$\rho_n(w) = \theta_n(Z^n(w)),$$

$$\mu_n := \mu|_{\mathscr{F}_n}, \quad \nu_n := \nu|_{\mathscr{F}_n}.$$

则

$$\frac{d\mu_n}{d\nu_n} = \rho_n.$$

再令

$$\rho = \limsup_{n \to \infty} \rho_n.$$

应用上面的推论, 我们有

定理 3.7.5　1. 若 $E^\nu[\rho] = 1$, 则 $\mu \ll \nu$;

2. 若 $E^\nu[\rho] = 0$, 则 $\mu \perp \nu$;

3. 若 $\nu(\rho > 0) = 1$, 则 $\nu \ll \mu$.

特别地, 若 $E^\nu[\rho] = 1$ 且 $\nu(\rho > 0) = 1$, 则 $\mu \sim \nu$.

3.7.3　Kolmogorov 大数定律

最后, 作为逆鞅收敛定理的简单应用, 我们来证明 Kolmogorov 大数定律.

定理 3.7.6 (Kolmogorov 大数定律)　设 (ξ_n) 为独立同分布随机变量列, 且 $E[|\xi_1|^p] < \infty$, $p \geqslant 1$. 令 $a = E[X_1]$. 则

$$\lim_n \frac{1}{n}\sum_{k=1}^{n}\xi_k = a, \quad \text{a.s.}, \quad L^p.$$

证明　不失一般性, 设 $a = 0$. 令

$$X_n := \frac{1}{n}\sum_{k=1}^{n}\xi_k,$$

$$\mathscr{F}_n = \sigma(X_n, X_{n+1}, \cdots).$$

则由例 3.6.1, $(X_n, \mathscr{F}_n)$ 为逆鞅. 故由定理 3.6.2, 有 $X_\infty \in \bigcap_{n=1}^{\infty}\mathscr{F}_n$ 使得

$$\lim_n X_n = X_\infty, \quad \text{a.s.}, \quad L^p.$$

但由于 $\forall N$,

$$X_\infty = \lim_n \frac{1}{n} \sum_{i=N}^{n} \xi_i,$$

故 $X_\infty \in \bigcap_{n=1}^{\infty} \bigvee_{k=n}^{\infty} \sigma(\xi_k)$, 因而由 Kolmogorov 0-1 律, X_∞ 为常数. 然而同样用定理 3.6.2, $E[X_\infty] = E[X_1]$, 这样就势必有 $X_\infty = E[X_1] = 0$. $\square$

习 题 3

1. 设 (ξ_n) 为可积适应随机变量列, τ, σ 为有界停时. 证明:

$$E[\xi_\tau | \mathscr{F}_\sigma] = 1_{\tau \leqslant \sigma} \xi_\tau + 1_{\tau > \sigma} E[\xi_\tau | \mathscr{F}_\sigma]$$
$$= 1_{\tau \leqslant \sigma} \xi_\tau + 1_{\tau > \sigma} E[\xi_{\tau \vee \sigma} | \mathscr{F}_\sigma].$$

2. 证明:

(a) 若 $E|\xi| < \infty$, $(\mathscr{F}_n)$ 是 σ-代数流, 则 $\xi_n := E[\xi | \mathscr{F}_n]$ 是一致可积鞅.

(b) 若 $\eta_1, \eta_2, \cdots$ 独立, $\mathscr{F}_n := \sigma(\eta_1, \cdots, \eta_n)$, $E[\eta_n] = 0$, 则 $\xi_n := \eta_1 + \cdots + \eta_n$ 为 $(\mathscr{F}_n)$-鞅.

(c) 若 (w_t) 为 Brown 运动, $\mathscr{F}_n = \sigma(w_1, \cdots, w_n)$, 则 $(w_n, \mathscr{F}_n)$ 及 $\left(\exp\left(w_n - \frac{n}{2}\right), \mathscr{F}_n\right)$ 为鞅.

3. 设 $(\xi_n, \mathscr{F}_n)$ 为鞅, $\mathscr{G}_n$ 为 $\mathscr{F}_n$ 的子 σ-代数且 $\xi_n \in \mathscr{G}_n$, $\forall n$. 证明 $(\xi_n, \mathscr{G}_n)$ 为鞅.

4. 设 (ξ_n) 为鞅且 $E[\xi_n^2] < \infty$, $\forall n$. 证明: $\forall m < n \leqslant p < q$,

$$\mathrm{Cov}(\xi_q - \xi_p)(\xi_n - \xi_m) = 0.$$

5. (鞅与凸函数) 证明:

(a) 若 ξ_n 为鞅, φ 为凸函数且 $E|\varphi(\xi_n)| < \infty$, $\forall n$, 则 $\varphi(\xi_n)$ 为下鞅. 特别, $|\xi_n|$ 为下鞅.

(b) 若 ξ_n 为下鞅, φ 为增凸函数且 $E|\varphi(\xi_n)| < \infty$, $\forall n$, 则 $\varphi(\xi_n)$ 为下鞅.

(c) 若 ξ_n 为上鞅, φ 为增凹函数且 $E|\varphi(\xi_n)| < \infty$, $\forall n$, 则 $\varphi(\xi_n)$ 为上鞅.

6. 设 $(\xi_n), (\eta_n)$ 为鞅, 且 $\xi_n, \eta_n \in L^1$, $\forall n$. 再设 (ξ_n) 与 (η_n) 独立. 证明 $(\xi_n \eta_n)$ 为鞅.

7. 设 Θ 为任意指标集, 且对任意 $\theta \in \Theta$, $\{\xi_n^\theta, \mathscr{F}_n\}$ 为下鞅. 设 $E[\sup_{\theta \in \Theta} |\xi_n^\theta|] < \infty$, $\forall n$. 证明: $\sup_{\theta \in \Theta} \xi_n^\theta$ 为下鞅.

8. 证明:

(a) $\mathscr{F}_\tau$ 确实为 σ-代数.

(b) 若 $\tau = n$, 则 $\mathscr{F}_\tau = \mathscr{F}_n$.

9. 证明:

(a) 设 τ 为非负整值随机变量, 则当且仅当 $\forall n \geqslant 0$, $\{\tau = n\} \in \mathscr{F}_n$ 时, τ 为停时.

(b) τ, σ 为停时 $\Rightarrow \tau \wedge \sigma, \tau \vee \sigma, \tau + \sigma$ 均为停时, 其中 $\tau \wedge \sigma := \min\{\tau, \sigma\}$, $\tau \vee \sigma := \max\{\tau, \sigma\}$.

(c) 设 (ξ_n) 为 $(\mathscr{F}_n)$ 适应, $c \in \mathbb{R}$. 令

$$\tau := \inf\{n \geqslant 0 : \xi_n \geqslant c\} \qquad (\inf \varnothing := \infty).$$

则 τ 为停时.

另外, 问是否有 $\xi_\tau = c$?

10. 设 τ 是概率空间 $(\Omega, \mathscr{F}, (\mathscr{F}_n), P)$ 上的停时. 证明:

$$\{\tau = n\} \cap \mathscr{F}_\tau = \{\tau = n\} \cap \mathscr{F}_n.$$

11. 若 σ, τ 为 $(\mathscr{F}_n)$ 停时, 证明 $\sigma \wedge \tau$ 为 $(\mathscr{F}_{n \wedge \tau})$ 停时.

12. 设 (ξ_n) 是适应随机变量序列, 满足

$$E[\sup_n |\xi_n|] < \infty.$$

证明: 对任意有限停时 τ, σ, 有

$$E[\xi_\tau | \mathscr{F}_\sigma] = 1_{\tau \leqslant \sigma} \xi_\tau + 1_{\tau > \sigma} E[\xi_\tau | \mathscr{F}_\sigma].$$

13. 设 $\xi_0 \equiv 0$, (ξ_n) 是独立同分布随机变量序列, 且

$$P(\xi_1 = -1) = P(\xi_1 = 1) = \frac{1}{2}.$$

令

$$X_n := \sum_{k=0}^n \xi_k,$$

$$\tau := \inf\{n : X_n = m\},$$

其中 m 为自然数. 证明:

(a) (X_n) 为鞅;

(b) $\tau < \infty$, a.s..

14. 设 (ξ_n) 是独立同分布随机变量序列, $\mathscr{F}_n := \sigma(\xi_1, \cdots, \xi_n)$, τ 是 $(\mathscr{F}_n)$-有界停时. 证明:

(a) 若 $E|\xi_1| < \infty$, 则

$$E[\xi_1 + \cdots + \xi_\tau] = E[\xi_1] E[\tau].$$

(b) 若 $E|\xi_1|^2 < \infty$, 则

$$E[(\xi_1 + \cdots + \xi_\tau - \tau E[\xi_1])^2] = E[(\xi_1 - E\xi_1)^2] E[\tau].$$

15. 在定理 3.5.1 的证明中

(a) 证明: τ_n, σ_n 为停时.

(b) 乍一看, 似乎应该有 $\xi_{\sigma_n} \geqslant b$ 而 $\xi_{\tau_{n+1}} = 0$. 那么为什么还有 $E[\xi_{\tau_{n+1}}] \geqslant E[\xi_{\sigma_n}]$?

16. 设 $(\xi_n)_{n=1}^\infty$ 是独立同分布 Bernoulli 随机变量列, 且

$$P(\xi_1 = 1) = p, \quad P(\xi_1 = -1) = q := 1 - p \quad (0 < p < 1).$$

设 $x \in (a, b)$. 令

$$X_n := x + \sum_{k=1}^n \xi_k.$$

定义
$$\tau_a := \inf\{n : X_n \leqslant a\}, \quad \tau_b := \inf\{n : X_n \geqslant b\}.$$

证明 τ_a 与 τ_b 中至少一个为有限停时, 并求 $P(\tau_a < \tau_b)$ 与 $P(\tau_b < \tau_a)$.

17. 设 $(\xi_n, \mathscr{F}_n)$ 为 (下) 鞅, σ_1, σ_2 为停时, $\sigma_1 \leqslant \sigma_2$. 证明: 对任意 n, $(\xi_{\sigma_i \wedge n}, \mathscr{F}_{\sigma_i})$, $i = 1, 2$ 为 (下) 鞅.

18. 举出例子使 $\sup_n E[\xi_n] < \infty$ 而 ξ_n 不是几乎必然收敛.

19. 设 f 是 $[0,1]$ 上的有限单调函数. 对 $x \in [0,1]$, 令 $x_n := 2^{-n}[2^n x]$, $x_n^+ := 2^{-n}([2^n x] + 1)$. 证明
$$\lim_{n \to \infty} 2^n[f(x_n^+) - f(x_n)]$$
几乎处处 (关于 Lebesgue 测度) 存在.

20. 在上题中, 将 f 是 $[0,1]$ 上的有限单调函数代之以假设 f 绝对连续并以 f' 记其导函数. 令
$$f_n(x) := 2^n[f(x_n^+) - f(x_n)].$$
证明
$$\lim_{n \to \infty} \int_0^1 |f_n(x) - f'(x)| dx = 0.$$

21. 设 $p \geqslant 1$, $f \in L^p([0,1], dt)$. 令
$$f_n(t) = \sum_{i=1}^{2^n} 2^n \int_{2^{-n}(i-1)}^{2^{-n}i} f(s) ds 1_{[2^{-n}(i-1), 2^{-n}i)}(t).$$
证明: 在 $L^p([0,1], dt)$ 中有 $f_n \to f$.

22. 设 $D \subset \mathbb{R}_+$ 为可数集, $0 \in D$. 叙述并证明以此集为参数集的下鞅的 Doob 分解定理、Doob 停止定理.

23. 设 $p \in (1, \infty)$. 证明: $[0,1]$ 上的实函数 f 绝对连续且 $f' \in L^p$ 的充要条件是: 存在常数 C 使得
$$\sum_{k=1}^n \frac{|f(t_k) - f(t_{k-1})|^p}{|t_k - t_{k-1}|^{p-1}} \leqslant C$$
对任意 n 和任意分割 $0 = t_0 < t_1 < t_2 < \cdots < t_{n-1} < t_n = 1$ 成立.

24. 设 (ξ_n) 为一致可积鞅, $\mathscr{T}$ 为停时全体. 证明
$$\{\xi_\tau, \tau \in \mathscr{T}\}$$
为一致可积族.

25. 设 $(\Omega, \mathscr{F})$ 为可数生成的可测空间 (即存在可数个集合 $A_1, A_2, \cdots$, 使得 $\mathscr{F} = \sigma(A_1, A_2, \cdots)$). 证明:

(a) 存在 Ω 的逐步加细的分割 $\mathscr{A}_1, \mathscr{A}_2, \mathscr{A}_3, \cdots$ 使得
$$\bigvee_{n=1}^\infty \sigma(\mathscr{A}_n) = \mathscr{F};$$

(b) 设 P, Q 为 $(\Omega, \mathscr{F})$ 上的概率测度, $Q \ll P$. 记
$$\mathscr{A}_n = \{A_{n,1}, \cdots, A_{n,k_n}\}.$$

令

$$\xi_n(\omega) := \sum_{l=1}^{k_n} \frac{Q(A_{n,l})}{P(A_{n,l})} 1_{A_{n,l}}(\omega).$$

则

$$\lim_{n\to\infty} \xi_n = \frac{dQ}{dP}, \ \text{a.s.}.$$

26. 设 $(\Omega,\mathscr{F})$ 为可数生成的可测空间, $(T,\mathscr{T})$ 为可测空间. $\forall t \in T$, P_t, Q_t 为 $(\Omega,\mathscr{F})$ 上的概率测度, $Q_t \ll P_t$, 且对任意 $A \in \mathscr{F}$, $t \mapsto P_t(A)$ 与 $t \mapsto Q_t(A)$ 均为 $\mathscr{T}/\mathscr{B}$ 可测. 证明: 存在 $(\Omega \times T, \mathscr{F} \times \mathscr{T})$ 上的非负可测函数 ξ, 使得

$$\frac{dQ_t}{dP_t} = \xi(t,\cdot), \ \forall t \in T.$$

27. 利用定理 3.7.5 重新证明定理 2.5.2, 并证明若 $h \notin H$, 那么 $\mu \perp \nu$.

28. 证明下面的 Kakutani 定理: 设 $\forall n$, $(X_n,\mathscr{F}_n)$ 为可测空间, μ_n 和 ν_n 是其上的两个概率测度, $\mu_n \ll \nu_n$. 令

$$(X,\mathscr{F}) := \prod_{n=1}^{\infty} (X_n,\mathscr{F}_n),$$

$$\mu := \prod_{n=1}^{\infty} \mu_n, \quad \nu := \prod_{n=1}^{\infty} \nu_n,$$

$$\rho_n(x_n) = \frac{d\mu_n}{d\nu_n}(x_n),$$

$$\rho(x) = \prod_{n=1}^{\infty} \rho_n(x_n), \quad x = (x_1, x_2, \cdots).$$

则

$$\prod_{n=1}^{\infty} \int_{X_n} \sqrt{\rho_n} d\nu_n = 0 \Longrightarrow \mu \perp \nu,$$

$$\prod_{n=1}^{\infty} \int_{X_n} \sqrt{\rho_n} d\nu_n > 0 \Longrightarrow \mu \ll \nu,$$

且在后一种情况下,
$$\frac{d\mu}{d\nu} = \rho.$$

29. 设 (w_t) 是 Brown 运动. 用本章知识再证明:

$$\lim_{t\to\infty} \frac{w_t}{t} = 0 \ \text{a.s.}.$$

30. 设 $(X_n,\mathscr{F}_n), n=1,2,\cdots$ 是逆下鞅, 且 $\inf_n E[X_n] > -\infty$. 增补

$$X_\infty := \lim_{n\to\infty} X_n.$$

证明 $(X_n,\mathscr{F}_n), n=1,2,\cdots,\infty$ 依然是逆下鞅.

31. 我们知道, 对独立随机变量序列的和, 依概率收敛和几乎必然收敛是等价的 (见 [74, 定理 3.2.3]). 本题旨在证明, 依分布收敛与几乎必然收敛也是等价的. 为此, 只需证明由依分布收敛可以推出几乎必然收敛.

设 $\{\xi_n, n \geq 1\}$ 是独立随机变量序列. 令

$$S_n := \sum_{i=1}^{n} \xi_i.$$

设 $S_n \xrightarrow{d} S$.

(a) 证明存在 $a > 0, \delta > 0, N > 0$, 使得

$$|E[\exp(itS)]| \wedge |E[\exp(itS_n)]| \geq a, \quad \forall |t| \leq \delta, n \geq N.$$

(b) 证明对任意 $|t| \leq \delta$, $(X_n, \mathscr{F}_n)$ 为鞅, 其中

$$X_n := \frac{\exp(itS_n)}{E[\exp(itS_n)]}.$$

(c) 证明对任意 $|t| \leq \delta$, 极限 $\lim_{n\to\infty} \exp(itS_n)$ 几乎必然存在.

(d) 令

$$A := \{(t, \omega) \in [-\delta, \delta] \times \Omega : \lim_{n\to\infty} \exp(itS_n) \text{存在}\}.$$

证明: $\lambda \times P(A) = 2\delta$, 其中 λ 是 Lebesgue 测度.

(e) 以 A_ω 表示 A 在 ω 处的截口. 证明对几乎所有的 ω, $\lambda(A_\omega) = 2\delta$.

(f) 证明对几乎所有的 ω, $\lim_{n\to\infty} \exp(itS_n)$ 存在, $\forall t \in \mathbb{R}$. (提示: 利用 Steinhaus 定理, 例如见 [22, exercise 10.43]).

(g) 设 (a_n) 是实数列, 且对任意 t, $\lim_{n\to\infty} \exp(ia_nt)$ 存在. 证明 $\lim_{n\to\infty} a_n$ 存在.

(h) 证明 $\lim_{n\to\infty} S_n$ 几乎必然存在.

第 4 章　连续时间鞅

本章介绍连续时间鞅及下鞅的基本概念与结果. 我们很快会看到, 这里的一个简单可行的原则是利用离散时间鞅的已有结果, 通过取极限得到连续时间鞅的相应结果. 这些结果一旦建立之后, 应用起来就会十分方便. 这种现象我们实际上曾经碰到过. 例如在微积分里头, 微分与积分的概念及基本理论的建立都要比差分和级数困难得多, 但一旦建立起来, 使用时又比它们方便得多.

但是通过极限从离散到连续过渡的前提条件是原来那个鞅或下鞅的轨道有一定的正则性, 比如说是连续的, 或者至少是左连续或右连续的. 连续就不用说什么了, 如果只是左连续或右连续, 到底哪一个比较合适呢? 这要看具体问题. 如果是诸如 Kolmogorov-Doob 极大值不等式那样的问题, 左或右是无所谓的; 但如果是诸如 Doob 停止定理那样的问题, 就必须有右连续性, 因为一个停时一般说来只能用离散值的停时从右边逼近 (见第 1 章习题 9). 所以为同时对不同的问题实现过渡, 一个比较简洁的条件是轨道的右连续性. 但这是一个苛刻的条件吗? 一个自然的条件吗? 这是一个必须首先回答的问题.

让我们从一些一般的概念开始.

4.1　随机区间与简单过程

设 I 是 $\mathbb{R}$ 上的一个区间. 本章固定一个概率空间 $(\Omega, \mathscr{F}, (\mathscr{F}_t), P)$, $t \in I$. 如无特别说明, 所有的东西都是定义在这个空间上面的.

数学分析及实变函数论中, 在处理一般函数的命题时, 阶梯函数往往起着桥梁作用. 在随机过程中, 这个任务由所谓的简单过程承担, 而阶梯函数定义中的区间, 则由所谓随机区间——我们在第 1 章引进过这个概念——所取代. 我们从复习这个概念开始.

设 τ, σ 为停时, $\sigma \leqslant \tau$, 那么 $\mathbb{R}_+ \times \Omega$ 中的集合

$$[\sigma, \tau) := \{(t, \omega) : t \in [\sigma(\omega), \tau(\omega))\}$$

称为随机区间.

类似可定义 $[\sigma, \tau]$, $(\sigma, \tau]$, (σ, τ). 此时, 过程

$$\xi(t, \omega) := 1_{[\sigma, \tau)}(t, \omega)$$

显然为可选过程, 因为它是适应的 R-过程. 因此, 对任意 n 个停时 $\sigma_1 \leqslant \sigma_2 \leqslant \cdots \leqslant \sigma_n$, 过程

$$\xi(t,\omega) := \sum_{k=1}^{n-1} \eta_k 1_{[\sigma_k, \sigma_{k+1})}(t,\omega)$$

也为可选过程, 这里诸 $\eta_k \in \mathscr{F}_{\sigma_k}$. 这样的过程称为简单可选过程, 简称简单过程, 其全体用 $\mathscr{S}$ 表示. 若其中停时全为常数, 则称为极简过程, 其全体用 $\mathscr{S}_0$ 表示.

最后我们说明一下, 在许多文献中, $[\sigma,\tau)$ 是用 $[\![\sigma,\tau)\!)$ 表示的. 用 $[\sigma,\tau)$ 可能产生的困惑是, 当 $\sigma = s$, $\tau = t$ 为常数时, $[s,t)$ 表示 $\mathbb{R}$ 上的集合 $[s,t)$ 还是 $\mathbb{R} \times \Omega$ 上的集合 $[s,t) \times \Omega$? 但在特定的语境中, 其含义几乎必然是明确的, 因此产生困惑的概率为零.

4.2 闭区间上的鞅

离散时间的有限项或虽有无限项但有终端值的鞅的概念, 在连续时间对应着闭区间上的鞅.

设 $I = [0,1]$. 本节结果可适用于任一有限闭区间 $I = [0,T]$ 及 $I = [0,\infty]$(这里不认为 $[0,\infty] = [0,\infty)$). 事实上, 保序连续变换

$$t \mapsto \frac{t}{T}$$

可将 $[0,T]$ 变为 $[0,1]$, 而保序连续变换

$$t \mapsto \frac{t}{1+t},$$

则可将 $[0,\infty]$ 变为 $[0,1]$.

定义 4.2.1 实值可积适应过程 (X_t), $t \in I$ 若满足

$$X_s \leqslant E[X_t|\mathscr{F}_s], \quad \forall s < t, \ s,t \in I,$$

则称为下鞅; $\leqslant$ 换为 $\geqslant$ 时称为上鞅, 换为 $=$ 时称为鞅. 一个鞅, 若其几乎所有的样本轨道连续, 则称为连续鞅, 其全体记为 $\mathscr{M}$.

例 4.2.2 设 $X \in \mathscr{F}$ 且可积. 令

$$X_t = E[X|\mathscr{F}_t].$$

则 $(X_t, \mathscr{F}_t)$ 为鞅.

例 4.2.3 1. 设 $(w_t, \mathscr{F}_t)$ 为 Brown 运动, 则 $(w_t, \mathscr{F}_t)$ 为鞅.

2. 仍然设 $(w_t, \mathscr{F}_t)$ 为 Brown 运动, 则 $(w_t^2 - t, \mathscr{F}_t)$ 为鞅.

事实上, 对任意 $s < t$, 有

$$
\begin{aligned}
E[w_t|\mathscr{F}_s] &= E[w_s + w_t - w_s|\mathscr{F}_s]\\
&= E[w_s|\mathscr{F}_s] + E[w_t - w_s|\mathscr{F}_s]\\
&= w_s + E[w_t - w_s]\\
&= w_s,
\end{aligned}
$$

$$
\begin{aligned}
&E[w_t^2 - t|\mathscr{F}_s]\\
&= E[(w_s + w_t - w_s)^2|\mathscr{F}_s] - t\\
&= E[(w_t - w_s)^2 + 2w_s(w_t - w_s) + w_s^2|\mathscr{F}_s] - t\\
&= t - s + 2w_s E[w_t - w_s] + w_s^2 - t = w_s^2 - s.
\end{aligned}
$$

正如离散时间一样, 由 Jensen 不等式, 从已知的鞅或下鞅出发可以构造许多新下鞅, 即若 φ 为凸函数, (X_t) 为鞅, 且 $\forall t \in I$, $\varphi(X_t)$ 可积, 则 $\varphi(X_t)$ 为下鞅; 若 φ 为增凸函数, (X_t) 为下鞅, 且 $\forall t \in I$, $\varphi(X_t)$ 可积, 则 $\varphi(X_t)$ 为下鞅.

比如, $|w_t|$, w_t^2, e^{cw_t} $(c \in \mathbb{R})$, $e^{cw_t^2}$ $(c > 0, t \in [0, 1/2c])$ 都是下鞅, 其中 (w_t) 是 Brown 运动.

此外, 在满足必要的可积性条件时, 任一凹函数复合一鞅后为上鞅, 任一增凹函数复合一上鞅后为上鞅.

上一个例子可以加以推广, 成为:

例 4.2.4　设 (X_t) 是 $(\mathscr{F}_t)$ 适应过程, $E[X_t] = 0$, $\forall t$, 且 $\forall s < t$, $X_t - X_s$ 与 $\mathscr{F}_s$ 独立. 则 $(X_t, \mathscr{F}_t)$ 为鞅.

若还有 $E[X_t^2] < \infty$, $\forall t$, 则 $(Y_t, \mathscr{F}_t)$ 为鞅, 其中 $Y_t := X_t^2 - E[X_t^2]$.

事实上, $\forall s < t$,

$$
\begin{aligned}
E[X_t|\mathscr{F}_s] &= E[X_t - X_s + X_s|\mathscr{F}_s]\\
&= E[X_t - X_s|\mathscr{F}_s] + E[X_s|\mathscr{F}_s]\\
&= E[X_t - X_s] + X_s\\
&= X_s,
\end{aligned}
$$

$$
\begin{aligned}
E[X_t^2|\mathscr{F}_s] &= E[(X_t - X_s + X_s)^2|\mathscr{F}_s]\\
&= E[(X_t - X_s)^2 + 2(X_t - X_s)X_s + X_s^2|\mathscr{F}_s]\\
&= E[(X_t - X_s)^2] + X_s^2\\
&= E[X_t^2] - E[X_s^2] + X_s^2.
\end{aligned}
$$

特别地, 设 w 为 Brown 运动, $f \in L^2([0,1], dt)$. 则易见 Wiener 积分

$$X_t := \int_0^t f_s dw_s$$

为独立增量过程, 且 $E[X_t] = 0$, $\forall t$, 因此为鞅. 同时, 过程

$$X_t^2 - \int_0^t f_s^2 ds$$

也为鞅.

现在我们试图将 Doob 停止定理 (定理 3.3.12) 推广到连续参数情形, 即对下鞅 ξ_t 要得到

$$\xi_\tau \leqslant E[\xi_\sigma | \mathscr{F}_\tau], \tag{2.1}$$

其中 τ, σ 为停时且 $\sigma \geqslant \tau$.

自然的想法是按证明 Brown 运动的强 Markov 性的路子走, 即找一串离散的停时 τ_n, σ_n 来逼近 τ 与 σ. 回忆一下, 逼近是从上而下的, 因此为了 ξ_{τ_n} 和 ξ_{σ_n} 能收敛到 ξ_τ 与 ξ_σ, 必须假定 ξ_t 的轨道, 即函数 $t \mapsto \xi_t$, 是右连续的——我们简单地表述为右连续鞅.

右连续性或存在右连续的修正不是无条件的. 例如, 任何确定性增函数 $t \mapsto \xi_t$ 都是下鞅, 但除非它本身是右连续的, 就没有任何办法修正它, 使它右连续.

什么时候有右连续的修正呢?

设 ξ_t 是 $I = [0,1]$ 上的下鞅, 一般区间上的类似. 记

$$D := \{k2^{-n}, n = 0, 1, \cdots, k = 0, 1, \cdots, 2^n\},$$
$$D_n := \{k2^{-n}, k = 0, 1, \cdots, 2^n\}.$$

设 ξ^n 是 ξ 在 D_n 上的限制. 对 $-\infty < a < b < \infty$, 令 $\beta_n(a,b)$ 表示 ξ^n 上穿 (a,b) 的次数. 则 $\beta_n(a,b)$ 关于 n 递增. 令

$$\beta(a,b) = \lim_{n \to \infty} \beta_n(a,b).$$

由推论 3.5.2,

$$E[\beta(a,b)] \leqslant \frac{1}{b-a} E[|\xi_1| + |a|].$$

所以对几乎所有的 ω, $\xi|_D$ 在 $[0,1]$ 中的任何一个片段上都只能上穿任何区间有限次. 因此对几乎所有的 ω, 对任意 $t \in [0,1]$ 下面的左右两个极限存在 (见定理 3.5.7):

$$X_t := \lim_{r \downarrow t, r \in D} \xi_r,$$

$$Y_t := \lim_{r \uparrow t, r \in D} \xi_r.$$

此外, 由定理 3.3.15,

$$P(\sup_{t \in D} |\xi_t| \geqslant c) \leqslant \frac{1}{c} E[|\xi_0| + 2|\xi_1|].$$

因此

$$\sup_{t \in D} |\xi_t| < \infty, \ \text{a.s.},$$

$$\sup_{t \in [0,1]} [|X_t| + |Y_t|] < \infty, \ \text{a.s..}$$

现在我们可以证明:

定理 4.2.5 设 $(\xi_t, \mathscr{F}_t)_{t \in I}$ 是下鞅, 且 $t \mapsto E[\xi_t]$ 右连续, 则 (ξ_t) 有 R-修正, 且此修正依然为下鞅.

证明 设 X, Y 如上面所定义. 显然 X 右连续, 且 $X_{t-} = Y_t$, 因此 X 是 R-过程, 且适应于 $(\mathscr{F}_t)$. 往证 X 为下鞅.

设 $s < t$, $s, t \in I$, 且 $t \neq 1$. 取 $\{s_n\}, \{t_n\} \subset D$, $t > s_n \downdownarrows s$, $t_n \downdownarrows t$. 由定理 3.6.2,

$$\lim_{n \to \infty} \|\xi_{t_n} - X_t\|_1 = 0.$$

因此由条件期望的 L^1 连续性,

$$\lim_{n \to \infty} \|E[X_t | \mathscr{F}_s] - E[\xi_{t_n} | \mathscr{F}_s]\|_1 = 0.$$

所以

$$\begin{aligned} E[X_t | \mathscr{F}_s] &= \lim_{n \to \infty} E[\xi_{t_n} | \mathscr{F}_s] \\ &= \lim_{n \to \infty} E[E[\xi_{t_n} | \mathscr{F}_{s_n}] | \mathscr{F}_s] \\ &\geqslant \lim_{n \to \infty} E[\xi_{s_n} | \mathscr{F}_s] \end{aligned}$$

$$= E[X_s|\mathscr{F}_s]$$
$$= X_s.$$

因此 X 为下鞅.

最后证 X 为 ξ 之修正. 因为

$$\xi_s \leqslant \lim_{n\to\infty} E[\xi_{s_n}|\mathscr{F}_s] = X_s,$$

而

$$E[\xi_s] = \lim_{n\to\infty} E[\xi_{s_n}] = E[X_s],$$

所以

$$\xi_s = X_s, \quad \forall s \in I,$$

即 X 是 ξ 之修正. $\qquad\square$

由于任何有限闭区间上的下鞅都是一致可积的, 我们有

推论 4.2.6 设 $(\xi_t, \mathscr{F}_t)_{t\in I}$ 是下鞅, 则它存在 R-修正的充要条件是 $t \mapsto E[\xi_t]$ 是右连续的, 且此时有

$$\lim_{t\downarrow s} \|\xi_t - \xi_s\|_1 = 0, \quad \forall s \in I.$$

从此以后, 只要是连续时间的场合, 无论是否明确说明, 均自动假定所有的上、下鞅都是 R-过程.

我们现在很接近于 Doob 停止定理的叙述和证明了, 但还需要一个预备性结果, 这就是下面的

引理 4.2.7 设 $(\xi_t, \mathscr{F}_t)_{t\in I}$ 是下鞅, τ 为停时. 则 $\xi_\tau \in \mathscr{F}_\tau$ 且 $\xi_\tau \in L^1$.

证明 第一个结论在第 1 章已证 (见定理 1.4.3). 往证第二个.

令

$$\tau_n = 2^{-n}([2^n\tau] + 1) \wedge 1.$$

则 $\{\xi_{\tau_n}\}$ 为逆下鞅且

$$\inf_n E[\xi_{\tau_n}] \geqslant E[\xi_0] > -\infty.$$

因此由定理 3.6.4, 有

$$\lim_n \|\xi_{\tau_n} - \xi_\tau\|_1 = 0.$$

故当然有 $\xi_\tau \in L^1$. $\qquad\square$

对应于命题 3.3.8, 我们有

定理 4.2.8 (Doob 停止定理 (连续时间 (闭区间)))　设 $(\xi_t, \mathscr{F}_t)$ 为 (上、下) 鞅, σ, τ 为停时. 则

$$E[\xi_\tau | \mathscr{F}_\sigma] = (\leqslant, \geqslant) \xi_{\tau \wedge \sigma}.$$

证明　不妨设 $(\xi_t, \mathscr{F}_t)$ 为下鞅. 像上面引理的证明中那样定义 τ_n 与 σ_n. 则由命题 3.3.8

$$\xi_{\tau_m \wedge \sigma_n} \leqslant E[\xi_{\tau_m} | \mathscr{F}_{\sigma_n}].$$

取 $m \to \infty$, 由上一引理及条件期望的 L^1 连续性, 有

$$\xi_{\tau \wedge \sigma_n} \leqslant E[\xi_\tau | \mathscr{F}_{\sigma_n}].$$

因为 $\{E[\xi_\tau | \mathscr{F}_{\sigma_n}]\}$ 是逆鞅, 故再令 $n \to \infty$ 并用定理 3.6.2 即可. $\qquad\square$

由此可立即推出 $(\xi_{t \wedge \tau}, \mathscr{F}_{t \wedge \tau})$ 是鞅, 甚至 $(\xi_{t \wedge \tau}, \mathscr{F}_t)$ 也是鞅. 但正如离散时间情形一样, 我们也有下面的另一条途径.

定理 4.2.9　设 τ 为停时, $(\xi_{t \wedge \tau}, \mathscr{F}_{t \wedge \tau})$ 为 (上、下) 鞅, 则 $(\xi_{t \wedge \tau}, \mathscr{F}_t)$ 为 (上、下) 鞅.

证明　$\forall s < t$,

$$
\begin{aligned}
&E[\xi_{t \wedge \tau} | \mathscr{F}_s] \\
&= E[\xi_{t \wedge \tau} 1_{\tau \leqslant s} | \mathscr{F}_s] + E[\xi_{t \wedge \tau} 1_{\tau > s} | \mathscr{F}_s] \\
&= E[\xi_{s \wedge \tau} 1_{\tau \leqslant s} | \mathscr{F}_s] + E[\xi_{t \wedge \tau} 1_{\tau > s} | \mathscr{F}_s].
\end{aligned}
$$

由于 $\xi_{s \wedge \tau} 1_{\tau \leqslant s} \in \mathscr{F}_s$,

$$E[\xi_{s \wedge \tau} 1_{\tau \leqslant s} | \mathscr{F}_s] = \xi_{s \wedge \tau} 1_{\tau \leqslant s}.$$

另一方面, $\forall A \in \mathscr{F}_s$, 易证 $A \cap \{\tau > s\} \in \mathscr{F}_{s \wedge \tau}$. 因为 $(\xi_{t \wedge \tau}, \mathscr{F}_{t \wedge \tau})$ 为鞅, 所以

$$
\begin{aligned}
&E[\xi_{t \wedge \tau} 1_{\tau > s} 1_A] \\
&= E[E[\xi_{t \wedge \tau} 1_{\tau > s} 1_A | \mathscr{F}_{s \wedge \tau}]] \\
&= E[1_{\tau > s} 1_A E[\xi_{t \wedge \tau} | \mathscr{F}_{s \wedge \tau}]] \\
&= E[1_{\tau > s} 1_A \xi_{s \wedge \tau}].
\end{aligned}
$$

所以

$$E[\xi_{t \wedge \tau} 1_{\tau > s} | \mathscr{F}_s] = 1_{\tau > s} \xi_{s \wedge \tau}.$$

相加即得

$$E[\xi_{t \wedge \tau} | \mathscr{F}_s] = \xi_{s \wedge \tau}. \qquad\square$$

就像命题 3.3.14 一样, 这个定理也有一个写起来更简单的证明. 也许你愿意自己试试? 你需要用到下面的命题 3.3.13 的连续时间变体, 即

命题 4.2.10 适应过程 ξ 为 (上、下) 鞅的充要条件是对任意有界停时 $\sigma ! < \tau$, 有

$$E[\xi_\sigma] = (\geqslant, \leqslant) E[\xi_\tau].$$

证明也是类似的, 请自己写出来.

现在我们要把 Kolmogorov-Doob 不等式推广到连续时间情形. 这就是

定理 4.2.11 (连续时间 Kolmogorov-Doob 不等式)

1. 设 $\xi_t, t \in [0,1]$ 为非负右连续下鞅, 则对任意 $c > 0$ 有

$$P\left(\sup_{t\in[0,1]} \xi_t \geqslant c\right) \leqslant c^{-1} E\left[\xi_1; \sup_{t\in[0,1]} \xi_t \geqslant c\right] \leqslant c^{-1} E[\xi_1].$$

2. 设 $\xi_t, t \in [0,1]$ 为非负右连续上鞅, 则对任意 $c > 0$ 有

$$P\left(\sup_{t\in[0,1]} \xi_t \geqslant c\right) \leqslant c^{-1} E[\xi_0].$$

证明 令 $D_n := \{k2^{-n}, k = 0, 1, \cdots, 2^n\}$. 由离散下鞅的 Kolmogorov-Doob 不等式即定理 3.3.15, 有

$$P\left(\sup_{t\in D_n} \xi_t \geqslant c - m^{-1}\right) \leqslant (c - m^{-1})^{-1} E\left[\xi_1; \max_{t\in D_n} \xi_t \geqslant c - m^{-1}\right].$$

其中 $m \in \mathbb{N}_+$, $m > c^{-1}$. 令 $n \to \infty$ 得

$$P\left(\sup_{t\in[0,1]} \xi_t > c - m^{-1}\right) \leqslant (c - m^{-1})^{-1} E\left[\xi_1; \max_{t\in[0,1]} \xi_t \geqslant c - m^{-1}\right].$$

再令 $m \to \infty$ 即得

$$P\left(\sup_{t\in[0,1]} \xi_t \geqslant c\right) \leqslant c^{-1} E\left[\xi_1; \max_{t\in[0,1]} \xi_t \geqslant c\right].$$

类似地, 第二个结论也可利用定理 3.3.15 的第二个结论证明. □

由于凸函数复合鞅后是下鞅, 因此 Kolmogorov-Doob 不等式常常和凸函数结合起来使用. 具体地说, 假设 $\xi_t, t \in [0,1]$ 为鞅, φ 为非负凸函数, 则有

$$P\left(\sup_{t\in[0,1]} \varphi(\xi_t) \geqslant c\right) \leqslant c^{-1} E[\varphi(\xi_1)]. \tag{2.2}$$

根据不同的需要可以取不同的 φ. 比如, $\varphi(x) = |x|^p (p \geqslant 1)$, $e^{cx} (c \in \mathbb{R})$, $e^{cx^2} (c > 0)$, 等等. 而如果 (ξ_t) 本身只是下鞅, 则需要该凸函数是增的, 比如 $\varphi(x) = (x^+)^p$ $(p \geqslant 1)$ 等等.

像离散时一样, 从上面的不等式可以得到关于下鞅的上确界的 L^p 不等式.

推论 4.2.12　Doob 极大值不等式 (连续时间) 设 $(\xi_t, t \in [0,1])$ 为非负下鞅, $p > 1$, $p^{-1} + q^{-1} = 1$. 则

$$E\left[\sup_{0 \leqslant t \leqslant 1} \xi_t^p\right] \leqslant q^p E[\xi_1^p].$$

特别地, 若 $(\xi_t, t \in [0,1])$ 为鞅, 则

$$E\left[\sup_{0 \leqslant t \leqslant 1} |\xi_t|^p\right] \leqslant q^p E[|\xi_1|^p].$$

4.3　左闭右开区间上的鞅

有无穷项的离散时间鞅, 对应着连续时间时左闭右开区间上的鞅.

设 $I = [0,1)$. 本节结果适用于任一开区间 $I = [0,T)$ 及 $I = [0,\infty)$.

闭区间和左闭右开区间上的 (下) 鞅的区别在很大程度上可类比于闭区间上的函数和开区间上的函数的区别. 因此, 最本质区别在于闭区间上的鞅很自然有一个终端值 X_1, 且有

$$X_t = (\leqslant) E[X_1 | \mathscr{F}_t], \quad \forall t \in [0,1].$$

而开区间上的 (下) 鞅未必有这个终端值及这个性质. 所以此时很多结果需要修正叙述后才能成立. 比如我们有

定理 4.3.1　1. 设 $\xi_t, t \in [0,1)$ 为非负右连续下鞅, 则对任意 $c > 0$ 有

$$P\left(\sup_{t \in [0,1)} \xi_t \geqslant c\right) \leqslant c^{-1} \sup_{t \in [0,1)} E[\xi_t].$$

2. 设 $\xi_t, t \in [0,1)$ 为非负右连续上鞅, 则对任意 $c > 0$ 有

$$P\left(\sup_{t \in [0,1)} \xi_t \geqslant c\right) \leqslant c^{-1} E[\xi_0].$$

证明　对任意 $\alpha < c$, 在 $[0, 1-\epsilon]$ 上用定理 4.2.11, 有

$$P\left(\sup_{t \in [0,1-\epsilon]} \xi_t > \alpha\right)$$

$$\leqslant P\left(\sup_{t \in [0,1-\epsilon]} \xi_t \geqslant \alpha\right)$$

$$\leqslant \alpha^{-1} E[\xi_{1-\epsilon}]$$

$$\leqslant \alpha^{-1} \sup_{t \in [0,1)} E[\xi_t].$$

令 $\epsilon \to 0$ 得

$$P\left(\sup_{t \in [0,1)} \xi_t > \alpha\right) \leqslant \alpha^{-1} \sup_{t \in [0,1)} E[\xi_t].$$

再令 $\alpha \uparrow c$ 即可. □

而定理 4.2.8 则变为:

定理 4.3.2 (Doob 停止定理 (连续时间 (左闭右开区间))) 设 $(\xi_t, \mathscr{F}_t)$ 为 (上、下) 鞅, σ, τ 为停时, 且存在常数 $t_0 < 1$ 使得 $\sigma, \tau \leqslant t_0$. 则

$$E[\xi_\tau | \mathscr{F}_\sigma] = (\leqslant, \geqslant)\xi_{\tau \wedge \sigma}.$$

我们再说一遍, $[0,1]$ 上的鞅与 $[0,1)$ 上的鞅的区别在于前者有终端值 X_1 而后者没有. 这个区别当然会产生很大的差异. 像上面这个定理, 有终端值时对停时是没有限制的, 但如果没有终端值, 停时就要远离 1. 所以是否有终端值是一个严重的问题. 还是让我们以 $[0,1)$ 上的函数为对比. 如果这个函数在 $t \to 1$ 时有有限的极限, 则可以等同于 $[0,1]$ 上的函数. 在鞅的情况也是一样, $[0,1)$ 上的鞅 X 在 $t \to 1$ 时 X_t 是否有极限及在什么意义下有极限会带来很大的差别. 我们下面就考虑这个问题.

对定义在 $[0,1)$ 上的下鞅 X, 定义

$$\beta(X, [a,b]) = \sup\{\beta(X, F, [a,b]) : F \subset [0,1), \ F \ \text{有限}\},$$

其中 $\beta(X, F, [a,b])$ 为将 X 限制在时间参数集 F 上时对 $[a,b]$ 的上穿数, 则利用已证的离散时间鞅的上穿不等式可证:

命题 4.3.3 (连续时间下鞅的上穿不等式)

$$(b-a)E[\beta(X, [a,b])] \leqslant \sup_t E[(X_t - a)^+].$$

证明 将 $[0,1)$ 中的有理数全体记为 $\mathbb{Q} := \{r_1, \cdots, r_n, \cdots\}$, 并令 $\mathbb{Q}_n := \{r_1, \cdots, r_n\}$. 则由定理 3.5.1 有

$$\begin{aligned}
(b-a)E[\beta(X, \mathbb{Q}_n, [a,b])] &\leqslant \sup_{t \in \mathbb{Q}_n} E[(X_t - a)^+] \\
&\leqslant \sup_{t \in \mathbb{Q}} E[(X_t - a)^+].
\end{aligned}$$

由于

$$\beta(X, [a,b]) = \lim_{n \to \infty} \beta(X, \mathbb{Q}_n, [a,b]),$$

故由 Fatou 引理即得结果. □

因此也能证明 (和离散时间时一模一样, 请自己做):

定理 4.3.4　若 $\sup_{t \in [0,1)} E[X_t^+] < \infty$, 则 $\lim_{t \uparrow 1} X_t$ 几乎必然存在且有限.

现在假设 $\{X_t\}$ 为鞅且 $\sup_{t \in [0,1)} E[X_t^+] < \infty$. 令

$$X_1 := \lim_{t \uparrow 1} X_t.$$

若 $X_1 \in L^p,\ p > 1$, 且 $X_t = E[X_1 | \mathscr{F}_t]$, 则由 Jensen 不等式,

$$\sup_{t \in [0,1]} E[|X_t|^p] \leqslant E[|X_1|^p] < \infty.$$

反之, 若

$$\sup_{t \in [0,1)} E[|X_t|^p] < \infty,$$

则由 Doob 极大值不等式,

$$E\left[\sup_{t \in [0,1)} |X_t|^p \right] < \infty,$$

因此由控制收敛定理, $X_1 := \lim_{t \uparrow 1} X_t$ 既几乎必然成立, 也在 L^p 中成立. 所以 $X_1 \in L^p$ 且 $\{X_t, t \in [0,1]\}$ 为鞅. 于是由 Doob 极大值不等式

$$E\left[\sup_{t \in [0,1]} |X_t|^p \right] \leqslant C E[|X_1|^p] < \infty.$$

也就是说, 如果 $p > 1$, 且 X 是 $[0,1)$ 上满足 $\sup_{t \in [0,1)} E[|X_t|^p] < \infty$ 的鞅, 则我们可以认为它自然地扩充到了 $[0,1]$, 且 $X_1 \in L^p$. 因此, 若 $p > 1$, 条件

$$\sup_{t \in [0,1)} E[|X_t|^p] < \infty$$

就意味着此鞅有终端值 X_1, 且该条件与条件

$$E\left[\sup_{t \in [0,1]} |X_t|^p \right] < \infty$$

是等价的.

但若 $p = 1$, 情况就不一样了. 首先, 即使有终端值, 这两个条件也不等价. 比如, 若有这个终端值, 那么由 Jensen 不等式,

$$\sup_{t \in [0,1]} E[|X_t|] \leqslant E[|X_1|] < \infty.$$

但由此并不能推出

$$E\left[\sup_{t \in [0,1]} |X_t| \right] < \infty,$$

(见习题 14), 因为上面用过的 Doob 不等式只在 $p > 1$ 时成立.

其次, 在条件 $\sup_{t \in [0,1)} E[|X_t|] < \infty$ 下, 前面所说的极限

$$X_1 := \lim_{t \uparrow 1} X_t$$

虽然还是几乎处处存在的, 但仅止于此: 这个极限不必在 L^1 中成立, 因此尽管由 Fatou 引理, X_1 是可积的, 但却不必为 $\{X_t, t \in [0,1)\}$ 的终端值, 即 $\{X_t, t \in [0,1]\}$ 不必为鞅.

而如果这个极限在 L^1 中成立, 那么显然它就可以当作 X 的终端值, 即 X 可延拓到 $[0,1]$ 上.

保证这个极限在 L^1 中成立的条件是该鞅一致可积. 实际上我们有

定理 4.3.5 设 $X = \{X_t, t \in I\}$ 是鞅, 则下列条件等价:

(i) X 有终端值 X_1;

(ii) X 一致可积;

(iii) 存在 $X_1 \in L^1$ 使得 $\lim_{t \uparrow 1} \|X_t - X_1\|_1 = 0$.

证明 (i) $\Longrightarrow$ (ii): (i) 成立时有

$$X_t = E[X_1 | \mathscr{F}_t].$$

取 $\mathbb{R}_+$ 上的非负增凸函数 h 使得

$$\lim_{x \to \infty} x^{-1} h(x) = \infty, \quad E[h(|X_1|)] < \infty.$$

则由 Jensen 不等式有

$$\sup_{t \in I} E[h(|X_t|)] \leqslant E[h(|X_1|)] < \infty,$$

因此 X 一致可积.

(ii) $\Longrightarrow$ (iii): 由上穿不等式知极限

$$X_1 := \lim_{t \uparrow 1} X_t$$

是几乎处处存在的, 再由一致可积性这个极限同时也在 L^1 中成立.

(iii) $\Longrightarrow$ (i): $\forall t < 1$, 当 $t < s < 1$ 时有

$$X_t = E[X_s | \mathscr{F}_t].$$

由条件期望的压缩性有

$$\|X_t - E[X_1 | \mathscr{F}_t]\|_1 = \|E[X_s | \mathscr{F}_t] - E[X_1 | \mathscr{F}_t]\|_1$$

$$\leqslant \|X_s - X_1\|_1 \to 0, \quad s \to 1.$$

从而

$$X_t = E[X_1 | \mathscr{F}_t]. \qquad\qquad \square$$

回忆一下, X 一致可积的充要条件是上面证明中用到的, 即存在 $\mathbb{R}_+$ 上的非负增凸函数 h, 使得

$$\lim_{x \to \infty} x^{-1} h(x) = \infty, \quad \sup_{t \in [0,1]} E[h(|X_t|)] < \infty.$$

这个条件要弱于

$$E\left[\sup_{t \in [0,1]} |X_t|\right] < \infty.$$

一致可积性遭到破坏时 X_1 不为终端值的反例, 可以模仿例 3.5.4 构造.

因此今后在使用开区间上鞅的理论时, 我们需要注意的原则是: 在未确认 X 是否一致可积时, 不能随便用闭区间上的结果; 在确认之后, 则可以随便用.

4.4 不连续鞅的例子

从下节开始, 我们只限于考虑连续鞅. 因此, 我们单独辟出此节, 介绍一个不连续鞅的自然例子[①], 以示天外有天——连续鞅外有不连续鞅.

设 $\{\tau_n, n \geqslant 1\}$ 是定义在某完备概率空间 $(\Omega, \mathscr{F}, P)$ 上的独立随机变量列, 且均服从参数为 λ 的指数分布. 令

$$\eta_0 = 0, \quad \eta_n = \sum_{i=1}^{n} \tau_i.$$

再令

$$\xi_t := \sup\{n : \eta_n \leqslant t\}.$$

则 $\{\xi_t\}$ 是强度为 λ 的 Poisson 过程 (例如见 [82, §2.4.2]), 即初值为零的独立增量过程, 且 $\forall 0 \leqslant s < t, \xi_t - \xi_s$ 服从参数为 $\lambda(t-s)$ 的 Poisson 分布, 即

$$P(\xi_t - \xi_s = k) = \frac{(\lambda(t-s))^k}{k!} e^{-\lambda(t-s)}.$$

由此易证

$$\xi_t - \lambda t, \quad (\xi_t - \lambda t)^2 - \lambda t$$

均是鞅, 且几乎所有的轨道仅为右连续.

① 不自然的即人为的例子是俯拾即是的.

4.5 简单过程的随机积分

离散时间鞅的鞅变换对应着连续时间的随机积分. 完整的随机积分理论将在以后的章节中建立, 本节只考虑所谓简单过程的随机积分, 它实际上是一种鞅变换.

从本节开始, 凡是涉及连续时间鞅的, 我们均假定此鞅的几乎所有轨道均是连续的——这种鞅我们称为连续鞅.

设 $p \geqslant 1$. 以 $\mathscr{M}_p$ 表示 $I = \mathbb{R}_+$ 上零初值的 p-方可积连续鞅全体, 即

$$\mathscr{M}_p := \{M : M \text{ 为鞅且 } E[|M_t|^p] < \infty, \forall t \geqslant 0, \ M_0 = 0\}.$$

设 $\tau_i, \ i = 0, 1, \cdots, n$ 为递增停时列, $\xi_i \in b\mathscr{F}_{\tau_i}$,

$$H = \sum_{i=1}^{n} \xi_{i-1} 1_{[\tau_{i-1}, \tau_i)}.$$

由引理 1.6.3, H 为可选过程. 令

$$H \cdot M(t) := \sum_{i=1}^{n} \xi_{i-1}[M(\tau_i \wedge t) - M(\tau_{i-1} \wedge t)].$$

这个定义是没有歧义的 (想想为什么. 如果想不出来, 就看看 7.2 节).

命题 4.5.1　若 $M \in \mathscr{M}_2$, 则 $H \cdot M \in \mathscr{M}_2$, 且

$$E[(H \cdot M)_t^2] = \sum_{i=1}^{n} E[\xi_{i-1}^2 (M(\tau_i \wedge t) - M(\tau_{i-1} \wedge t))^2]$$

$$= \sum_{i=1}^{n} E[\xi_{i-1}^2 (M^2(\tau_i \wedge t) - M^2(\tau_{i-1} \wedge t))]. \tag{5.3}$$

证明　先证第一个结论. 由线性性, 只需证 $n = 1$ 的情形. 为此, 设 $\sigma \leqslant \tau$ 为停时, $\xi \in b\mathscr{F}_\sigma$,

$$H = \xi 1_{[\sigma, \tau)}.$$

则

$$H \cdot M(t) = \xi(M(\tau \wedge t) - M(\sigma \wedge t)).$$

显然 $E[(H \cdot M_t)^2] < \infty$. 此外, 由于

$$H \cdot M(t) = \xi 1_{[\sigma, \infty)}(t)(M(\tau \wedge t) - M(\sigma \wedge t)).$$

由引理 1.6.3, $H \cdot M$ 为适应过程. 为证它为鞅, 由命题 4.2.10, 只需证对任意有界停时 γ,

$$E[H \cdot M(\gamma)] = 0.$$

为此只要对 $\xi = 1_B$, $B \in \mathscr{F}_\sigma$ 证明, 一般情况用单调类定理. 但此时该式无非是说

$$E[M_{\tau'} - M_{\sigma'}] = 0,$$

其中

$$\tau' = (\tau 1_B + \infty 1_{B^c}) \wedge \gamma, \quad \sigma' = (\sigma 1_B + \infty 1_{B^c}) \wedge \gamma.$$

由于 τ' 与 σ' 均为有界停时且 $\sigma' \leqslant \tau'$, 由 Doob 停止定理, 此式当然是成立的.

下面证明等式 (5.3). 先证第一个等式, 我们有

$$
\begin{aligned}
E[(H \cdot M)_t^2] = & \sum_{i=1}^{n} E[\xi_{i-1}^2 (M(\tau_i \wedge t) - M(\tau_{i-1} \wedge t))^2] \\
& + 2 \sum_{1 \leqslant i < j \leqslant n} E[\xi_{i-1}\xi_{j-1}(M(\tau_i \wedge t) - M(\tau_{i-1} \wedge t)) \\
& \qquad \cdot (M(\tau_j \wedge t) - M(\tau_{j-1} \wedge t))].
\end{aligned}
$$

但 $\forall j$, 一方面有

$$E[M(\tau_j \wedge t) - M(\tau_{j-1} \wedge t) | \mathscr{F}_{\tau_{j-1} \wedge t}] = M(\tau_{j-1} \wedge t) - M(\tau_{j-1} \wedge t) = 0;$$

另一方面, 注意

$$\xi_{j-1}(M(\tau_j \wedge t) - M(\tau_{j-1} \wedge t)) = \xi_{j-1} 1_{t \geqslant \tau_{j-1}}(M(\tau_j \wedge t) - M(\tau_{j-1} \wedge t)),$$

而

$$\xi_{j-1} 1_{t \geqslant \tau_{j-1}} \in \mathscr{F}_{\tau_{j-1}} \cap \mathscr{F}_t = \mathscr{F}_{\tau_{j-1} \wedge t}.$$

故 $\forall i < j$,

$$
\begin{aligned}
& E[\xi_{i-1}\xi_{j-1}(M(\tau_i \wedge t) - M(\tau_{i-1} \wedge t))(M(\tau_j \wedge t) - M(\tau_{j-1} \wedge t))] \\
= & E[\xi_{i-1}\xi_{j-1}(M(\tau_i \wedge t) - M(\tau_{i-1} \wedge t))E[M(\tau_j \wedge t) - M(\tau_{j-1} \wedge t)|\mathscr{F}_{\tau_{j-1} \wedge t}]] = 0.
\end{aligned}
$$

第一个等式得证. 往证第二个等式. 任意固定 i, 我们有

$$
\begin{aligned}
& \xi_{i-1}^2 (M(\tau_i \wedge t) - M(\tau_{i-1} \wedge t))^2 \\
= & \xi_{i-1}^2 1_{t \geqslant \tau_{i-1}}(M^2(\tau_i \wedge t) - 2M(\tau_i \wedge t)M(\tau_{i-1} \wedge t) + M^2(\tau_{i-1} \wedge t)).
\end{aligned}
$$

再利用

$$\xi_{i-1}^2 1_{t \geqslant \tau_{i-1}} \in \mathscr{F}_{\tau_{i-1} \wedge t},$$

得

$$E[\xi_{i-1}^2 1_{t \geqslant \tau_{i-1}} M(\tau_i \wedge t) M(\tau_{i-1} \wedge t)]$$
$$= E[\xi_{i-1}^2 1_{t \geqslant \tau_{i-1}} M(\tau_{i-1} \wedge t) E[M(\tau_i \wedge t) | \mathscr{F}_{\tau_{i-1} \wedge t}]]$$
$$= E[\xi_{i-1}^2 1_{t \geqslant \tau_{i-1}} M^2(\tau_{i-1} \wedge t)].$$

故

$$E[\xi_{i-1}^2 (M(\tau_i \wedge t) - M(\tau_{i-1} \wedge t))^2]$$
$$= E[\xi_{i-1}^2 1_{t \geqslant \tau_{i-1}} (M^2(\tau_i \wedge t) - M^2(\tau_{i-1} \wedge t))]$$
$$= E[\xi_{i-1}^2 (M^2(\tau_i \wedge t) - M^2(\tau_{i-1} \wedge t))],$$

因而第二个等式成立. □

我们随之可以得到 H 是无穷级数时的结果.

推论 4.5.2 设 $\{\tau_i, i = 0, 1, 2, \cdots\}$ 为递增停时列, $\xi_i \in b\mathscr{F}_{\tau_i}$,

$$H = \sum_{i=1}^{\infty} \xi_{i-1} 1_{[\tau_{i-1}, \tau_i)}.$$

若 $\forall t$,

$$\sum_{i=1}^{\infty} E[\xi_{i-1}^2 (M(\tau_i \wedge t) - M(\tau_{i-1} \wedge t))^2] < \infty,$$

则

$$(H \cdot M)(t) := \sum_{i=1}^{\infty} \xi_{i-1}[M(\tau_i \wedge t) - M(\tau_{i-1} \wedge t)]$$

在任意有限区间 $[0, T]$ 上, 在 L^2 中一致收敛, 即当 $m, n \to \infty$ 时,

$$E\left[\sup_{0 \leqslant t \leqslant T} \left(\sum_{i=n}^{m} \xi_{i-1}(M(\tau_i \wedge t) - M(\tau_{i-1} \wedge t)) \right)^2 \right] \to 0,$$

且 $H \cdot M \in \mathscr{M}_2$.

证明 由于对任意 n,

$$\sum_{i=1}^{n} \xi_{i-1}[M(\tau_i \wedge t) - M(\tau_{i-1} \wedge t)] \in \mathscr{M}_2,$$

故由 Doob 极大值不等式, 只需证对任意 t, 该级数在 L^2 中收敛. 但由上一命题, $\forall n < m$, 当 $n, m \to \infty$ 时,

$$E\left[\left(\sum_{i=n}^{m} \xi_{i-1}(M(\tau_i \wedge t) - M(\tau_{i-1} \wedge t))\right)^2\right]$$

$$= \sum_{i=n}^{m} E[\xi_{i-1}^2 (M(\tau_i \wedge t) - M(\tau_{i-1} \wedge t))^2] \to 0.$$

所以该级数的确是在 L^2 中收敛的. $\hfill\square$

4.6　平方变差过程

我们曾经证明了 Brown 运动具有有限的平方变差, 即确定性过程 t. 本节旨在证明一般的连续平方可积鞅也具有有限的平方变差. 我们从下面简单的结果开始.

引理 4.6.1　设 M 同时为连续鞅和有限变差过程, $M_0 \equiv 0$, 则 $M \equiv 0$.

证明　设 V_t 为 M 在 $[0, t]$ 上的全变差. 令

$$\tau_n := \inf\{t : V_t \geqslant n\}.$$

只需证明对任意 n, $M^{\tau_n} \equiv 0$. 因此可假定 M 为连续鞅且 $V_T \leqslant C$ (因而更有 $\sup_{0 \leqslant t \leqslant T} |M_t| < \infty$), 其中 C 是常数.

令 $t_k^n := k2^{-n} \wedge t$. 则

$$M_t^2 = \sum_{k=1}^{\infty} \left(M(t_k^n)^2 - M(t_{k-1}^n)^2\right)$$

$$= 2\sum_{k=1}^{\infty} M(t_{k-1}^n)(M(t_k^n) - M(t_{k-1}^n)) + \sum_{k=1}^{\infty} (M(t_k^n) - M(t_{k-1}^n))^2.$$

注意右边的两个和式实际上都是有限项的和, 利用鞅我们有

$$E\left[\sum_{k=1}^{\infty} M(t_{k-1}^n)(M(t_k^n) - M(t_{k-1}^n))\right] = 0.$$

因此

$$E[M_t^2] = E\left[\sum_{k=1}^{\infty} (M(t_k^n) - M(t_{k-1}^n))^2\right]$$

$$\leqslant CE\left[\sup_{|u-v|\leqslant 2^{-n}}|M_u - M_v|\right].$$

令 $n \to \infty$, 由控制收敛定理得 $E[M_t^2] = 0$. 故 $M_t = 0$ a.s., $\forall t$. 但 M 是连续过程, 因此 $M \equiv 0$.   □

本节的主要结果是:

定理 4.6.2 设 $M \in \mathscr{M}_2$, 则存在唯一的连续增过程 A 使得 $A_0 = 0$ 且 $M^2 - A$ 为鞅.

证明 令

$$\theta_n := \inf\{t : |M_t| \geqslant n\},$$
$$M_n(t) := M(t \wedge \theta_n).$$

则对任意 n, $\{M_n\}$ 为有界鞅. 若已证定理对有界鞅成立, 那么由 Doob 停止定理及本定理中的唯一性知

$$A_{n+1}(t \wedge \theta_n) = A_n(t), \ \forall t, n.$$

因而可定义

$$A(t) = \lim_{n\to\infty} A_n(t).$$

由 Doob 极大值不等式, 对任意 $T > 0$,

$$E\left[\sup_n \sup_{0\leqslant t\leqslant T} |M_n(t)|^2\right] \leqslant E[|M(T)|^2] < \infty.$$

因此对任意有界停时 γ, $\{M_n^2(\gamma)\}$ 一致可积. 从而

$$E[M^2(\gamma)] = \lim_{n\to\infty} E[M_n^2(\gamma)] < \infty.$$

另一方面, 由于 $A_n(\gamma)$ 单调上升, 故由单调收敛定理有

$$E[A(\gamma)] = \lim_{n\to\infty} E[A_n(\gamma)] = \lim_{n\to\infty} E[M_n^2(\gamma)] < \infty.$$

综合起来便有

$$E[M^2(\gamma) - A(\gamma)] = \lim_{n\to\infty} E[M_n^2(\gamma) - A_n(\gamma)] = 0.$$

因此 $M^2 - A$ 为鞅, 且由引理 4.6.1 知 A 是唯一使 $M^2 - V$ 为鞅的零初值增过程 V. 因此我们剩下只需对有界鞅证明本定理.

所以设 M 为有界鞅. 对任意 n, 定义停时列

$$\tau_0^n = 0,$$

$$\tau_{k+1}^n := \inf\{t > \tau_k^n : |M(t) - M(\tau_k^n)| = 2^{-n}\}.$$

则 $\{\tau_k^n, k = 1, 2, \cdots\}, n = 1, 2, \cdots$ 是逐步加细的分割. 对任意固定的 $t \geqslant 0$, 记

$$\sigma_k^n := t \wedge \tau_k^n.$$

则

$$M_t^2 = 2 \sum_{k=1}^{\infty} M(\sigma_{k-1}^n)(M(\sigma_k^n) - M(\sigma_{k-1}^n)) + \sum_{k=1}^{\infty} (M(\sigma_k^n) - M(\sigma_{k-1}^n))^2. \quad (6.4)$$

令

$$H_n := \sum_{k=1}^{\infty} M(\tau_{k-1}^n) 1_{[\tau_{k-1}^n, \tau_k^n)},$$

$$A_n(t) := \sum_{k=1}^{\infty} (M(\sigma_k^n) - M(\sigma_{k-1}^n))^2.$$

由于

$$E\left[\sum_{k=1}^{\infty} M^2(\tau_{k-1}^n)(M(\tau_k^n \wedge t) - M(\sigma_{k-1}^n \wedge t))^2\right]$$

$$= E\left[\sum_{k=1}^{\infty} M^2(\sigma_{k-1}^n)(M(\sigma_k^n) - M(\sigma_{k-1}^n))^2\right]$$

$$\leqslant C \sum_{k=1}^{\infty} E[M(\sigma_k^n)^2 - M(\sigma_{k-1}^n)^2]$$

$$\leqslant CE[M_t^2] < \infty,$$

所以由推论 4.5.2, $H_n \cdot M$ 为平方可积鞅且 (6.4) 可写为

$$M_t^2 = 2H_n \cdot M(t) + A_n(t).$$

显然 A_n 为连续增过程且

$$\sup_t |H_n(t) - H_{n+1}(t)| \leqslant 2^{-n-1},$$

$$\sup_t |H_n(t) - M(t)| \leqslant 2^{-n}.$$

因此由命题 4.5.1, 对任意 $T > 0$ 均有

$$E[|H_n \cdot M(T) - H_{n+1} \cdot M(T)|^2] \leqslant 4^{-n-1} E[M_T^2].$$

因此由 Doob 极大值不等式, 当 $n \to \infty$ 时, 连续鞅 $H_n \cdot M$ 几乎必然地在任意有限区间上一致收敛到某连续鞅 N, 进而逼迫 A_n 也几乎必然地在任意有限区间上一致收敛到某连续增过程 A, 且

$$M_t^2 = 2N_t + A_t.$$

唯一性由引理 4.6.1 得到.   □

定义 4.6.3   *定理 4.6.2 中的 A 称为 M 的平方变差过程. 记为 $[M]$. 证明中最后得到的表达式*

$$M_t^2 = 2N_t + A_t$$

称为 M^2 的 Doob 分解. Doob 的这一分解是唯一的.

平方变差这个命名的缘由可以从定理的证明看出来, 因为 $[M]$ 是离散平方变差 A_n 的极限. 同时, 我们现在看到了, 正如我们曾经指出过的, 离散时间情形两个不同的平方变差的差别, 即普通平方变差与可料平方变差的差别在这里消失了, 两者合二为一了——否则不可能有唯一性.

设 τ 为停时. 因为 $M^2 - [M]$ 为鞅, 故由 Doob 停止定理, $(M^\tau)^2 - [M]^\tau$ 也为鞅, 于是由 Doob 分解的唯一性有

定理 4.6.4

$$[M^\tau] = [M]^\tau.$$

对 $M, N \in \mathscr{M}_2$, 令

$$[M, N] := \frac{1}{4}([M + N] - [M - N]),$$

称为 M, N 的交互变差过程. 必要的时候, 为方便计, $[M]_t$ 也可写为 $[M_t]$, $[M, N]_t$ 也可写为 $[M_t, N_t]$.

我们有下面简单的事实:

定理 4.6.5   1. $[M, N]$ 是唯一使得 $MN - [M, N]$ 为鞅的有限变差过程.

2. $(M, N) \mapsto [M, N]$ 为双线性形式.

3. Kunita-Watanabe 不等式 *(初级形式)* 成立: 存在可略集 A 使得对 $\forall \omega \notin A$ 及 $\forall s < t$,

$$|[M, N](t) - [M, N](s)| \leqslant |[M](t) - [M](s)|^{\frac{1}{2}} |[N](t) - [N](s)|^{\frac{1}{2}},$$

其中第一条直接由定义及定理 4.6.2 得到, 第二条是第一条的直接推论. 第三条
证明如下: 首先固定 $s < t$, 并不妨设 $s = 0$ (否则考虑 $M(\cdot + s) - M(s)$ 及
$N(\cdot + s) - N(s)$). 对任意 $\alpha \in \mathbb{R}$ 有

$$[M + \alpha N](t) = [M](t) + 2\alpha[M, N](t) + \alpha^2[N](t) \geqslant 0 \text{ a.s..}$$

因此除可略集 $A_{s,t}$ 外, 上式对所有有理数 α 成立, 进而由 $[M + \alpha N](t)$ 关于 α
的连续性知对任意 $\alpha \in \mathbb{R}$ 成立. 因此由二项式的判别准则, 需要证明的不等式在
$A_{s,t}$ 之外成立. 再令 $A = \bigcup_{s,t\in\mathbb{Q}_+} A_{s,t}$, 则在 A 之外要证的不等式对所有有理数
s, t 成立. 由不等式两边的连续性知它对一切 $0 \leqslant s \leqslant t$ 成立.

推论 4.6.6　设 $M, N \in \mathscr{M}_2$. 若 M, N 独立, 则 $[M, N] = 0$.

证明　由独立性可直接验证 MN 为鞅.　　　　　　　　　　□

若 M, N 分别为 m-维和 n-维鞅, 则定义 $[M, N]$ 为 $m \times n$ 矩阵

$$[M, N] := ([M^i, N^j])_{1\leqslant i\leqslant m,1\leqslant j\leqslant n}.$$

4.7　局　部　鞅

将鞅的概念局部化, 就得到局部鞅. 为避免啰唆, 我们将只在时间参数集 $[0, \infty)$ 上讨论. 任何一个左闭右开的区间都和这个区间同构, 因此无论在哪个上面讨论都是一样的.

先引进 (复习) 一个记号. 设 X 为过程, τ 为停时, 则停止过程 X^τ 定义为

$$X_t^\tau := X(t \wedge \tau).$$

定义 4.7.1　设 M 是连续适应过程. 若存在停时列 (σ_n) 使得 $\lim_{n\to\infty} \sigma_n = \infty$ a.s., 且对任意 n, M^{σ_n} 为鞅, 则 M 称为局部鞅. (σ_n) 称为 M 的局部化停时列或简称局部化列.

局部鞅全体记为 $\mathscr{M}^{\mathrm{loc}}$.

我们立即注意到以下事实:

1. 局部化列不是唯一的.

2. 若 M 为连续鞅, 则它为连续局部鞅, 因为此时 $\sigma_n = n$ 就是局部化列.

3. 可以认为 σ_n 是递增地趋于无穷大的, 因为若否, 则以 $\sigma_1 \vee \sigma_2 \vee \cdots \vee \sigma_n$ 代替 σ_n 即可.

4. 由 Doob 停止定理, 若 (σ_n) 为局部化列, (τ_n) 为停时列且 $\tau_n \uparrow \infty$, 则 $(\sigma_n \wedge \tau_n)$ 也为局部化列. 于是, 特别地, 对关于同一个 σ-代数流的任意有限个局部鞅, 都可以找出一个它们公共的局部化停时列.

对局部鞅, 其实还可以局部化得更彻底一些, 即可以局部化为有界鞅. 也就是我们有:

命题 4.7.2 连续适应过程 M 为局部鞅的充要条件是对任意 $n \in \mathbb{N}_+$, M^{τ_n} 为鞅, 其中

$$\tau_n := \inf\{t : |M_t| \geqslant n\}.$$

证明 1. 充分性. 因为 M 连续, 故 $\tau_n \uparrow \infty$. 又 M^{τ_n} 为鞅, 故 M 为局部鞅.

2. 必要性. 设 M 为局部鞅, 而 $\{\sigma_n\}$ 为其一个局部化停时列. 则由 Doob 停止定理, 对任意 k, n, $M^{\sigma_k \wedge \tau_n}$ 为有界鞅. 因此, 对任意有界停时 θ,

$$E[M(\tau_n \wedge \sigma_k \wedge \theta)] = E[M_0].$$

令 $k \to \infty$, 由有界收敛定理有

$$E[M(\tau_n \wedge \theta)] = E[M_0].$$

因此 M^{τ_n} 为鞅. □

显然, 上述命题中的 n 可换为任一列递增到无穷大的数列 $\{c_n\}$, 即取

$$\tau_n := \inf\{t : |M_t| \geqslant c_n\}.$$

利用局部化列, 易证引理 4.6.1 对局部鞅依然成立, 即我们有:

命题 4.7.3 设 M 同时为局部鞅和有限变差过程, $M_0 \equiv 0$, 则 $M \equiv 0$.

设 $M \in \mathscr{M}^{\mathrm{loc}}$,

$$\tau_n := \inf\{t : |M_t| \geqslant n\}.$$

则 M^{τ_n} 为有界鞅, 于是更为平方可积鞅, 因而其平方变差过程 $[M^{\tau_n}]$ 存在. 由平方变差的唯一性有

$$[M^{\tau_{n+1}}]^{\tau_n} = [M^{\tau_n}].$$

所以对几乎所有的 ω 和所有的 t, 当 n 充分大后, $[M_n^{\tau}](t, \omega)$ 实际上是不依赖于 n 的, 因此可无歧义地定义其平方变差过程为

$$[M] := \lim_{n \to \infty} [M^{\tau_{n+1}}].$$

而对 $M, N \in \mathscr{M}^{\mathrm{loc}}$, 定义

$$[M, N] := \frac{1}{4}([M + N] - [M - N]),$$

称为 M, N 的交互变差过程.

对局部鞅 M, 由 $[M]$ 的定义容易看出, 除 ω 的一个可略集外, 若 $M_\cdot(\omega)$ 在某一区间 $[s, t]$ 上为常数, 那么 $[M]_t(\omega)$ 在这个区间上也为常数. 这个命题的逆命题也是成立的. 也就是说, 综合起来我们有:

命题 4.7.4   设 M 为连续局部鞅. 则对 a.a. ω, $\forall s < t$,

$$[M]_t(\omega) = [M]_s(\omega) \Longleftrightarrow M_u(\omega) = M_s(\omega), \ \forall u \in [s, t].$$

证明   设 $\{\tau_n\}$ 是 M 的局部化列. 显然, 若命题对 M^{τ_n} 成立, 则对 M 也成立. 因此, 我们可以假设 M 为有界鞅.

$\Longleftarrow$: 设 τ_k^n 与 A_n 如定理 4.6.2 的证明中所定义. 令

$$\sigma_k^n(u) := u \wedge \tau_k^n.$$

因为 $M_{\cdot}(\omega)$ 在 $[s, t]$ 上为常数, 所以 $\forall u \in [s, t]$,

$$M(\sigma_k^n(u)) = M(\sigma_k^n(s)), \quad \forall n, k,$$

从而 $A_n(u, \omega) = A_n(s, \omega)$. 所以 $[M](u, \omega) = [M](s, \omega)$.

$\Longrightarrow$: 由连续性, 只要证明对有理数 s, t 成立. 因此, 任给有理数 q, 令

$$S_q := \inf\{t > q : [M](t) > [M](q)\}.$$

只要证明 M 在 $[q, S_q]$ 上为常数. 由于

$$E[M(S_q)^2 - [M](S_q)|\mathscr{F}_q] = M(q)^2 - [M](q),$$

由条件 $[M](S_q) = [M](q)$ 有

$$E[(M(S_q) - M(q))^2|\mathscr{F}_q] = 0.$$

因此由 Doob 极大值不等式知 M 在 $[q, S_q]$ 上为常数. $\qquad\qquad\square$

自然的问题是, 什么时候局部鞅为鞅?

由于局部鞅的定义中没有要求随机变量 M_t 可积, 所以谈 M_t 的条件期望是没有意义的. 然而这也容易使人产生误解, 以为只要对每个 t, M_t 可积, 那 M 就是鞅. 实际上这是错误的, 反例见 [14, 65]. 事实上, 要使局部鞅成为鞅, 就必须在

$$E[M_{t \wedge \sigma_n}|\mathscr{F}_s] = M_{s \wedge \sigma_n}$$

的两边取极限 $n \to \infty$. 右边当然没问题, 趋于 M_s; 但左边就涉及极限和条件期望交换的问题. $\{M_{t \wedge \sigma_n}, n \geqslant 1\}$ 一致可积时当然可以进行这种交换, 因为这时有

$$\|E[M_t|\mathscr{F}_s] - E[M_{t \wedge \sigma_n}]|\mathscr{F}_s\|_1 \leqslant \|M_t - M_{t \wedge \sigma_n}\|_1 \to 0, \quad n \to \infty.$$

但什么时候这一族随机变量才是一致可积的呢? 天知道! 哪怕假定 $\{M_s, 0 \leqslant s \leqslant t\}$ 一致可积也不行.

所以, 我们能想到的足以保证能够交换次序的基本上就只有控制收敛定理了, 因为单调收敛定理是肯定指望不上的. 这样, 我们就有:

命题 4.7.5　　设 $\forall t$, Z_t 是非负可积随机变量, M 是局部鞅, 且对任意 t 有 $\sup_{0 \leqslant s \leqslant t} |M_s| \leqslant Z_t$, a.s., 则 M 是鞅. 若 $\sup_{t \geqslant 0} Z_t \in L^1$, 则 M 是一致可积鞅.

而如果假设更多, 则可以收获更多:

定理 4.7.6　　设 $M \in \mathscr{M}^{\mathrm{loc}}$.

1. 下列条件等价:

A.

$$\sup_{\tau \in \mathcal{T}} E[|M_\tau|^2] < \infty;$$

其中 $\mathcal{T}$ 表示有限停时全体.

B. 存在局部化停时列 $\{\tau_n\}$ 使

$$\sup_n E[|M_{\tau_n}|^2] < \infty;$$

C.

$$E[[M]_\infty] < \infty;$$

D.

$$E[\sup_{t \geqslant 0} M_t^2] < \infty.$$

2.

$$E[\sup_{0 \leqslant s \leqslant t} |M_s|^2] < \infty, \ \forall t \Longleftrightarrow E[[M]_t] < \infty, \ \forall t.$$

在第一种情况, M 为一致平方可积鞅, $M^2 - [M]$ 为一致可积鞅; 在第二种情况, M 为平方可积鞅, $M^2 - [M]$ 为鞅.

证明　　1. A $\Longrightarrow$ B 与 D $\Longrightarrow$ A: 显然.

B $\Longrightarrow$ C: 必要时以 $\tau_n \wedge \inf\{t : |M_t| \geqslant n\}$ 代替 τ_n, 不妨设 $|M_{\tau_n}| \leqslant n$. 由命题 4.7.2, M^{τ_n} 为有界鞅. 由 Doob 极大值不等式, 对任意 $T > 0$,

$$E[\sup_{0 \leqslant t \leqslant T} M^2(t \wedge \tau_n)] \leqslant 4E[M^2(T \wedge \tau_n)]$$

$$\leqslant 4E[M^2(\tau_n)]$$

$$\leqslant C < \infty,$$

其中 C 不依赖于 T 和 n. 令 $T \to \infty$, $n \to \infty$, 由单调收敛定理得

$$E[\sup_{t \geqslant 0} M_t^2] < \infty.$$

于是, 仍然由单调收敛定理有

$$E[[M](\infty)] = \lim_{t \uparrow \infty, n \uparrow \infty} E[[M](t \wedge \tau_n)]$$

$$= \lim_{t\uparrow\infty, n\uparrow\infty} E[M^2(t\wedge\tau_n)] \leqslant C. \tag{7.5}$$

$C \Longrightarrow D$: 设 $E[[M]_\infty] \leqslant C < \infty$. 因为 M^{τ_n} 为有界鞅, 故对任意 T, 由 Doob 不等式有

$$\begin{aligned}
E[\sup_{0\leqslant t\leqslant T} M^2_{t\wedge\tau_n}] &\leqslant 4E[M^2_{T\wedge\tau_n}]\\
&= 4E[[M]_{T\wedge\tau_n}]\\
&\leqslant 4E[[M]_\infty]\\
&=: C' < \infty.
\end{aligned}$$

令 $n\uparrow\infty, T\uparrow\infty$, 由单调收敛定理得

$$E[\sup_{t\geqslant 0} M^2_t] \leqslant C'.$$

若这些等价条件成立, 则对任意有界停时 σ, $M(\sigma\wedge\tau_n)$ 一致可积. 从而

$$E[M(\sigma)] = \lim_{n\to\infty} E[M(\sigma\wedge\tau_n)] = E[M_0].$$

故 M 为鞅, 且为一致平方可积鞅. 此外, $M^2_t - [M](t)$ 为鞅且

$$\sup_{t\geqslant 0} |M^2_t - [M](t)| \leqslant \sup_{t\geqslant 0} M^2_t + [M]_\infty.$$

上式右端为可积随机变量, 因此 $M^2_t - [M](t)$ 为一致可积鞅.

2. $\forall t$, 对停止于时刻 t 的鞅 M^t 用上面的结论即可. □

推论 4.7.7　设 M 是平方可积鞅. 则

$$\sup_{t\geqslant 0} E[M^2_t] < \infty \Longleftrightarrow E[[M]_\infty] < \infty.$$

证明　在上一定理之第一款中取 $\tau_n = n$. □

我们知道上鞅是 "下降的". 下面这个命题在某种意义下给了这个说法一个佐证.

命题 4.7.8　设 X 是非负连续上鞅. 令 $\tau := \inf\{t: X_t = 0\}$. 则对 a.a.$\omega$,

$$X(t,\omega) = 0, \quad \forall t \geqslant \tau(\omega).$$

证明　只要证明对任意有理数 q, $X(\tau+q) = 0$ a.s., 而这可以由下式立即得到

$$E[X(\tau + q)] \leqslant E[X(\tau)] = 0.$$ □

最后我们讨论一下局部鞅的收敛性.

命题 4.7.9 设 $M \in \mathscr{M}^{\mathrm{loc}}$. 令

$$\Omega_1 := \{[M]_\infty < \infty\},$$

$$\Omega_2 := \{\sup_t |M_t| < \infty\},$$

$$\Omega_3 := \{\lim_{t \to \infty} M_t \text{存在且有限}\}.$$

则 $\Omega_1 = \Omega_2 = \Omega_3$ a.s..

证明 令

$$\sigma_n := \inf\{t : [M]_t \geqslant n\}.$$

则

$$E[[M^{\sigma_n}](\infty)] \leqslant n.$$

故由定理 4.7.6, M^{σ_n} 为平方一致可积鞅. 因而更是一致可积鞅, 从而 $\lim_{t\to\infty} M_t^{\sigma_n}$ 几乎必然存在且有限. 所以, 在 $\Omega_1 = \bigcup_{n=1}^\infty \{\sigma_n = \infty\}$ 上 $\lim_{t\to\infty} M_t$ 几乎必然存在且有限. 所以 $\Omega_1 \subset \Omega_3$ a.s..

同理, 考虑停时 $\tau_n := \inf\{t : |M_t| \geqslant n\}$ 而重复上面的推理, 可证明 $\Omega_2 \subset \Omega_3$ a.s.. 而 $\Omega_3 \subset \Omega_2$ a.s. 是显然的.

又因为

$$E[[M]^{\tau_n}(\infty)] = E[(M^{\tau_n})^2(\infty)] \leqslant n^2,$$

所以在 $\{\tau_n = \infty\}$ 上, $[M]_\infty < \infty$ a.s.. 所以 $\Omega_2 \subset \Omega_1$ a.s..

综合起来即有

$$\Omega_1 \subset \Omega_3 = \Omega_2 \subset \Omega_1, \text{ a.s..} \qquad \square$$

对 Brown 运动 B, 我们曾经证明几乎必然有

$$\sup_t B_t = \infty, \quad \inf_t B_t = -\infty.$$

现在这个结果可以由上述命题推出了. 事实上, 因为 $[B]_t = t$, 所以 $\sup_t |B_t| = \infty$ a.s.. 于是在 $P(\sup_t B_t = \infty) > 0$ 与 $P(\inf_t B_t = -\infty) > 0$ 中, 必有一个成立. 不妨设 $P(\sup_t B_t = \infty) > 0$. 因为 $\sup_t B_t = \infty$ 是尾事件, 故由 Kolmogorov 0-1 律, $P(\sup_t B_t = \infty) = 1$. 再考虑 $B' = -B$. 因为两者同分布, 故 $P(\sup_t B'_t = \infty) = 1$, 即 $P(\inf_t B_t = -\infty) = 1$.

4.8　半　　鞅

在离散时间情形, Doob 分解告诉我们, 任何一个下鞅都可分解为一个鞅与一个增过程之和. 连续时间时这个结果还成立吗? 在加了一些技术性限制之后, 这个结果仍然是成立的, 不过证明要困难得多. 这个证明是由 P. A. Meyer 完成的, 因此这个分解称为 Doob-Meyer 分解. 不过, 在 Doob 的书 [12] 中, 它被称为 Meyer 分解; 而在 Meyer 的书 [51] 中, 它被称为 Doob 分解.

我们不介绍这个证明了. 总之, 以后我们可以认为, 一个连续下鞅就是这样一个过程 X, 它可以写成

$$X = M + A,$$

其中 M 是连续鞅, A 是连续适应增过程. 不过要记住: 之所以可以这样认为, 是因为有 Doob-Meyer 分解, 所谓吃水不忘挖井人是也.

受任何一个有限变差函数都是一个增函数与一个降函数之和启发, 我们可以定义所谓半鞅的概念.

定义 4.8.1　　*称连续适应过程 X 为 (连续) 半鞅, 如果 X 可写为*

$$X = M + V,$$

其中 M 为局部鞅, V 为适应有限变差过程.

由引理 4.6.1 可知, 这一分解是唯一的.

毫无疑问, 一个半鞅也是一个下鞅与一个上鞅之和. 不过这种分解不是唯一的.

若 X, Y 为半鞅, M_X, M_Y 分别为其局部鞅部分, 则定义

$$[X, Y] := [M_X, M_Y].$$

4.9　时变下的半鞅

设 φ 是时变且 $\lim_{t \to \infty} \varphi(t) = \infty$ a.s., τ 是其反函数, 即

$$\tau_t := \inf\{u : \varphi_u > t\}.$$

对过程 X, 令

$$\hat{X}(t, \omega) := X(\tau_t(\omega), \omega),$$

$$\hat{\mathscr{F}}_t := \mathscr{F}_{\tau_t}.$$

我们曾经证明若 X 是 $(\mathscr{F}_t)$-适应或可选过程, 则 $\hat{X}$ 是 $(\hat{\mathscr{F}}_t)$-适应或可选过程. 现在我们进一步证明:

定理 4.9.1 若 M 为 $(\mathscr{F}_t)$-局部鞅, 且 $\hat{M}$ 连续, 则 $\hat{M}$ 是 $(\hat{\mathscr{F}}_t)$ 局部鞅且若 M, N 为两个 $(\mathscr{F}_t)$-局部鞅, 则

$$\widehat{[M, N]} = [\hat{M}, \hat{N}].$$

证明 设 (σ_n) 为 M 的局部化列. 令 $\hat{\sigma}_n := \varphi(\sigma_n)$. 则由定理 1.5.3, $\hat{\sigma}_n$ 为停时且 $\lim_{n\to\infty} \hat{\sigma}_n = \infty$. 由定义,

$$\hat{M}^{\hat{\sigma}_n}(t) = M(\tau_t \wedge \tau(\phi(\sigma_n))) = M(\tau_t \wedge \sigma_n).$$

于是, 设 $\hat{\sigma}$ 为 $\hat{\mathscr{F}}_t$ 停时, 由于 $\tau(\hat{\sigma})$ 为 $(\mathscr{F}_t)$-停时, 故有

$$E[\hat{M}^{\hat{\sigma}_n}(\hat{\sigma})] = E[M(\tau(\hat{\sigma}) \wedge \sigma_n)] = 0.$$

所以 $\hat{M}^{\hat{\sigma}_n}$ 是鞅.

此外, 若 M, N 为 $(\mathscr{F}_t)$-局部鞅, 则 $MN - [M, N]$ 为 $(\mathscr{F}_t)$-局部鞅, 因此 $\widehat{MN} - \widehat{[M, N]}$ 为 $(\hat{\mathscr{F}}_t)$-局部鞅, 即 $\hat{M}\hat{N} - \widehat{[M, N]}$ 为 $(\hat{\mathscr{F}}_t)$-局部鞅. 故由平方变差的唯一性知 $\widehat{[M, N]} = [\hat{M}, \hat{N}]$. □

由于有限变差过程在时变下仍是有限变差过程, 故由此定理我们轻易得到:

定理 4.9.2 X 是 $(\mathscr{F}_t)$-半鞅的充要条件是 $\hat{X}$ 是 $(\hat{\mathscr{F}}_t)$-半鞅.

习 题 4

1. 设 X 为适应 R-过程, 满足

$$E[\sup_{t\geqslant 0} |\xi_t|] < \infty.$$

证明: 对任意有限停时 τ, σ, 有

$$E[\xi_\tau | \mathscr{F}_\sigma] = 1_{\tau\leqslant\sigma}\xi_\tau + 1_{\tau>\sigma}E[\xi_\tau | \mathscr{F}_\sigma].$$

2. 证明: 适应过程 (ξ_t) 为 (上、下) 鞅的充要条件是对任何有界停时 $\tau \leqslant \sigma$,

$$E[\xi_\tau](\geqslant, \leqslant) = E[\xi_\sigma].$$

3. 设 (w_t) 是 Brown 运动. 找出所有的 $\alpha, \beta \in \mathbb{R}$, 使得 $(\exp\{\alpha w_t + \beta t\})$ 为鞅.

4. 设 M 为 $(\mathscr{F}_t)$-局部鞅, ξ 是与 M 独立的非负随机变量. 证明 $(M(t\wedge\xi))$ 为 $(\mathscr{F}_t \vee \sigma(\xi))$-局部鞅.

5. 设 X, Y 为局部鞅, $(\mathscr{F}_t)$ 与 $(\mathscr{G}_t)$ 分别是它们的自然 σ-代数流. 设 σ 为 $(\mathscr{F}_t)$-停时, Y 与 $\mathscr{F}_\sigma$ 独立. 令

$$Z_t := X_{\sigma\wedge t} + Y_t - Y_{\sigma\wedge t},$$

$$\mathscr{H}_t := \mathscr{F}_{\sigma\wedge t} \vee \mathscr{G}_t.$$

证明: $(Z_t, \mathscr{H}_t)$ 为局部鞅.

6. 本题中, 鞅是泛指的, 即对其轨道没有任何正则性要求.

(a) 设 $(\xi_t, \mathscr{F}_t), t \in \mathbb{R}_+$ 为鞅, $E|\xi_t|^2 < \infty$. 证明: ξ_t 具有不相关的增量.

(b) 设 ξ_t 为独立增量过程, 关于 $(\mathscr{F}_t)$ 适应, $\xi_0 = 0$, $E\xi_t = 0$, 且对任意 $s < t$ $E|\xi_t - \xi_s|^2 = F(t) - F(s)$. 证明: $(\xi_t^2 - F(t), \mathscr{F}_t)$ 为鞅.

(c) 设 $(\Omega, \mathscr{F}, (\mathscr{F}_t), P)$ 为赋流概率空间, ξ 为其上可积随机变量. 证明:$(E[\xi|\mathscr{F}_t], \mathscr{F}_t)$ 为鞅.

(d) 设 $(\xi_t, \mathscr{F}_t)$ 为鞅, φ 为增凸函数且 $\varphi(|\xi_t|)$ 对任意 t 可积. 证明: $(\varphi(|\xi_t|), \mathscr{F}_t)$ 为下鞅.

7. 假设你不知道 BM 的反射原理而被要求估计 $P\left(\sup_{s \in [0,t]} |w_s| \geqslant \delta\right)$, 那么你的办法是对 $f = e^{cx^2}, c \in \left(0, \frac{1}{2t}\right)$ 用 (2.2) 式. 请尽可能准确地估计这个概率并与用反射原理得到的结果比较.

8. 设 (w_t) 是 Brown 运动并任意固定 $\epsilon > 0$. 证明以概率 1 存在常数 T 使当 $t \geqslant T$ 时

$$|w_t| < f^\epsilon(t) := (1 + \epsilon)\sqrt{2t \log \log t}.$$

提示: 对 $Q > 1$, 考虑可列个事件

$$A_n = \{|w_t| \geqslant f^\epsilon(Q^n), \forall t \in [0, Q^{n+1}]\}.$$

选取适当的 Q 并利用上题的结果.

9. 解决习题 7的问题的另一更精致的方法, 是利用所谓的指数鞅. 我们分两步走.

(a) 证明:$\forall \alpha \in R$,

$$M_t^\alpha := \exp\left\{\alpha w_t - \frac{\alpha^2}{2} t\right\}$$

为鞅.

(b) 利用该鞅估计 $P(\sup_{s \leqslant t} w_s \geqslant \delta)$ 并进而估计 $P(\sup_{s \leqslant t} |w_s| \geqslant \delta)$.

10. 设 X_t 是非负上鞅. 证明 $\lim_{t \to \infty} X_t$ 几乎必然存在.

11. 设 (w_t) 是 Brown 运动. 对 $x \in \mathbb{R}$, 令

$$T_x = \inf\{t : w_t = x\}.$$

设 $a < 0 < b$. 证明

$$P(T_a < T_b) = \frac{b}{b-a}, \qquad P(T_b < T_a) = \frac{-a}{b-a}.$$

12. 设 $(\xi_t, \mathscr{F}_t)$ 为 (下) 鞅, σ_1, σ_2 为停时, $\sigma_1 \leqslant \sigma_2$. 证明: 对任意 t, $(\xi_{\sigma_i \wedge t}, \mathscr{F}_{\sigma_i})$, $i = 1, 2$ 为 (下) 鞅.

13. 设 $\xi_t, t \geqslant 0$ 为下鞅且 $\sup_t E[(\xi_t)^+] < \infty$. 证明 $\lim_{t \to \infty} \xi_t$ 几乎处处存在.

14. 设 $\Omega = [0, 1]$, P 为 Lebesgue 测度,

$$\mathscr{F}_n = \sigma\left\{\left[0, \frac{1}{2}\right), \cdots, \left[\frac{2^{n-1}-1}{2^{n-1}}, \frac{2^n-1}{2^n}\right), \left[\frac{2^n-1}{2^n}, 1\right]\right\}.$$

定义 X 如下: 对 $t \in \left[0, \frac{1}{2}\right)$,

$$X_t \equiv 1;$$

对 $t \in \left[\dfrac{1}{2}, \dfrac{3}{4}\right)$

$$
X_t(\omega) = \begin{cases} 0, & 0 \leqslant \omega < \dfrac{1}{2}, \\ 2, & \dfrac{1}{2} \leqslant \omega \leqslant 1. \end{cases}
$$

一般地, 对 $t \in \left[\dfrac{2^n-1}{2^n}, \dfrac{2^{n+1}-1}{2^{n+1}}\right)$

$$
X_t(\omega) = \begin{cases} 0, & 0 \leqslant \omega \leqslant \dfrac{2^{n-1}-1}{2^{n-1}}, \\ 2^n, & \dfrac{2^n-1}{2^n} \leqslant \omega \leqslant 1. \end{cases}
$$

证明: X 为 (非负) 鞅, 但 $E[\sup_{t \in [0,1)} X_t] = \infty$.

15. 证明简单过程空间 $\mathscr{S}$ 为代数, 即 $\mathscr{S}$ 是线性空间且对乘积封闭 (警告: 可能没你想象得那么简单).

16. 设 M, N 分别为 m-维和 n-维鞅, A, B 分别为 $p \times m$ 和 $q \times n$ 矩阵. 令 $H := AM$, $K := BN$. 证明:

$$
[H, K] = A[M, N]B'.
$$

17. 证明下面的 Itô 不等式: 设 $M \in \mathscr{M}^{\mathrm{loc}}$. 则对任意 $a > 0, c > 0$ 及 $t > 0$ 有

$$
P\left(\sup_{0 \leqslant s \leqslant t} |M_s| \geqslant c\right) \leqslant \frac{a}{c^2} + P([M]_t \geqslant a).
$$

18. 设 M 是局部鞅, Z 是可积随机变量且 $M_t \geqslant Z$. 证明 M 为上鞅.

19. 证明下面的广义 Itô 不等式: 设 X, Y 为连续适应过程, $X_0 = Y_0 = 0$, X 非负且对任意有界停时 τ 有

$$
E[X_\tau] \leqslant E[Y_\tau].
$$

则对任意 $\epsilon, c > 0$ 及停时 σ 有

$$
P\left(\sup_t X_t^\sigma \geqslant \epsilon\right) \leqslant P\left(\sup_t Y_t^\sigma \geqslant c\right) + \frac{1}{\epsilon} E[c \wedge \sup_t Y_t^\sigma]
$$
$$
\leqslant P\left(\sup_t Y_t^\sigma \geqslant c\right) + \frac{c}{\epsilon}.
$$

并证明这一不等式的下列推论: 若还有 Y 非负, 则对任意 $\alpha \in (0,1)$ 有

$$
E\left[\left(\sup_t X_t^\sigma\right)^\alpha\right] \leqslant \frac{2-\alpha}{1-\alpha} E[(\sup_t Y_t^\sigma)^\alpha].
$$

20. 设 X 为非负局部上鞅. 证明:

(a) $\forall c > 0$,

$$
P(\sup_t X_t \geqslant c) \leqslant \frac{1}{c} E[X_0];
$$

(b) $\lim_{t \to \infty} X_t$ 几乎必然收敛.

21. 设 X 为 (上, 下) 鞅, $\sigma \leqslant \tau$ 为有界停时. 证明：对任意非负有界随机变量 $Y \in \mathscr{F}_\sigma$ 有

$$E[Y X_\sigma](\geqslant, \leqslant) = E[Y X_\tau].$$

22. 设 X 为非负局部鞅, 证明 X 为非负上鞅.

23. 设 X, Y 为半鞅. 证明 $\forall T > 0$,

$$\mathrm{l.i.p} \sup_{n \to \infty} \sup_{0 \leqslant t \leqslant T} \left| \sum_{k=0}^\infty (X_{t_{k+1}^n} - X_{t_k^n})(Y_{t_{k+1}^n} - Y_{t_k^n}) - [X, Y]_t \right| = 0,$$

其中 $t_k^n := k 2^{-n} \wedge t$.

24. 在上题中, 设 $\forall n, 0 = \sigma_0^n \leqslant \sigma_1^n \leqslant \cdots \leqslant \sigma_k^n \leqslant \sigma_{k+1}^n \leqslant \cdots$ 为一列停时, 满足

(a)

$$\lim_{k \to \infty} \sigma_k^n = \infty, \text{ a.s.};$$

(b) $\forall T > 0$,

$$\mathrm{l.i.p} \sup_{n \to \infty} \sup_k |\sigma_{k+1}^n \wedge T - \sigma_k \wedge T| = 0.$$

令 $t_k^n := t \wedge \sigma_k^n$. 证明 $\forall T > 0$,

$$\mathrm{l.i.p} \sup_{n \to \infty} \sup_{0 \leqslant t \leqslant T} \left| \sum_{k=0}^\infty (X_{t_{k+1}^n} - X_{t_k^n})(Y_{t_{k+1}^n} - Y_{t_k^n}) - [X, Y]_t \right| = 0.$$

25. 设 X, Y 为局部鞅且相互独立, 证明 $[X, Y] = 0$.

26. 设 M, N 为局部鞅, τ 为停时, 证明：

$$\left| [M]_\tau^{\frac{1}{2}} - [N]_\tau^{\frac{1}{2}} \right| \leqslant [M - N]_\tau^{\frac{1}{2}}.$$

27. 设 M_i 为局部鞅, $i = 1, \cdots, n$, τ 为停时. 证明：

$$\left[\sum_{i=1}^n M_i \right]_\tau \leqslant n \sum_{i=1}^n [M_i]_\tau.$$

28. 设 M 为局部鞅, $p > 1$,

$$\sup\{E[|M_\tau|^p, \tau \text{为有限停时}]\} < \infty,$$

证明 M 为一致可积鞅.

第 5 章　Markov 过程与半群

春天, 落樱如梦如忆如思, 如翻飞的初雪, 如远去的白帆. 它们神秘的命运, 藏在哪里?

晚秋, 斑斓的树叶脱离了树干, 在风中起舞. 它飞向了何方? 它将飞向何方?

还有迷离的细雨, 忧愁的柳絮, 飘然而至的那一只蝴蝶 …… 这些物体的运动, 都有一个共同的特点, 即现在的位置确定之后, 过去的历程无法影响未来的运动, 而未来的运动只与现在的状态有关: 恰便似从前种种譬如昨日死, 以后种种譬如今日生.

而这种运动的与现在的状态的有关, 也不是传统运动学或动力学意义上的有关: 现在的状态并不能完全确定以后的精确运动轨迹, 而只能给出沿什么轨迹运动的概率.

这样的运动过程, 我们称为 Markov 过程, 因为在离散时间情形, 它起源于 A. A. Markov 对 "链接着的" 试验序列 (所以现在有 "Markov 链" 一说) 的研究. 在连续时间参数情形, 则起源于 L. Bachelier、A. Einstein 及 N. Wiener 关于 Brown 运动的研究.

Markov 过程是直接来源于实际问题的数学模型, 而对它的研究则极大地丰富了概率论的基础理论, 同时催生了许多重要的研究领域, 例如建立随机积分与随机微分方程的理论的直接动因就是构造具有给定的无穷小生成元的 Markov 过程的轨道. 理论的发展又反过来服务于实践: 例如, 今天, Markov 过程已成为人工智能理论和实践不可或缺的部分, 在深度学习、信息存储、决策等方面发挥着越来越重要的作用. 这一发展过程充分印证了实践是检验真理的唯一标准这一马克思主义哲学关于真理标准的基本命题.

5.1　Markov 链: 从一个例子谈起

我们考察下面的一列事件:

1. 你的公寓大楼火灾: 有火灾记为 F_1, 无火灾记为 F_2;
2. 大楼的报警器质量合格: 质量合格记为 Q_1, 不合格记为 Q_2;
3. 报警器报警: 报警记为 A_1, 不报警记为 A_2;
4. 住户撤离大楼: 撤离记为 E_1, 不撤离记为 E_2;
5. 媒体报道撤离: 报道记为 R_1, 不报道记为 R_2.

上面每个事件都是随机的. 让我们假设

$$P(F_1) = p_1^1, \quad P(F_2) = p_2^1, \quad p_1^1 + p_2^1 = 1.$$
$$P(Q_1) = q_2^1, \quad P(Q_2) = q_2^1, \quad q_1^1 + q_2^1 = 1.$$

过程的第一步 X_1 由 $\{F_iQ_j, i,j = 1,2\}$ 四个状态构成, 而是否发生火灾与报警器质量是否达标是无关的, 也就是说独立的.

　　报警器的质量的优劣在很大程度上决定了它正确报警的概率, 但即便是质量完全合格, 也不意味着它的报警就百分之百正确, 因为难免有别的因素的干扰, 例如做饭时偶尔锅烧煳了而冒出了烟, 因而被报警器误认为是火灾而报警; 例如报警器的探测头被蒙上了灰尘因而不那么灵敏, 有火灾也没有报警; 等等. 这样我们假定

$$P(A_1|F_1Q_1) = p_{11}^2, \quad P(A_1|F_1Q_2) = p_{12}^2,$$
$$P(A_1|F_2Q_1) = p_{21}^2, \quad P(A_1|F_2Q_2) = p_{22}^2,$$
$$P(A_2|F_1Q_1) = q_{11}^2, \quad P(A_2|F_1Q_2) = q_{12}^2,$$
$$P(A_2|F_2Q_1) = q_{21}^2, \quad P(A_2|F_2Q_2) = q_{22}^2,$$

这里 $p_{ij}^2 + q_{ij}^2 = 1, \forall i, j$.

　　所以过程的第二步 X_2 有两个状态: A_1 与 A_2. 上面的数据, 即诸 p_{ij}^k, q_{ij}^k, 则给出了在第一步的各个状态下, 第二步的两个状态发生的条件概率.

　　是否发生人员撤离, 与报警器是否报警有关, 但也不是完全由是否报警决定的. 毕竟不能完全排除报警器报了警而无人员撤离, 或报警器未报警但人们发现着了火而自行撤离的情况, 所以也是一个随机依赖的关系. 相应的条件概率为

$$P(E_1|A_1) = p_1^3, \quad P(E_2|A_1) = q_1^3, \quad p_1^3 + q_1^3 = 1,$$
$$P(E_1|A_2) = p_2^3, \quad P(E_2|A_2) = q_2^3, \quad p_2^3 + q_2^3 = 1.$$

这又是一组条件概率, 给出的是在第二步的各个状态下, 第三步所发生的概率.

　　最后, 发生或不发生人员撤离下有无新闻报道的条件概率系为

$$P(R_1|E_1) = p_1^4, \quad P(R_2|E_1) = q_1^4, \quad p_1^4 + q_1^4 = 1,$$
$$P(R_1|E_2) = p_2^4, \quad P(R_2|E_2) = q_2^4, \quad p_2^4 + q_2^4 = 1.$$

　　纵观以上各步, 其共同特点为: 第 n 步将此前各步与此后各步隔断了, 因此, 在已知第 n 步状态的条件下, 之前的事件与之后的时间是独立的. 这就意味着, 从

这里给出的条件概率出发, 就很容易——至少理论上——求出任何一组事件的概率. 比如说由乘积公式我们有

$$P(R_1 E_2 A_1 F_1 Q_2)$$
$$= P(R_1|E_2)P(E_2|A_1)P(A_1|F_1 Q_2)P(F_1 Q_2)$$
$$= p_2^4 q_1^3 p_{12}^2 p_1^1 q_2^1.$$

这里 "已知第 n 步状态的条件下, 之前的事件与之后的时间是独立的" 这个性质就是所谓的 Markov 性. 这是许多过程所共有的一种性质, 有无这种性质在理论上和实践中的差别都巨大. 实践中, 举例来说, 在人工智能方面, 它使得在计算联合分布时计算机所需要的存储量和计算量都大幅度地下降, 甚至使不可能变得有可能.

将上面具体例子中的本质特征提炼出来, 就得到 Markov 链的一般定义:

定义 5.1.1 设 $\{X_n, n = 0, 1, 2, \cdots\}$ 为离散时间随机过程, 取值于空间 $E = \{x_1, x_2, \cdots\}$. 如果对任意 $n = 1, 2, \cdots$ 及任意 $\{x_{i_0}, x_{i_1}, \cdots, x_{i_{n+1}}\}$ 有

$$P(X_{n+1} = x_{i_{n+1}} | X_n = x_{i_n}, X_{i_{n-1}} = x_{i_{n-1}}, \cdots, X_0 = x_{i_0})$$
$$= P(X_{n+1} = x_{i_{n+1}} | X_n = x_{i_n}),$$

则 X 称为 (离散时间) Markov 链.

上面定义中的等式所表现出来的特性称为 Markov 性.

用日常语言来描述, Markov 性就是说在知道了现在的状态 (即 $X_n = x_{i_n}$) 的情况下, 是否知道过去的状态 (即 $X_0 = x_{i_0}, \cdots, X_{n-1} = x_{i_{n-1}}$) 对预测未来没有丝毫影响——过去的就过去了. 因此 Markov 性的本质就是现在隔断了过去和未来. 这种隔断的好处是很多的, 比如我们看看前面所提到的人工智能中很基本的数据处理问题.

我们知道, 刻画一个随机过程, 需要知道它的有限维分布. 现在假设一个过程 X 只有有限的 $N+1$ 步 $X_0, X_1, \cdots, X_N$(实际应用中往往如此), 每一步有 M 个状态. 那么它的有限维分布是由 M^{N+1} 个数据给出的. 只要 N 和 M 稍微大点时, 这就会是一个天文数字, 存储和处理都非常困难. 但是, 如果这是一个 Markov 链, 我们仅需要储存

$$p_{ij}^n = P(X_{n+1} = x_j | X_n = x_i), \quad n = 0, \cdots, N-1, \ x_i, x_j \in E$$

这些基本数据, 以及初始分布

$$q_i := P(X_0 = x_i), \quad i = 1, \cdots, M$$

就可以了, 它们一共是 $NM^2 + M$ 个. 其他的数据都可以通过它们计算出来. 例如

$$
\begin{aligned}
&P(X_0 = x_{i_0}, X_1 = x_{i_1}, \cdots, X_N = x_{i_N}) \\
={}&P(X_N = x_{i_N} | X_0 = x_{i_0}, X_1 = x_{i_1}, \cdots, X_{N-1} = x_{i_{N-1}}) \\
&\cdot P(X_0 = x_{i_0}, X_1 = x_{i_1}, \cdots, X_{N-1} = x_{i_{N-1}}) \\
={}&P(X_N = x_{i_N} | X_{N-1} = x_{i_{N-1}}) \\
&\cdot P(X_{N-1} = x_{i_{N-1}} | X_0 = x_{i_0}, X_1 = x_{i_1}, \cdots, X_{N-2} = x_{i_{N-2}}) \\
&\cdot P(X_0 = x_{i_0}, X_1 = x_{i_1}, \cdots, X_{N-2} = x_{i_{N-2}}) \\
={}&p_{i_{N-1} i_N}^{N-1} \\
&\cdot P(X_{N-1} = x_{i_{N-1}} | X_{N-2} = x_{i_{N-2}}) P(X_0 = x_{i_0}, X_1 = x_{i_1}, \cdots, X_{N-2} = x_{i_{N-2}}) \\
={}&\cdots \\
={}&p_{i_{N-1} i_N}^{N-1} \cdots p_{i_0 i_1}^{0} q_{i_0}.
\end{aligned}
$$

多么手到擒来! 多么简洁! 多么漂亮!

所以, 仅从这个例子就可以看出, Markov 性是一种很重要的性质. 过多的举例是没有必要了, 专门细致地研究 Markov 链的性质也超出本书的宗旨. 我们只想借此说明 Markov 性的重要性, 顺便强调指出, 重要的是, 给你一个过程, 你要怎样证明它是一个 Markov 过程? 给你一个 Markov 过程, 你要怎样尽你所能地把 Markov 性用到极致?

5.2　过程的 Markov 性与活动概率空间

为简洁起见, 我们只考虑连续时间的 Markov 过程, 因此在不特别说明时, 默认时间参数集 $\mathbb{T} = \mathbb{R}_+$.

设 X 为概率空间 $(\Omega, \mathscr{F}, (\mathscr{F}_t), P)$ 上的适应过程, 取值于 Polish 可测空间 $(E, \mathscr{E})$. 在本书中, 绝大多数情况下 E 为某 Euclid 空间 $\mathbb{R}^d$, $\mathscr{E}$ 为其 Borel σ-代数.

根据前述直观分析, 我们给出下面的正式定义:

定义 5.2.1　若 $\forall \, 0 \leqslant s, t < \infty, \forall A \in \mathscr{E}$, 有

$$
P(X_{s+t} \in A | \mathscr{F}_s) = P(X_{s+t} \in A | X_s), \tag{2.1}
$$

则称 $(X, (\mathscr{F}_t))$ 为 Markov 过程, 或称 X 是 $(\mathscr{F}_t)$-Markov 过程.

注意跟鞅的情形一样, 在 Markov 过程的定义中, 是包含了 σ-代数流 $(\mathscr{F}_t)$ 的. 但同样跟鞅的情形一样, 在特定的语境中, 如果不会产生困惑或混淆, 又往往省略

说出 $(\mathscr{F}_t)$, 而直接称 X 是 Markov 过程. 如果根本就没有预先给出 $(\mathscr{F}_t)$ 而说 X 是 Markov 过程, 则默认是关于其自然 σ-代数流的 Markov 过程.

(2.1) 自然可以写成等价的形式

$$E[1_A(X_{s+t})|\mathscr{F}_s] = E[1_A(X_{s+t})|X_s]. \tag{2.2}$$

而由单调类定理, 此式又等价于对任意 $f \in b\mathscr{E}$,

$$E[f(X_{s+t})|\mathscr{F}_s] = E[f(X_{s+t})|X_s]. \tag{2.3}$$

显然, 上式成立的充要条件是等式左边是 X_s 的可测函数. 你一定要记住这一点, 只要左边是 X_s 的可测函数, 等式就当然成立了, 不用再花力气画蛇添足地去证明任何别的东西. 例如我们有:

例 5.2.2 设 X 是实值 (复值乃至向量空间值也一样) 独立增量过程, 即 $\forall n$, $\forall 0 = t_0 < t_1 < \cdots < t_n$, $\{X(t_0), X(t_i) - X(t_{i-1}), i = 1, \cdots, n\}$ 是独立的. 则 X 为 Markov 过程.

事实上, 令 $\mathscr{F}_t = \sigma(X_u, u \leqslant t)$. 对任意 $s, t \geqslant 0$, 任意 $f \in b\mathscr{B}$, 因为 $X(t + s) - X(t)$ 与 $X(t)$ 独立, 而 $X(t) \in \mathscr{F}_t$, 我们有

$$E[f(X(s+t))|\mathscr{F}_t] = E[f(X(s+t) - X(t) + X(t))|\mathscr{F}_t]$$
$$= E[f(X(s+t) - X(t) + y)]|_{y=X(t)}.$$

易证

$$g(y) := E[f(X(s+t) - X(t) + y)]$$

是 y 的可测函数, 故 X 为 Markov 过程.

这个例子包含了 Brown 运动 (我们曾经说过它是 Markov 过程, 所以现在是再说一遍), 也包含了其他形形色色的独立增量过程.

不过我们假设得有点多了. 事实上只要对任意 $s < t$, 能将 X_t 写成 (ξ, η) 的可测函数, 其中 ξ 与 $\mathscr{F}_s$ 是独立的, η 关于 $\sigma(X_s)$ 是可测的, X 就是 Markov 过程. 事实上, 设 $X_t = g(\xi, \eta)$, 则对任何有界可测函数 f 有

$$E[f(X_t)|\mathscr{F}_s] = E[f(g(\xi, \eta))|\mathscr{F}_s] = E[f(g(\xi, y))]|_{y=\eta} \in \sigma(X_s).$$

独立增量过程一定满足这个条件, 不是吗?

更一般地, 若 X 是独立增量过程, Y 是另一过程, 且 $\forall s < t$, 存在 $\mathbb{R} \times C_0([s, t])$ 上的 Borel 可测函数 F (可依赖 s, t), 使得

$$Y(t) = F(Y(s), X(\cdot) - X(s)),$$

则 Y 也是 Markov 过程, 不是吗?

此外我们有

例 5.2.3   设 $(X_t, \mathscr{F}_t)$ 是 Markov 过程, g, h 均是 t 的确定性函数, g 严格正, h 单调上升. 则 $Y := (g_t X_{h_t})$ 是 Markov 过程 (相对于 $(\mathscr{F}_{h_t})$, 当然).

事实上, 设 $t > s$, f 为有界 Borel 可测函数, 则

$$
\begin{aligned}
E[f(Y_t)|\mathscr{F}_{h_s}] &= E[f(g_t X_{h_t})|\mathscr{F}_{h_s}] \\
&= E[f(g_t X_{h_t})|X_{h_s}] \\
&= E[f(g_t X_{h_t})|g_s X_{h_s}] \\
&= E[f(Y_t)|Y_s].
\end{aligned}
$$

例 5.2.4 (Ornstein-Uhlenbeck 过程)   在上例中取 X 为 Brown 运动 w, $g_t = e^{-\frac{t}{2}}$, $h_t = e^t$, 则得到所谓的 Ornstein-Uhlenbeck 过程, 简称 O-U 过程:

$$
Y_t = e^{-\frac{t}{2}} w(e^t).
$$

让我们来计算这个 Markov 过程的转移概率, 即当 $Y_s = x$ 时, Y_t 落入某个集合 A 的 (条件) 概率. 为此, 设 $0 \leqslant s < t$, f 为有界 Borel 可测函数, 则

$$
\begin{aligned}
&E[f(Y_t)|Y_s = x] \\
&= E[f(e^{-\frac{t}{2}}(w(e^t) - w(e^s)) + e^{-\frac{t}{2}} w(e^s))|w(e^s) = e^{\frac{s}{2}}x] \\
&= \int_{-\infty}^{\infty} f(e^{-\frac{t-s}{2}}x + e^{-\frac{t}{2}}\sqrt{e^t - e^s}y)\mu(dy) \\
&= \int_{-\infty}^{\infty} f(e^{-\frac{t-s}{2}}x + \sqrt{1 - e^{-(t-s)}}y)\mu(dy),
\end{aligned}
$$

其中 μ 为 $\mathbb{R}$ 上的标准 Gauss 测度. 特别地, 取 $f = 1_A$ 便得到转移概率.

刚刚得到的这个公式称为 Mehler 公式. 它表明, Ornstein-Uhlenbeck 过程是一个所谓关于时间齐次的 Markov 过程, 也就是说, $E[f(X_t)|X_s = x]$ 只是通过 $t - s$ 而依赖 s, t 的.

当然并不是所有的时候都是可以这样投机取巧的, 有的时候也是的确需要算一算的, 比如:

例 5.2.5   若 w 是标准 Brown 运动, $x \in \mathbb{R}$, 则 $|x + w(t)|$ 为 $(\mathscr{F}_t)$-Markov 过程, 其中 $(\mathscr{F}_t)$ 是 w 的自然 σ-代数流.

证明   对任意 $F \in \mathscr{F}_s$, $f \in b\mathscr{B}$,

$$
\int_F f(|x + w(t+s)|)dP
$$

$$
= \int_F E[f(|x + w(s) + w(t+s) - w(s)|)|\mathscr{F}_s]dP
$$

$$
= \int_F E[f(|x + w(s) + w(t+s) - w(s)|)|w(s)]dP \text{ (由 } w \text{ 的 Markov 性得)}
$$

$$
= \frac{1}{\sqrt{2\pi t}} \int_F \left(\int_\infty^\infty f(|x + w(s) + y|) \exp\left\{ -\frac{y^2}{2t} \right\} dy \right) dP
$$

$$
= \frac{1}{\sqrt{2\pi t}} \int_F \left(\int_0^\infty f(y) \exp\left\{ -\frac{|y - (x + w(s))|^2}{2t} \right\} dy \right) dP
$$

$$
+ \frac{1}{\sqrt{2\pi t}} \int_F \left(\int_0^\infty f(y) \exp\left\{ -\frac{|y + (x + w(s))|^2}{2t} \right\} dy \right) dP
$$

$$
= \frac{1}{\sqrt{2\pi t}} \int_F \left(\int_0^\infty f(y) \left[\exp\left\{ -\frac{(y - |x + w(s)|)^2}{2t} \right\} \right.\right.
$$

$$
\left.\left. + \exp\left\{ -\frac{(y + |x + w(s)|)^2}{2t} \right\} \right] dy \right) dP.
$$

因此

$$
E[f(|x + w(t+s)|)|\mathscr{F}_s]
$$

$$
= \frac{1}{\sqrt{2\pi t}} \int_0^\infty f(y) \left[\exp\left\{ -\frac{(y - |x + w(s)|)^2}{2t} \right\} + \exp\left\{ -\frac{(y + |x + w(s)|)^2}{2t} \right\} \right] dy.
$$

等式右边是 $|x + w(s)|$-可测的, 因此 $|x + w(t)|$ 是 $(\mathscr{F}_t)$-Markov 过程.　　　□

注意在这个例子中, 若令 $(\mathscr{G}_t)$ 为 $\{|x + w(t)|\}$ 的自然 σ-代数流, 则 $\mathscr{G}_s \subset \mathscr{F}_s$ 且是真包含. 无疑 $|x + w(t)|$ 也是 $(\mathscr{G}_t)$-Markov 过程. 一般地, 若 $(X, \mathscr{F}_t)$ 为 Markov 过程, $(\mathscr{G}_t)$ 是 $(\mathscr{F}_t)$ 的子 σ-代数流, 且 X 关于 $(\mathscr{G}_t)$ 仍是适应的, 那么在 (2.1) 的两边对 $\mathscr{G}_s$ 取条件期望, 就知道 $(X_t, \mathscr{G}_t)$ 也是 Markov 过程. 特别地, 我们可以将 $(\mathscr{G}_t)$ 取为 X 自身的 σ-代数流, 即 $\mathscr{F}_t^X$.

由于 $(E, \mathscr{E})$ 为 Polish 可测空间, 因此正则条件分布存在, 这为我们更细致地研究 Markov 过程提供了方便. 具体地说, 对 $s \leqslant t$, $x \in E$, $A \in \mathscr{E}$, 定义四元函数 $P(s, x, t, A)$ 如下

$$
P(s, x, t, A) := E[1_A(X_t)|X_s = x] = P(X_t \in A|X_s = x),
$$

其中右边表示正则条件分布. 这个函数称为 X 的转移概率.

我们来看看这个转移概率的一些基本性质. 由于它是正则条件分布, 所以第一, 我们有

(i) $\forall s, t, x$, $P(s, x, t, \cdot)$ 为 $(E, \mathscr{E})$ 上的概率测度.

第二, 这个函数 P 未必具有, 但我们假定它具有如下的正则性性质:

(ii) $\forall s, A$, $P(s, \cdot, \cdot, A)$ 为 $E \times [s, \infty)$ 上的 $\mathscr{E} \times \mathscr{B}$-可测函数.

先不谈作为二元函数 $(t, x) \mapsto P(s, t, x, A)$ 的联合可测性, 我们知道, 一般说来, 对固定的 s, t, A, $x \mapsto P(s, t, x, A)$ 并不是一个真正的函数, 而是关于 X_s 的分布律的等价类, 因而谈不上什么是 $\mathscr{E}$-可测性的. 所以这里的联合可测性的确是一个额外要求. 不过这个要求是技术性的, 不算苛刻. 它只是告诉我们可以在等价类里取一个具有更好的可测性的代表, 利用这个代表我们可以进行很方便的推理及运算. 在本书涉及的所有应用中, 它都是满足的. 另一方面, 如果在某个例子中它的确不满足, 那一定是一个通例之外的例外, 无法用通用方法深入研究.

第三, 我们将 $\delta_x(\cdot)$ 选为 $P(X_s \in \cdot | X_s = x)$ 的一个代表, 即我们有
(iii)

$$P(s, x, s, \cdot) = P(X_s \in \cdot | X_s = x) = \delta_x(\cdot) \quad \forall s, x.$$

这里 δ_x 表示集中于 x 的单点测度.

第四, 记

$$\varphi(x) = E[f(X_{s+t}) | X_s = x].$$

则由 (2.3) 有

$$E[f(X_{s+t}) | \mathscr{F}_s] = \varphi(X_s). \tag{2.4}$$

这样, 若 $s \leqslant t \leqslant u$, $A \in \mathscr{E}$, 我们就有

$$\begin{aligned}
P(s, x, u, A) &= E[1_A(X_u) | X_s = x] \\
&= E[E[1_A(X_u) | \mathscr{F}_t] | X_s = x] \\
&= E[E[1_A(X_u) | X_t] | X_s = x] \\
&= \int P(t, y, u, A) P(s, x, t, dy),
\end{aligned}$$

这样我们就得到了 $P(\cdot, \cdot, \cdot, \cdot)$ 的第四条主要性质即 Chapman-Kolmogorov 方程[①]:
(iv) $\forall s \leqslant t \leqslant u$, $A \in \mathscr{E}$,

$$P(s, x, u, A) = \int P(t, y, u, A) P(s, x, t, dy).$$

而这又等价于

[①] 此处 Arnold 定理适用: 以某人名字命名的东西, 实际上不属于此人. 这个方程最早是 Louis Bachelier 得到的. 但同时我也相信 Bachelier 应该只是在某种特殊情况 (Brown 运动) 下得到的, 并且得到的应该只是它的雏形, 而没有进行系统的研究, 因为他那个时代还没有条件概率的概念, 遑论正则条件分布.

(iv $'$) $\forall s \leqslant t \leqslant u$, $\forall f \in b\mathscr{E}$,

$$\int f(z)P(s,x,u,dz) = \int P(s,x,t,dy) \int f(z)P(t,y,u,dz).$$

反复利用 (2.4), 我们不难证明:

引理 5.2.6 设 $s \leqslant t_1 \leqslant t_2 \leqslant \cdots \leqslant t_n$, $f_i \in b\mathscr{E}$, $i = 1, 2, \cdots, n$. 则

$$E[f_1(X_{t_1}) \cdots f_n(X_{t_n}) | \mathscr{F}_s] = \varphi(X_s),$$

其中 (按从右到左的次序积分)

$$\varphi(x) = \int_E f_1(y_1)P(s,x,t_1,dy_1)$$
$$\cdot \int_E f_2(y_2)P(t_1,y_1,t_2,dy_2) \cdots \int_E f_n(y_n)P(t_{n-1},y_{n-1},t_n,dy_n).$$

对 $s \leqslant t$, 令

$$\mathscr{F}_t^s := \sigma(X_u, u \in [s,t]),$$
$$\mathscr{F}^s := \sigma(X_u, u \geqslant s).$$

以 $P_{s,x}$ 表示正则条件概率 $P(\cdot | X_s = x)$. 则对 $\mathscr{F}^s$ 中的柱集, 即形如

$$\Gamma = \{X_{t_1} \in A_1, \cdots, X_{t_n} \in A_n\}$$

的集合, 其中 $s \leqslant t_1 \leqslant \cdots \leqslant t_n$, $A_i \in \mathscr{E}$, $i = 1, \cdots, n$, $n = 1, 2, \cdots$, 有

$$P_{s,x}(\Gamma)$$
$$= E[1_{A_1}(X_{t_1}) \cdots 1_{A_n}(X_{t_n}) | X_s = x]$$
$$= \int_{A_1} P(s,x,t_1,dy_1) \int_{A_2} P(t_1,y_1,t_2,dy_2) \cdots \int_{A_n} P(t_{n-1},y_{n-1},t_n,dy_n).$$

易证

(i)
$$P_{s,x}(X_s = x) = 1;$$

(ii) 在 $P_{s,x}$ 下, $(X_t, t \geqslant s)$ 为 Markov 过程, 以 $P(\cdot,\cdot,\cdot,\cdot)$ 为转移概率, 即对任意 $s \leqslant t \leqslant u$, $A \in \mathscr{E}$,

$$P_{s,x}(X_u \in A | \mathscr{F}_t^s) = P(t, X_t, u, A);$$

(iii) 对任意 $s \leqslant t$, $F \in b\mathscr{F}^t$, 有

$$E_{s,x}[F|\mathscr{F}_t^s] = E_{t,y}[F]|_{y=X_t} := \int F(\omega)P_{t,y}(d\omega)|_{y=X_t}.$$

也就是说, 任意固定 (s,x) 后, 在概率空间 $(\Omega, \mathscr{F}^s, (\mathscr{F}_t^s)_{t\geqslant s}, P_{s,x})$ 上, $[s,\infty) \times \Omega$ 上的函数 $X(t,\omega)$ 为在 s 时刻从 x 出发的 Markov 过程, 并且 $\{P_{s,x}\}$ 构成了正则条件概率系统, 通过此系统理论上可计算条件期望.

这样我们就得到了一族概率空间, 在不同的空间上, 都有一个在不同时刻从不同点出发的 Markov 过程. 这样的概率空间, 我们称之为活动概率空间.

有了这个活动概率空间之后, 我们就可以忘掉先前的概率 P 了, 它已经完成历史使命了. 所以许多文献中谈 Markov 过程, 常常一上来就直接是概率测度族 $P_{s,x}$, 而没有 P 什么事了.

或问了, 这样的话, 所有的 Markov 过程就都是从一点出发的了. 那么, 怎么研究比如说初始分布是 μ 的 Markov 过程呢?

回答是: 我们可以以 μ 为基准, 将这些从不同点出发的过程拼接起来, 从而得到初始分布为 μ 的 Markov 过程. 具体点说, 我们有

定理 5.2.7　设 μ 是 $(E, \mathscr{E})$ 上的概率测度. 令

$$P_{s,\mu}(\Gamma) = \int_E P_{s,x}(\Gamma)\mu(dx), \quad \Gamma \in \mathscr{F}^s.$$

则在 $P_{s,\mu}$ 下, $(X_t, (\mathscr{F}_t^s), t \geqslant s)$ 为 Markov 过程, 且 $P_{s,\mu} \circ X_s^{-1} = \mu$.

证明　首先,

$$\begin{aligned}P_{s,\mu}(X_s \in A) &= \int_E P_{s,x}(X_s \in A)\mu(dx)\\ &= \int_E 1_A(x)\mu(dx)\\ &= \mu(A).\end{aligned}$$

其次, 以 $E_{s,\mu}$ 表示关于 $P_{s,\mu}$ 的期望, $E_{s,x}$ 表示关于 $P_{s,x}$ 的期望, 则 $\forall f \in b\mathscr{E}$, $\forall s \leqslant t \leqslant u$, 有

$$\begin{aligned}E_{s,\mu}[f(X_u)|\mathscr{F}_t^s] &= \int_E E_{s,x}[f(X_u)|\mathscr{F}_t^s]\mu(dx)\\ &= \int_E E_{s,x}[f(X_u)|X_t]\mu(dx)\\ &= \int_E \int_E f(y)P(t, X_t, u, dy)\mu(dx)\end{aligned}$$

$$= \int_E f(y)P(t, X_t, u, dy),$$

而最后这个函数是 X_t 的可测函数, 故 $(X_t, (\mathscr{F}_t^s), t \geqslant s)$ 为 Markov 过程. □

如果函数 $P(s, x, t, A)$ 关于时间是齐次的, 即存在三元函数 P' 使得

$$P(s, x, t, A) = P'(t - s, x, A),$$

则这个 Markov 过程就称为齐次的. 可以证明 (请证明): 通过添加一个时间过程, 即考虑过程 (X_t, t), 任何 Markov 过程都可以看成齐次的. 所以, 我们可以且将只考虑齐次过程. 此时, $P_{0,x}$ 可简写为 P_x. 也就是说, 无论在转移概率 $P(s, x, A)$ 中还是概率 P_x 中, 时间起点都消失了——这是自然的, 因为是时间齐次的, 所以从什么时候出发都一样.

最后, 也许是多余的, 我们还是想强调一下, 在记号 $P(s, x, A)$ 中, s 不代表任何时刻, 既不是开始时刻也不是结束时刻, 而是代表从开始到结束之间的时间长度. $P(s, x, A)$ 所代表的, 是从 x 出发的过程经过时长 s 之后落到 A 中的概率.

5.3 Markov 族

5.2 节我们构造了一族活动概率空间及定义在这个空间上的 Markov 过程. 这么做的动因是要构造从一个单点出发的 Markov 过程. 注意这里的函数 $X(t)$ 是不变的, 变动的是概率测度.

看待这件事的另外一个观点是保持概率测度不变, 在这个统一的概率测度之下对每个 x 构造一个从 x 出发的 Markov 过程, 且所有这些过程共享一个共同的转移概率. 这样我们的研究对象就是一个 Markov 族——一族 Markov 过程.

我们还是从解剖 Brown 运动这只麻雀开始.

我们现在换一种观点看看 Brown 运动之 Markov 性的表现形式. 直观上看, 所谓 Markov 性就是当一个粒子从某点 (设为坐标原点) 出发, 到达另一点之后, 我们再把坐标原点平移到此点, 那么自此之后在新坐标系下观察粒子和以前在老坐标系下观察, 得到的统计规律是一样的. 这样我们对任何一点, 都有了从该点出发的 Brown 运动.

更精确地说, 如果从原点出发的 Brown 运动是 w_t, 那么从 x 出发的 Brown 运动则是

$$w(t, x) := x + w_t.$$

以 $(\mathscr{F}_t)$ 表示 $\{w(t)\}$ 的自然 σ-代数流. 则由独立性, 对任意 $\lambda \in \mathbb{R}$ 有

$$E[e^{\sqrt{-1}\lambda(w(t,x)-w(s,x))} | \mathscr{F}_s]$$

$$= E[e^{\sqrt{-1}\lambda(w(t,x)-w(s,x))}|w(s,x)]$$
$$= E[e^{\sqrt{-1}\lambda(w(t,x)-w(s,x))}]$$
$$= e^{-\frac{1}{2}(t-s)\lambda^2}.$$

利用 Fourier 变换及单调类定理, 可知对任意有界可测函数 f 均有

$$E[f(w(t,x))|\mathscr{F}_s] = E[f(w(t,x))|w(s,x)], \quad t > s.$$

于是对任意 s, t, 因为 $w(t+s,x) - w(s,x)$ 与 $w(s,x)$ 独立, 故

$$E[f(w(t+s,x))|\mathscr{F}_s]$$
$$= E[f(w(t+s,x) - w(s,x) + w(s,x))|w(s,x)]$$
$$= E[f(w(t+s,x) - w(s,x) + y)]|_{y=w(s,x)}$$
$$= E[f(w_t + y)]|_{y=w(s,x)}$$
$$= E[f(w(t,y))]|_{y=w(s,x)}.$$

这样我们就得到了 Brown 运动之 Markov 性的一种新的描述方法. 这种描述的好处是, 其形式避开了增量独立这一特点, 而代之以用从不同点出发的且服从统一的转移规律的过程描述. 将这一形式从具体例子中剥离出来, 我们就可以得到抽象的 Markov 族的正式定义.

我们将要在一个比较一般的框架下给出 Markov 族的正式定义. 不过, 这里的框架不是最一般的. 更一般的框架可见例如 [15, 16].

设 1. E 为 Polish 空间, $\mathscr{E}$ 为其 Borel 代数.

2. $(\Omega, \mathscr{F}, (\mathscr{F}_t), P)$ 为赋流概率空间 ($(\mathscr{F}_t)$ 不必右连续), ξ_t 是定义在其上的取值于 $(E, \mathscr{E})$ 的适应过程.

3. $P(t, x, \Gamma)$ 是定义在 $\mathbb{R}_+ \times E \times \mathscr{E}$ 上, 取值于 $[0,1]$ 的函数, 称为转移概率, 满足

(i) 对固定的 t, Γ, $P(t, \cdot, \Gamma) \in \mathscr{E}$;

(ii) 对固定的 t 和 x, $P(t, x, \cdot)$ 为 $\mathscr{E}$ 上的概率测度;

(iii)

$$P(0, x, \cdot) = \delta_x(\cdot),$$

其中 δ_x 为集中在 x 的 Dirac δ-测度;

(iv) Chapman-Kolmogorov 方程成立:

$$P(t+s, x, B) = \int_{\mathscr{E}} P(t, x, dy) P(s, y, B).$$

如果你愿意, 你可以把 E 想象为 $\mathbb{R}^d$. 我们想特别指出的是, 纯粹作为定义来说的话, E 不需要是 Polish 空间, 甚至不需要有拓扑结构, 有可测结构足矣. 但如果完全没有拓扑结构, 一是应用上不常见; 二是理论上也很难进一步深入研究.

我们现在可以给出定义了.

定义 5.3.1 设 $\{\xi(t, x, \omega), x \in E\}$ 为定义在 $(\Omega, \mathscr{F}, (\mathscr{F}_t), P)$ 上的一族随机过程, 且满足

1. $\forall x \in E$, $\xi(\cdot, x)$ 是连续适应过程;
2. $\forall t \in \mathbb{R}_+$, $x \mapsto \xi(t, x)$ 弱连续;
3. $(t, x, \omega) \mapsto \xi(t, x, \omega)$ 为三元可测;
4. $\xi(0, x) = x$;
5. 对任意有界 Borel 函数 f 有

$$E[f(\xi(t+s, x))|\mathscr{F}_s] = E[f(\xi(t, y))]|_{y=\xi(s,x)}.$$

则 $\{\xi(t, x, \omega)\}$ 称为 Markov 族. 若转移概率 P 使得

$$P(\xi(t, x) \in B) = P(t, x, B),$$

则 P 称为 ξ 的转移概率. 显然, 此式等价于

$$E[f(\xi(t, x))] = \int_E f(y) P(t, x, dy), \quad \forall f \in b\mathscr{E}.$$

这里第二款中的弱连续是指对任意 $x_0 \in E$, 当 $x \to x_0$ 时 $\xi(t, x)$ 之分布弱收敛于 $\xi(t, x_0)$ 之分布. 注意依概率连续是其特殊情况, 即我们有:

命题 5.3.2 设 $\xi(x)$ 是取值于 $(E, \mathscr{E})$ 的随机变量, 若 $x \mapsto \xi(x)$ 依概率连续, 则也弱连续.

证明 设 f 是 E 上连续函数. 我们先证明 $x \mapsto f(\xi(x))$ 依概率连续. 设否, 则存在 $x_0 \in E$, $x_n \to x_0$, 以及 $\epsilon, \delta > 0$,

$$P(|f(\xi(x_n)) - f(\xi(x_0))| > \epsilon) > \delta, \, \forall n. \tag{3.5}$$

但另一方面, 一定存在子列 $\{x_{n_k}\}$ 使得

$$\lim_{k \to \infty} \xi(x_{n_k}) = \xi(x_0) \text{ a.s.}.$$

故由 f 的连续性有

$$\lim_{k\to\infty} f(\xi(x_{n_k})) = f(\xi(x_0)) \text{ a.s.}.$$

此式明显与 (3.5) 矛盾.

因此, $x \mapsto f(\xi(x))$ 依概率连续. 从而当 f 有界时, 由控制收敛定理有 $x \mapsto$ $E[f(\xi(x))]$ 连续. 因此 $x \mapsto \xi(x)$ 弱连续.   □

统一的转移概率使得我们可以有一个条件期望的统一的函数表达式. 具体地说, 固定 $x \in E$, 设 $f \in b\mathscr{E}$, 由测度论, 我们可以找到 $F_x \in b\mathscr{E}$ 使得

$$E[f(\xi(s+t,x))|\xi(s,x)] = F_x(\xi(s,x)).$$

一般说来, F_x 应该依赖 x. 但若此 Markov 族有转移概率 $P(\cdot,\cdot,\cdot)$, 则

$$E[f(\xi(s+t,x))|\xi(s,x)] = T_t f(\xi(s,x)) \tag{3.6}$$

对所有 $x \in E$ 均成立, 其中

$$T_t f(y) := \int f(z) P(t,y,dz).$$

所以我们证明了 F_x 的确不依赖 x, 并找到了其具体表达式即 $T_t f$. 关于这个 $T_t f$, 我们有下面简单而重要的事实:

命题 5.3.3   若 $f \in C_b(E)$, 则对任意 $t \geqslant 0$, $T_t f \in C_b(E)$.

证明   在 (3.6) 中取 $s = 0$, 得

$$T_t f(x) = E[f(\xi(t,x))].$$

而 $x \mapsto \xi(t,x)$ 弱连续, 故 $T_t f \in C_b(E)$.   □

由于对任意 x, $\xi(t,x)$ 为从 x 出发的 Markov 过程, 所以使用现在的记号 $T_t f$, 引理 5.2.6 可表述为:

引理 5.3.4   设 $s < t_1 < t_2 < \cdots < t_n$, $f_i \in b\mathscr{E}$, $i = 1, 2, \cdots, n$. 则

$$E[f_1(\xi(t_1,x))\cdots f_n(\xi(t_n,x))|\mathscr{F}_s] = g_0(\xi(s,x)),$$

特别地, 取 $s = 0$, 则得

$$E[f_1(\xi(t_1,x))\cdots f_n(\xi(t_n,x))] = g_0(x),$$

这里 g_0 以下列递归方式定义 (按从右到左的次序积分, 并补充定义 $t_0 = s$, $f_0 = 1$)

$$g_n = f_n,$$
$$g_{k-1}(x) := f_{k-1} T_{t_k - t_{k-1}} g_k, \quad k = n, n-1, \cdots, 1.$$

用单调类定理, 由此得到:

命题 5.3.5 设 $F \in \sigma(\xi(t,x), t \geqslant s)$, 则

$$E[F|\mathscr{F}_s] = E[F|\xi(s,x)].$$

特别地, 取 $s = 0$, 因为 $\xi(0,x) = x$, 所以

$$E[F|\mathscr{F}_0] = E[F].$$

根据定义容易验证, 前面谈的 Brown 族是 Markov 族. 更一般地, 我们有下面的命题:

命题 5.3.6 设 $\xi(t,x,w)$ 是定义在 Wiener 空间上的随机适应过程族, 且 $\forall x$, $t \mapsto \xi(t,x)$ 几乎必然连续; $\forall t$, $x \mapsto \xi(t,x)$ 弱连续. 若

$$\xi(t+s,x,w) = \xi(t,\xi(s,x,w),\theta_s w),$$

则 $\xi(t,x)$ 为 Markov 族, 其中 θ 是推移算子.

证明 对任意有界连续函数 f, 我们有

$$
\begin{aligned}
&E[f(\xi(t+s,x,w))|\mathscr{F}_s]\\
&= E[f(\xi(t,\xi(s,x,w),\theta_s w))|\mathscr{F}_s]\\
&= E[f(\xi(t,y,\theta_s w))]|_{y=\xi(s,x,w)}\\
&= E[f(\xi(t,y,w))]|_{y=\xi(s,x,w)},
\end{aligned}
$$

这里第二个等式成立的原因是 $\theta_s w(\cdot)$ 与 $w(s \wedge \cdot)$ 独立, 而最后一个等式用到了推移算子保持 Wiener 测度不变——当然, 就证明 Markov 性而言, 这不是必需的, 到第二个等式时就已足够说明 Markov 性了. □

Brown 族当然是这个命题的特例. 更多的例子来自随机微分方程的强解, 稍后你会看到的.

我们来看一个有别于 Brown 运动的具体例子. 设 c, σ 是常数, B 是 Brown 运动 (随便定义在哪一个概率空间上面). 对 $x \in \mathbb{R}$, 令

$$X(t,x) = xe^{-ct} + \sigma \int_0^t e^{-c(t-s)} dB_s.$$

根据 Wiener 积分的性质 (命题 2.4.3), 存在函数 $\mathbb{R}_+ \times \mathbb{R} \times W_0 \ni (t,x,w) \to Y(t,x,w)$ 使得

$$Y(t,x,B.(\omega)) = X(t,x,\omega).$$

于是对任意 $s, t > 0$,

$$
\begin{aligned}
& X(t+s, x, \omega) \\
=\ & xe^{-c(t+s)} + \sigma \int_0^{t+s} e^{-c(t+s-u)} dB_u(\omega) \\
=\ & xe^{-c(t+s)} + \sigma e^{-ct} \int_0^s e^{-c(s-u)} dB_u(\omega) + \sigma \int_s^{t+s} e^{-c(t+s-u)} dB_u(\omega) \\
=\ & xe^{-c(t+s)} + \sigma e^{-ct} \int_0^s e^{-c(s-u)} dB_u(\omega) + \sigma \int_0^t e^{-c(t-u)} d(\theta_s B_u)(\omega) \\
=\ & Y(t, Y(s, x, B.(\omega)), (\theta_s B).(\omega)),
\end{aligned}
$$

这里 $(\theta_s B)(\cdot, \omega) = B_{s+\cdot}(\omega) - B_s(\omega)$. 由于 $(\theta_s B)$ 与 $B_{s\wedge\cdot}$ 独立, 故 X 是 Markov 过程.

因为 $\sigma \int_0^t e^{-c(t-s)} dB_s$ 服从中心 Gauss 分布, 方差为 $\dfrac{\sigma^2}{2c}(1 - e^{-2ct})$, 故

$$
E[f(X(t, x))] = \int_{-\infty}^{\infty} f\left(xe^{-ct} + \frac{\sigma}{\sqrt{2c}} \sqrt{1 - e^{-2ct}} y\right) \mu(dy), \tag{3.7}
$$

其中 μ 是 $\mathbb{R}$ 上的标准 Gauss 测度. 由此可确定此过程的转移概率 (不要想得太复杂, 只涉及普通 Riemann 积分的变量替换, 请试试写出来).

显然, 当 $\sigma = 1$, $c = \dfrac{1}{2}$ 时, 这个表达式所确定的转移概率就是前面定义的 O-U 过程的转移概率, 所以 X 也是 O-U 过程, 只不过现在它是一族过程, 其中每一个都从一个确定的点 x 出发. 当然, 由此可以很快构造出从任意概率测度出发的 O-U 过程.

比较这个例子和例 5.2.4 就可以看出, 一个拥有同样转移概率的 Markov 过程可以有不同的轨道表达式.

我们再来看一个离散时间的例子.

例 5.3.7   设 μ 是 $(\mathbb{R}, \mathscr{B})$ 上的概率测度, $\Omega := \mathbb{R}^\infty$, $\mathscr{F} := \mathscr{B}^\infty$, $P := \mu^\infty$. 以 $\omega = (\omega_1, \omega_2, \cdots)$ 记 Ω 的一般点. 时间参数集为 $\mathbb{T} = \mathbb{N}_+$. 对 $x \in \mathbb{R}$, 令

$$
\xi_n(x, \omega) = x + \omega_1 + \cdots + \omega_n.
$$

定义推移算子

$$
\theta_k \omega := (\omega_{k+1}, \omega_{k+2}, \cdots).
$$

则

$$
\xi_{n+k}(x, \omega) = \xi_n(\xi_k(x, \omega), \theta_k \omega).
$$

因此 (ξ_n) 为 Markov 族.

这里的 Markov 族和之前讲的活动概率空间上的 Markov 过程有什么联系呢?

设 $\{\xi(t,x,\omega), x \in E\}$ 为 Markov 族, 则 $\forall x \in E$, $\xi(\cdot,x)$ 可视为取值于 $C(\mathbb{R}_+, E)$ 的随机变量. 以 $(\mathscr{F}_t^x)$ 表示 $\xi(t,x)$ 的自然 σ-代数流, 以 P_x 记其分布, 即

$$P_x := P \circ \xi(\cdot, x)^{-1}.$$

在 $C(\mathbb{R}_+, E)$ 上定义过程

$$\tilde{\xi}(t, \varphi) := \varphi(t),$$
$$\mathscr{G}_t := \sigma(\tilde{\xi}(s), s \leqslant t).$$
$$\mathscr{G} := \bigvee_{t \in \mathbb{R}_+} \mathscr{G}_t.$$

则 $\forall x$, $(C(\mathbb{R}_+, E), \mathscr{G}, (\mathscr{G}_t), P_x)$ 为赋流概率空间, 且 $\forall s, t \geqslant 0$, $f \in b\mathscr{E}$,

$$E_x[f(\tilde{\xi}(t+s))|\mathscr{G}_s](\xi(\cdot, x))$$
$$= E[f(\xi(t+s, x))|\mathscr{F}_s^x]$$
$$= E[f(\xi(t+s, x))|\xi(s, x)]$$
$$= E[f(\xi(t, y))]|_{y=\xi(s,x)}$$
$$= E_y[f(\tilde{\xi}(t))]|_{y=\xi(s,x)}.$$

因此

$$E_x[f(\tilde{\xi}(t+s))|\mathscr{G}_s] = E_y[f(\tilde{\xi}(t))]|_{y=\tilde{\xi}(s)}.$$

所以 $\{\tilde{\xi}(\cdot), P_x\}$ 为 Markov 过程, 且若 $\xi(t, x)$ 的转移概率为 $P(\cdot, \cdot, \cdot)$, 则 $\forall A \in \mathscr{E}$,

$$P_{\tilde{\xi}(s)}(\tilde{\xi}(t+s) \in A) = P(t, \tilde{\xi}(s), A).$$

因此 $\{\tilde{\xi}(\cdot), P_x\}$ 的转移概率也为 $P(\cdot, \cdot, \cdot)$. $\{\tilde{\xi}(\cdot), P_x\}$ 称为联系于 Markov 族 $\{\xi(\cdot, x), P\}$ 的 Markov 过程.

Markov 族与联系于它的 Markov 过程实际上是看同一个东西的不同观点, 本质上没有差异. 但在具体问题的处理上可能有方便与麻烦、得心应手与不知如何下手之分, 因问题而异, 因人而异.

5.4 扩展 Markov 性与强 Markov 族

首先, 如同 Brown 运动一样, 我们再来证明一般的 Markov 过程的所谓 "扩展 Markov 性".

设 $(\xi_t, \mathscr{F}_t)$ 为 Markov 过程. 回忆

$$\mathscr{F}_{t+} := \cap_{u>t}\mathscr{F}_u.$$

我们有:

定理 5.4.1　$(\xi(t,x), \mathscr{F}_{t+})$ 是 Markov 过程.

由于这个结果, 我们可以在此郑重说明: 此后在碰到 Markov 过程时, 自动认为 $(\mathscr{F}_t)$ 右连续: 如果它不右连续, 我们就用 $(\mathscr{F}_{t+})$ 代替它, 强迫它右连续. 因此鞅论中所使用的所谓 "通常条件" 对 Markov 族来说依然是 "通常条件", 即它是一个很自然很容易满足的条件.

或问了: 既然如此, 为什么在 Markov 性的定义中不直接要求 $(\mathscr{F}_t)$ 右连续呢? 一定要这样做也是可以的, 但如果真这样做了的话, 往往使事情变得更复杂, 因为除非极其特别的情况, 原始的 σ-代数流 (比如一个过程 X 自己生成的 σ-代数流 $(\mathscr{F}_t^{X,0})$) 并不是自动右连续的, 哪怕这个过程的轨道是右连续的, 甚至是连续的——我们看到过, Brown 运动的情况就是如此. 而在定义中要求少一些, 现在又有了一个放之四海而皆准的定理, 岂不是可以省很多事吗?

证明　我们要证明对任意 $A \in \mathscr{F}_{t+}$, 任意 $s > 0$ 及任意有界 $\mathscr{B}$-可测函数 f,

$$E[1_A f(\xi(s+t,x))] = E\left[\int_E f(y)P(s, \xi(t,x), dy)1_A\right]. \tag{4.8}$$

任给 $\epsilon > 0$, 因为 $A \in \mathscr{F}_{t+\epsilon}$, 所以由 Markov 性有

$$\begin{aligned}
&E[1_A f(\xi(s+t+\epsilon, x))]\\
&= E\left[\int_E f(y)P(s, \xi(t+\epsilon, x), dy)1_A\right]\\
&= E[T_s f(\xi(t+\epsilon, x))1_A].
\end{aligned}$$

若 f 有界连续, 令 $\epsilon \downarrow 0$ 就得到

$$E[1_A f(\xi(s+t,x))] = E[T_s f(\xi(t,x))1_A]. \tag{4.9}$$

对 $B \in \mathscr{E}$, 令

$$\begin{aligned}
\mu(B) &= E[1_A 1_B(\xi(s+t,x))],\\
\mu'(B) &= E[T_s 1_B(\xi(t,x))1_A].
\end{aligned}$$

易证它们都是 $(E, \mathscr{E})$ 上的概率测度, 且 (4.9) 说明, 对任意有界连续函数 f,

$$\int_E f d\mu = \int_E f d\mu'.$$

于是由下面的引理, $\mu \equiv \mu'$. 从而由单调类定理, (4.9) 对一般的有界可测函数 f 成立. □

引理 5.4.2 设 μ 与 μ' 是 $(E, \mathscr{E})$ 上的两个有限测度. 若对任意有界连续函数 f 有

$$\int_E f(x)\mu(dx) = \int_E f(x)\mu'(dx),$$

则 $\mu \equiv \mu'$.

证明 以 ρ 表示 E 上的一个度量. 令

$$\rho(x, \Gamma) := \inf\{\rho(x, y) : y \in \Gamma\}.$$

则 $\rho(\cdot, \Gamma)$ 为有界连续函数. 设 Γ 为闭集, 则

$$x \in \Gamma \Longleftrightarrow \rho(x, \Gamma) = 0.$$

令

$$f_n(x) := \exp\{-n\rho(x, \Gamma)\}.$$

则 f_n 为连续函数. 这样就有

$$\int_E f_n(x)\mu(dx) = \int_E f_n(x)\mu'(dx).$$

但 $f_n \downarrow 1_\Gamma$, 因此由单调收敛定理,

$$\mu(\Gamma) = \mu'(\Gamma).$$

所以 μ 与 μ' 在闭集上相等, 从而由单调类定理, $\mu \equiv \mu'$. □

由此, 由单调类定理, 我们有

命题 5.4.3 设 $F \in \sigma(\xi(t, x), t \geqslant s)$, 则

$$E[F|\mathscr{F}_{s+}] = E[F|\xi(s, x)].$$

特别地, 取 $s = 0$, 因为 $\xi(0, x) = x$, 所以

$$E[F|\mathscr{F}_{0+}] = E[F].$$

这个命题的一个直接推论是下面的:

推论 5.4.4 (Blumenthal 0-1 律) 设 $A \in \bigcap_{t>0}\sigma(\xi(t, x))$. 则

$$P(A) = 0 \text{ 或 } 1.$$

证明　因为

$$1_A = E[1_A|\mathscr{F}_{0+}] = E[1_A] = P(A) \text{ a.s.},$$

所以 $P(A) = 0$ 或 1.　　　　　　　　　　　　　　　　　　　　　　　　□

这个推论的好玩之处在于, 由它可以推出诸如

$$\left\{\limsup_{t\downarrow 0} \frac{\xi(t,x) - x}{f(t)} > a\right\}$$

之类的事件发生的概率非 0 即 1, 其中 f 为确定性函数. 由于这个事件不属于 $\mathscr{F}_0$, 因此谅你不敢吹牛说这是显然的.

Markov 族定义中的核心之条款是第五款. 通俗地说, 此款是说对未来状态的预测, 基于到现在为止所有信息的判断 (即在 $\mathscr{F}_s$ 下的条件期望), 与只基于现在的信息 (即 $\xi(s,x)$ 下的条件期望) 是一致的. 也就是说, 知道了现在, 过去和将来是独立的.

这里 "现在" 是某个确定的时刻, 对每条轨道都是一样的. 但在很多问题中不同的轨道却有不同的 "现在", 例如, 如果将轨道到达某一点或某一集合的时间视为 "现在" 的话 (在推导 Brown 运动的极大值的分布的时候就是如此, 一旦过了这个 "现在", 就需要对轨道进行翻转即做镜面反射), 那这个 "现在" 当然会依赖于轨道, 即是随机的. 那么, 请问: 对随机的 "现在", 还有 Markov 性吗?

本节就是要证明对于我们所讨论的连续过程, 如果这个 "现在" 是停时的话, 那么 Markov 性依然保持. 这就是所谓的强 Markov 性. 实际上, 沿用上节的记号, 我们可以证明:

定理 5.4.5 (强 Markov 性)　设 f 是有界可测函数, τ 为停时, $\eta \in \mathscr{F}_\tau$ 为非负随机变量. 则

$$E[f(\xi(\tau+\eta,x))1_{\tau+\eta<\infty}|\mathscr{F}_\tau] = \{1_{\tau+\eta<\infty}E[f(\xi(s,y))]\}_{s=\eta,y=\xi(\tau,x)}.$$

特别地, 若 $\tau + \eta < \infty$ a.s., 则

$$E[f(\xi(\tau+\eta,x))|\mathscr{F}_\tau] = E[f(\xi(s,y))]|_{s=\eta,y=\xi(\tau,x)}.$$

证明　依据从简单到复杂, 从特殊到一般的原则, 我们将证明分为几个阶段, 而分阶段地进行——请仔细品味这里的思想和细节, 它们在很多问题中均适用.

1. 设 f 是有界连续函数.

1) 设 τ, η 都只取可数个值, 譬如

$$\tau \in \{t_1, t_2, \cdots\} \cup \{\infty\}, \quad \eta \in \{s_1, s_2, \cdots\} \cup \{\infty\}.$$

则

$$E[f(\xi(\tau+\eta,x))1_{\tau+\eta<\infty}|\mathscr{F}_\tau]$$

$$=E\left[\sum_{m,n=1}^\infty f(\xi(t_m+s_n,x))1_{\tau=t_m,\eta=s_n}\,\bigg|\,\mathscr{F}_\tau\right]$$

$$=\sum_{m,n=1}^\infty 1_{\tau=t_m,\eta=s_n}E[f(\xi(t_m+s_n,x))|\mathscr{F}_\tau]$$

$$=\sum_{m,n=1}^\infty 1_{\tau=t_m,\eta=s_n}E[f(\xi(t_m+s_n,x))|\mathscr{F}_{t_m}]$$

$$=\sum_{m,n=1}^\infty 1_{\tau=t_m,\eta=s_n}E[f(\xi(s_n,y))]|_{y=\xi(t_m,x)}$$

$$=1_{\tau+\eta<\infty}E[f(\xi(s,y))]|_{s=\eta,y=\xi(\tau,x)}.$$

2) τ 是任意停时, η 只取可数个值.

令 $\tau_n:=2^{-n}([2^n\tau]+1)$. 则 τ_n 为停时且 $\tau_n\downarrow\tau$. 因此由上一步

$$E[f(\xi(\tau_n+\eta,x))1_{\tau_n+\eta<\infty}|\mathscr{F}_{\tau_n}]=\{1_{\tau_n+\eta<\infty}E[f(\xi(s,y))]\}_{s=\eta,y=\xi(\tau_n,x)}.$$

但显然 $1_{\tau_n+\eta<\infty}=1_{\tau+\eta<\infty}$, 故

$$E[f(\xi(\tau_n+\eta),x)1_{\tau+\eta<\infty}|\mathscr{F}_{\tau_n}]=\{1_{\tau+\eta<\infty}E[f(\xi(s,y))]\}_{s=\eta,y=\xi(\tau_n,x)}$$

$$=\{1_{\tau+\eta<\infty}T_sf(y)\}_{s=\eta,y=\xi(\tau_n,x)}.$$

两边取对 $\mathscr{F}_\tau$ 的条件期望, 得

$$E[f(\xi(\tau_n+\eta,x))1_{\tau+\eta<\infty}|\mathscr{F}_\tau]=E[1_{\tau+\eta<\infty}\{T_sf(y)\}_{s=\eta,y=\xi(\tau_n,x)}|\mathscr{F}_\tau].$$

令 $n\to\infty$. 此时左边收敛到 $E[f(\xi(\tau+\eta,x))1_{\tau+\eta<\infty}|\mathscr{F}_\tau]$; 而由命题 5.3.3, $T_sf(y)$ 是 y 的有界连续函数, 故

$$\lim_{n\to\infty}\{T_sf(y)\}_{s=\eta,y=\xi(\tau_n,x)}=\{T_sf(y)\}_{s=\eta,y=\xi(\tau,x)}.$$

因此右边收敛于

$$E[1_{\tau+\eta<\infty}\{E[f(\xi(s,y))]\}_{s=\eta,y=\xi(\tau,x)}|\mathscr{F}_\tau]=1_{\tau+\eta<\infty}\{E[f(\xi(s,y))]\}_{s=\eta,y=\xi(\tau,x)}.$$

故此时等式仍然成立.

3) τ 与 η 均任意.

令 $\eta_n := 2^{-n}([2^n\eta] + 1)$, 则由上一步

$$E[f(\xi(\tau + \eta_n, x))1_{\tau+\eta_n<\infty}|\mathscr{F}_\tau] = \{1_{\tau+\eta_n<\infty}E[f(\xi(s,y))]\}_{s=\eta_n,y=\xi(\tau,x)}.$$

但 $1_{\tau+\eta_n<\infty} = 1_{\tau+\eta<\infty}$, 故

$$E[f(\xi(\tau + \eta_n, x))1_{\tau+\eta<\infty}|\mathscr{F}_\tau] = \{1_{\tau+\eta<\infty}E[f(\xi(s,y))]\}_{s=\eta_n,y=\xi(\tau,x)}.$$

令 $n \to \infty$ 即得

$$E[f(\xi(\tau + \eta, x))1_{\tau+\eta<\infty}|\mathscr{F}_\tau] = \{1_{\tau+\eta<\infty}E[f(\xi(s,y))]\}_{s=\eta,y=\xi(\tau,x)}.$$

2. 设 Γ 是闭集. 令

$$\rho(x,\Gamma) := \inf\{\rho(x,y) : y \in \Gamma\},$$
$$f_n(x) := e^{-n\rho(x,\Gamma)}.$$

则 f_n 是有界连续函数且 $1 \geqslant f_n \downarrow 1_\Gamma$. 因此由上一步及控制收敛定理, 等式对 $f = 1_\Gamma$ 成立.

3. 最后, 由单调类定理, 等式对任意有界可测函数 f 成立.　□

下面这个推论在形式上比上述定理更一般, 往往用起来也更加方便.

推论 5.4.6　设 $F : [0,\infty) \times E \mapsto \mathbb{R}$ 为有界 $\mathscr{B}([0,\infty)) \times \mathscr{E}/\mathscr{B}$-可测, τ 为停时, $\eta_1, \theta_1 \in \mathscr{F}_\tau$. 则

$$E[F(\eta_1, \xi(\tau + \theta_1, x))1_{\tau+\theta_1<\infty}|\mathscr{F}_\tau] = 1_{\tau+\theta_1<\infty}E[F(s_1, \xi(t_1, y))]|_{s_1=\eta_1,t_1=\theta_1,y=\xi(\tau,x)}.$$

一般地, 对任意正整数 k, 若 $\eta_i, \theta_i \in \mathscr{F}_\tau, \forall i = 1, \cdots, k$, $F_i : [0,\infty) \times E \mapsto \mathbb{R}$ 为有界 $\mathscr{B}([0,\infty)) \times \mathscr{E}/\mathscr{B}$-可测, $\forall i = 1, \cdots, k$, 则

$$E\left[\prod_{i=1}^{k} F_i(\eta_i, \xi(\tau + \theta_i, x))1_{\tau+\theta_i<\infty}\bigg|\mathscr{F}_\tau\right]$$
$$= \prod_{i=1}^{k} 1_{\tau+\theta_i<\infty}E[F(s_i, \xi(t_i, y))]|_{s_i=\eta_i,t_i=\theta_i,y=\xi(\tau,x)}.$$

证明　以 $k = 1$ 为例, 一般情况类似. 若

$$F_1(t,x) = f(t)g(x),$$

则直接用上定理的结论和 $f(\eta_1) \in \mathscr{F}_\tau$ 这一事实. 一般情况用单调类定理.　□

5.5 强 Markov 性的两个应用

本节我们介绍强 Markov 性的两个应用.

5.5.1 Dynkin 公式

设 $f \in C_b(E)$. 对 $\lambda > 0$, 令

$$R_\lambda f(x) := \int_0^\infty e^{-\lambda t} T_t f(x) dt.$$

由控制收敛定理, 仍然有 $R_\lambda f \in C_b(E)$.

我们有

定理 5.5.1 (Dynkin 公式) $\forall f \in C_b(E)$, $x \in E$, $\lambda > 0$, 以及任意停时 τ, 有

$$R_\lambda f(x) = E\left[\int_0^\tau e^{-\lambda t} f(\xi(t,x)) dt\right] + T_\tau^\lambda R_\lambda f(x),$$

其中对任意 $h \in C_b(E)$,

$$T_\tau^\lambda h(x) := E\left[e^{-\lambda\tau} h(\xi(\tau,x)) 1_{\tau<\infty}\right].$$

证明   如果结论对有限停时成立, 一般情况取 $\tau_n := \tau \wedge n$, 对 τ_n 用此结论, 然后令 $n \to \infty$ 即可.

因此假设 τ 为有限停时. 我们有

$$R_\lambda f(x) = E\left[\int_0^\infty e^{-\lambda t} f(\xi(t,x)) dt\right]$$
$$= E\left[\int_0^\tau e^{-\lambda t} f(\xi(t,x)) dt\right] + E\left[\int_\tau^\infty e^{-\lambda t} f(\xi(t,x)) dt\right].$$

而由强 Markov 性有

$$E\left[\int_\tau^\infty e^{-\lambda t} f(\xi(t,x)) dt\right]$$
$$= E\left[\int_0^\infty e^{-\lambda(\tau+t)} f(\xi(\tau+t,x)) dt\right]$$
$$= E\left[E\left(\int_0^\infty e^{-\lambda(\tau+t)} f(\xi(\tau+t,x)) dt\bigg|\mathscr{F}_\tau\right)\right]$$
$$= E\left[e^{-\lambda\tau} E\left(\int_0^\infty e^{-\lambda t} f(\xi(\tau+t,x)) dt\bigg|\mathscr{F}_\tau\right)\right]$$
$$= E\left[e^{-\lambda\tau} E\left(\int_0^\infty e^{-\lambda t} f(\xi(t,y)) dt\right)\bigg|_{y=\xi(\tau,x)}\right]$$
$$= E[e^{-\lambda\tau} R_\lambda f(\xi(\tau,x))]. \qquad \square$$

利用 Dynkin 公式, 可以将 Markov 族与鞅联系起来. 具体地说, 对任意固定的 $\lambda > 0$, 令

$$M_t^\lambda := \int_0^t e^{-\lambda s} f(\xi(s,x)) ds + e^{-\lambda t} R_\lambda f(\xi(t,x)).$$

显然 M^λ 为连续适应过程. 由上面的 Dynkin 公式, 对任意有限停时 τ 有

$$E[M_\tau^\lambda] = R_\lambda f(x).$$

因此我们有

推论 5.5.2　$(M^\lambda, (\mathscr{F}_t))$ 为鞅.

5.5.2　Kolmogorov-Itô 不等式

下面我们利用强 Markov 性来证明关于 Markov 过程的 Kolmogorov-Itô 不等式.

设 $\{X(t,x)\}$ 是取值于 Polish 空间 (E,d) 的 Markov 族, 其中 d 是 E 的度量. $\forall x \in E$, 令

$$B(x,\epsilon) := \{y : d(y,x) < \epsilon\},$$
$$\alpha(t,\epsilon) := \sup_{x \in E} P(X(t,x) \in B(x,\epsilon)^c).$$

我们有

定理 5.5.3　设

$$\lim_{t \downarrow 0} \alpha(t,\epsilon) = 0, \quad \forall \epsilon > 0.$$

则 $\forall \epsilon > 0, \exists \delta > 0$, 使得对任意 $0 \leqslant t - s < \delta$ 及 $x \in E$ 有

$$P\left(\sup_{s \leqslant u,v \leqslant t} d(X(u,x), X(v,x)) > 4\epsilon\right) \leqslant 4P(d(X(s,x), X(t,x)) > \epsilon).$$

这个定理告诉我们, 在一定条件下, 只要你把一个 Markov 过程的首尾两端的距离控制住了, 那么中间任意两点的波动也就控制住了——这和独立随机变量和时的 Kolmogorov 不等式及鞅时的 Kolmogorov-Doob 不等式具有异曲同工之妙.

证明　定理的条件相当于说

$$\lim_{t \downarrow 0} \inf_{x \in E} P(X(t,x) \in B(x,\epsilon)) = 1.$$

故可取 $\delta > 0$ 使

$$\inf_{x \in E} P(X(t,x) \in B(x,\epsilon)) > \frac{1}{2}, \quad \forall t < \delta.$$

令

$$\sigma_x := \inf\{u : X(u, x) \in B(x, 2\epsilon)^c\}.$$

则

$$\{\sigma_x < t - s\} = \{\sup_{0 \leqslant u < t-s} d(X(u, x), x) > 2\epsilon\}.$$

因为

$$P(X(t - s, x) \in B(x, \epsilon)^c)$$
$$\geqslant P(X(t - s, x) \in B(x, \epsilon)^c, \sigma_x < t - s)$$
$$\geqslant P(X(\sigma_x, x) \in B(x, 2\epsilon)^c, \sigma_x < t - s, X(t - s - \sigma_x, X(\sigma_x, x)) \in B(X(\sigma_x, x), \epsilon))$$
$$= E[1_{X(\sigma_x, x) \in B(x, 2\epsilon)^c, \sigma_x < t-s} P(X(u, y) \in B(y, \epsilon))|_{u=t-s-\sigma_x, y=X(\sigma_x, x)}]$$
$$\geqslant \frac{1}{2} E[1_{X(\sigma_x, x) \in B(x, 2\epsilon)^c, \sigma_x < t-s}]$$
$$= \frac{1}{2} P(X(\sigma_x, x) \in B(x, 2\epsilon)^c, \sigma_x < t - s)$$
$$= \frac{1}{2} P(\sigma_x < t - s),$$

即

$$P\left(\sup_{0 \leqslant u < t-s} d(X(u, x), x) > 2\epsilon\right) \leqslant 2P(X(t - s, x) \in B(x, \epsilon)^c), \tag{5.10}$$

所以

$$P\left(\sup_{0 \leqslant u, v < t-s} d(X(u, x), X(v, x)) > 4\epsilon\right)$$
$$\leqslant P\left(\sup_{0 \leqslant u < t-s} d(X(u, x), x) > 2\epsilon\right) + P\left(\sup_{0 \leqslant v < t-s} d(X(v, x), x) > 2\epsilon\right)$$
$$\leqslant 4P(X(t - s, x) \in B(x, \epsilon)^c).$$

于是由 Markov 性

$$P\left(\sup_{s \leqslant u, v < t} d(X(u, x), X(v, x)) > 4\epsilon\right)$$
$$= E\left[P\left(\sup_{0 \leqslant u, v < t-s} d(X(u, y), X(v, X(s, y))) > 4\epsilon\right)\bigg|_{y=X(s,x)}\right]$$
$$\leqslant E[4P(X(t - s, y) \in B(y, \epsilon)^c)|_{y=X(s,x)}]$$
$$= 4P(d(X(t, x), X(s, x)) > \epsilon). \qquad \square$$

由此可以获得下面的一致随机连续模估计.

推论 5.5.4　保持上一定理的记号及条件. 设 $T > 0$, 令

$$f(x,\delta,\epsilon) := \sup_{|s-t|\leqslant\delta,s,t\in[0,T]} P(d(X(s,x),X(t,x)) > \epsilon).$$

则存在常数 C 使得

$$P(\sup_{|s-t|\leqslant\delta,s,t\in[0,T]} d(X(s,x),X(t,x)) > \epsilon) \leqslant C\delta^{-1}f(x,\delta,\epsilon), \quad \forall x \in E, \delta > 0.$$

证明　以 $[r]$ 表示实数 r 的整数部分, 并令

$$\delta_n := \frac{n}{2}\delta \wedge T.$$

我们有

$$P\left(\sup_{|s-t|\leqslant\delta,s,t\in[0,T]} d(X(s,x),X(t,x)) > 4\epsilon\right)$$

$$\leqslant P\left(\sup_{n=0,\cdots,[2T\delta^{-1}]}\sup_{s,t\in[\delta_n,\delta_{n+2}]} d(X(s,x),X(t,x)) > 4\epsilon\right)$$

$$\leqslant 4[2T\delta^{-1}]\sup_{n=0,\cdots,T[2T\delta^{-1}]} P(d(X(\delta_n,x),X(\delta_{n+2},x)) > \epsilon)$$

$$\leqslant 8T\delta^{-1}f(x,\delta,\epsilon). \qquad \square$$

5.6　与 Markov 过程联系的半群

半群是泛函分析理论的重要分支, 在偏微分方程等领域有广泛的应用 (例如见 [54, 83]). 同样, 在 Markov 过程理论中, 它也起着重要的甚至是不可替代的作用, 其详细系统的叙述可见例如 [15, 16]. 本节介绍这方面最基本的概念和结果.

设 $(X(t,x))$ 为 Markov 族, 状态空间为 $(E,\mathscr{E})$, 转移函数为 $P(t,x,\Gamma)$.
令

$$B := \{f \in \mathscr{B} : \|f\| := \sup_{x\in E}|f(x)| < \infty\}.$$

则 B 为 Banach 空间. 像 5.3 节一样, 定义算子 $B \mapsto B$ 如下

$$T_tf(x) := \int_E P(t,x,dy)f(y) = E[f(X(t,x))].$$

我们首先有:

命题 5.6.1　(T_t) 有如下性质.

(a) $T_t : B \mapsto B$ 为压缩线性算子, 即 $\|T_tf\| \leqslant \|f\|, \forall f \in B$;

(b) T_t 为正算子, 即若 $f \geqslant 0$, 则 $T_tf \geqslant 0$;

(c) $T_t 1 \equiv 1$;

(d) $T_0 = I$ (恒等算子);

(e) $T_{t+s} = T_t T_s$ (半群性质);

(f) 设 $f \in B$ 且 f 连续, 则 $\forall t \geqslant 0$, $T_t f$ 也连续且 $\lim_{t \to 0} T_t f(x) = f(x)$, $\forall x$.

这些性质几乎是自明的. 比如我们看 (e): 对任意 $f \in B$, 由 Markov 性有

$$T_{t+s} f(x) = E[f(X(t+s,x))] = E[E[f(X(t+s,x))|\mathscr{F}_t]]$$
$$= E[E[f(X(s,y))]|_{y=X(t,x)}] = T_t(T_s f)(x).$$

其他几式更简单一些.

因为上面的性质 (e), $\{T_t\}$ 称为 (联系于 X 的) 算子半群, 这里 "半" 是指 t 限于 $t \geqslant 0$, 即 $\mathbb{R}_+$, $\mathbb{R}$ 的一半. 关于这个名词的另一种合理的解释是相对于群, 这里的算子没有逆元, 因此只有群的一半性质.

半群 $\{T_t\}$ 的无穷小生成元, 或简称生成元, 是定义在 B 的子集

$$D := \{f : \lim_{t \downarrow 0} t^{-1}(T_t f - f) \text{在 } B \text{ 中强收敛}\}$$

上的算子 L:

$$Lf := \lim_{t \downarrow 0} t^{-1}(T_t f - f) = \left. \frac{d^+}{dt} T_t f \right|_{t=0}.$$

如果用过程 X 表示, 则写为

$$Lf(x) = \lim_{t \downarrow 0} t^{-1} E[f(X(t,x)) - f(x)].$$

注意这里我们要求 Lf 的两个表达式中右边的两个单边极限关于 x 都是一致的.

一般来说, 要精确地找出 D 是相当困难的, 如果不是不可能的话. 更现实的目标是找出 D 的一个稠密子集, 或者间接地看看它会包含一些什么元素.

我们先看几个简单的例子.

例 5.6.2 设 $(E, \mathscr{E}) = (\mathbb{R}, \mathscr{B})$, $X(t,x) = t + x$ 是确定性过程, 则

$$T_t f(x) = f(x+t),$$
$$D = \{f : f, f' \text{有界且一致连续}\}.$$

$$Lf(x) = \lim_{t \downarrow 0} t^{-1}(f(x+t) - f(x)) = \frac{d^+}{dx} f(x) = f'(x).$$

事实上, 首先, 设 f' 有界且一致连续, 则由中值定理直接看出 $f \in D$.

其次, 设 $f \in D$, 则存在 $g \in B$ 使得

$$\limsup_{t \downarrow 0} \sup_{x \in \mathbb{R}} \left| \frac{f(x+t) - f(x)}{t} - g(x) \right| = 0. \tag{6.11}$$

故 $\forall x$,

$$f'_+(x) = g(x).$$

由于 (6.11) 中的极限是一致的且 $\sup_{x \in \mathbb{R}} |g(x)| < \infty$, 易证 f 必为一致连续, 因此对任意 $t > 0$, 函数

$$\frac{f(x+t) - f(x)}{t}$$

一致连续. 再次利用收敛的一致性, 这又进一步说明 f 的左导数也存在, 也等于 g, 且 g 一致连续.

这就证明了我们的论断. 同时, 通过这个证明我们也看到, 即使这样一个极其简单, 几乎是再简单不过的例子, 要确定它的无穷小算子的定义域也不是一眼就能看穿的. 要知道, 这里的运动是确定性的, 在时间和空间的每一点都是匀速的. 同样是确定性运动, 如果没有这种匀速性就确定不了了.

例 5.6.3　设 $b: \mathbb{R}^n \to \mathbb{R}^n$ 有界且 Lipschitz 连续, $X(\cdot, x)$ 是方程

$$X(t,x)' = b(X(t,x)), \quad X(0,x) = x$$

的唯一解, $T_t f(x) = f(X(t,x))$. 若 f 及其所有一阶导数均有界且一致连续, 则 $f \in D$ 且

$$Lf(x) = \sum_{i=1}^{n} b^i(x) \frac{\partial f}{\partial x^i}(x).$$

这里同样是确定性运动, 但我们这里并没有说若 $f \in D$, 则 f 的所有一阶导数均有界连续. 所以我们并没有确定 D. 也许你不信邪, 愿意试试?

例 5.6.4　设 B 为从零点出发的 n 维 Brown 运动, $X(t,x) = B_t + x$.

$$T_t f(x) = E[f(B_t + x)] = \frac{1}{(2\pi)^{\frac{n}{2}}} \int_{\mathbb{R}^n} f(x + y\sqrt{t}) \exp\left\{-\frac{1}{2}\|y\|^2\right\} dy.$$

以 $C_u^2(\mathbb{R}^n)$ 表示所有二阶导数有界且一致连续的函数全体. 若 $f \in C_u^2(\mathbb{R}^n)$, 将 $f(x + y\sqrt{t})$ 在 x 处 Taylor 展开到二次项, 易得

$$\lim_{t \downarrow 0} \sup_{x \in \mathbb{R}^n} \left| \frac{T_t f(x) - f(x)}{t} - \frac{1}{2}\Delta f(x) \right| = 0.$$

因此 $C_u^2(\mathbb{R}^n) \subset D$ 且对 $f \in C_u^2(\mathbb{R}^n)$, $Lf = \frac{1}{2}\Delta f$.

例 5.6.5　设 $X(t,x)$ 是 O-U 过程. 由 (3.7) 知 $\left(\text{取 } \sigma = 1, c = \frac{1}{2}\right)$,

$$T_t f(x) = \int_{-\infty}^{\infty} f(xe^{-\frac{1}{2}t} + \sqrt{1 - e^{-t}}y)\mu(dy).$$

这个半群称为 O-U 半群. 同样用 Taylor 公式展开到二次项, 易证, $C_b^2(\mathbb{R}) \subset D$ 且对 $f \in C_b^2(\mathbb{R})$,

$$Lf = \frac{1}{2}f''(x) - \frac{1}{2}xf'(x).$$

这个算子称为 O-U 算子. 当然, 我们只考虑了一维情况; 多维乃至无穷维空间上的 O-U 半群及算子可见 [25, 49, 50, 67].

显然, D 为线性空间. 但 D 一般说来不是闭的. 那么问题来了: D 在 B 中稠密吗? 如果不是, 它的闭包有多大?

首先, 上面的第一个例子已经击破了 D 在 B 中稠密的梦想, 因为 D 中的元素都是一致连续的, 所以它的闭包的元素也必然是一致连续的, 故不可能是 B, 远远不是 B.

为研究它的闭包, 定义

$$B_0 := \{f : \lim_{t \downarrow 0} \|T_t f - f\| = 0\}.$$

显然, 第一, 由 T_t 的半群性及压缩性可见 $T_t(B_0) \subset B_0$; 第二, $f \in B_0$ 等价于 $\mathbb{R}_+$ 到 B_0 的映射 $s \mapsto T_s f$ 是连续的. 用泛函分析的语言, 就是说, 限制在 B_0 上, $\{T_t\}$ 是强连续半群.

下面的例子说明一般说来 B_0 不是 B: 设 $X(t, x)$ 对任何 t, x 有分布密度. 令

$$f(x) = \begin{cases} 1, & x = 0, \\ 0, & x \neq 0, \end{cases}$$

则 $T_t f \equiv 0, \forall t > 0$. 所以不会有 $\|T_t f - f\| \to 0$.

那么, B_0 会不会太小, 以至于没有什么用处呢? 下面的结果告诉我们, 不会发生这种情况.

引理 5.6.6 我们有:

1. B_0 是 B 的闭子空间 (因而也是 Banach 空间).

2. $D, LD \subset B_0$.

3. 以 D_n 表示 L^n 的定义域, 则 $\bigcap_{n=1}^{\infty} D_n$ 在 B_0 中稠密.

证明 1. 易见 B_0 是线性空间. 往证它是闭的. 设 $f_n \in B_0$ 且 $\|f_n - f\| \to 0$, 则由三角不等式及 T_t 的压缩性有

$$\|T_t f - f\| \leqslant \|T_t f - T_t f_n\| + \|T_t f_n - f_n\| + \|f_n - f\|$$
$$\leqslant \|T_t f_n - f_n\| + 2\|f_n - f\|.$$

所以

$$\limsup_{t\downarrow 0}\|T_tf - f\| \leqslant \limsup_{t\downarrow 0}(\|T_tf_n - f_n\| + 2\|f_n - f\|)$$
$$\leqslant 2\|f_n - f\|.$$

再令 $n \to \infty$ 即得

$$\limsup_{t\downarrow 0}\|T_tf - f\| = 0.$$

2. 下面证明第二个结论. 设 $f \in D$, 则

$$\|t^{-1}(T_tf - f)\| = O(1), \qquad t \to 0.$$

所以

$$\|T_tf - f\| = O(t), \qquad t \to 0.$$

于是 $f \in B_0$. 又

$$\|T_sT_tf - T_tf\| = \|T_t(T_sf - f)\| \leqslant \|T_sf - f\| = O(s),$$

所以 $T_tf \in B_0$. 于是由 B_0 为 Banach 空间, 有

$$Lf = \lim_{t\downarrow 0}t^{-1}(T_tf - f) \in B_0.$$

3. 最后我们证明第三个结论. 以 $\mathscr{D}$ 表示支集位于 $(0,\infty)$ 之内的具有紧支集的无穷次可微实值函数全体. 设 $f \in B_0, \varphi \in \mathscr{D}$. 令

$$F(f,\varphi) := \int_0^\infty \varphi(s)T_sf ds.$$

这里右边的积分理解为 Bochner 积分. 显然 $F(f,\varphi) \in B$, 且对 $t > 0$ 有

$$\frac{T_t - I}{t}F(f,\varphi) = \frac{1}{t}\int_0^\infty \varphi(s)(T_{s+t}f - T_sf)ds$$
$$= \int_0^\infty \frac{1}{t}[\varphi(s - t) - \varphi(s)]T_sf ds.$$

由控制收敛定理有

$$LF(f,\varphi) = \lim_{t\downarrow 0}\frac{T_t - I}{t}F(f,\varphi) = -\int_0^\infty \varphi'(s)T_sf ds.$$

所以 $F(f,\varphi) \in D$. 又显然 $\varphi' \in \mathscr{D}$, 所以 $F(f,\varphi) \in D_2$ 且

$$L^2F(f,\varphi) = \int_0^\infty \varphi''(s)T_sf ds.$$

以此类推, 得 $F(f, \varphi) \in \bigcap_{n=1}^{\infty} D_n$.

以 B_1 表示所有这样的 $F(f, \varphi)$ 张成的线性空间, 则 $B_1 \subset \bigcap_{n=1}^{\infty} D_n$. 往证 B_1 在 B_0 中稠密. 若否, 则由 Hahn-Banach 定理知存在 $\mu \in B_0^*$, $\mu \neq 0$, 使得 $\mu(g) = 0$, $\forall g \in B_1$. 因此

$$\int_0^\infty \varphi(s)\mu(T_s f) ds = \mu\left(\int_0^\infty \varphi(s)(T_s f) ds\right) = 0, \quad \forall f \in B_0, \ \varphi \in \mathscr{D}.$$

由于 $s \mapsto \mu(T_s f)$ 连续, 故此函数必恒为零. 于是 $\mu(f) = \mu(T_0 f) = 0$. 然而 $f \in B_0$ 是任意的, μ 是非零的, 所以这是不可能的. □

定理 5.6.7 若 $f \in D$, 则 $T_t f \in D$ 且

$$LT_t f = T_t L f = \frac{d}{dt} T_t f, \quad \forall t > 0.$$

证明

$$\|s^{-1}(T_s T_t f - T_t f) - T_t L f\|$$
$$= \|T_t(s^{-1}(T_s f - f) - Lf)\|$$
$$\leqslant \|s^{-1}(T_s f - f) - Lf\| = o(1), \qquad s \downarrow 0.$$

所以 $T_t f \in D$ 且 $LT_t f = T_t L f = \frac{d^+}{dt} T_t f$.

下面证明

$$\frac{d^-}{dt} T_t f = T_t L f. \tag{6.12}$$

为此我们注意对 $s > 0$,

$$\|(-s)^{-1}(T_{t-s} f - T_t f) - T_t L f\|$$
$$\leqslant \|(-s)^{-1}(T_{t-s} f - T_t f) - T_{t-s} L f\| + \|T_{t-s} L f - T_t L f\|$$
$$\leqslant \|(s)^{-1}(T_s f - f) - Lf\| + \|Lf - T_s L f\|.$$

因为 $f \in D$, 所以

$$\lim_{s \to 0} \|s^{-1}(T_s f - f) - Lf\| = 0.$$

因为 $Lf \in B_0$, 所以

$$\lim_{s \to 0} \|Lf - T_s L f\| = 0.$$

这样最后得到 (6.12). □

由于 $t \mapsto T_t L f$ 连续, 所以可将上述定理写为积分形式

$$T_t f = f + \int_0^t L T_s f ds = f + \int_0^t T_s L f ds. \tag{6.13}$$

这个定理表明, 当 $f \in D$ 时, $\{T_t f\}$ 满足一个微分方程. 稍后我们将给出这个结果的一个概率解释.

B_0 到底有多大? 这依赖于 X 的轨道性质. 见习题 33 与习题 34.

此外, 我们有下面的最大值原理.

定理 5.6.8   设 $f \in D$ 且在 $x \in E$ 处取得最大值, 则 $Lf(x) \leqslant 0$.

证明   因为

$$f(X(t,x)) \leqslant f(x),$$

所以

$$E[f(X(t,x))] \leqslant f(x).$$

于是

$$Lf(x) = \lim_{t \downarrow 0} t^{-1}(E[f(X(t,x))] - f(x)) \leqslant 0. \qquad \square$$

也许你会由此联想起数学分析里的二阶导数和极值的关系? 或者二阶椭圆算子的极大值原理?

5.7   由生成元确定 Markov 过程

在 5.6 节我们看到, 由 Markov 族可决定一个无穷小生成元. 那么, 这个映射是否为单射? 也就是说, 是否可能有两个不同——指具有不同的分布——的 Markov 过程, 它们有着同样的生成元? 如果不可能的话, 那么生成元是怎么样, 即通过什么途径, 以什么方式, 决定 Markov 过程的? 或至少是什么分布的?

对于确定性运动来说, 这是经典力学的典型问题: 由一个物体在无穷小时间内的运动特征, 勾画出它的运动全貌. 对这一问题的研究直接推动牛顿建立了微积分学.

对于随机运动来说, 这自然也是一个极其重要的问题. 从分布角度看, William Feller 借助于分析学家所建立的半群理论这个有力工具, 透彻地研究了这个问题. 通过引入半群理论, Feller 改变了 Markov 过程整个领域的面貌, 并同时丰富了半群理论自身 (见 [18]); 从轨道的角度看, 这个问题推动 Kiyosi Itô(伊藤清) 建立了随机积分和随机微分方程的理论, 并以此为基石发展起来随机分析这门学科. 由于这项别开生面视角的工作, 在获得 Wolf 奖时, Itô 得到了实至名归的评价——随机王国的牛顿. 在后面几章, 我们将初步介绍这一理论.

本节我们简要地——极其简要地——介绍 Feller 引领的方向, 即怎么利用半群理论来解决从无穷小运动出发确定过程的分布问题. 这个问题当然等价于由生成元是否可以决定转移概率的问题, 或者说可以解出转移概率的问题. 为研究这个问题, 我们从所谓预解式开始.

对一个 Markov 过程 $X(t,x)$ 的算子半群 T_t, 我们定义它的 Laplace 变换:

$$R_\lambda f := \int_0^\infty e^{-\lambda t} T_t f dt,$$

即 $\forall x \in X$,

$$R_\lambda f(x) := \int_0^\infty e^{-\lambda t} T_t f(x) dt. \tag{7.14}$$

这个积分是有意义的, 因为 $X(t,x,\omega)$ 是联合可测的, 故 $P(t,x,\Gamma)$ 关于 (t,x) 是二元可测的. 因此, 由单调类定理可证, 对任意 $f \in B$,

$$T_t f(x) = \int P(t,x,dy) f(y)$$

也是关于 (t,x) 二元可测的. 又由于 $\forall x \in X$,

$$|T_t f(x)| \leqslant \|T_t f\| \leqslant \|f\|,$$

所以积分 (7.14) 在 B 中收敛且

$$|R_\lambda f(x)| \leqslant \lambda^{-1} \|f\|, \quad \forall x.$$

另外由 Fubini 定理, $R_\lambda f \in \mathscr{B}$. 又极易直接验证 $R_\lambda f \in B_0$, 且

$$\|R_\lambda f\| \leqslant \int_0^\infty e^{-\lambda t} \|f\| dt = \lambda^{-1} \|f\|.$$

因而

$$R_\lambda : B \to B_0$$

为有界线性算子且

$$\|R_\lambda\| \leqslant \lambda^{-1}.$$

这一族算子 $\{R_\lambda, \lambda > 0\}$ 称为半群 $\{T_t\}$ 的预解式. 如果用过程表示, 则是

$$R_\lambda f(x) = \int_0^\infty e^{-\lambda t} E[f(X(t,x))] dt = E\left[\int_0^\infty e^{-\lambda t} f(X(t,x)) dt\right].$$

所以这是一个我们在 Dynkin 公式里面已经碰到过了的东西.

由定理 5.6.7, 形式上 T_t 满足方程

$$\frac{d}{dt}T_t = LT_t.$$

因此形式上有

$$T_t = e^{tL}.$$

从而

$$\begin{aligned}
R_\lambda &= \int_0^\infty e^{-\lambda t}T_t dt \\
&= \int_0^\infty e^{-\lambda t}e^{tL} dt \\
&= \int_0^\infty e^{-(\lambda-L)t} dt \\
&= (\lambda - L)^{-1}.
\end{aligned}$$

这个形式上的推理可用下面的方式严格证明.

命题 5.7.1　　$R_\lambda : B_0 \to D$ 且

$$R_\lambda = (\lambda - L)^{-1}. \tag{7.15}$$

证明　　要证明: 1. 对 $f \in B_0$, $R_\lambda f \in D$ 且 $(\lambda - L)R_\lambda f = f$; 2. 对 $f \in D$, $R_\lambda(\lambda f - Lf) = f$.

首先, 对 $f \in B_0$, 根据链导法则, 有

$$\begin{aligned}
LR_\lambda f &= \lim_{s\downarrow 0} s^{-1}[T_s R_\lambda f - R_\lambda f] \\
&= \lim_{s\downarrow 0} s^{-1}\left[e^{\lambda s}\int_s^\infty e^{-\lambda t}T_t f dt - \int_0^\infty e^{-\lambda t}T_t f dt\right] \\
&= \lambda R_\lambda f - f,
\end{aligned}$$

故 $(\lambda - L)R_\lambda f = f$.

其次, 对 $f \in D$, 根据分部积分, 有

$$\begin{aligned}
R_\lambda Lf &= \int_0^\infty e^{-\lambda t}T_t Lf dt \\
&= \int_0^\infty e^{-\lambda t}\frac{d}{dt}T_t f dt \\
&= e^{-\lambda t}T_t f|_0^\infty - \int_0^\infty T_t f \frac{d}{dt}e^{-\lambda t} dt \\
&= -f + \lambda R_\lambda f.
\end{aligned}$$

故 $R_\lambda(\lambda - L)f = f$.　　□

由这个命题我们可以看出 "预解" 这个词的来由: 有了 L, 就有 $\lambda - L$; 有了 $\lambda - L$, 就有 $R_\lambda = (\lambda - L)^{-1}$. 由于 $R_\lambda f$ 是 $T_t f$ 的 Laplace 变换, 所以 $T_t f$ "可以从 R_λ 解出". 从而 R_λ 是从 L 解出 T_t 的预备步骤.

但这里 "可以解出" 是打了引号的, 因为在 t 的零测集上改变 $T_t f$ 的值, 不会影响其 Laplace 变换. 但是, 如果我们进一步要求 $t \mapsto T_t f$ 连续, 就可以完全彻底地解出 $T_t f$ 了. 这就解释了我们引进 B_0 的另一个理由: 当 $f \in B_0$ 时, $t \mapsto T_t f$ 是连续的.

不过, 解出了 $T_t f$ 就一定可以决定转移概率本身吗? 当然未必! 这里 "可以决定" 的条件是, B_0 在 B 中要足够多. 然而, 这里的 "足够多" 不必在 B 范数的意义下, 而是可以在弱一些的意义下. 例如, 如果 E 是 Polish 空间, B_0 包含了 E 上的有界一致连续函数全体, 那么 B_0 就足够多了. 事实上, 对任何闭集 A, 都可以找到有界一致连续函数列 $\{f_n\}$, 使得 $f_n \downarrow 1_A$ 点点成立. 因此由控制收敛定理

$$P(t, x, A) = \lim_{n \to \infty} T_t f_n(x),$$

故 $P(t, x, A)$ 被唯一决定了. 最后根据测度扩张定理, 转移概率 P 整个地就被唯一决定了.

从定理的证明中我们还可以看出

推论 5.7.2

$$D = R_\lambda B_0 \quad \forall \lambda.$$

证明   只需注意对任意 $f \in D$,

$$R_\lambda(\lambda f - Lf) = f$$

及 (引理 5.6.6)

$$D, LD \subset B_0. \qquad \qquad \square$$

另外还有

推论 5.7.3   预解式满足如下的预解方程

$$R_\mu R_\lambda f = (\mu - \lambda)^{-1}[R_\lambda f - R_\mu f], \qquad \lambda \neq \mu.$$

证明   因为 $R_\mu R_\lambda = R_\lambda R_\mu$, 故

$$R_\lambda f - R_\mu f = (\mu - L)R_\mu R_\lambda f - (\lambda - L)R_\lambda R_\mu f$$

$$= (\mu - \lambda)R_\mu R_\lambda f. \qquad \qquad \square$$

我们注意到上面的证明与证明

$$\frac{1}{(\mu-a)(\lambda-a)} = \left(\frac{1}{\lambda-a} - \frac{1}{\mu-a}\right)(\mu-\lambda)^{-1}$$

的思路是完全一样的.

我们在此只谈了唯一性问题, 即半群由其生成元唯一确定. 至于存在性问题, 即给定一个算子, 什么时候它是一个半群的生成元的问题, 那是一个更复杂更困难因而也更著名的问题, 回答这个问题的是所谓 Hille-Yosida 定理, 见 [23, 54], 我们在此就不多谈了.

5.8　Markov 过程与鞅

Markov 过程不必是鞅, 鞅也不必是 Markov 过程, 但 Markov 过程与鞅有千丝万缕的联系. 首先, 诚如 Dynkin 公式的推论所表明的, Markov 过程通过其半群、其预解式、其生成元联系着鞅; 其次, 下面的定理也展示了另外一种联系. 但是, 在叙述定理之前, 我们先看看藏在定理背后的思想.

任何一个过程 ξ 在每一个小区间 $[t, t+dt]$ 上的增量都可分解为两部分:

$$\begin{aligned}
d\xi(t) &= \xi(t+dt) - \xi(t) \\
&= \xi(t+dt) - E[\xi(t+dt)|\mathscr{F}_t] + E[\xi(t+dt)|\mathscr{F}_t] - \xi_t \\
&= dI_1(t) + dI_2(t).
\end{aligned}$$

由于

$$E[dI_1(t)|\mathscr{F}_t] = 0,$$

所以 $dI_1(t)$ 是鞅的增量. 当我们试图把这些小区间上的增量累加起来时, 左边无疑是收敛的, 且极限就是 $\xi(\cdot)$, 故右边的两项要么都收敛要么都不收敛. 因此, 这两项中, 只要有一项收敛, 另外一项当然也就被迫收敛.

考虑 $\xi(t) = f(X(t,x))$ 的情况, 其中 X 是 Markov 族, 其半群为 T_t, $f \in D$. 此时

$$dI_2(t) = T_{dt}f(X(t,x)) - f(X(t,x)) = Lf(X(t,x))dt.$$

因此可以对它求和. 于是也可以对 $dI_1(t)$ 求和, 且其和为鞅. 也就是说, 求和之后我们得到了分解

$$f(X(t,x)) = 鞅 + \int_0^t Lf(X(s,x))ds.$$

下面就是这个结果的严格叙述和证明. 实际上我们做得更多一些: 我们计算了鞅部分的平方变差.

定理 5.8.1   设 $f \in D$, 则 $\forall x$,

$$M_f(t) := f(X(t,x)) - \int_0^t Lf(X(s,x))ds$$

为有界鞅. 若 $f, f^2, g^2, fg \in D$, 则

$$[M_f, M_g](t) = \int_0^t \Gamma(f,g)(X(s,x))ds,$$

其中

$$\Gamma(f,g) := L(fg) - fLg - gLf.$$

证明   由于

$$T_s f = f + \int_0^s T_r(Lf)dr,$$

所以

$$
\begin{aligned}
&E[f(X(t+s,x))|\mathscr{F}_t]\\
=&T_s f(X(t,x))\\
=&f(X(t,x)) + \int_0^s T_r(Lf)(X(t,x))dr.
\end{aligned}
$$

而

$$
\begin{aligned}
&E\left[\int_t^{t+s} Lf(X(r,x))dr \,\middle|\, \mathscr{F}_t\right]\\
=&\int_t^{t+s} E[Lf(X(r,x))|\mathscr{F}_t]dr\\
=&\int_t^{t+s} T_{r-t}(Lf)(X(t,x))dr\\
=&\int_0^s T_r(Lf)(X(t,x))dr.
\end{aligned}
$$

因此

$$E\left[f(X(t+s,x)) - \int_0^{t+s} Lf(X(r,x))dr \,\middle|\, \mathscr{F}_t\right] = f(X(t,x)) - \int_0^t Lf(X(r,x))dr.$$

所以 M_f 为鞅.

下面证明第二个结论. 首先注意

$$M_f(t)^2 = f(X(t,x))^2 - 2f(X(t,x))\int_0^t Lf(X(s,x))ds + \left(\int_0^t Lf(X(s,x))ds\right)^2$$

$$= f(X(t,x))^2 - 2M_f(t)\int_0^t Lf(X(s,x))ds - \left(\int_0^t Lf(X(s,x))ds\right)^2.$$

由后面要讲的分部积分公式 (没有逻辑循环问题, 放心使用), 有

$$M_f(t)\int_0^t Lf(X(s,x))ds$$

$$=鞅 + \int_0^t M_f(s)Lf(X(s,x))ds$$

$$=鞅 + \int_0^t fLf(X(s,x))ds$$

$$- \int_0^t \left(\int_0^s Lf(X(u,x))du\right) Lf(X(s,x))ds$$

$$=鞅 + \int_0^t fLf(X(s,x))ds$$

$$- \frac{1}{2}\left(\int_0^t Lf(X(s,x))ds\right)^2.$$

又

$$f(X(t,x))^2 = 鞅 + \int_0^t Lf^2(X(s,x))ds.$$

因此

$$M_f^2(t) = 鞅 + \int_0^t (Lf^2 - 2fLf)(X(s,x))ds.$$

所以在 $f=g$ 的情况下证明了第二个结论. 一般情况用公式

$$fg = \frac{(f+g)^2}{4} - \frac{(f-g)^2}{4}$$

及 L 的线性性推出. □

你一定察觉到了, 本定理第一部分实际的证明与前面所谈到的它应该成立的理由是不一致的. 那么, 你也许愿意试试按这个理由给出一个不同的证明?

设 $f \in D$. 按此定理, 对任意 x, 有

$$f(X(t,x)) = M_f(t) + \int_0^t Lf(X(s,x))ds.$$

就是说, 我们把过程 $t \mapsto f(X(t,x))$ 分解成了两部分: 第一部分的轨道不规则, 但有良好的概率性质 (是鞅); 第二部分的轨道很规则, 是一个连续函数的不定积分. 如果我们在这个等式两边取期望, 并在右边交换积分号和期望号, 就得到了

$$T_t f(x) = \int_0^t T_s(Lf)(x)ds + f(x),$$

而这正是半群的基本性质 (6.13), 是我们的出发点. 我们从而画了一个漂亮的圆.

5.9 初始分布为任意概率测度的 Markov 过程

从 Markov 族出发, 我们也可以构造初始分布为给定测度的 Markov 过程. 具体地说, 设 μ 是 $(E, \mathscr{E})$ 上的概率测度, $X(t, x)$ 为概率空间 $(\Omega, (\mathscr{F}_t), \mathscr{F}, P)$ 上的 Markov 族. 取分布为 μ 且与 $(\mathscr{F}_t)$ 独立的随机变量 ξ. 注意 ξ 也许本来就可以在 Ω 上取得, 那是再好不过了, 但一般是不可以的. 不过即使不可以也没有关系, 我们总可以将概率空间扩大, 使得 ξ 总可以在这个扩展概率空间上取得 (想想怎么扩大法?). 令

$$Y(t) = X(t, \xi).$$

则 $Y(0) = \xi$. 因此直觉上我们希望 Y 为从 ξ 出发的 Markov 过程. 为此, 有两个问题需要解决.

第一, 这个复合有意义吗? 也就是说, 它是一个确定的随机变量吗?

因为对固定的 t, $(x, \omega) \mapsto X_t(x, \omega)$ 是二元可测的, 而 $\omega \mapsto (\xi(\omega), \omega)$ 是可测的, 所以 $X_t(\xi(\omega), \omega)$ 的确是一个随机变量. 实际上, 它是 $\mathscr{F}_t \vee \sigma(\xi)$-可测的. 而且很清楚, 若 $\xi_1 = \xi_2$ a.s., 则利用独立性可知 $X_t(\xi_1) = X_t(\xi_2)$ a.s.. 因此它是一个确定的随机变量, 不会因取 ξ 的不同版本而不同.

第二, 我们需要验证 Markov 性. 我们的精确描述是: $(Y_t, \mathscr{F}_t \vee \sigma(\xi))$ 是 Markov 过程.

事实上我们有, 对任意 $s < t$, $F \in b\mathscr{E}$,

$$
\begin{aligned}
&E[F(Y_t)|\mathscr{F}_s \vee \sigma(\xi)] \\
&= E[F(X_t(\xi))|\mathscr{F}_s \vee \sigma(\xi)] \\
&= E[F(X_t(y))|\mathscr{F}_s \vee \sigma(\xi)]|_{y=\xi} \text{ (因为 } \xi \in \mathscr{F}_s \vee \sigma(\xi)) \\
&= E[F(X_t(y))|\mathscr{F}_s]|_{y=\xi} \text{ (因为 } X_t(y) \text{ 与 } \xi \text{ 独立)} \\
&= \int F(z) P(t-s, X_s(y), dz)|_{y=\xi} \text{ (Markov 性)} \\
&= \int F(z) P(t-s, Y_s, dz).
\end{aligned}
$$

因为这最后一项关于 Y_s 可测, 所以 Y 的初始分布为 μ 且是与 X 具有相同的转移概率的 Markov 过程.

如果对任意 t, Y_t 的分布都为 μ, 则 μ 称为 Y 的平稳分布, Y 称为平稳 Markov 过程.

设 Y_0 的分布为 μ, 则 Y_t 的分布为

$$\mu_t(A) = \int P(t, x, A)\mu(dx),\ A \in \mathscr{E}.$$

因此 Y 为平稳过程且 μ 为 Y 的平稳分布的充要条件为

$$\mu(A) = \int P(t, x, A)\mu(dx), \quad \forall t \geqslant 0, A \in \mathscr{E}.$$

这又等价于: 对任意 $t \geqslant 0, f \in b\mathscr{E}$, 有

$$\int f(x)\mu(dx) = \int \mu(dx) \int f(y) P(t, x, dy)$$
$$= \int E[f(X(t, x))]\mu(dx).$$

我们来看一个具体例子.

例 5.9.1　设 $X(t, x)$ 是 O-U 过程, ξ 是与 X 独立的标准 Gauss 变量. 令

$$\xi_t := X(t, \xi).$$

则 $\forall f \in b\mathscr{B}$,

$$E[f(\xi_t)] = \int_{-\infty}^{\infty} \mu(dx) \int_{-\infty}^{\infty} f(xe^{-\frac{1}{2}t} + \sqrt{1 - e^{-t}}y)\mu(dy),$$

其中 μ 是标准 Gauss 测度. 由于映射

$$\mathbb{R}^2 \ni (x, y) \mapsto xe^{-\frac{1}{2}t} + \sqrt{1 - e^{-t}}y \in \mathbb{R},$$

将 $\mu \times \mu$ 映成 μ, 所以

$$E[f(\xi_t)] = \int_{-\infty}^{\infty} f(x)\mu(dx).$$

因此 μ 是 ξ_t 的平稳分布.

我们注意到在上例中,

$$E[f(X(t, x))] = \int_{-\infty}^{\infty} f(xe^{-\frac{1}{2}t} + \sqrt{1 - e^{-t}}y)\mu(dy).$$

因此若 f 有界连续, 则对 $X(t, x)$ 的分布 $\nu_{t, x}$ 而言, 有

$$\lim_{t \to \infty} \int f(y)\nu_{t, x}(dy) = \lim_{t \to \infty} E[f(X(t, x))]$$
$$= \int f(y)\mu(dy),\ \forall x.$$

即平稳分布 μ 为 $X(t, x)$ 的分布的在 $t \to \infty$ 时的对于所有 x 的公共弱极限. 这一现象不是偶然的. 事实上我们可以证明如下的

定理 5.9.2 设 ν 为 $(E, \mathscr{E})$ 上的概率测度. 令 ν_t 为

$$\int f(x)\nu_t(dx) = \frac{1}{t}\int_0^t ds \int E[f(X(s, x))]\nu(dx), \quad f \in C_b(E)$$

所决定的测度. 若 μ 为 $t \to \infty$ 时 ν_t 的一个弱极限点, 则 μ 为 Y 的平稳分布.

证明 设序列 $t_n \uparrow \infty$ 使得 $\mu_n := \nu_{t_n} \xrightarrow{\text{weak}} \mu$. 则 $\forall f \in C_b(E)$, 有

$$\begin{aligned}
E[Y_t] &= \int E[f(X(t, x))]\mu(dx) \\
&= \lim_{n \to \infty} \int E[f(X(t, x))]\mu_n(dx) \\
&= \lim_{n \to \infty} \frac{1}{t_n} \int_0^{t_n} \int E[E[f(X(s, y))]|_{y=X(t,x)}]\nu(dx)ds \\
&= \lim_{n \to \infty} \frac{1}{t_n} \int_0^{t_n} \int E[f(X(s+t, x))]\nu(dx)ds \\
&= \lim_{n \to \infty} \frac{1}{t_n} \int_t^{t+t_n} \int E[f(X(s, x))]\nu(dx)ds \\
&= \lim_{n \to \infty} \frac{1}{t_n} \int_0^{t_n} \int E[f(X(s, x))]\nu(dx)ds \\
&= \int f(x)\mu(dx).
\end{aligned}$$

因此 μ 是平稳分布. □

由此得到 (道理你懂的, 我们就不说了):

推论 5.9.3 设 $X(t, x)$ 是 Markov 族, ν, μ 为 $(E, \mathscr{E})$ 上的概率测度, 满足

$$\lim_{t \to \infty} \int E[f(X(t, x))]\nu(dx) = \int f(x)\mu(dx), \quad \forall f \in C_b(E);$$

ξ 是与 X 独立的随机变量, 分布为 μ. 则 $Y_t := X(t, \xi)$ 为平稳 Markov 过程, 其平稳分布为 μ.

一般地, 若 μ 为测度 (不一定是概率测度, 甚至不一定是有限测度), 满足

$$\int P(t, x, B)\mu(dx) = \mu(B),$$

则 μ 称为 $\{P_t\}$ 的不变测度.

关于平稳分布及不变测度的更多讨论, 可见例如 [11, 36].

5.10　紧空间上的 Markov 族

现在假设 E 是紧度量空间. 此空间上的 Markov 族有很多良好的性质.

以 $C(E)$ 表示 E 上的连续函数全体. 由于 E 是紧的, 所以 $C(E)$ 中的元素都是有界的. 我们曾经看到过, 在一般的理论中, 开始引入的有界可测函数全体构成的空间 B 后来其实是无关紧要的, 倒是使得 $\lim_{t\downarrow0}\|T_tf-f\|=0$ 的所有 f 构成的集合 B_0 起着重要的作用, 但要确定 B_0 又不是一件容易的事. 现在我们要证明, 在紧空间上, 如果我们一开始就抛弃 B 而从 $C(E)$ 出发, 则相应的 B_0 就是 $C(E)$ 本身.

在 $C(E)$ 上定义范数:

$$\|f\| := \sup_{x\in E}|f(x)|.$$

则在此范数下, $C(E)$ 是可分 Banach 空间. 我们有

命题 5.10.1　$\forall t>0, T_t(C(E))\subset C(E)$, 且

$$\lim_{t\downarrow0}\|T_tf-f\|=0, \quad \forall f\in C(E). \tag{10.16}$$

证明　设 $f\in C(E)$. $\forall t>0$, 注意

$$T_tf(x)=E[f(X(t,x))].$$

由于 $x\mapsto X(t,x)$ 弱连续, 故

$$\lim_{y\to x}T_tf(y)=\lim_{x\to y}E[f(X(t,y))]=T_tf(x).$$

所以 $T_tf\in C(E)$.

下面证明 (10.16). 令

$$B_0:=\{f:\lim_{t\downarrow0}\|T_tf-f\|=0\}.$$

由 Hille-Yosida 定理 (见 [83]), $\forall\lambda>0$,

$$B_0=\overline{R_\lambda C(E)}.$$

设 $B_0\neq C(E)$. 于是由 Hahn-Banach 定理 (见 [83]) 和 Radon-Riesz 定理 (见 [60]), 存在 $(E,\mathscr{E})$ 上的非零测度 μ, 使得

$$\int_E \lambda R_\lambda f(x)\mu(dx)=0, \quad \forall f\in C(E).$$

另一方面, $\forall f \in C(E)$, 由控制收敛定理,

$$\lim_{t \to 0} T_t f(x) = \lim_{t \to 0} E[f(X(t,x))] = f(x), \quad \forall x.$$

因此, 还是由控制收敛定理

$$\lambda R_\lambda f(x) = \int_0^\infty e^{-t} T_{t\lambda^{-1}} f(x) dt \to f(x), \quad \lambda \to \infty.$$

再注意

$$\|\lambda R_\lambda f\| \leqslant \|f\|.$$

故最后一次用控制收敛定理知

$$\int_E f(x)\mu(dx) = \lim_{\lambda \to \infty} \int_E \lambda R_\lambda f(x)\mu(dx) = 0.$$

由于 μ 非零, 这是一个矛盾. □

现在我们回过头去看定理 5.5.3. 在那里我们提出了一个条件

$$\lim_{t \downarrow 0} \alpha(t, \epsilon) = 0, \quad \forall \epsilon > 0. \tag{10.17}$$

现在我们证明, 在紧空间上, 这个条件是永远满足的. 事实上, 任意固定 $\epsilon > 0$, 且先暂时固定 $x \in E$. $\forall \epsilon' > 0$, 取连续函数 f 使得 $0 \leqslant f \leqslant 1$ 且

$$f = \begin{cases} 0, & \text{在 } \overline{B\left(x, \dfrac{\epsilon}{3}\right)} \text{ 上,} \\ 1, & \text{在 } B\left(x, \dfrac{2\epsilon}{3}\right)^c \text{ 上.} \end{cases}$$

由上一命题, $\lim_{t \downarrow 0} \|T_t f - f\| = 0$, 因而可取 $\delta(x) > 0$ 使得

$$\|T_t f - f\| < \epsilon', \quad \forall 0 \leqslant t < \delta(x).$$

由于在 $\overline{B\left(x, \dfrac{\epsilon}{3}\right)}$ 上 f 恒为零, 故

$$0 \leqslant T_t f(y) < \epsilon', \quad \forall y \in \overline{B\left(x, \dfrac{\epsilon}{3}\right)}, \quad 0 \leqslant t < \delta(x).$$

但显然

$$y \in \overline{B\left(x, \dfrac{\epsilon}{3}\right)}, z \in B(y, \epsilon)^c \implies z \in B\left(x, \dfrac{2\epsilon}{3}\right)^c \implies f(z) = 1,$$

故 $y \in \overline{B\left(x, \dfrac{\epsilon}{3}\right)}$ 时有

$$\epsilon' > T_t f(y) = \int_E f(z) P(t, y, dz) \geqslant P(t, y, B(y, \epsilon)^c).$$

由于 E 紧, 所以存在 $x_1, \cdots, x_n$ 使得 $E = \bigcup_{i=1}^{n} B\left(x_i, \dfrac{\epsilon}{3}\right)$. 令 $\delta := \min_{1 \leqslant i \leqslant n} \delta(x_i)$ 即得

$$P(t, x, B(x, \epsilon)^c) < \epsilon', \quad \forall 0 \leqslant t \leqslant \delta, \ x \in E.$$

所以 (10.17) 成立.

由此可知, 在紧空间上, Kolmogorov-Itô 不等式是永远成立的.

习　题　5

1. 设 $\mathscr{F}$ 为可列生成的 σ-代数, 其原子为 A_i, $i = 1, 2, \cdots$, $P(A_i) > 0, \forall i$. 证明: 随机变量 ξ, η 关于 $\mathscr{F}$ 条件独立的充要条件是: 对任意有界 Borel 函数 f, g 有

$$E[f(\xi)g(\eta)1_{A_i}] = E[f(\xi)1_{A_i}]E[g(\eta)1_{A_i}]P^{-1}(A_i), \ \forall i.$$

2. 证明下面关于条件概率与条件期望的有用的事实.

(a) 设 A, B, C 是三个事件, $P(AC) > 0$. 证明在给定 A 时, B 与 C 条件独立 (即 $P(BC|A) = P(B|A)P(C|A)$) 的充要条件是 $P(B|A) = P(B|AC)$.

(b) 设 $\mathscr{F}, \mathscr{G}, \mathscr{H}$ 是 σ-代数. 证明: $\mathscr{F}$ 与 $\mathscr{G}$ 在给定 $\mathscr{H}$ 时条件独立的充要条件是: $\forall f \in b\mathscr{F}$,

$$E[f|\mathscr{H}] = E[f|\mathscr{H} \vee \mathscr{G}].$$

(c) 证明: 过程 X 为 Markov 过程的充要条件是: $\forall t > 0$, $\forall f \in b\sigma(X_s, s \leqslant t)$, $g \in b\sigma(X_s, s \geqslant t)$,

$$E[fg|X_t] = E[f|X_t]E[g|X_t].$$

3. 设 $X = (X^1, X^2)$ 是 Markov 链, 状态空间分别是 $\{x_i\}$ 与 $\{y_i\}$, $s < t < u$. 设 X_s^1 与 X_s^2 独立, 且已知 X_t 时, (X_u^1, X_u^2) 条件独立. 设 $A_1 = \{X_s^1 = x_i\}$, $A_2 = \{X_s^2 = y_j\}$, $A_3 = \{X_t = (x_k, y_l)\}$, $A_4 = \{X_u^1 = x_m\}$, $A_5 = \{X_u^2 = y_n\}$. 记

$$p_1 = P(A_1), \quad p_2 = P(A_2), \quad p_3 = P(A_3|A_1A_2),$$

$$p_4 = P(A_4|A_3), \quad p_5 = P(A_5|A_3).$$

设 $P(A_1A_2A_3) > 0$. 求 $P(A_1A_2A_3A_4A_5)$.

4. 证明 Brown 运动是 Markov 过程并找出它的转移概率.

5. 设 $\xi_1, \xi_2, \cdots, \xi_n, \cdots$ 为实值独立同分布随机变量, 其共同的分布密度是 $p(x), \xi_0 = 0$. 判断下面的过程是否为 Markov 链并证明你的结论.

(a) $\xi(n, x) = \xi_n + x$;

(b) $S_n(x) := x + \sum_{k=0}^{n} \xi_k$;

(c) $(S_1)^+, \cdots, (S_n)^+, \cdots$;

(d) $\eta_0, \eta_1, \eta_2, \cdots, \eta_n, \cdots$, 其中 $\eta_n = \max\{S_0, S_1, \cdots, S_n\}$;

(e) $(\eta_0, S_0), \cdots, (\eta_n, S_n), \cdots$.

对是 Markov 链者, 找出其 "一步" 转移函数 $P(n, x, n+1, \Gamma)$.

6. 设 (ξ_n) 是实值 Markov 链, $P(n, x, m, \Gamma)$ 是其转移概率, μ 是 ξ_0 的分布. 设 A 为 $n+1$-维 Borel 集. 求 $P((\xi_0, \xi_1, \cdots, \xi_n) \in A)$ (用转移函数 P 及初始分布 μ 表示).

7. 设 $(E_i, \mathscr{E}_i)$ 为可测空间, $i = 1, 2$, $\{\eta_n\}$ 是独立随机变量序列, 值空间为 $(E_1, \mathscr{E}_1)$. 设 $\forall n, f_n \in \mathscr{E}_2 \times \mathscr{E}_1/\mathscr{E}_2$ $(f_0 \in \mathscr{E}_1/\mathscr{E}_2)$. 归纳地定义

$$\xi_0 := f_0(\eta_0), \quad \xi_{n+1} := f_n(\xi_n, \eta_{n+1}), \quad n = 0, 1, 2, \cdots.$$

证明 $\{\xi_n\}$ 为 Markov 链.

8. 设 X 为 Gauss 过程. 证明 X 为 Markov 过程的充要条件是: $\forall n, \forall 0 \leqslant s_1 < s_2 < \cdots < s_n < t$,

$$E[X_t|X_{s_1}, \cdots, X_{s_n}] = E[X_t|X_{s_n}].$$

9. 设 X, Y 为取值于同一状态空间的过程 (可能定义在不同的概率空间上). 证明: 若 X, Y 同分布且 X 为 Markov 过程, 则 Y 也为 Markov 过程.

10. 设 $(X_t, 0 \leqslant t \leqslant T)$ 为 Markov 过程, $Y_t := X_{T-t}$. 证明 $(Y_t, 0 \leqslant t \leqslant T)$ 为 Markov 过程, 并说明 X 的转移概率与 Y 的转移概率的关系.

11. 设 X 为 Markov 过程, $f_1 \in b\mathscr{F}_t$, $f_2 \in b\mathscr{F}_t^t$, $f_3 \in b\mathscr{F}^t$. 在 $\mathscr{F}_t$ 上定义测度

$$\mu(A) := E[f_1 1_A].$$

证明:

$$E[f_1 f_2 f_3] = \int f_2 E_{t, X_t}[f_3] d\mu.$$

12. 设 (w_t^1, w_t^2) 为二维 Brown 运动, $\xi = w^1 + w^2$, $t_0 \in [0, \infty)$. 证明: 对任意 $t_0 \in [0, \infty)$, 给定 ξ_{t_0}, $w_{t_0}^1$ 与 $\sigma(\xi_t, t \geqslant 0)$ 是条件独立的.

13. 证明下列结论.

(a) 设 P, Q 是定义在 $(\Omega, \mathscr{F})$ 上的两个等价概率测度, $\mathscr{G}$ 是 $\mathscr{F}$ 的子 σ-代数. 令

$$\frac{dQ}{dP} = \rho, \quad \frac{dQ|_{\mathscr{G}}}{dP|_{\mathscr{G}}} = \rho_1.$$

证明: $\rho_1 = E^P[\rho|\mathscr{G}]$ 且对任意 $\xi \in b\mathscr{F}$,

$$E^Q[\xi|\mathscr{G}] = \rho_1^{-1} E^P[\rho\xi|\mathscr{G}].$$

(b) 设 $(\Omega, \mathscr{F}_T, (\mathscr{F}_t), P)$ 是赋流概率空间, Q 是与 P 等价的概率测度且

$$\frac{dQ}{dP} = \rho.$$

令

$$\rho_t := \frac{dQ|_{\mathscr{F}_t}}{dP|_{\mathscr{F}_t}}.$$

证明 $(\rho_t, \mathscr{F}_t)$ 是鞅.

(c) 接上一问题. 设 $\{X_t, t \in [0,T]\}$ 是定义在 $(\Omega, \mathscr{F}_T, (\mathscr{F}_t), P)$ 上的 Markov 过程且 $\mathscr{F}_t = \sigma(X_s, s \leqslant t)$. 设 ρ_t 满足: 对任意 $s < t$, 有 $\rho_{s,t} \in \mathscr{F}_t^s$ 使得

$$\rho_t = \rho_s \cdot \rho_{s,t}.$$

证明: 在概率空间 $(\Omega, \mathscr{F}_T, (\mathscr{F}_t), Q)$ 上, X 依然是 Markov 过程.

14. 设 ξ_t 是实值平稳独立增量过程. 令

$$\xi(t,x) := x + \xi_t, \quad x \in \mathbb{R}.$$

证明 $\xi(t,x)$ 为 Markov 族.

15. 设 $X(t,x,\omega)$ 为定义在概率空间 $(\Omega, \mathscr{F}, P)$ 上、取值于 $(E, \mathscr{E})$ 的 Markov 族. 令

$$\Omega' := \Omega \times X, \quad X'(t, (\omega, x)) := X(t, x, \omega).$$

并定义概率

$$P_x(X'(t_1) \in \Gamma_1, \cdots, X'(t_n)\Gamma_n) := P(X(t_1, x) \in \Gamma_1, \cdots, X(t_n, x) \in \Gamma_n),$$

其中 $n \in \mathbb{N}_+$, $t_i \in \mathbb{R}_+$, $\Gamma_i \in \mathscr{E}$. 证明 (X'_t, P_x) 为 Markov 过程.

16. 证明下列结论.

(a) 设 X, Y 为同一个概率空间上关于同一个流 $(\mathscr{F}_t)$ 的 Markov 族, 相互独立, 状态空间分别为 E_1, E_2. 证明 $Z = (X, Y)$ 为取值于 $E_1 \times E_2$ 的关于 $(\mathscr{F}_t)$ 的 Markov 族.

(b) 设 X 为关于 $(\mathscr{F}_t)$ 的 Markov 族, $(\mathscr{G}_t)$ 为与 $(\mathscr{F}_t)$ 独立的另一流. 证明 X 为关于 $(\mathscr{F}_t \vee \mathscr{G}_t)$ 的 Markov 族.

(c) 设 X, Y 独立, 且各自为关于自身 σ-代数流的 Markov 族. 证明 (X, Y) 依然为关于自身 σ-代数流的 Markov 族.

17. 设 F 为 $C(\mathbb{R}_+, E)$ 上的有界 Borel 函数, $\xi_t(x)$ 是取值于 E 的 Markov 族.

(a) 证明 $(t,x) \mapsto E[F(\xi(t + \cdot, x))]$ 为 (t,x) 的二元 Borel 可测函数.

(b) 证明: $\forall t \geqslant 0$,

$$E[F(\xi(\cdot + t, x))|\mathscr{F}_t] = E[F(\xi(\cdot, y))]|_{y=\xi(t,x)}.$$

(c) 证明上一问题中的 t 可换为任一有限停时.

18. 设 $P(\cdot, \cdot, \cdot)$ 是某 Markov 过程的转移概率. 考虑映射

$$(x,t) \mapsto T_t f(x).$$

确定何时它是 x 的连续函数, 何时是 t 的连续函数, 何时是 (t,x) 的二元连续函数及何时是二元可测函数.

19. 设 X 为从 ξ 出发的 Markov 过程, $\xi \sim \mu$, F 为 $n+1$ 元有界可测函数, $0 < t_1 < t_2 < \cdots < t_n$. 证明:

$$E[F(X_0, X_{t_1}, \cdots, X_{t_n})]$$
$$= \int \mu(dx_0) \int P(t_1, x_0, dx_1) \cdots \int P(t_n - t_{n-1}, x_{n-1}, dx_n) F(x_0, x_1, \cdots, x_n).$$

20. 设 B 为 Brown 运动, $\xi_0 \sim N(0,1)$ 是与其独立的随机变量. $\forall x \in \mathbb{R}$, 考虑 Langevin 方程:

$$\xi_t = x + \sqrt{2}B_t - \int_0^t \xi_s ds.$$

(a) 写出方程的显式解 $\xi(t,x)$.

(b) 令 $X_t := \xi(t,\xi_0)$. 证明 X 为 Gauss 过程且和过程

$$Y_t := e^{-t}B_{e^{2t}}$$

同分布.

(c) 证明 $\xi(t,x)$ 为 Markov 族且其转移半群为

$$P_t f(x) = \int_{\mathbb{R}} f(\sqrt{1-e^{-2t}}y + e^{-t}x)\mu(dy),$$

其中 μ 为标准正态分布. 计算其生成元.

21. 设 X 是定义在 $[0,\infty) \times \Omega$ 上的函数, 且 $\forall h \in [0,\infty)$, 存在映射 $\theta_h : \Omega \mapsto \Omega$ 使得 $X(t+h,\omega) = X(t,\theta_h\omega)$——这样的映射称为推移算子. 证明:

$$\theta_h^{-1}\mathscr{F}_{\leqslant t} = \mathscr{F}_{[h,t+h]},$$
$$\theta_h^{-1}\mathscr{F}_{\geqslant t} = \mathscr{F}_{\geqslant t+h}.$$

22. 证明: 若 (ξ_t, P_x) 为齐次 Markov 过程, 则

(a) 对任意 $B \in \mathscr{F}$, $t \in [0,\infty)$, $x \in X$,

$$P_x(\theta_t^{-1}B|\mathscr{F}_{\leqslant t}) = P_{\xi_t}(B).$$

(b) 对任意 $t \in [0,\infty)$, $A \in \mathscr{F}_{\leqslant t}$, $B \in \mathscr{F}_{\geqslant t}$, $x \in X$,

$$P_x(AB|\xi_t) = P_x(A|\xi_t)P_x(B|\xi_t).$$

(c) 对任意有界 $\mathscr{F}_{\geqslant 0}$-可测函数 η,

$$E_x[\theta_t\eta|\mathscr{F}_{\leqslant t}] = E_{\xi_t}[\eta].$$

23. 设 $\xi(t,x)$ 为 Markov 族. 令

$$\tau(x) := \inf\{t : \xi(t,x) \neq x\}.$$

证明:

(a) 存在 $\lambda(x) \in [0,\infty]$, 使得 $\tau(x)$ 服从参数为 $\lambda(x)$ 的指数分布.

(b) 实际上有 $\lambda(x) \in \{0,\infty\}$.

24. 计算 Markov 族 $(|x+w_t|, x \in \mathbb{R}, t \geqslant 0)$ 的生成元, 其中 $\{w_t\}$ 为 Brown 运动.

25. 设 $\{w_t\}$ 为 Brown 运动, $X(t,x) = x + w_t$, $\tau_x = \inf\{t > 0; X(t,x) = 0\}$. 令 $Y(t,x) = X(t \wedge \tau_x, x)$. 证明 Y 为 Markov 族, 找出其转移概率和生成元.

26. 设 $\{w_t\}$ 为 d 维 Brown 运动, $w_0 = 0$, $D \subset \mathbb{R}^d$ 为有界区域, D^o 为 D 的内部, ∂D 为 D 的边界, f 为 ∂D 上的有界 Borel 可测函数. 对 $x \in D^o$, 令

$$\tau_x := \inf\{t > 0 : w_t + x \in \partial D\},$$

$$h(x) := f(w(\tau_x)).$$

证明: $\forall x \in D^o$, 当 $\delta > 0$ 足够小, 使得 $S(x, \delta) \subset D^o$ 时, 都有

$$h(x) = \int_{S(x,\delta)} h(y) d\sigma(y),$$

其中 σ 是 $S(x, \delta)$ 上的标准化 (即 $\sigma(S(x, \delta)) = 1$) 面积元.

27. 证明 $T_t 1 = 1$ 的充要条件是 $1 \in D$ 且 $L1 = 0$.

28. 设 A 是有界线性算子, 证明

$$H_t := e^{tA} := I + tA + \frac{t^2 A^2}{2} + \cdots + \frac{t^n A^n}{n!} + \cdots$$

对每一 $t \in \mathbb{R}$ 均在算子范数意义下收敛且构成算子群, 即

$$H_t H_s = H_{t+s}, \quad \forall s, t \in \mathbb{R}.$$

H_t 的无穷小算子就是 A.

29. 设 $f \in B_0$. 构造一列 $f_n \in \bigcap_{k=1}^{\infty} D_k$, 使得 $\lim_{n \to \infty} \|f_n - f\|_B = 0$.

30. 证明:

$$R_\lambda B \subset B_0,$$

$$\overline{D} = B_0,$$

$$\overline{R_\lambda B} = B_0.$$

31. 证明对任意 $f \in B_0$,

$$f = \lim_{\lambda \to \infty} \lambda R_\lambda f.$$

32. 若对任意 $\epsilon > 0$, $\lim_{h \to 0} \alpha_\epsilon(h) = 0$ ($\alpha_\epsilon(h)$ 的定义见 5.5.2 节), 则

$$\sup_x P_x(\rho(\xi_s, \xi_t) \geqslant \epsilon) \leqslant \alpha_\epsilon(t - s).$$

33. 设 X 为 Markov 族, 满足

$$\lim_{t \to 0} \sup_{x \in E} P(|X(t, x) - x| \geqslant \epsilon) = 0, \quad \forall \epsilon > 0.$$

证明: $C_b^u(E) \subset B_0$, 这里 $C_b^u(E)$ 表示 E 上有界一致连续函数全体.

34. 设 X 为取值于 $(\mathbb{R}^n, \mathscr{B}^n)$ 的 Markov 族, 满足

$$\lim_{t \to 0} \sup_{\|x\| \leqslant N} P(|X(t, x) - x| \geqslant \epsilon) = 0, \quad \forall \epsilon > 0, \forall N.$$

证明: $C_0(\mathbb{R}^n) \subset B_0$, 这里 $C_0(\mathbb{R}^n)$ 是满足

$$\lim_{\|x\| \to \infty} f(x) = 0$$

的连续函数全体.

35. 设 $b \in C_b^1(\mathbb{R}^d \mapsto \mathbb{R}^d)$, $\xi(t,x)$ 定义为方程

$$\begin{cases} \dfrac{d\xi_t}{dt} = b(\xi_t(x)), \\ \xi_0 = x \end{cases}$$

的唯一解. 再设 $f \in C^1(\mathbb{R}^d)$, 并令 $u(t,x) = f(\xi_t(x))$. 证明:

$$\frac{\partial u(t,x)}{\partial t} = b(x)\frac{\partial u(t,x)}{\partial x}.$$

36. 计算 Brown 运动的预解式.

37. 设 $X(t)$ 是取值于 $\mathbb{R}^d$ 的 Markov 过程, 生成元是 L. 证明 $Y(t) = aX(t) + b$ 是 Markov 过程并写出其生成元, 其中 $a \in \mathbb{R}$, $b \in \mathbb{R}^d$.

38. 证明: 1. Brown 运动族不可能有有限的不变测度; 2. Lebesgue 测度是它的不变测度.

第 6 章   关于 Brown 运动的随机积分

从本章开始, 我们将介绍随机积分和随机微分方程理论. 这一理论的开山鼻祖是日本数学家 Kiyosi Itô, 即伊藤清, 其核心是适应过程对 Brown 运动的积分. Itô 的原始目的也即初心是直接构造出具有给定的无穷小生成元的 Markov 过程的样本轨道, 而他的洞察力使他在达到这一目的的过程中发明制造了最好的工具, 即随机积分和随机微分方程. 如果对 Itô 的思想形成的过程感兴趣, 可参看其选集 [29] 中由 Stroock 与 Varadhan 撰写的前言.

本章设 $(\Omega, \mathscr{F}, (\mathscr{F}_t), P)$ 为满足通常条件的概率空间, $(w_t, \mathscr{F}_t)$ 为 Brown 运动 (初值不必为 0). 所谓随机积分是指形如

$$\int_0^t f_s dw_s$$

的积分, 其中 f 是随机过程. 我们已经知道, $s \mapsto w_s$ 几乎必然不是有界变差的, 因此在 Lebesgue-Stieltjes 积分意义下, 这个积分是没有定义无法定义的. 那么到底在什么意义下, 才能定义积分? 被积过程又需要满足什么条件? 定义出来的积分又有什么用处? 这就是本章及以后章节中我们关心的问题.

谁是可以积分的过程? 谁是不可以积分的过程? 这是定义随机积分时的首要问题. 试图固定 ω 后, 将 Lebesgue-Stieltjes 进行推广而定义随机积分的努力注定是徒劳的, 因为如果这种推广是可行的有用的话, 那 Lebesgue 和 Stieltjes 就不复是伟大的 Lebesgue 与 Stieltjes 了. 所以, 正确的道路只能是充分利用概率性质, 对被积过程 f 加以一定的概率意义下的限制. 这, 就是 Itô 的出发点. 现在, 让我们跟随 Itô 的脚步, 也从这里出发.

6.1   有限区间的情形

Itô 迈出的第一步是: 发现了可以定义随机积分的被积过程的本质的特征是适应性.

从现在起到正式说明为止, 我们均假定 (w_t) 是一维的, 且固定 $T \in (0, \infty)$.

定义 6.1.1 $\mathscr{L}_2$ 表示 $\Omega \times [0, T]$ 上满足条件

$$\|f\|_2^2 := E\left[\int_0^T f^2(s, \omega) ds\right] < \infty$$

的循序可测过程 f 构成的空间. f 与 f' 若满足 $\|f - f'\|_2 = 0$, 则视为相等.

由 L^2-空间的一般理论 (例如见 [60]), $\mathscr{L}_2$ 为 Hilbert 空间.

回忆一下, 若存在 $0 = t_0 < t_1 < \cdots < t_n = T$ 及 $\eta_i \in \mathscr{F}_{t_i}$ 使得

$$f(t,\omega) = \sum_{i=0}^{n-1} \eta_i(\omega) 1_{[t_i, t_{i+1})}(t),$$

其中最后一个小区间 $[t_{n-1}, t_n)$ 理解为 $[t_{n-1}, t_n]$, 则 f 称为极简过程. 以 $\mathscr{S}_0$ 表示这样的过程全体.

定义对 Brown 运动的随机积分的步骤是从极简过程的积分开始的, 这时候积分也是一个简单的 Riemann 和. 从极简过程出发构造积分是关于 Brown 运动的随机积分与后面关于一般的平方可积鞅的随机积分的一个重要区别: 在后者那里是从简单过程出发的. 这里之所以能从极简过程出发, 是因为 Brown 运动的平方变差是一个确定性函数 t, 而一般平方可积鞅 M 的平方变差是一个随机过程 $[M](t)$. 但殊途同归, 最后的结局是大家都能对循序可测过程构造积分.

定义好对极简过程的随机积分后, 需要通过取极限过渡到一般的 $\mathscr{L}_2$ 的元素的积分. 这样下面的稠密性结果就势必成为必要.

命题 6.1.2 $\mathscr{S}_0$ 在 $\mathscr{L}^2$ 中稠密.

为证此命题, 我们需要下面的引理.

引理 6.1.3 设 $f \in L^2([0,T], dt)$. 令

$$a_{n,k} := \begin{cases} 0, & k = 0, \\ \dfrac{2^n}{T} \displaystyle\int_{(k-1)2^{-n}T}^{k2^{-n}T} f(s)ds, & k = 1, \cdots, 2^n - 1; \end{cases}$$

$$f_n := \sum_{k=0}^{2^n-1} a_{n,k} 1_{[k2^{-n}T, (k+1)2^{-n}T)}(t).$$

则

$$\int_0^T |f_n|^2 dt \leqslant \int_0^T |f(t)|^2 dt,$$

且

$$\lim_{n \to \infty} \int_0^T |f - f_n|^2 dt = 0.$$

在证明它之前, 我们做一点说明. 如果在 f_n 的定义中, 将 $a_{n,k}$ 取为

$$a_{n,k} := \frac{2^n}{T} \int_{k2^{-n}T}^{(k+1)2^{-n}T} f(s)ds, \quad k = 0, \cdots, 2^n - 1,$$

那么由鞅收敛定理, 该引理的结论就是显然的. 但这样取的话, 那么在下面要给出的命题 6.1.2 的证明中所构造的逼近列就不是适应过程, 故不属于 $\mathscr{S}_0$. 所以不能这样取.

现在我们可以给出引理的证明.

证明   为简化记号, 不妨设 $T = 1$. 并 (仅在此证明中) 令 $\Omega := [0, 1]$, $\mathscr{F} := \mathscr{B}[0, 1]$, $P = dt$. 以 $\mathscr{B}_n$ 表示 $\{[k2^{-n}, (k+1)2^n), k = 0, 1, \cdots, 2^n - 1\}$ 产生的 σ-代数. 令

$$g_n(t) := \begin{cases} f(t - 2^{-n}), & t \geqslant 2^{-n}, \\ 0, & t < 2^{-n}, \end{cases}$$

则

$$f_n = E[g_n | \mathscr{B}_n].$$

因此由 Jensen 不等式

$$\int_0^1 |f_n(t)|^2 dt \leqslant \int_0^1 E[g_n^2 | \mathscr{B}_n] dt \leqslant E[g_n^2] \leqslant \int_0^1 |f(t)|^2 dt.$$

再令

$$h_n := E[f | \mathscr{B}_n].$$

同样由 Jensen 不等式有

$$\int_0^1 |f_n(t) - h_n(t)|^2 dt \leqslant \int_0^1 |f(t) - g_n(t)|^2 dt.$$

由熟知的分析性质 (你还记得吗? 也许你可以自己证证——再证证?) 有

$$\lim_{n \to \infty} \int_0^1 |f(t) - g_n(t)|^2 dt = 0.$$

又由定理 3.5.6 有

$$\lim_{n \to \infty} \int_0^1 |f(t) - h_n(t)|^2 dt = 0.$$

所以

$$\lim_{n \to \infty} \int_0^1 |f(t) - f_n(t)|^2 dt = 0. \qquad \square$$

现在可以给出命题 6.1.2 的证明.

证明　沿用上面的记号, 令

$$f_n(t,\omega) := (f(\cdot,\omega))_n(t),$$

由 Fubini 定理, 对几乎所有的 ω 上式都有意义. 由引理 6.1.3, 对这样的 ω, 有

$$\int_0^T |f_n(t,\omega)|^2 dt \leqslant \int_0^T |f(t,\omega)|^2 dt$$

且

$$\lim_{n\to\infty} \int_0^T |f_n(t,\omega) - f(t,\omega)|^2 dt = 0.$$

而

$$E\left[\int_0^T f^2(t,\omega) dt\right] < \infty,$$

所以由控制收敛定理

$$\lim_{n\to\infty} E\left[\int_0^T |f_n(t,\omega) - f(t,\omega)|^2 dt\right] = 0. \qquad \square$$

这个命题的一个直接推论是任意 $f \in \mathscr{L}_2$ 都可被视为可选过程, 即我们有:

推论 6.1.4　每一 $f \in \mathscr{L}_2$ 都存在一可选代表.

证明　设 f_n 为极简过程, 且 $\|f_n - f\|_2 \to 0$. 必要时取子列可设

$$\sum_{n=1}^{\infty} \|f_n - f\|_2 < \infty.$$

于是

$$f = \lim_{n\to\infty} f_n \quad P \times dt\text{-a.e.}.$$

再令

$$f' := \limsup_{n\to\infty} f_n.$$

由于 $\forall n$, f_n 为可选过程, 故 f' 为可选过程且 $f = f'$ $P \times dt$ a.e.. $\qquad \square$

　　令 $\mathscr{M}_2$ 表示 $\Omega \times [0,T]$ 上初值为零的连续平方可积鞅全体构成的空间. 在 $\mathscr{M}_2$ 中定义内积

$$(M,N)_T := E[M_T N_T].$$

相应的范数记为 $\|\cdot\|_T$.

命题 6.1.5　在上面这个内积下, $\mathscr{M}_2$ 为 Hilbert 空间.

证明　只需证明完备性. 设 $M^n \in \mathscr{M}_2$ 为 Cauchy 列. 于是

$$\lim_{m,n\to\infty} E[|M_T^n - M_T^m|^2] = 0.$$

由 $L^2(\mathscr{F}_T)$ 的完备性知有 $\xi \in L^2(\mathscr{F}_T)$ 使得

$$\lim_{n\to\infty} E[|M_T^n - \xi|^2] = 0.$$

令

$$M_t := E[\xi|\mathscr{F}_t].$$

由 Kolmogorov-Doob 不等式有

$$E[\sup_{0\leqslant t\leqslant T} |M_t^n - M_t|^2] \leqslant 4E[|M_T^n - \xi|^2] \to 0, \quad n \to \infty.$$

于是存在子列 $\{n'\}$ 使

$$\lim_{n'\to 0} \sup_{0\leqslant t\leqslant T} |M_t^{n'} - M_t| = 0 \text{ a.s.},$$

所以 $M \in \mathscr{M}_2$ 且 $E[|M_T^n - M_T|] \to 0$. □

现在我们可以着手定义随机积分了. 设 $f \in \mathscr{S}_0$:

$$f(t,\omega) := \eta_0 1_{[t_0,t_1)}(t) + \eta_1 1_{[t_1,t_2)}(t) + \cdots + \eta_{n-1} 1_{[t_{n-1},t_n]}(t), \tag{1.1}$$

其中 $0 = t_0 < t_1 < t_2 < \cdots < t_n = T$, $\eta_i \in L^2(\mathscr{F}_{t_i})$. 令

$$I(f)(t) := \sum_{i=0}^{n-1} \eta_i(w_{t_{i+1}\wedge t} - w_{t_i\wedge t}).$$

容易证明这个定义是合理的, 即它不依赖于 f 的具体表达式 (1.1). 事实上, 如果在 $[t_1, t_2)$ 间插入一点 s, 而 f 表示为

$$f(t,\omega) := \eta_0 1_{[0,t_1)}(t) + \zeta_1 1_{[t_1,s)}(t) + \zeta_2 1_{[s,t_2)}(t) + \cdots + \eta_{n-1} 1_{[t_{n-1},t_n)}(t), \tag{1.2}$$

则必有 $\eta_1 = \zeta_1 = \zeta_2$, 由此立即看出无论用 (1.1) 还是 (1.2), 所定义的 $I(f)$ 是一样的, 类似可以说明, 只要 $s_0 < s_1 < s_2 < \cdots < s_m$ 是 $t_0 < t_1 < t_2 < \cdots < t_n$ 的加细, 而 f 同时表示为

$$f(t,\omega) := \eta_0 1_{[t_0,t_1)}(t) + \eta_1 1_{[t_1,t_2)}(t) + \cdots + \eta_{n-1} 1_{[t_{n-1},t_n)}(t)$$
$$= \zeta_0 1_{[s_0,s_1)}(t) + \zeta_1 1_{[s_1,s_2)}(t) + \cdots + \eta_{m-1} 1_{[t_{m-1},t_m)}(t),$$

则无论用哪个表达式, 所定义出的 $I(f)$ 都是一样的. 一般地, 对任意两个分割 $0 < s_1 < s_2 < \cdots < s_m$ 与 $0 < t_1 < t_2 < \cdots < t_n$, 将它们的分点合在一起构成一个新的分割, 则这个新分割既是 $0 < s_1 < s_2 < \cdots < s_m$ 的加细也是 $0 < t_1 < t_2 < \cdots < t_n$ 的加细, 因此用 $0 < s_1 < s_2 < \cdots < s_m$ 定义出的积分与用 $0 < t_1 < t_2 < \cdots < t_n$ 定义出的积分都等于用这个新分割定义出的积分, 故两者相等.

类似地, 利用这种加细的技巧, 容易证明 I 是线性的.

显然, 样本轨道 $t \to I(f)(t)$ 是几乎必然连续的, 并且

$$E[I(f)(t)|\mathscr{F}_s] = I(f)(s), \quad \forall 0 \leqslant s \leqslant t \leqslant T.$$

因此 $I(f) \in \mathscr{M}_2$.

设 f 是表示为 (1.1) 的阶梯函数, 由命题 4.5.1 我们有

$$
\begin{aligned}
\|I(f)\|_T^2 &= E[|I(f)(T)|^2] \\
&= \sum_{i=0}^{n-1} E[\eta_i^2 (w(t_{i+1}) - w(t_i))^2] \\
&= \sum_{i=0}^{n-1} E[\eta_i^2] E[(w(t_{i+1}) - w(t_i))^2] \\
&= \sum_{i=0}^{n-1} E[\eta_i^2](t_{i+1} - t_i) \\
&= E \int_0^T f^2(t) dt \\
&= \|f\|_2^2.
\end{aligned}
$$

因此算子 $f \mapsto I(f)$ 为定义在 $\mathscr{S}_0$ 上的, $\mathscr{L}_2$ 到 $\mathscr{M}_2$ 的线性保范算子. 由于 $\mathscr{S}_0$ 在 $\mathscr{L}_2$ 中稠密, 故这一算子的定义域可扩张到 $\mathscr{L}_2$. 这一扩张仍记为 I. 这样我们便来到了:

定义 6.1.6 对 $f \in \mathscr{L}_2$, $I(f)$ 称为 f 的随机积分.

注意, 对 $f \in \mathscr{L}_2$, 以 f_n 表示命题 6.1.2 的证明中定义的逼近列, 则有子列 $\{n'\}$ 使得

$$\lim_{n' \to \infty} |I(f_n)(t) - I(f)(t)| = 0 \quad \text{a.s.}.$$

由于 f_n 是通过 f 显式地构造出来的, 所以这个性质实际上是告诉了我们随机积分的一种构造方法.

下面是这个积分的几个基本性质.

命题 6.1.7   *我们有*

1. 令 $\tilde{w}_t := w_t - w_0$, 并以 $\tilde{I}$ 表示对 $\tilde{w}$ 的积分, 则 $I(f) = \tilde{I}(f)$.

2. $I(f)$ 的平方变差为

$$[I(f)](t) = \int_0^t f_s^2 \, ds;$$

3. (局部性) 对 a.a.ω, $\forall s < t$,

$$f(u,\omega) = 0 \;\; \text{Lebesgue a.a.} u \in [s,t] \iff I(f)(u) = I(f)(s), \;\; \forall u \in [s,t].$$

特别地, 若 $\eta_1 \leqslant \eta_2$ 是两个取值于 $[0,T]$ 的随机变量, 且除一个可略集外,

$$f(s,\omega) = 0 \;\; \text{Lebesgue a.a.} s \in [\eta_1(\omega), \eta_2(\omega)],$$

则除一个可略集外,

$$I(f)(s,\omega) = I(f, \eta_1(\omega)), \;\; \forall s \in [\eta_1(\omega), \eta_2(\omega)].$$

证明   前两个结论当 $f \in \mathscr{S}_0$ 时是显然的, 一般过程用简单过程过渡, 而第三个结论用第二个结论及命题 4.7.4 即可.   □

上面的第三个结论, 其实不用命题 4.7.4 也可以证明, 并且更直观一些. 事实上, 若对 Lebesgue a.a.$u \in [s,t]$ 有 $f(u,\omega) = 0$, 那么当 n 充分大时, 对 $u \in (s,t)$ 有 $f_n(u,\omega) = 0$, 因此 $I(f_n)(u,\omega) = I(f_n)(s,\omega)$. 令 $n \to \infty$, 便得 $I(f)(u,\omega) = I(f)(s,\omega)$.

由于上述命题的第一条, 在考虑随机积分及后面要讲的随机微分方程时, 均可假定所涉及的 Brown 运动的初值为 0——如果不是 0, 我们就把初值减掉, 得到初值为 0 的 Brown 运动, 计算或推导完成之后, 再把初值加进去, 结果不受任何影响.

由于 $I(f)$ 是 $[0,T]$ 上的过程, 因此可理解为 f 的不定积分. 现设 $t \in [0,T]$. 定义从 0 到 t 的定积分为

$$\int_0^t f(s) \, dw_s := I(1_{[0,t]} f)(T).$$

若 f 为极简过程, 容易直接看出

$$\int_0^t f(s) \, dw_s = I(f)(t), \quad \text{a.s.} \; \forall t \in [0,T].$$

一般地, 对 $f \in \mathscr{L}_2$, 通过极简过程逼近, 可知上式依然成立. 由于

$$t \mapsto I(f)(t)$$

为连续过程, 因此它就是过程

$$t \mapsto \int_0^t f(s)dw_s$$

的连续修正. 所以我们以后均默认, 对几乎所有的 ω,

$$\int_0^t f(s)dw_s = I(f)(t), \quad \forall t \in [0, T].$$

也许我们想在此式的基础上再往前走一步, 即我们不禁要问, 是否对任意一个取值于 $[0, T]$ 的随机变量 τ, 是否仍有

$$I(1_{[0,\tau]}f) = I(f)(\tau)?$$

但真理再往前一步就成了谬误: 这一般是不成立的, 事实上甚至是没有意义的, 因为其右边固然有定义, 但左边一般是没有定义的. 不过, 若 τ 为停时, 则左边也有定义 ($1_{[0,\tau]}f$ 依然属于 $\mathscr{L}_2$), 且等式成立 (见习题 2).

至此我们对 $\mathscr{L}_2$ 中的过程定义了随机积分. 这个积分可以进一步推广. 令 $\mathscr{L}_2^{\mathrm{loc}}$ 表示 $[0, T]$ 上的循序可测且满足

$$\int_0^T f^2 dt < \infty \text{ a.s.}$$

的过程 f 全体. 两个过程 f, f' 若满足

$$\int_0^T |f - f'|^2 dt = 0 \text{ a.s.},$$

则认为是相等.

对 $f \in \mathscr{L}_2^{\mathrm{loc}}$, 令

$$\sigma_n := \inf\left\{t : \int_0^t f^2(u)du \geqslant n\right\} \ (\inf \varnothing := T).$$

$$f_n(t, \omega) := 1_{t \leqslant \sigma_n(\omega)} f(t, \omega).$$

则

$$f_n \in \mathscr{L}_2.$$

定义

$$I(f)(t, \omega) := I(f_n)(t, \omega), \quad t \leqslant \sigma_n(\omega).$$

则由随机积分的局部性 (命题 6.1.7 之第三条), 这个定义是没有歧义的. 从而上式定义了一个 $[0, T]$ 上的连续过程, 并且对任意 n, $I(f_n) \in \mathscr{M}_2$. 因此 $I(f) \in \mathscr{M}^{\mathrm{loc}}$.

也许是多余的, 但我们还是想挑明一点: 若 f 是连续适应过程, 则 $f \in \mathscr{L}_2^{\mathrm{loc}}$. 所以连续适应过程的随机积分总是有定义的——你懂的, 不是吗?

此外, 我们在本节开头时讲到过, Itô 对被积过程的本质要求是其适应性. 但我们实际做的时候却要求了它循序可测, 这是怎么回事?

循序可测过程与适应的可测过程的确是不一样的, 但任何适应的可测过程均有循序可测修正——这是 Chung (钟开莱) 与 Doob 说的, 证明可见 [51, p.68, Theorem 46] 或 Chung 与 Doob 的原文 [6]. 所以对可测的适应过程的积分, 可以定义为对它的这个修正的积分. 至于对适应过程还要加上可测的限制, 即要求它作为 (t, ω) 的函数是二元可测的, 这是必要的技术性要求, 务必保留.

现在我们转向对多维 Brown 运动的积分. 设 $w_t = (w_t^1, \cdots, w_t^d)$ 是 d 维 Brown 运动, $f_1, \cdots, f_d \in \mathscr{L}_2$. 则对每一个 i, 都可以定义 $\int_0^t f_i(s) dw_s$. 我们有

命题 6.1.8   任给 $0 \leqslant s < t \leqslant T$,

$$E\left[\int_s^t f_i(s) dw_s^i \cdot \int_s^t f_j(s) dw_s^j \,\middle|\, \mathscr{F}_s \right] = \delta_{ij} E\left[\int_s^t f_i(s) f_j(s) ds \,\middle|\, \mathscr{F}_s \right].$$

证明   对极简过程, 很容易直接证明. 一般情况由极限过渡.   □

这个命题蕴含着这样一个事实: 当 $i \neq j$ 时, $\int_0^{\cdot} f_s dw_s^i$ 与 $\int_0^{\cdot} g_s dw_s^j$ 总是正交的, 只要 $f, g \in \mathscr{L}_2$ 就行, 不需要它们自己有任何的正交性质. 此外, 这个命题有一个直接的推论.

推论 6.1.9   设 $f_i \in \mathscr{L}_2^{\mathrm{loc}}$. 令

$$M_i(t) := \int_0^t f_i(s) dw_s^i.$$

则 $M_i \in \mathscr{M}^{\mathrm{loc}}$ 且

$$[M_i, M_j]_t = \delta_{ij} \int_0^t f_i^2(s) ds.$$

证明   由上一命题, 当 $f_i, f_j \in \mathscr{L}_2$ 时, 结论成立. 一般情况下, 令

$$\sigma_n := \inf\left\{ t : \int_0^t (f_i^2 + f_j^2) ds \geqslant n \right\}.$$

则 (σ_n) 为 M_i, M_j 的局部化停时列且 $\forall n$,

$$[M_i, M_j]_t^{\sigma_n} = [M_i^{\sigma_n}, M_j^{\sigma_n}]_t = \delta_{ij} \int_0^{t \wedge \sigma_n} f_i f_j ds.$$

故

$$[M_i, M_j]_t = \delta_{ij} \int_0^t f_i f_j ds.$$ □

上面的这个结果可以应用到随机积分的估计和逼近——这是在许多理论与实际工作中都会碰到的问题. 问题的关键是要估计随机积分的大小.

如果 $f \in \mathscr{L}_2$, 那么由 Doob 不等式当然有

$$E\left[\sup_{0 \leqslant t \leqslant T}\left|\int_0^t f(s)dw_s\right|^2\right] \leqslant 4\int_0^T E[|f(s)|^2]ds.$$

但如果只有 $f \in \mathscr{L}_2^{\text{loc}}$, 那么上式右边就可能是无穷大, 这个估计式就没什么意义了. 自然的问题是: 能否仍然由 $\int_0^T |f(s)|^2 ds$ 对 $\int_0^{\cdot} f(s)dw_s$ 给出某种控制?

这时 Itô 不等式是强有力的工具之一.

假设 $f \in \mathscr{L}_2^{\text{loc}}$. 由 Itô 不等式有

$$P\left(\sup_{0 \leqslant s \leqslant t}\left|\int_0^s f_u dw_u\right| \geqslant c\right) \leqslant \frac{a}{c^2} + P\left(\int_0^t f_s^2 ds \geqslant a\right), \tag{1.3}$$

这里 $a > 0, c > 0$ 是任意常数. 这个不等式原则上是说当 f 不大时, $I(f)$ 很大的可能性不大. 当然, $a > 0, c > 0$ 的任意性给了我们很多的选择, 在给予了我们自由的同时也在考验着我们的智慧. 一般来说, 如果比较好控制

$$[I(f)](t) = \int_0^t f_s^2 ds,$$

就可以把 a 选得比 c 小一些. 比如, 当 $[I(f)](t)$ 依概率很小时, 上式右边的最后一项就是可控的. 因此, 比如说, 对任意 $\epsilon > 0$, 选取 $c = \epsilon^p$, $a = \epsilon^q$, 就有

$$P\left(\sup_{0 \leqslant s \leqslant t}\left|\int_0^s f_u dw_u\right| \geqslant \epsilon\right) \leqslant \epsilon^{q-2p} + P\left(\int_0^t f_s^2 ds \geqslant \epsilon^q\right).$$

所以 p 和 q 的最佳选择是使上式右边两项接近相同的量级.

关于 Brown 运动的随机积分是关于鞅的随机积分的特例, 因此第 7 章里的随机积分的性质对本章的随机积分都成立, 为避免重复, 不在此单独列出.

最后, 我们多说几句来结束本节. 我们说过, 不能按定义 Lebesgue-Stieltjes 积分的模式来定义随机积分 $I(f)$, 并且, 由于我们谈的都是等价类, 因此泛泛地谈 $I(f)$ 在某个 ω 处的值是没有意义的. 但是, 一旦我们选定了等价类中的一个代表——我们依然记作 $I(f)$, 那么, 对几乎所有的 ω, $I(f)(\omega)$ 都只依赖于 f 与 w 在 ω 处的样本轨道, 即 $f(\cdot, \omega)$ 与 $w(\cdot, \omega)$, 这是因为 $I(f)$ 只依赖于 $f_n(\cdot, \omega)$ 与 $w(\cdot, \omega)$, 而 $f_n(\cdot, \omega)$ 只依赖于 $f(\cdot, \omega)$. 所以说, 尽管与 Lebesgue-Stieltjes 积分的思想方法不同, 随机积分也还是可以认为是按轨道定义的——在它是轨道的泛函的意义上.

特别地, 当 f 是连续过程时, 这个论断就更加直接, 因为此时随机积分可由 Riemann 和逼近, 即我们有:

定理 6.1.10 设 f 为连续过程, $f \in \mathscr{L}_2^{\text{loc}}$, $\Delta_n : \{0 = t_0 < t_1^n < \cdots < t_{k_n}^n = T\}$ 为一列分割, $|\Delta_n| \to 0$. 则

$$\text{l.i.p} \sup_{\substack{n \to \infty \\ 0 \leqslant t \leqslant T}} \left| \sum_{i=1}^{k_n} f(t_{i-1} \wedge t)(w(t_i^n \wedge t) - w(t_{i-1}^n \wedge t)) - \int_0^t f(s) dw(s) \right| = 0.$$

证明 为简化记号, 将 t_i^n 记为 t_i. 利用局部化停时列, 只需考虑 f 有界的情况. 但此时是显然的, 因为由 Doob 不等式, 对任意 $\epsilon > 0$ 有

$$P \left(\sup_{0 \leqslant t \leqslant T} \left| \sum_{i=1}^{k_n} f(t_{i-1} \wedge t)(w(t_i \wedge t) - w(t_{i-1} \wedge t)) - \int_0^t f(s) dw(s) \right| \geqslant \epsilon \right)$$

$$\leqslant \frac{1}{\epsilon^2} E \left[\int_0^T |f(t) - f_n(t)|^2 dt \right],$$

其中

$$f_n(t) = \sum_{i=1}^{k_n} f(t_{i-1}) 1_{[t_{i-1}, t_i)},$$

而由有界收敛定理, 右边的积分收敛到 0. 这就证明了定理.

不过, 为了好玩, 也为了试验一下 (1.3) 的用处, 我们再给一个不同的证明. 我们先注意到若 $\underset{n \to \infty}{\text{l.i.p}} \xi_n = 0$, 那么一定存在 $a_n \downarrow 0$ 使得 $P(|\xi_n| > a_n) \to 0$ (如果你不相信, 就自己动手证一下). 这样, 在 (1.3) 中用 $f - f_n$ 代替 f, 然后取 $c = \epsilon$, $a = a_n$, 就有

$$P \left(\sup_{0 \leqslant t \leqslant T} \left| \sum_{i=1}^{k_n} f(t_{i-1} \wedge t)(w(t_i \wedge t) - w(t_{i-1} \wedge t)) - \int_0^t f(s) dw(s) \right| \geqslant \epsilon \right)$$

$$\leqslant \frac{a_n}{\epsilon^2} + P \left(\int_0^T (f(t) - f_n(t))^2 dt \geqslant a_n \right).$$

然后令 $n \to \infty$ 即可. $\square$

Riemann 和逼近可以用来计算积分, 例如我们有:

命题 6.1.11 设 $f \in C^2(\mathbb{R})$. 令 $F(x) = \int_0^x f(y) dy$, 则

$$\int_0^1 f(w_t) dw_t = F(w_1) - \frac{1}{2} \int_0^1 f'(w_s) ds.$$

证明 利用停止技巧, 我们可假设 $f \in C_b^2(\mathbb{R})$. 取 $t_i^n = i2^{-n}$, $i = 0, \cdots, 2^n$, 并在下面的证明中省略上标 n. 则几乎必然有 (必要时抽一个子列)

$$\lim_{n \to \infty} \sum_{i=0}^{2^n - 1} f(w(t_i))(w(t_{i+1}) - w(t_i)) = \int_0^1 f(w_t) dw_t.$$

另一方面,

$$\sum_{i=0}^{2^n-1} f(w(t_i))(w(t_{i+1}) - w(t_i))$$

$$= \frac{1}{2} \sum_{i=0}^{2^n-1} (f(w(t_i)) + f(w(t_{i+1})))(w(t_{i+1}) - w(t_i))$$

$$- \frac{1}{2} \sum_{i=0}^{2^n-1} (f(w(t_{i+1})) - f(w(t_i)))(w(t_{i+1}) - w(t_i))$$

$$=: I_1 - I_2.$$

由梯形公式 (例如见 [24, 第十章, §15, 定理 1])

$$\left| \frac{1}{2}(f(w(t_i)) + f(w(t_{i+1})))(w(t_{i+1}) - w(t_i)) - \int_{w(t_i)}^{w(t_{i+1})} f(y)dy \right|$$

$$\leqslant C|w(t_{i+1}) - w(t_i)|^3,$$

因而

$$\lim_{n \to \infty} I_1 = F(w_1) \text{ a.s.},$$

再注意

$$f(w(t_{i+1})) - f(w(t_i)) = f'(w(t_i + \theta(t_{i+1} - t_i)))(w(t_{i+1}) - w(t_i)),$$

由 Helly 第二定理得

$$\lim_{n \to \infty} I_2 = \frac{1}{2} \int_0^1 f'(w_t)dt \text{ a.s.},$$

这样就完成了证明. $\qquad\square$

特别取 $f(x) = x$ 得

$$\int_0^1 w_t dw_t = \frac{1}{2}w_1^2 - \frac{1}{2};$$

取 $f(x) = x^2$ 得

$$\int_0^1 w_t^2 dw_t = \frac{1}{3}w_1^3 - \int_0^1 w_t dt;$$

取 $f(x) = e^x$ 得

$$\int_0^1 e^{w_t} dw_t = e^{w_1} - 1 - \frac{1}{2} \int_0^1 e^{w_t} dt;$$

等等.

6.2 $[0, \infty)$ 的情形

6.1 节所说的思想和技术同样适用于本节要处理的无穷时间区间的情况. 设对任意 $T \in (0, \infty)$,

$$\int_0^T f^2(t)dt < \infty, \text{ a.e.},$$

那么在每个区间 $[0, n]$ 上, $I(f)$ 都有定义, 且根据随机积分的局部性, 不同区间上定义出来的这个随机积分在区间重叠的部分是一致的. 这样我们就得到了定义在整个区间 $[0, \infty)$ 上的连续过程 $I(f)$, 使得对任意 $t > 0$,

$$I(f)(t) = \int_0^t f(s)dw_s.$$

若

$$\int_0^\infty f^2(t)dt < \infty, \text{ a.e.},$$

则类似可定义

$$\int_0^\infty f(s)dw_s.$$

若进一步还有

$$\int_0^\infty E[f^2(t)]dt < \infty,$$

则

$$E\left[\left|\int_0^\infty f(s)dw_s\right|^2\right] = \int_0^\infty E[f^2(s)]ds.$$

其他一些性质也是类似的, 就不在此一一赘述了.

习 题 6

1. 设 w 为标准 Brown 运动, $\epsilon \in [0, 1]$, $\Delta = \{0 = t_0 < t_1 < \cdots < t_m\}$ 为 $[0, t]$ 的一个分割, $|\Delta|$ 为 Ⅱ 的步长, 即

$$|\Delta| := \max\{t_{i+1} - t_i, i = 0, \cdots, m - 1\}.$$

令

$$S_t = \sum_{i=0}^{m-1} ((1 - \epsilon)w_{t_i} + \epsilon w_{t_{i+1}})(w_{t_{i+1}} - w_{t_i}).$$

证明:

$$\lim_{|\Delta| \to 0} S_t = \frac{1}{2}w_t^2 + \left(\epsilon - \frac{1}{2}\right)t$$

在 L^2 中成立.

2. 设

$$E\left[\int_0^\infty |f(s)|^2 ds\right] < \infty.$$

证明: 若 τ 是一停时, 则

$$\eta_\tau = \int_0^\infty 1_{s<\tau} f(s) dw_s,$$

其中

$$\eta_t = \int_0^t f_s dw_s,$$

而

$$\eta_\tau(\omega) := \eta_{\tau(\omega)}(\omega).$$

并由此证明

$$E[\eta_\tau] = 0,$$
$$E[\eta_\tau^2] = E\left[\int_0^\tau f^2(s) ds\right].$$

3. 设 H 是循序可测过程, $T > 0$, $p \geqslant 2$, 且

$$\int_0^T E[|H(s)|^p] ds < \infty.$$

令 $t_n^- := 2^{-n}([2^n t] - 1)$, $t_n = 2^{-n}([2^n t])$, $t_n^+ := 2^{-n}([2^n t] + 1)$.

$$H_n(t) := 2^n \int_{t_n^-}^{t_n} H(s) ds, \quad a_{n,k} := H_n(k2^{-n}).$$

证明

$$\lim_{n\to\infty} E\left[\sup_{0\leqslant t\leqslant T} \left|\int_0^t H(s) dw_s - \sum_{k=0}^\infty a_{n,k}(w((k+1)2^{-n} \wedge t) - w(k2^{-n} \wedge t))\right|^p\right] = 0.$$

4. 设对任意 $T > 0$, $\int_0^T |H(s)|^2 ds < \infty$ a.s.. 设 σ 为停时. 使用上题的记号. 证明在 $\sigma < \infty$ 上有

$$\int_0^t H(\sigma + s) d(\theta_\sigma w)_s = \int_\sigma^{\sigma+t} H(s) dw_s,$$

其中 θ_σ 是推移算子: $(\theta_\sigma w)_s := w(s + \sigma) - w(\sigma)$. 这里左边的积分是在条件概率 $Q(dw) = P(dw|\sigma < \infty)$ 下对 $\theta_\sigma w$ 的随机积分, 右边的积分是 P-下的随机积分.

5. 设 $(w, (\mathscr{F}_t))$ 是 Brown 运动, $(S, \mathscr{S})$ 为可测空间, $F(x, \omega, t)$ 是 $S \times \Omega \times \mathbb{R}_+$ 上的三元可测函数, 且 $\forall x, F(x, \cdot, \cdot) \in \mathscr{L}_2$. 设 $T > 0$, $\xi : \Omega \mapsto S$ 满足 $\xi \in \mathscr{F}_0/\mathscr{S}$. 再设

$$E\left[\left.E\left[\int_0^T F^2(x, s) ds\right]\right|_{x=\xi}\right] < \infty.$$

证明: $F(\xi, \omega, t) \in \mathscr{L}_2$ 且

$$\int_0^T F(\xi, \omega, s) dw_s = \left.\int_0^T F(x, \omega, s) dw_s\right|_{x=\xi}.$$

再以 P^x 记 $\xi = x$ 下的正则条件概率, $\nu(dx) := P(\xi \in dx)$. 证明: 对 ν-几乎所有的 x, 有

$$\int_0^T F(\xi, \omega, s) dw_s = \int_0^T F(x, \omega, s) dw_s \quad P^x\text{-a.s..}$$

6. 设 $(W_0, \mathscr{F}, (\mathscr{F}_t), \mu)$ 为 n-维 Wiener 空间, f, g 是其上的 n-维可选过程,

$$\int_0^T |f_s|^2 ds < \infty, \quad \int_0^T |g_s| ds < \infty \text{ a.s. } \forall T.$$

证明: 存在 W_0 到 $C([0, \infty), \mathbb{R})$ 的 Borel 可测映射 F 和 G, 使得

$$\mu\left(\int_0^{\cdot} f(s, w) dw_s = F(w)\right) = 1, \quad \mu\left(\int_0^{\cdot} g(s, w) ds = G(w)\right) = 1.$$

且对任意概率空间 $(\Omega, \mathscr{F}, P)$ 上的 Brown 运动 B 有

$$P\left(\int_0^{\cdot} f(s, B_.) dB_s = F(B_.)\right) = 1, \quad P\left(\int_0^{\cdot} g(s, B_.) ds = G(B_.)\right) = 1.$$

7. 设 $f_n, f \in \mathscr{L}_2$, 且 $\sum_{n=1}^{\infty} \|f_n - f\|_2 < \infty$. 证明

$$\lim_{n \to \infty} \sup_{0 \leqslant t \leqslant T} |I(f)(t) - I(f_n)(t)| = 0, \text{ a.s..}$$

8. 设 H 为连续适应过程. 证明

$$\text{l.i.p} \lim_{t \to 0} \frac{1}{B_t} \int_0^t H_s dB_s = H_0.$$

9. 设 $f_n, f \in \mathscr{L}_2^{\text{loc}}$ 且依概率有

$$\lim_{n \to \infty} \int_0^T |f_n - f|^2 ds = 0.$$

证明依概率有

$$\lim_{n \to \infty} \sup_{0 \leqslant t \leqslant T} |I(f_n)(t) - I(f)(t)| = 0.$$

10. 设 $T < \infty$, $\{H_t, t \in [0, T]\}$ 为连续适应过程, $0 = \tau_0^n < \tau_1^n < \cdots < \tau_{m_n}^n = T$ 为一列由停时组成的 $[0, T]$ 的分割, 且

$$\text{l.i.p} \lim_{n \to \infty} \sup_{0 \leqslant k \leqslant m_n - 1} |\tau_{k+1}^n - \tau_k^n| = 0.$$

证明

$$\text{l.i.p} \lim_{n \to \infty} \sup_{0 \leqslant t \leqslant T} \left| I(H)(t) - \sum_{k=0}^{m_n-1} H_{\tau_k^n \wedge t}(w_{\tau_{k+1}^n \wedge t} - w_{\tau_k^n \wedge t}) \right| = 0.$$

11. 设 $(\Omega, \mathscr{F}, (\mathscr{F}_t), P)$ 是概率空间, w 是其上的 Brown 运动, H 是其上的连续适应过程, 且 $H \in \mathscr{L}_2^{\text{loc}}$ (或 $H \in \mathscr{L}_2$). 设 $(\hat{\Omega}, \hat{\mathscr{F}}, \hat{P})$ 是另一概率空间, $(\hat{w}, \hat{H})$ 是其上的连续过程, 且 $(\hat{w}, \hat{H})$ 与 (w, H) 同分布. 证明: 存在 $\hat{\Omega}$ 上的 σ-代数流 $(\hat{\mathscr{F}}_t)$ 使得 $\hat{w}$ 为 $(\hat{\mathscr{F}}_t)$-Brown 运动, $\hat{H}$ 为 $(\hat{\mathscr{F}}_t)$-适应过程, $\hat{H} \in \mathscr{L}_2^{\text{loc}}$ (或 $\hat{H} \in \mathscr{L}_2$), 且

$$\int_0^{\cdot} H \cdot dw \quad \text{与} \quad \int_0^{\cdot} \hat{H} \cdot d\hat{w}$$

同分布 ($\mathscr{L}_2^{\text{loc}}$ 与 $\mathscr{L}_2$ 的定义你懂的, 不用我啰唆).

12. 设在同一概率空间 $(\Omega, \mathscr{F}, P)$ 上, $\{(\mathscr{F}_t^n)\}$ 是一列 σ-代数流, $\{w^n\}$ 是一列 $(\mathscr{F}_t^n)$-Brown 运动, $\{H^n\}$ 是一列 $(\mathscr{F}_t^n)$ 连续适应过程, $\{w_t\}$ 与 $\{H_t\}$ 为连续过程. 假定

(a) $\{H^n\}$ 依概率一致有界, 即

$$\lim_{C \to \infty} \sup_n P(\sup_{0 \leqslant t \leqslant T} |H_t^n| \geqslant C) = 0;$$

(b) $\{H^n\}$ 依概率等度连续, 即 $\forall \epsilon > 0$,

$$\limsup_{\delta \downarrow 0} \sup_n \sup_{s,t \in [0,T], |s-t| \leqslant \delta} P(|H_s^n - H_t^n| \geqslant \epsilon) = 0;$$

(c)

$$\mathrm{l.i.p.}_{n \to \infty}(|w_t^n - w_t| + |H_t^n - H_t|) = 0, \ \forall t.$$

记 $\{\mathscr{F}_t\}$ 为 $\{w_t, H_t\}$ 的自然 σ-代数流. 证明 $\{w_t\}$ 为 $(\mathscr{F}_t)$-Brown 运动, 且

$$\mathrm{l.i.p.} \sup_{n \to \infty} \sup_{0 \leqslant t \leqslant T} \left| \int_0^t H_s^n dw_s^n - \int_0^t H_s dw_s \right| = 0.$$

13. 设 $H_i \in \mathscr{L}_2$, $i = 1, 2$, 且存在常数 $c > 0$ 使得 $\sup_{0 \leqslant t \leqslant 1} |H_1(t)| < c \leqslant \inf_{0 \leqslant t \leqslant 1} |H_2(t)|$ a.s.. 证明: $\int_0 H_1(t) dw_t$ 与 $\int_0 H_2(t) dw_t$ 在 $C([0,1])$ 上的分布相互奇异.

14. 设 $(\Omega, \mathscr{F}, (\mathscr{F}_t), P)$ 是可分概率空间, $(w, \mathscr{F}_t)$ 是 Brown 运动, $H \in \mathscr{L}_2$(或 $\mathscr{L}_2^{\mathrm{loc}}$) 以 $p(\omega, d\omega')$ 表示给定 $\mathscr{F}_0$ 时的正则条件概率. 证明

(a) 对 P-a.a. ω,
$$H \in \mathscr{L}_2(p(\omega, \cdot)) \quad (\text{或} \mathscr{L}_2^{\mathrm{loc}}(p(\omega, \cdot))),$$
其中 $\mathscr{L}_2(p(\omega, \cdot))$ 表示所有满足 $E^\omega \left[\int_0^\infty \xi_t^2(\omega') dt \right] < \infty$ 的可选过程全体 ($\mathscr{L}_2^{\mathrm{loc}}(p(\omega, \cdot))$ 有相似的含义), 而 E^ω 表示对 $p(\omega, \cdot)$ 的期望.

(b) 由 (1), 在 $p(\omega, \cdot)$ 下, 仍然可以定义随机积分. 这个积分记为 $I(\omega, \omega')$, 即
$$Y(\omega, \omega') := p(\omega, \cdot)\text{-下的} \left(\int_0^\infty H_s dw_s \right)(\omega').$$

再令
$$X(\omega) := \int_0^\infty H_s dw_s(\omega),$$

证明: 对 P-a.a. ω,
$$X(\omega') = Y(\omega, \omega'), \quad p(\omega, \cdot)\text{-a.a.}\omega'.$$

第 7 章   关于鞅的随机积分

回过头来审视一下第 6 章的内容, 我们会发现, 之所以可以定义循序可测过程对 Brown 运动的随机积分, 关键是其保范性质, 而这个保范性质是建立在 Brown 运动具有独立增量的基础之上的. 但仔细检查一下证明, 那里真正需要的其实并不是 "独立增量" 这么强的性质, 而只要 $w_t^2 - t$ 为鞅就足够了. 这就给推广随机积分带来了希望, 因为对一般的平方可积鞅 M, $M^2 - [M]$ 也是鞅. 尽管原则上我们想做的推广可基于这一事实推进, 但技术性的困难要多一些, 因为对 Brown 运动而言, $[w]_t = t$, 这个增过程不仅是决定性的, 而且速度是常数 $(t' = 1)$. 对一般的 $[M]$, 事情当然不会有这么简单——此时本质上我们需要选取一个随机时钟, 以便在这个时钟下看, $[M]$ 也具有常值的速度.

现在就来进行这种推广. 本章固定概率空间 $(\Omega, \mathscr{F}, (\mathscr{F}_t), P)$, 且无特别说明时, 时间参数集取为 $\mathbb{R}_+$.

7.1   随机 Stieltjes 积分

我们先从随机 Stieltjes 积分讲起. 这样做的原因有二. 第一, 在定义一般的鞅的随机积分时需要用到随机 Stieltjes 积分; 第二, 随机 Stieltjes 积分本身也是研究对象.

不过, 和我们已经讲过的对 Brown 运动的随机积分及即将讲到的对鞅的随机积分相比, 随机 Stieltjes 积分实际上就是把 ω 当成参数, 固定 ω 后作 Lebesgue-Stieltjes 积分. 所以, 这里的重点不是积分的定义, 而是各种研究对象作为 (ω, t) 的二元函数的联合可测性.

首先我们有:

定义 7.1.1   一个适应过程 A, 如果 $\forall \omega$[①], $t \mapsto A(t, \omega)$ 为连续有限变差函数, 则称为有限变差过程; 如果 $\forall \omega$, $t \mapsto A(t, \omega)$ 为连续递增函数, 则称为增过程[②]. 设 A 为有限变差过程. 令

$$|A|_t := \sup \left\{ \sum_{i=1}^n |A_{t_i} - A_{t_{i-1}}|, 0 = t_0 < t_1 < \cdots < t_n = t, n \geqslant 1 \right\}.$$

---

① 这里及以后, 为简单起见, 常常把 "$\forall \omega$" 当成 "对 a.a.ω" 的同义语.

② 这里的 "增" 是广义的, 即指 "非减"; 否则我们用 "严格增".

$|A|$ 称为 A 的全变差过程.

分别用 $\mathscr{V}$ 及 $\mathscr{V}^+$ 表示有限变差过程及增过程全体. 显然有限变差过程一定为可选过程. 此外我们有:

引理 7.1.2 设 $A \in \mathscr{V}$, $A_0 = 0$. 则存在唯二的两个 $A^1, A^2 \in \mathscr{V}^+$, $A_0^1 = A_0^2 = 0$, 使得 $A = A^1 - A^2$, 且若 $B^1, B^2 \in \mathscr{V}^+$, $B_0^1 = B_0^2 = 0$, 使得 $A = B^1 - B^2$, 则 $A^1 \leqslant B^1$, $A^2 \leqslant B^2$. 这个分解称为 A 的标准分解.

证明 令
$$A^1 := \frac{1}{2}(|A| + A), \quad A^2 := \frac{1}{2}(|A| - A).$$

则显然 A^i $(i = 1, 2)$ 满足第一部分的要求.

若 $A = B^1 - B^2$, 则对任意 $s < t$ 有

$$A_t - A_s \leqslant B_t^1 - B_s^1.$$

下面任意固定 ω, 但我们在书写时省略掉这个 ω. 任给 $\epsilon > 0$, 取分割 $0 = t_0 < t_1 < \cdots < t_n = t$ 使得

$$\sum_{i=1}^n |A_{t_i} - A_{t_{i-1}}| \geqslant |A|_t - \epsilon.$$

则

$$
\begin{aligned}
A_t^1 &\leqslant \frac{1}{2}\left(\sum_{i=1}^n |A_{t_i} - A_{t_{i-1}}| + \sum_{i=1}^n (A_{t_i} - A_{t_{i-1}}) + \epsilon\right) \\
&= \sum_{i=1}^n (A_{t_i} - A_{t_{i-1}})1_{A_{t_i} - A_{t_{i-1}} \geqslant 0} + \frac{1}{2}\epsilon \\
&\leqslant \sum_{i=1}^n (B_{t_i}^1 - B_{t_{i-1}}^1)1_{A_{t_i} - A_{t_{i-1}} \geqslant 0} + \frac{1}{2}\epsilon \\
&\leqslant B_t^1 + \frac{1}{2}\epsilon.
\end{aligned}
$$

由 ϵ 的任意性得 $A_t^1 \leqslant B_t^1$. 而以 $-A$ 代替 A 重复上述推理, 则得到 $A_t^2 \leqslant B_t^2$. $\square$

由测度论, $\forall \omega$, $A(\cdot, \omega)$ 产生一个 Lebesgue-Stieltjes 测度 $\mu_{A(\omega)}$. 于是, 对任意非负过程 H, 只要 $\forall \omega$, $t \mapsto H(t, \omega)$ 为 Borel 可测, 就可逐 ω 定义

$$\int_0^t H_s dA_s := \int_0^t H_s \mu_A(ds).$$

因为 μ_A 在单点集上的负荷为零, 所以这里 $\displaystyle\int_0^t$ 理解为 $\displaystyle\int_{[0,t]}$ 还是 $\displaystyle\int_{[0,t)}$ 是无所谓的. 这个过程记为 $H \cdot A$.

当然, 如果对 H 没有其他要求, 这样定义出来的积分是不是随机变量都不一定. 但我们有

命题 7.1.3 若 H 是循序可测过程, 且 $\forall \omega$, $H \cdot A$ 存在, 则 $H \cdot A$ 是连续适应过程.

证明 利用 A 的分解, 不妨设 $A \in \mathscr{V}^+$. $H \cdot A$ 的轨道连续是显然的, 故只需证明 $H \cdot A$ 是适应过程. 但这也几乎是显然的, 因为对任意的 t, 限制在 $[0,t]$ 上 A 为 $\mathscr{B}_t \times \mathscr{F}_t$ 可测, 所以由单调类定理易证 $H \cdot A(t) \in \mathscr{F}_t$ $\qquad\square$

这里我们想指出一个很容易犯的错误. 若 H 是适应过程, 且 $\forall \omega$, $t \mapsto H(t, \omega)$ 是 Lebesgue 可测的, 定义

$$X(t, \omega) := \int_0^t H(s, \omega) dA(s, \omega).$$

那么可能有人会说 X 也是适应过程, 同时其轨道又是连续的, 因而也是可选过程, 不是吗?

这里的问题是 X 并不一定是适应过程. 事实上, 即使 $A(s, \omega) = s$, 这个结论也不显然 (虽然此时在附加 H 是可测过程的条件下, X 的确是适应过程, 见 [7] 第 3 章第 3 节的讨论). 原因是这里所涉及的积分是 Lebesgue 积分而非 Riemann 积分 (若是后者就是显然的).

7.2 简单过程的随机积分

现在我们要开始定义对 $M \in \mathscr{M}_2$ 的随机积分了. 相对于关于 Brown 运动的积分是从极简过程开始的, 我们现在需要从一般的简单过程开始. 这是为了因上面提到的 $[M]$ 的没有速度或虽有速度但速度不是常数的问题.

对简单过程的积分仍然是简单的, 因为此时只可能是一个简单的 Riemann 和, 而不可能是别的. 具体地说, 设 H 是简单过程, 写为

$$H(t, \omega) := \sum_{k=0}^n \eta_k 1_{[\sigma_k, \sigma_{k+1})}(t, \omega),$$

其中 $\{\sigma_k\}$ 是递增停时列, $\sigma_0 \equiv 0$. 定义

$$H \cdot M(t) := \sum_{k=0}^n \eta_k (M(\sigma_{k+1} \wedge t) - M(\sigma_k \wedge t)).$$

这个积分在 4.2 节已经定义过, 但当时省略了一个细节, 即我们没有说明这个定义是没有歧义的. 实际上, 若

$$H = \sum_{k=0}^{n} \eta_k 1_{[\sigma_k, \sigma_{k+1})} = \sum_{i=0}^{m} \xi_i 1_{[\alpha_i, \alpha_{i+1})},$$

其中 $\{\alpha_i\}$ 也是递增停时列, $\alpha_0 \equiv 0$, 利用

$$[\sigma, \tau) \cap [\alpha, \beta) = [\sigma \vee \alpha, (\sigma \vee \alpha) \vee (\tau \wedge \beta)),$$

我们有

$$\begin{aligned} H &= \sum_{k=1}^{n} \sum_{i=0}^{m} \eta_k 1_{[\sigma_k \vee \alpha_i, (\sigma_k \vee \alpha_i) \vee (\sigma_{k+1} \wedge \alpha_{i+1}))} \\ &= \sum_{i=0}^{m} \sum_{k=0}^{n} \xi_i 1_{[\alpha_i \vee \sigma_k, (\alpha_i \vee \sigma_k) \vee (\alpha_{i+1} \wedge \sigma_{k+1}))}. \end{aligned}$$

由于上面的一系列随机区间是互不相交的, 因此在 $[\sigma_k \vee \alpha_i, (\sigma_k \vee \alpha_i) \vee (\sigma_{k+1} \wedge \alpha_{i+1}))$ 上有 $\xi_i = \eta_k$. 故

$$\begin{aligned} &\sum_{k=0}^{n} \eta_k (M_{\sigma_{k+1}} - M_{\sigma_k}) \\ &= \sum_{k=0}^{n} \eta_k \sum_{i=0}^{m} \left(M_{(\sigma_k \vee \alpha_i) \vee (\sigma_{k+1} \wedge \alpha_{i+1})} - M_{\sigma_k \vee \alpha_i} \right) \\ &= \sum_{k=0}^{n} \sum_{i=0}^{m} \eta_k (M_{(\sigma_k \vee \alpha_i) \vee (\sigma_{k+1} \wedge \alpha_{i+1})} - M_{\sigma_k \vee \alpha_i}) \\ &= \sum_{i=0}^{m} \xi_i \sum_{k=0}^{n} \left(M_{(\sigma_k \vee \alpha_i) \vee (\sigma_{k+1} \wedge \alpha_{i+1})} - M_{\sigma_k \vee \alpha_i} \right) \\ &= \sum_{i=0}^{m} \xi_i (M_{\alpha_{i+1}} - M_{\alpha_i}). \end{aligned}$$

所以定义的确是没有歧义的. 类似于 Brown 运动的情况, 我们有如下的保范性质.

命题 7.2.1 $H \cdot M \in \mathscr{M}_2$ 且对任意有界停时 τ 有

$$E[|H \cdot M(\tau)|^2] = E\left[\sum_{k=0}^{n} \eta_k^2 (M^2(\sigma_{k+1} \wedge \tau) - M^2(\sigma_k \wedge \tau)) \right].$$

证明 当 τ 为确定性时刻时, 此乃命题 4.5.1. 一般情况的证明类似, 请读者作为一个很好的练习自己写出来——你也许需要第 1 章习题 5. $\qquad\square$

7.3　可积函数类及其逼近

正如 Brown 运动的情形一样, 利用保范性, 我们可以对更广的一类过程定义随机积分.

设 $M \in \mathscr{M}_2, T \in [0, \infty)$. 令

$$\mathscr{L}_2(M) := \left\{ H : H为循序可测过程且\, E\left[\int_0^T H^2 d[M]_t \right] < \infty \right\}.$$

注意这里我们为记号简单计而省略了 T. 在不会发生混淆的前提下, 我们还常常会省略掉 M 而简记为 $\mathscr{L}_2$.

注意, 根据 7.1 节的结果 (命题 7.1.3), $\displaystyle\int_0^T H_t^2 d[M]_t$ 为随机变量, 因此其期望是有意义的.

与 Brown 运动的情况对比, 马上看出这里只是把 Brown 运动的平方变差过程 t 换成了 M 的平方变差过程 $[M]$. 因此这个定义是很自然的.

这个空间是 Hilbert 空间. 看清这一点最省事的方式是在循序可测集上定义测度

$$\mu(A) := E\left[\int_0^T 1_A(t, \omega) d[M]_t(\omega) \right].$$

容易验证这的确是一个测度 (往往称为 Doléans 测度), 而

$$\mathscr{L}_2(M) = L^2(\mu),$$

因此 $\mathscr{L}_2$ 是 Hilbert 空间. 我们现在证明简单过程在其中稠密.

定理 7.3.1　*任给 $H \in \mathscr{L}_2(M)$, 存在简单过程序列 $\{H_n\}$ 使得*

$$\lim_n E\left[\int_0^T (H - H_n)^2 d[M]_t \right] = 0.$$

为证此定理, 我们需要一个概念.

定义 7.3.2　*设 $A : [0, T] \mapsto \mathbb{R}$ 为连续增函数, $f : [0, T] \mapsto \mathbb{R}, s \in [0, T]$. 若 $\forall \epsilon > 0$, 存在 $\delta > 0$, 使得*

$$|A(t) - A(s)| < \delta \implies |f(t) - f(s)| < \epsilon,$$

则称 f 在 s 点是 A-连续的.

容易看出, 当 $A(t) \equiv t$ 时, 或者更一般地, 当 A 严格递增时, A-连续就是普通的连续; 当 A 在某一段区间上为常值时, A-连续函数在该区间段上也是常数. 也

很容易证明, 若 f 在 $[0,T]$ 上 A-连续, 则它在 $[0,T]$ 上一致 A-连续, 即 $\forall \epsilon > 0$, $\exists \delta > 0$, 使得

$$s, t \in [0,T], \ |A(t) - A(s)| < \delta \implies |f(t) - f(s)| < \epsilon.$$

现在我们证明下面的引理——它是引理 6.1.3 的推广.

引理 7.3.3 设 A 为单调递增的连续函数, f 满足

$$\int_0^T f(s)^2 dA_s < \infty.$$

则存在逐步加细的分割列 $\mathscr{P}_n : 0 = \tau_0^n < \tau_1^n < \cdots < \tau_{k_n}^n = T$, 使得

$$\lim_n \int_0^T |f(s) - f_n(s)|^2 dA_s = 0,$$

且

$$\int_0^T |f_n(s)|^2 dA_s \leqslant \int_0^T |f(s)|^2 dA_s,$$

其中

$$f_n(s) := \begin{cases} 0, & s \in [0, \tau_1^n), \\ 2^n \int_{\tau_{k-1}^n}^{\tau_k^n} f(u) dA_u, & s \in [\tau_k^n, \tau_{k+1}^n), \ 1 \leqslant k \leqslant k_n - 1. \end{cases}$$

证明 不妨设 $A_T = 1$, 否则考虑 $A_T^{-1} A_t$.

对任意 $n \in \mathbb{N}$, 令

$$\tau_0^n = 0,$$
$$\tau_k^n := \inf\{t : A(t) - A(\tau_{k-1}^n) > 2^{-n}\}, \quad k = 1, 2, \cdots (\ \inf \varnothing := T).$$

显然存在正整数 k_n 使得 $\tau_{k_n-1}^n < T$ 而 $\tau_{k_n}^n = T$. 对于 $k = 0, 1, \cdots, k_n - 2$, 均有

$$A(\tau_{k+1}^n) - A(\tau_k^n) = 2^{-n}.$$

从现在开始到本证明结束, 取

$$\Omega := [0, T],$$
$$\mathscr{G} = \sigma\{s \mapsto A_s\},$$
$$P := dA_t.$$

再令

$$\mathscr{G}_n := \sigma([\tau_{k-1}^n, \tau_k^n), k = 1, 2, \cdots, k_n),$$

$$\hat{f}_n = E[f|\mathscr{G}_n].$$

易见 $\vee_{n=1}^{\infty} \mathscr{G}_n = \mathscr{G}$. 于是由鞅收敛定理,

$$\lim_n \int_0^T |E[f|\mathscr{G}] - \hat{f}_n|^2 dA_s = \lim_n \int_0^T |E[f|\mathscr{G}] - E[f|\mathscr{G}_n]|^2 dP = 0.$$

但由后面引理 12.5.2,

$$E[f|\mathscr{G}] = f.$$

故

$$\lim_n \int_0^T |f - \hat{f}_n|^2 dA_s = 0.$$

于是, 为完成证明, 只需证

$$\lim_n \int_0^T |f_n(t) - \hat{f}_n(t)|^2 dA_t = 0.$$

(1) 设 f 为 A-连续. 任给 $\epsilon > 0$, 由于 f 在 $[0, T]$ 上 A-一致连续, 所以存在 N, 使得当 $n > N$ 时, 对任意 k 及任意 $s, t \in [\tau_{k-1}^n, \tau_k^n]$ 有 $|f(t) - f(s)| < \epsilon$.

设 $s \in [\tau_k^n, \tau_{k+1}^n)$, $k = 1, 2, \cdots, k_n - 2$, 则

$$|\hat{f}_n(s) - f_n(s)| \leqslant |f(\tau_k^n) - f(\tau_{k-1}^n)| + 2^n \int_{\tau_k^n}^{\tau_{k+1}^n} |f(s) - f(\tau_k^n)| dA_s$$

$$+ 2^n \int_{\tau_{k-1}^n}^{\tau_k^n} |f(s) - f(\tau_{k-1}^n)| dA_s$$

$$\leqslant 3\epsilon,$$

所以

$$\lim_n |f_n(s) - \hat{f}_n(s)| = 0 \quad dA_t \text{ a.e.}.$$

但显然 f_n 及 $\hat{f}_n$ 均对 n 一致有界. 于是由控制收敛定理,

$$\lim_n \int_0^T |f_n(s) - \hat{f}_n(s)|^2 dA_s = 0.$$

(2) 设 f 任意. 首先注意

$$\int_0^T \hat{f}_n(s)^2 dA_s = E[E[f(s)|\mathscr{G}_n]^2]$$

$$\leqslant E[f^2] = \int_0^T f^2(s) dA_s.$$

而

$$\int_0^T f_n(s)^2 dA_s = \sum_{k=1}^{k_n-2} \left(2^n \int_{\tau_{k-1}^n}^{\tau_k^n} f(s) dA_s \right)^2 2^{-n}$$

$$+ \left(2^n \int_{\tau_{k_n-2}^n}^{\tau_{k_n-1}^n} f(s) dA_s \right)^2 (A(\tau_{k_n}^n) - A(\tau_{k_n-1}^n))$$

$$\leqslant \sum_{k=1}^{k_n-2} \int_{\tau_{k-1}^n}^{\tau_k^n} f^2(s) dA_s + \int_{\tau_{k_n-2}^n}^{\tau_{k_n-1}^n} f^2(s) dA_s$$

$$= \int_0^T f^2(s) dA_s.$$

$\forall \epsilon > 0$, 由 [60, 推论 10.3.7][1], 可取 A-连续函数 h 使得

$$\int_0^T |f(s) - h(s)|^2 dA_s < \epsilon.$$

于是

$$\int_0^T |f_n(s) - \hat{f}_n(s)|^2 dA_s$$

$$\leqslant \int_0^T |f_n(s) - h_n(s)|^2 dA_s + \int_0^T |h_n(s) - \hat{h}_n(s)|^2 dA_s + \int_0^T |\hat{h}(s) - \hat{f}_n(s)|^2 dA_s$$

$$\leqslant 2 \int_0^T |f(s) - h(s)|^2 dA_s + \int_0^T |h_n(s) - \hat{h}_n(s)|^2 dA_s.$$

令 $n \to \infty$ 得

$$\limsup_n \int_0^T |f_n(s) - \hat{f}_n(s)|^2 dA_s \leqslant 2\epsilon.$$

由 ϵ 的任意性有

$$\lim_n \int_0^T |f_n(s) - \hat{f}_n(s)|^2 dA_s = 0. \qquad \square$$

---

[1] 这里不是直接用, 而是作变换 $t := A_s$, 在 t-空间上用, 然后再倒回去. 这一过程中你也许需要习题 1.

现在我们可以给出定理 7.3.1 的

证明 令

$$\tau_0 \equiv 0,$$

$$\tau_k^n(\omega) := \inf\{t > \tau_{k-1}^n(\omega) : [M](t) - [M](\tau_{k-1}^n) = 2^{-n}\} \wedge k2^{-n} \quad (\inf(\varnothing) = T).$$

则 τ_k^n 为停时, 且存在 $k_n = k_n(\omega)$ 使得 $\tau_{k_n-1}^n < T$ 而 $\tau_{k_n}^n = T$. 令

$$H_n(t,\omega) := \sum_{k=1}^{k_n-1} 2^n \left(\int_{\tau_{k-1}^n(\omega)}^{\tau_k^n(\omega)} H(s,\omega)d[M](s,\omega) \right) \cdot 1_{[\tau_k^n(\omega),\tau_{k+1}^n(\omega))}(t).$$

由上面的引理, 对 a.a.ω,

$$\lim_n \int_0^T |H(t,\omega) - H_n(t,\omega)|^2 d[M](t,\omega) = 0.$$

又

$$\int_0^T |H_n(t,\omega)|^2 d[M](t,\omega) \leqslant \int_0^T |H(t,\omega)|^2 d[M](t,\omega).$$

所以由控制收敛定理

$$\lim_n E\left[\int_0^T |H(t,\omega) - H_n(t,\omega)|^2 d[M](t,\omega) \right] = 0. \qquad \square$$

从这个定理出发, 完全类似于推论 6.1.4, 可以证明:

推论 7.3.4 每一 $f \in \mathscr{L}_2(M)$ 都有一个可选代表, 即存在可选过程 $f' \in \mathscr{L}_2(M)$ 使得 $f' = f$ μ-a.e., 其中 μ 是 Doléans 测度.

因此, 凡 $f \in \mathscr{L}_2(M)$ 均可视为可选过程, 我们以后的确也自动视其为可选过程—— 请别忘记.

7.4 随机积分的构造及性质

和 Brown 运动的情况类似, 随机积分的被积过程之所以能从简单过程拓展到一般的过程, 在于其保范性质, 即:

引理 7.4.1 对简单过程

$$H = \sum_{k=0}^n \eta_k 1_{[\sigma_k,\sigma_{k+1})}$$

及有界停时 τ, 有

$$E[|H \cdot M(\tau)|^2] = E\left[\int_0^\tau H_t^2 d[M]_t \right].$$

证明 因 $M_t^2 - [M]_t$ 为鞅, 故由命题 7.2.1 及 Doob 停止定理有

$$E[|H \cdot M(\tau)|^2] = E\left[\sum_{k=0}^n \eta_k^2(M^2(\sigma_{k+1} \wedge \tau) - M^2(\sigma_k \wedge \tau))\right]$$

$$= E\left[\sum_{k=0}^n \eta_k^2([M](\sigma_{k+1} \wedge \tau) - [M](\sigma_k \wedge \tau))\right]$$

$$= E\left[\int_0^\tau H_t^2 d[M]_t\right].$$

$\square$

特别地, 取 $\tau = T$, 就有

$$E[|H \cdot M(T)|^2] = E\left[\int_0^T H_t^2 d[M]_t\right],$$

又因为 $\mathscr{S}$ 在 $\mathscr{L}_2(M)$ 中稠密, 故 $H \mapsto H \cdot M$ 可延拓为 $\mathscr{L}_2(M)$ 到 $\mathscr{M}_2$ 的等距算子. 将延拓之后的算子用同样的记号表示, 我们便得到随机积分的定义.

定义 7.4.2 对 $H \in \mathscr{L}_2(M)$, $H \cdot M$ 称为 H 对 M 的随机积分.

相应于命题 6.1.7, 我们有:

命题 7.4.3 设 $M, N \in \mathscr{M}_2$, $H \in \mathscr{L}_2(M)$, $G \in \mathscr{L}_2(N)$. 则

1. $H \cdot M$ 为鞅, 且

$$[H \cdot M]_t = \int_0^t H^2(s)d[M]_s;$$

2.

$$[H \cdot M, G \cdot N]_t = \int_0^t HG(s)d[M, N]_s;$$

3. (局部性) 对 a.a.ω, $\forall s < t$,

$$H(u, \omega) = 0, \quad d[M](\cdot, \omega)\text{-a.a.}u \in [s, t]$$

当且仅当

$$H \cdot M(u, \omega) = H \cdot M(s, \omega), \quad \forall u \in [s, t].$$

证明 通过极限过渡, 只需对简单过程 H 证明. 设

$$H = \sum_{k=0}^n \eta_k 1_{[\sigma_k, \sigma_{k+1})}.$$

1. 因为 $H \cdot M \in \mathscr{M}$, 故它当然是鞅. 任取有界停时 τ, 由第 1 章习题 5, $\eta_k 1_{\{\tau > \sigma_k\}} \in \mathscr{F}_{\sigma_k \wedge \tau}$. 由于

$$
\begin{aligned}
&E[(H \cdot M)^2(\tau)] \\
&= \sum_{k=0}^{n} E[\eta_k^2 1_{\{\tau > \sigma_k\}} (M(\sigma_{k+1} \wedge \tau) - M(\sigma_k \wedge \tau))^2] \\
&\quad + 2 \sum_{k=0}^{n-1} \sum_{j=k+1}^{n} E[\eta_k 1_{\{\tau > \sigma_k\}} \eta_j 1_{\{\tau > \sigma_j\}} (M(\sigma_{k+1} \wedge \tau) - M(\sigma_k \wedge \tau)) \\
&\quad \cdot (M(\sigma_{j+1} \wedge \tau) - M(\sigma_j \wedge \tau))] \\
&= \sum_{k=0}^{n} E[\eta_k^2 1_{\{\tau > \sigma_k\}} ([M](\sigma_{k+1} \wedge \tau) - [M](\sigma_k \wedge \tau))] \\
&\quad + 2 \sum_{k=0}^{n-1} \sum_{j=k+1}^{n} E[\eta_k 1_{\{\tau > \sigma_k\}} \eta_j 1_{\{\tau > \sigma_j\}} (M(\sigma_{k+1} \wedge \tau) - M(\sigma_k \wedge \tau)) \cdot \\
&\quad \qquad \cdot E[(M(\sigma_{j+1} \wedge \tau) - M(\sigma_j \wedge \tau)) | \mathscr{F}_{\sigma_j \wedge \tau}]] \\
&= E\left[\int_0^{\tau} H_s^2 d[M]_s\right].
\end{aligned}
$$

所以

$$
[H \cdot M](\cdot) = \int_0^{\cdot} H_s^2 d[M]_s.
$$

2 和 1 的第二个结论的证明类似, 只不过把平方换成交叉乘积.

3 用 2 及命题 4.7.4. $\square$

上面命题中的第二款是随机积分的一个鲜明特征, 我们可以由此发展出下面的结果.

命题 7.4.4   设 $M \in \mathscr{M}_2$, $H \in \mathscr{L}_2(M)$. 则对任意 $N \in \mathscr{M}_2$,

$$
[H \cdot M, N]_t = \int_0^t H d[M, N], \quad \forall t \in [0, T].
$$

反之, 若 $X \in \mathscr{M}_2$ 使得

$$
[X, N]_t = \int_0^t H d[M, N], \quad \forall N \in \mathscr{M}_2, \ t \in [0, T],
$$

则

$$
X = H \cdot M.
$$

证明 第一部分是上一命题之结论 2 的特殊情况. 至于第二部分, 由所给条件易得

$$[X - H \cdot M, N] = 0, \ \forall N.$$

取 $N = X - H \cdot M$ 即得 $[X - H \cdot M] = 0$, 因此 $X = H \cdot M$. □

此命题的第二部分给我们提供了识别一个随机积分的试金石. 例如, 利用它我们可以轻松证明如下结果.

推论 7.4.5 1. $\forall \alpha, \beta \in \mathbb{R}$

$$(\beta H) \cdot (\alpha M) = \alpha \beta H \cdot M.$$

2.

$$(H + G) \cdot M = H \cdot M + G \cdot M.$$

3.

$$H \cdot (M + N) = H \cdot M + H \cdot N.$$

4. 设 $N = H \cdot M$, 则

$$G \cdot N = (HG) \cdot M.$$

证明 $\forall N \in \mathscr{M}_2$, 有

$$[\alpha \beta H \cdot M, N] = \alpha \beta [H \cdot M, N] = \alpha \beta \int H d[M, N]$$
$$= \int \beta H d[\alpha M, N].$$

于是第一式得证. 其他几式的证明类似, 你应该自己试试. □

最后我们介绍所谓的 Kunita-Watanabe 不等式, 它在估计随机积分时常常很有用.

定理 7.4.6 (Kunita-Watanabe 不等式) 设 $M, N \in \mathscr{M}_2, H, K$ 为非负可测过程. 则

$$\int_0^T H_s K_s d[M, N](s) \leqslant \left(\int_0^T H_s^2 d[M](s) \right)^{\frac{1}{2}} \left(\int_0^T K_s^2 d[N](s) \right)^{\frac{1}{2}}.$$

证明 对形如

$$H := \sum_{i=1}^n \alpha_i 1_{[t_i, t_{i+1})}, \ K := \sum_{i=1}^n \beta_i 1_{[t_i, t_{i+1})}, \ 0 = t_0 < t_1 < \cdots < t_n < t_{n+1}$$

的过程, 该不等式是初级 Kunita-Watanabe 不等式 (定理 4.6.5) 和 Cauchy-Schwarz 不等式的直接推论. 一般情况用单调类定理. □

最后, 我们来定义以停时为上下限的积分. 这种积分我们在第 6 章关于 Brown 运动的随机积分中也碰到过, 但那时由于我们的积分是从极简过程开始定义的, 因此往往证明比较烦琐 (例如见该章的习题 2). 对一般的鞅, 由于需要进行时变, 所以我们是从简单过程开始定义积分的. 这样做开始会麻烦一些, 但克服这些麻烦后, 后面的事情往往会变得比较顺畅. 例如下面的命题几乎是显然的:

设 $\tau_1 \leqslant \tau_2 \leqslant T$ 为两停时, 定义

$$\int_{\tau_1}^{\tau_2} H_s dM_s := (H1_{[\tau_1,\tau_2)} \cdot M)(T).$$

我们有:

命题 7.4.7 1.

$$\int_{\tau_1}^{\tau_2} H_s dM_s = H \cdot M(\tau_2) - H \cdot M(\tau_1).$$

2. 设 $\xi \in \mathscr{F}_{\tau_1}$ 且

$$H1_{[\tau_1,\tau_2)}, \xi H1_{[\tau_1,\tau_2)} \in \mathscr{L}_2(M),$$

则

$$\int_{\tau_1}^{\tau_2} \xi H_s dM_s = \xi \int_{\tau_1}^{\tau_2} H_s dM_s.$$

7.5　关于局部鞅的随机积分

为确定记, 设 $T = \infty$. $T < \infty$ 的情况是类似的, 如果不是更简单一些的话. 设 $M \in \mathscr{M}^{\mathrm{loc}}$, $\{\sigma_n\}$ 为将其局部化为平方可积鞅的局部化停时列. 令

$$[M](t,\omega) := [M^{\sigma_n}](t,\omega), \quad (t,\omega) \in [0,\sigma_n],$$

$$\mathscr{L}_2^{\mathrm{loc}}(M) := \left\{ H : \int_0^t H_s^2 d[M]_s < \infty \text{ a.s. } \forall t \right\}.$$

则 $\forall H \in \mathscr{L}_2^{\mathrm{loc}}$, 存在局部化停时列 $\{\tau_n\}$ 使得

$$E\left[\int_0^{\tau_n} H^2 d[M]_t\right] < \infty, \ \forall n.$$

令

$$M_n := M^{\sigma_n}, \quad H_n(t,\omega) := H1_{[0,\tau_n]}.$$

在 $[0,\sigma_n \wedge \tau_n]$ 上, 令

$$H \cdot M(t,\omega) := H_n \cdot M_n(t,\omega).$$

用积分的局部性 (命题 7.4.3 之三), 易证这个定义是没有歧义的. $H \cdot M$ 称为 H 对 M 的随机积分.

我们也常常将 $H \cdot M$ 写成积分的形式, 即

$$H \cdot M(t) = \int_0^t H_s dM_s.$$

利用局部化停时列过渡, 7.4 节的结果, 除了要取期望的之外, 均可以推广到关于局部鞅的随机积分, 为避免啰唆, 我们就不一一列出了. 对于要取期望的, 在过渡时则要看极限和期望能否交换次序. 比如说很容易证明, 若

$$E\left[\int_0^\infty H^2 d[M]_s\right] < \infty,$$

则根据鞅的收敛定理 (定理 4.3.5), $H \cdot M$ 可延拓为 $[0, \infty]$ 上的鞅, 且

$$E[(H \cdot M(\infty))^2] = E\left[\int_0^\infty H^2 d[M]_s\right].$$

7.6　关于半鞅的随机积分

若 $X = M + A$, 其中 $M \in \mathcal{M}^{\mathrm{loc}}$, $A \in \mathcal{V}$, H 为可选过程, 则定义过程 $Y := H \cdot X$ 为

$$Y_t := (H \cdot X)_t := \int_0^t H_s dX_s := \int_0^t H_s dM_s + \int_0^t H_s dA_s,$$

如果右边的两个积分都存在的话.

需要指出的是, 由于这两个积分存在的条件互不相同, 所以要提出一个公共的条件使它们都存在是比较麻烦的. 但有一些简单的充分条件保证它们都存在, 比如说 H 是连续过程时就是这样一个充分条件 (为什么?).

一般情况下, 关于半鞅的随机积分用处不大, 因为它无非就是关于鞅的积分和关于有限变差过程的积分加起来. 由于这两部分性质差异较大, 把它们分开看待而不是看作一个整体往往更方便一些.

7.7　随 机 微 分

正像普通微积分一样, 在很多时候, 使用随机微分的记号会比较方便. 那么, 怎么样定义半鞅的随机微分?

　　我们回忆一下微积分中的微分的定义. 设 f 是定义在 $[a,b]$ 上的函数, $x \in [a,b]$. 若 $f'(x)$ 存在, 那么 f 的微分就定义为

$$df(x) = f'(x)dx.$$

这个定义的两个基本点是: ① 有一个基本变量 x; ② f 对这个基本变量的导数存在. 表面上看起来, 这两点无法在半鞅的运算中找到对应物.

　　但我们可以换个观点. df 其实还可以看成 $[x,y] \subset [a,b]$ 到 $\mathbb{R}$ 的算子:

$$df : [x,y] \mapsto f(y) - f(x),$$

这个算子不是别的, 就是其积分, 即

$$df([x,y]) := \int_x^y df(z) = f(y) - f(x).$$

采用这种观点, 对任何一个 $[T_1, T_2]$ 上的半鞅 X, 定义其随机微分为映射

$$dX_u : [s,t] \mapsto \int_s^t dX = X_t - Y_s, \quad \forall T_1 \leqslant s \leqslant t \leqslant T_2.$$

以后为简单计, 我们常常省略说出 $[T_1, T_2]$, 因为在特定的语境里它是自明的.

　　显然, 对两个半鞅 X 与 Y, 有

$$d(X(t) + Y(t)) = dX(t) + dY(t).$$

　　设 M 为局部鞅, A 为有限变差过程, H, K 为可选过程, 且积分 $H \cdot M$ 与 $K \cdot A$ 均存在. 定义

$$H(t) \cdot dM(t) := d(H \cdot M(t)),$$
$$K(t) \cdot dA(t) := d(K(t) \cdot A(t)),$$

并常常分别简记为 HdM 与 KdA.

　　对

$$dY_t^i = dM_t^i + dA_t^i, \quad i = 1, 2,$$

其中 M^i 为局部鞅, A^i 为有限变差过程, 定义

$$dY_t^1 \cdot dY_t^2 := d[M^1, M^2]_t.$$

显然 $dY_t^1 \cdot dY_t^2 = dY_t^2 \cdot dY_t^1$ 且

$$H_t \cdot (dY_t^1 \cdot dY_t^2) = (H_t \cdot dY_t^1) \cdot dY_t^2 = dY_t^1 \cdot (H_t \cdot dY_t^2).$$

　　用随机微分的记号, 命题 7.4.4 可重新叙述如下:

命题 7.7.1 设 $M, X \in \mathscr{M}_2$, $H \in \mathscr{L}_2(M)$. 则 $dX = H \cdot dM$ 的充要条件是对任意 $N \in \mathscr{M}_2$,

$$dX_t \cdot dN_t = H_t(dM_t \cdot dN_t).$$

而利用此结果, 可以很容易地证明:

定理 7.7.2 在所涉各项均有意义的条件下, 我们有

$$H_t \cdot (dX_t + dY_t) = H_t \cdot dX_t + H_t \cdot dY_t,$$
$$H_t K_t \cdot (dX_t \cdot dY_t) = (H_t \cdot dX_t) \cdot (K_t \cdot dY_t),$$
$$(H_t + K_t) \cdot dX_t = H_t \cdot dX_t + K_t \cdot dX_t,$$
$$(HK)_t \cdot dX_t = H_t \cdot (K_t \cdot dX_t).$$

需要强调指出的是, 虽然我们使用了记号 dX_t, 但这就是一个整体符号, 是一个算子. 因此, 说 "X 在 t 点的微分" 是没有意义的, 是外行话.

7.8 随机积分的积分号下取极限

对于关于测度的积分, 我们常常要在积分号下取极限. 对于随机积分, 也难免会遇到这样的问题. 现在我们就来看关于随机积分, 积分号下取极限的条件是什么.

定理 7.8.1 设 $\{H, H_n, n \geqslant 1\} \subset \mathscr{L}_2$, τ 为停时. 则

$$\underset{n \to \infty}{\text{l.i.p.}} \int_0^\tau |H(t) - H_n(t)|^2 d[M]_t = 0$$

的充要条件是

$$\underset{n \to \infty}{\text{l.i.p.}} \sup_t |(H \cdot M)_t^\tau - (H_n \cdot M)_t^\tau| = 0.$$

证明 必要性. 由 Itô 不等式, 对 $\epsilon, \delta > 0$,

$$P(\sup_t |(H \cdot M)_t^\tau - (H_n \cdot M)_t^\tau| \geqslant \epsilon)$$
$$\leqslant P\left(\int_0^\tau |H - H_n|_t^2 d[M]_t \geqslant \delta\right) + \frac{\delta}{\epsilon^2}.$$

先令 $n \to \infty$, 次令 $\delta \to 0$ 即得结论.

充分性. 任给停时 σ, 由后面要证明的 BDG 不等式有

$$E\left[\int_0^\sigma (H - H_n)_t^2 d[M]_t\right] \leqslant E\left[\sup_t \left|\int_0^{\sigma \wedge t} (H - H_n)_s dM_s\right|^2\right].$$

因此由广义 Itô 不等式

$$P\left(\int_0^\tau |H - H_n|_t^2 d[M]_t \geqslant \epsilon\right)$$

$$\leqslant P(\sup_t |(H \cdot M)_t^\tau - (H_n \cdot M)_t^\tau| \geqslant \delta) + \frac{\delta^2}{\epsilon}.$$

同样地, 先令 $n \to \infty$, 次令 $\delta \to 0$ 即得结论.　　　　　　　　　　□

由于对 a.a.ω, $d[M]_t(\omega)$ 是普通测度, 所以这个定理是把随机积分的积分号下取极限问题变成了普通积分的积分号下取极限问题.

这个定理用得比较多的是必要性部分, 比如我们可得到随机积分的控制收敛定理.

推论 7.8.2　设 τ 为停时, K, H, H_n 均为可选过程. 此外, 对 a.a. ω, $|H_n|_t \leqslant K_t$, 且在 $[0, \tau(\omega))$ 上 $H_n(\cdot, \omega) \to H(\cdot, \omega)$ $(d[M]_t(\omega)$-a.e.$)$. 若

$$\int_0^\tau K_t^2 d[M]_t < \infty, \text{ a.s.},$$

则

$$\text{l.i.p.} \sup_{n \to \infty} |(H_n \cdot M)_t^\tau - (H \cdot M)_t^\tau| = 0.$$

证明　只要注意由条件及 Lebesgue 积分的控制收敛定理有, 对 a.a.ω,

$$\lim_{n \to \infty} \int_0^\tau |H_n(t) - H(t)|^2 d[M]_t = 0.　　　　　　□$$

然后用定理 7.8.1.

推论 7.8.3　设 $K, H, H_n \subset \mathscr{L}_2^{\text{loc}}$. 此外, 对 a.a.$\omega$, $|H_n|_t \leqslant K_t$, 且在 $[0, \infty)$ 上 $H_n(\cdot, \omega) \to H(\cdot, \omega)$ $(d[M]_t(\omega)$-a.e.$)$. 则对任意 $T > 0$,

$$\text{l.i.p.} \sup_{n \to \infty} |(H_n \cdot M)_t - (H \cdot M)_t| = 0.$$

证明　设 $\{\tau_k\}$ 是 K 的局部化停时列. 则对每个 k,

$$\text{l.i.p.} \sup_{n \to \infty} |(H_n \cdot M)_t^{\tau_k} - (H \cdot M)_t^{\tau_k}| = 0.$$

然而 $\cup_k \{\tau_k > T\} = \Omega$ a.s., 所以结论成立.　　　　　　　　　□

由此可得到随机积分的所谓 Riemann 和逼近.

推论 7.8.4　设 H 右连续且局部有界 (即存在停时列 $\sigma_n \uparrow \infty$ 使得 H^{σ_n} 有界). 设 $\Delta_n = \{t_0 < t_1^n < t_2^n < \cdots\}$ 是 $[0, \infty)$ 的一列分割, 使得 $|\Delta_n| \to 0$. τ 为停时. 若

$$\int_0^\tau H^2(t) d[M]_t < \infty \text{ a.s.},$$

则

$$\text{l.i.p.}\sup_{n\to\infty}\ \left|(H\cdot M)_t^\tau - \sum_{i=0}^{\infty} H_{t_i^n}^\tau(M(t_{i+1}^n\wedge t\wedge\tau) - M(t_i^n\wedge t\wedge\tau))\right| = 0.$$

证明　通过局部化程序, 不妨设 H 有界. 令

$$H_n(t) = \sum_{k=0}^{\infty} H(t_k^n)\mathbf{1}_{[t_k^n, t_{k+1}^n]}(t).$$

则由控制收敛定理有

$$\lim_{n\to\infty}\int_0^\tau |H(t) - H_n(t)|^2 d[M]_t = 0 \quad \text{a.s..}$$

再用定理 7.8.1 即可.　　　　　　　　　　　　　　　　　　　　$\square$

特别地, 取 $\tau = T$(确定性时刻) 得:

推论 7.8.5　设 H 右连续且局部有界. 设 $\Delta_n = \{t_0 < t_1^n < t_2^n < \cdots\}$ 是 $[0,\infty)$ 的一列分割, 且 $|\Delta_n| \to 0$. 若 $T > 0$ 使得

$$\int_0^T H^2(t)d[M]_t < \infty \quad \text{a.s..}$$

则

$$\text{l.i.p.}\sup_{n\to\infty}_{t\leqslant T}\ \left|(H\cdot M)_t - \sum_{i=0}^{\infty} H_{t_i^n}(M(t_{i+1}^n\wedge t) - M(t_i^n\wedge t))\right| = 0.$$

7.9　随机积分的 Fubini 定理

本节研究带参数的随机积分的可测性问题及随机积分的 Fubini 定理.

设 $M \in \mathscr{M}_2$, $\mathscr{O}$ 为可选 σ-代数. 设 $(A, \mathscr{A})$ 为可测空间. 我们先准备一个引理.

引理 7.9.1　设 $\{X_n(a,t,\omega), a \in A, t \in [0,T], \omega \in \Omega\}$ 满足

1. $\forall n$, $X_n \in \mathscr{A} \times \mathscr{O}$;

2. $\forall a, n$, $t \mapsto X_n(a,t)$ 为连续过程;

3. $\forall a$, $X_n(a,\cdot,\cdot)$ 为依概率一致 Cauchy 列, 即

$$\lim_{m,n} E[\sup_{0\leqslant t\leqslant T} |X_n(a,t) - X_m(a,t)| \wedge 1] = 0.$$

则存在 $X \in \mathscr{A} \times \mathscr{O}$ 使得

1.

$$\lim_n E[\sup_{0 \leqslant t \leqslant T} |X_n(a,t) - X(a,t)| \wedge 1] = 0.$$

2. $\forall a, t \mapsto X(a,t)$ 为连续过程.

证明　令 $n_0(a) \equiv 0$, 且对 $k \geqslant 1$ 归纳地定义

$$n_k(a) := \inf\{n > n_{k-1}(a) : \sup_{l,m \geqslant n} E[\sup_{0 \leqslant t \leqslant T} |X_l(a,t) - X_m(a,t)| \wedge 1] < 2^{-k}\}.$$

则对任意 k, $a \mapsto n_k(a)$ 为 $(A, \mathscr{A})$ 上的可测函数. 再令

$$Y_k(a,t,\omega) = X_{n_k(a)}(a,t,\omega).$$

则 $\forall k, Y_k \in \mathscr{A} \times \mathscr{O}$. 又

$$\sum_{k=1}^{\infty} E[\sup_{0 \leqslant t \leqslant T} |Y_{k+1}(a,t) - Y_k(a,t)| \wedge 1] < \infty.$$

所以 $\forall a$, 对 a.a.-ω, $Y_k(a,t,\omega)$ 对任意 t 收敛, 且此收敛关于 $t \in [0,T]$ 一致. 令

$$X(a,t,\omega) := \limsup_{k \to \infty} Y_k(a,t,\omega).$$

易证 X 满足定理结论的要求. □

推论 7.9.2　设 $\{H(a,t,\omega), a \in A, t \in \mathbb{R}_+\}$ 为一族随机变量, 且满足

(i) $A \times \mathbb{R}_+ \times \Omega \ni (a,t,\omega) \mapsto H(a,t,\omega)$ 为 $\mathscr{A} \times \mathscr{O}$-可测;

(ii) $\forall a \in A, H(a, \cdot, \cdot) \in \mathscr{L}_2(M)$.

则存在随机变量族 $\{X(a,t,\omega), a \in A, t \in \mathbb{R}_+\}$ 使得

(i) $A \times \mathbb{R}_+ \times \Omega \ni (a,t,\omega) \mapsto X(a,t,\omega)$ 为 $\mathscr{A} \times \mathscr{O}$-可测;

(ii) $\forall a \in A, t \mapsto X(a,t,\omega)$ 几乎必然连续且

$$X(a) = H(a) \cdot M.$$

证明　就像定理 7.3.1 的证明中的做法一样, 令

$$\tau_0 \equiv 0,$$

$$\tau_k^n(\omega) := \inf\{t > \tau_{k-1}^n(\omega) : [M](t) - [M](\tau_{k-1}^n) = 2^{-n}\} \ (\inf(\varnothing) = T),$$

$$H_n(a,t,\omega) := \sum_{k=1}^{\infty} 2^n \int_{\tau_{k-1}^n(\omega)}^{\tau_k^n(\omega)} H(a,s,\omega)d[M](s,\omega)1_{[\tau_k^n(\omega),\tau_{k+1}^n(\omega))}(t),$$

$$X_n(a) := H_n(a) \cdot M.$$

对 $\{X_n\}$ 用引理 7.9.1 而对 $H_n(a) \cdot M$ 用定理 7.8.1 即可 (很容易验证条件全部满足, 不是吗?). □

下面是本节的主要结果.

定理 7.9.3 (随机积分的 Fubini 定理) 设 $M \in \mathscr{M}_2$, $\{H(a,t,\omega), a \in A, t \in \mathbb{R}_+\}$ 为一族随机变量, 且满足

(i) $A \times \mathbb{R}_+ \times \Omega \ni (a,t,\omega) \mapsto H(a,t,\omega)$ 为 $\mathscr{A} \times \mathscr{O}$-可测.

(ii) 存在 A 上的 μ-非负可积函数 f 使得

$$|H(a,t,\omega)| \leqslant f(a), \quad \forall\, a, t, \omega.$$

则存在 $X(a,t,\omega) \in \mathscr{A} \times \mathscr{O}$ 使得

(1) 对任意 a,
$$X(a) = H(a) \cdot M.$$

(2) $H^\mu(t) := \int H(a,t)\mu(da)$ 为可选过程且

$$t \mapsto \int_A H(a,t,\omega)\mu(da) \in \mathscr{L}_2(M),$$

$$H^\mu \cdot M = \int X(a)\mu(da).$$

证明 由 Fubini 定理, H^μ 为可选过程. 又

$$E\left[\int_0^t \left(\int_A H(a,s,\omega)\mu(da)\right)^2 d[M]_s\right] \leqslant \left(\int_A f(a)\mu(da)\right)^2 E[M]_t < \infty.$$

故 $H^\mu \in \mathscr{L}_2(M)$, 因此 $H^\mu \cdot M$ 有定义.

由上一推论, $a \mapsto \int_0^t H(a,s,\omega)dM_s$ 可测. 这样对任意 $T > 0$, 由 Fubini 定理及后面要证明的 BDG 不等式, 有

$$E\left[\int_A \mu(da) \max_{0 \leqslant t \leqslant T} \left|\int_0^t H(a,s,\omega)dM_s\right|\right]$$
$$\leqslant C \int_A \max_{0 \leqslant t \leqslant T} \left\{E\left[\int_0^t H^2(a,s,\omega)d[M]_s\right]\right\}^{1/2} \mu(da)$$
$$\leqslant C \int_A f(a)\mu(da) \cdot E[M]_T^{1/2}$$
$$< \infty.$$

因此

$$\int_A \mu(da) \max_{0 \leqslant t \leqslant T} \left|\int_0^t H(a,s,\omega)dM_s\right| < \infty \text{ a.s..}$$

这就意味着

$$t \mapsto \int_A \mu(da) \left(\int_0^t H(a, s, \omega) dM_s \right)$$

几乎必然连续. 因此

$$t \mapsto \int_A X(a, t)\mu(da)$$

为连续适应过程, 因而为可选过程. 往证它为平方可积鞅. 首先, 它平方可积, 因为

$$E\left[\left(\int_A X(t, a)\mu(da) \right)^2 \right]$$

$$= \int_A \mu(da_1) \int_A \mu(da_2) E\left[\int_0^t H(a_1, s) dM_s \int_0^t H(a_2, s) dM_s \right]$$

$$= \int_A \mu(da_1) \int_A \mu(da_2) E\left[\int_0^t H(a_1, s) H(a_2, s) d[M]_s \right]$$

$$\leqslant \int_A f(a_1)\mu(da_1) \int_A f(a_2)\mu(da_2) E[[M]_t]$$

$$= \left(\int_A f(a)\mu(da) \right)^2 E[[M]_t]$$

$$< \infty.$$

其次, 它为鞅, 因为对任意有界停时 τ,

$$E\left[\int_A X(a, \tau)\mu(da) \right] = \int_A E[X(a, \tau)]\mu(da) = 0.$$

所以它为平方可积鞅. 类似地, 对 $N \in \mathcal{M}_2$ 及有界停时 τ 我们还有

$$E\left[\int X(a, \tau)\mu(da) N_\tau \right]$$

$$= \int \mu(da) E[X(a, \tau) N_\tau]$$

$$= \int \mu(da) E\left[\int_0^\tau H(a, s) d[M, N]_s \right]$$

$$= E\left[\int_0^\tau \left(\int \mu(da) H(a, s) \right) d[M, N]_s \right].$$

所以

$$t \mapsto \int \left(X(a, t) N_t \right)\mu(da) - \int_0^t \left(\int \mu(da) H(a, s) \right) d[M, N]_s$$

为鞅. 因此

$$\int X(a,\cdot)\mu(da) = H^\mu(a) \cdot M. \qquad \square$$

这里只叙述了平方可积鞅的随机积分的 Fubini 定理. 局部鞅的随机积分的 Fubini 定理可通过局部化停时列化为平方可积鞅的情况. 至于一般半鞅, 则可分解为局部鞅和有限变差过程之和, 而关于有限变差的随机积分的 Fubini 定理实际上就是普通的 Fubini 定理. 这方面的结果我们不再详述, 读者可自行写出其条件和结论, 并证明之.

7.10 随机积分与时间变换

本节讨论随机积分在时变下的变化规律. 直观上, 我们会猜测若被积过程和积分子同时进行时变, 那么时变后的积分等于积分后的时变. 这一猜测是正确的, 我们现在就来正式叙述它证明它.

$M \in \mathscr{M}_2$, $H \in \mathscr{L}_2(M)$. 设 φ 为时变, τ 为其反函数 (见第 1 章). 令

$$\hat{\mathscr{F}}_t := \mathscr{F}_{\tau_t};$$

而对任一过程 X, 则令

$$\hat{X}_t := X(\tau_t).$$

我们有

命题 7.10.1   (i) 设 A 是连续有限变差函数, f 为 Borel 函数. 则

$$\int_0^t f(s)dA_s = \int_0^{\varphi_t} \hat{f}(s)d\hat{A}(s).$$

(ii)

$$\hat{H} \in \mathscr{L}_2(\hat{M}) \Longleftrightarrow H \in \mathscr{L}_2(M).$$

(iii)

$$\hat{H} \cdot \hat{M} = \widehat{H \cdot M}.$$

证明   (i) 显然, 在变换 $s \mapsto \varphi(s)$ 下, 区间 $[0,t]$ 变为 $[0,\varphi(t))$, 测度 dA_s 变为 $dA(\tau_s)$, 由此根据测度论中的变量代换公式得到第一个等式.

(ii) 这是 (i) 的直接推论.

(iii) 我们给出两个证明. 第一个证明是直接使用停时, 而第二个积分用到了随机积分的刻画.

A. 设 σ 为 $(\mathscr{F}_t)$-停时 $H = 1_{[\sigma,\infty)}$. 则 $\forall t$,

$$\hat{H} \cdot \hat{M}(t) = \hat{M}(t) - \hat{M}(\sigma \wedge t)$$

$$= M(\tau_t) - M(\tau_\sigma \wedge \tau_t)$$
$$= \widehat{H \cdot M}(t).$$

所以 $\hat{H} \cdot \hat{M} = \widehat{H \cdot M}$. 一般情况用单调类定理.

　　B. 设 $N' \in \hat{\mathscr{M}}_2$. 令

$$N := N' \circ \varphi.$$

则 $N \in \mathscr{M}_2$ 且 $N' = \hat{N}$. 于是由定理 4.9.1 及 (i), 有

$$[\widehat{H \cdot M}, \hat{N}] = [\widehat{H \cdot M, N}] = H \cdot \widehat{[M, N]} = \hat{H} \cdot \widehat{[M, N]}$$
$$= \hat{H} \cdot [\hat{M}, \hat{N}] = [\hat{H} \cdot \hat{M}, \hat{N}]. \qquad \square$$

故 $\hat{H} \cdot \hat{M} = \widehat{H \cdot M}$.

7.11　Stratonovich 积分

　　若 X, Y 均为连续半鞅, 令

$$Y \circ X := Y \cdot X + \frac{1}{2}[X, Y].$$

$Y \circ X$ 称为 X 对 Y 的 Stratonovich 积分.

　　我们特别要强调一下, 在 Stratonovich 积分中, 被积过程 Y 一定要也是半鞅 (因为要用到 $[X, Y]$), 否则积分没有定义.

　　根据后面的习题 11, Stratonovich 积分相当于用梯形公式计算出的离散和的极限. 在微积分里, 梯形公式计算出的量仍然逼近于 Riemann 积分, 而在随机分析里, 它逼近的却是一个不同于 Itô 积分的东西. Stratonovich 是在玩梯形公式时得到积分的定义的吗?

　　对应于随机微分中的点积 $X \cdot dY$, 在 X, Y 都是半鞅时, 我们定义圈积

$$Y_t \circ dX_t := Y_t \cdot dX_t + \frac{1}{2}d[X, Y]_t.$$

从点积的规则出发, 不难得到圈积的运算规则如下:

定理 7.11.1　若 X, Y, Z, W 都是半鞅, 则

$$Z_t \circ (dX_t + dY_t) = Z_t \circ dX_t + Z_t \circ dY_t,$$
$$Z_t W_t \circ (dX_t \cdot dY_t) = (Z_t \circ dX_t) \cdot (K_t \circ dY_t),$$
$$(Z_t + W_t) \circ dX_t = Z_t \circ dX_t + W_t \circ dX_t,$$
$$(ZW)_t \circ dX_t = Z_t \circ (W_t \circ dX_t).$$

习　题　7

1. 设 A_t 为 $[a,b]$ 上的递增连续函数. 令

$$C_t := \inf\{s : A_s > t\}.$$

证明:

(a) C 为递增右连续函数;

(b) F 为 A-连续的充要条件是 A 右连续且

$$F(C_t) = F(C_{t-});$$

(c)

$$A(C_t) = A(C_{t-}) = t, \ \forall t \in [C_a, C_b];$$

(d) 对 $[a,b]$ 上的任意有界 Borel 函数 f,

$$\int_{C_a}^{C_b} f(t)dA_t = \int_a^b f(C_t)dt = \int_a^b f(C_{t-})dt.$$

2. 设 $M \in \mathscr{M}^{\mathrm{loc}}$, $H \in \mathscr{L}_2^{\mathrm{loc}}(M)$. 证明: $\forall t > 0$,

$$\left\{ \sup_{0 \leqslant s \leqslant t} |H \cdot M(s)| = 0 \right\} \subset \left\{ \int_0^t H(s)^2 d[M]_s = 0 \right\}.$$

3. 设 M, N 分别为 m-维和 n-维鞅, H, K 分别为 $p \times m$ 和 $q \times n$ 矩阵值可选过程. 令

$$\tilde{M}_t := \int_0^t H_s dM_s, \quad \tilde{N}_t := \int_0^t K_s dN_s.$$

证明:

$$[\tilde{M}, \tilde{N}]_t = \int_0^t H_s \cdot d[M, N]_s \cdot K_s'.$$

4. 设 M, M' 均为平方可积鞅 (可定义在不同的概率空间上), $H \in \mathscr{L}_2(M)$, $H' \in \mathscr{L}_2(M')$, H, H' 均为右连续过程, 且 (M, H) 与 (M', H') 同分布. 证明 $H \cdot M$ 与 $H' \cdot M'$ 同分布.

5. 设 $M \in \mathscr{M}_2$, $H \in \mathscr{L}_2(M)$, $H \cdot M \not\equiv 0$. 证明: $H \cdot M$ 不可能是有限变差过程.

6. 设 $M \in \mathscr{M}_2$, $(X, \mathscr{X}, \mu)$ 为测度空间, $f : X \times \Omega \times \mathbb{R}_+ \mapsto \mathbb{R}$ 为 $\mathscr{X} \times \mathscr{P}$ 可测, 其中 $\mathscr{P}$ 为循序 σ-代数. 设

$$E\left[\int_{X \times [0,T]} |f(x, \omega, t)|^2 d[M]_t \mu(dx) \right] < \infty.$$

证明: 存在 $g : X \times \Omega \times \mathbb{R}_+ \mapsto \mathbb{R}$ 为 $\mathscr{X} \times \mathscr{P}$ 可测使得

$$g(t, x, \omega) = \int_0^t f(x, s)dM_s.$$

7. 设 A 为有限变差过程, f 为循序 (可选) 过程, 且对 a.a.ω 及任意 t, $\int_0^t f(s, \omega)A(ds, \omega)$ 存在. 证明: $(t, \omega) \mapsto \int_0^t f(s, \omega)A(ds, \omega)$ 为循序 (可选) 过程.

8. 设 p, q 为共轭指数. 证明

$$\left\| \int_0^\infty H_s K_s d[M, N](s) \right\|_1 \leqslant \left\| \left(\int_0^\infty H_s^2 d[M](s) \right)^{\frac{1}{2}} \right\|_p \left\| \left(\int_0^\infty K_s^2 d[N](s) \right)^{\frac{1}{2}} \right\|_q.$$

9. 设 M_n, M 是定义在同一个概率空间上的鞅. H_n, H 为右连续过程. 假设:

(a) 存在增过程 λ 使得 $d[M]_n \leqslant d\lambda$;

(b)

$$\int_0^T [|H_n(t)|^2 + |H(t)|^2] d\lambda(t) < \infty, \ \forall n,$$

且

$$\underset{n \to \infty}{\text{l.i.p.}} \int_0^T |H_n(t) - H(t)|^2 d\lambda(t) = 0;$$

(c)

$$\underset{n \to \infty}{\text{l.i.p.}} \sup_{0 \leqslant t \leqslant T} |M_n(t) - M(t)| = 0;$$

证明:

$$\underset{n \to \infty}{\text{l.i.p.}} \sup_{0 \leqslant t \leqslant T} \left| \int_0^t H_n(t) dM_n(t) - \int_0^t H(t) dM(t) \right| = 0.$$

10. 设对任意 n, $(\Omega, \mathscr{F}, (\mathscr{F}_t^n), P)$ 为概率空间, M^n 为其上的局部平方可积鞅, $H_n \in \mathscr{L}^{\text{loc}}(M_n)$. 设

(a) $\forall t > 0$,

$$\underset{n \to \infty}{\text{l.i.p.}} H_n(t) = H(t),$$

$$\underset{n \to \infty}{\text{l.i.p.}} M_n(t) = M(t);$$

(b) $\forall t > 0$, $\{[M^n]_t\}$ 依概率有界, 即

$$\lim_{C \to \infty} \sup_n P([M^n]_t \geqslant C) = 0;$$

(c) $\forall t > 0, \forall \epsilon > 0$,

$$\lim_{m \to \infty} \lim_{n \to \infty} \sup_{s \in [0,t]} \sup_{0 \leqslant u \leqslant 2^{-m}} P(|H_n(s+u) - H_n(s)| > \epsilon) = 0.$$

证明: $\forall t > 0$,

$$\underset{n \to \infty}{\text{l.i.p.}} \sup_{0 \leqslant s \leqslant t} |H_n \cdot M_n(s) - H \cdot M(s)| = 0.$$

11. 设 X, Y 为连续半鞅, $\Delta = \{t_0 < t_1 < \cdots < t_n\}$ 为 $[0, t]$ 的分割, $|\Delta|$ 为其步长. 证明: 对任意 $T > 0$ 有

$$\underset{|\Delta| \to 0}{\text{l.i.p}} \sup_{0 \leqslant t \leqslant T} \left| \sum_{i=0}^{n-1} \frac{1}{2} (Y_{t_{i+1}} + Y_{t_i})(X_{t_{i+1}} - X_{t_i}) - \int_0^t Y_s \circ dX_s \right| = 0.$$

12. 设 X, Y 为连续半鞅. 令 $t_n^k := k2^{-n}$, $s_n^k := (k+1)2^{-n}$ 证明:

(a) $\forall T > 0$,

$$\text{l.i.p} \sup_{n \to \infty \ 0 \leqslant t \leqslant T} \left| \sum_{k=0}^{[2^n t]-1} (X(s_n^k) - X(t_n^k))(Y(s_n^k) - Y(t_n^k)) - [X, Y](t) \right| = 0;$$

(b) $\forall T > 0$,

$$\text{l.i.p} \sup_{n \to \infty \ 0 \leqslant t \leqslant T} \left| \frac{1}{2} \sum_{k=0}^{[2^n t]-1} (X(s_n^k) + X(t_n^k))(Y(s_n^k) - Y(t_n^k)) - \int_0^t X \circ dY \right| = 0.$$

13. 设 X 为连续半鞅. 证明:

$$X_t^2 - X_0^2 = 2 \int_0^t X_s \circ dX_s;$$

更一般地, 设 $f \in C^3$, 则

$$f(X_t) - f(X_0) = \int_0^t f'(X_s) \circ dX_s.$$

若 $X = (X^1, \cdots, X^d)$ 为 d 维连续半鞅, $f \in C^3(\mathbb{R}^d)$, 则

$$f(X_t) - f(X_0) = \int_0^t f_i'(X_s) \circ dX_s^i.$$

14. 设 $(M, \mathscr{F}_t)$ 为平方可积鞅, $H \in \mathscr{L}_2(M)$. 以 $p(\omega, d\omega')$ 表示给定 $\mathscr{F}_0$ 时的正则条件概率.

(a) 证明: 对 P-a.a. ω, 在 $p(\omega, \cdot)$ 下, $(M, \mathscr{F}_t)$ 仍为平方可积鞅且

$$[M](\omega') = [M](\omega, \omega'), \quad p(\omega, \cdot) - \text{a.a.} \omega',$$

其中 $[M](\omega, \cdot)$ 表示在 $p(\omega, \cdot)$ 下计算的平方变差.

(b) 以 $\mathscr{L}_{2,\omega}(M)$ 表示在 $p(\omega, \cdot)$ 下构造的关于 M 的被积过程空间. 证明对 P-a.a.ω,

$$H(\cdot, \omega') \in \mathscr{L}_{2,\omega}(M),$$

且

$$H \cdot M(\omega') = (H \cdot M)(\omega, \omega'), \quad p(\omega, \cdot)\text{-a.a.} \omega',$$

其中 $(H \cdot M)(\omega, \omega')$ 表示在 $p(\omega, \cdot)$ 下构造的随机积分.

第 8 章　Itô 公式

本章讲述 Newton-Leibniz 公式的随机翻版——Itô 公式. Itô 公式是整个随机分析的奠基石, 没有它就没有随机分析. 和 Newton-Leibniz 公式相比, 这一公式多出了一个二阶项. 这不是普通的一项, 更不是多余的一项. 它是因为鞅的平方变差不是零而自然出现的. 也许我们可以说, 随机分析的所有挑战与机遇, 光荣与梦想都来自这一项.

Itô 公式的雏形实际上在命题 6.1.11 中已经出现了. 那个命题及其证明对半鞅也是适用的. 但是, 如果有多个半鞅, 直接模仿那个证明至少会十分麻烦, 如果不是完全不可行的话. 所以, 关键问题是多个半鞅的情形, 而这本质上又是两个半鞅的情形. 利用光滑函数的多项式逼近, 这又转换成了两个半鞅的乘积的情形, 即分部积分的问题. 所以实际上我们面临且只面临三个问题: ①光滑函数能否由多项式逼近? ② 分部积分公式是否成立? ③多项式逼近光滑函数时, 相应的积分是否收敛?

但实际上, 第一个问题早就有肯定的答案了, 即 Weierstrass 定理. 对第二个问题, 利用公式

$$xy = \frac{1}{4}[(x+y)^2 - (x-y)^2],$$

两个半鞅乘积的情形又可以转换为单个半鞅的平方的情形, 所以最终仍能归结为命题 6.1.11, 只要把那里的 Brown 运动换为半鞅即可, 再就是需要处理有限变差过程的情况. 这些都不是大问题. 所以, 剩下的主要问题就是积分的收敛的问题了. 为了读者的阅读方便起见, 下面系统地呈现整个证明过程.

8.1　一个分析引理

我们先引入一个分析引理, 即经典的 Weierstrass 定理, 其目的是将对一般的二次可微函数的 Itô 公式的证明转化为对多项式的证明, 并进一步转化为对乘积函数的证明.

引理 8.1.1　设 $k \in \mathbb{N}_+$, $f \in C^k(\mathbb{R}^d)$, 则对任意 $R > 0$, 存在多项式序列 $\{P_n\}$, 使得对任意 $\alpha = (\alpha_1, \cdots, \alpha_d)$, $|\alpha| := \alpha_1 + \cdots + \alpha_d \leqslant k$, 有

$$\lim_n D^\alpha P_n = D^\alpha f \text{ 在 } B_R \text{ 上一致,}$$

其中 $D^\alpha := \left(\dfrac{\partial}{\partial x_1}\right)^{\alpha_1}\cdots\left(\dfrac{\partial}{\partial x_d}\right)^{\alpha_d}$. 换句话说, 在 $C^k(\mathbb{R}^d)$ 上赋予所有不超过 k 阶的导数在紧集上收敛的拓扑, 则多项式全体在其中稠密.

本质上我们只需要 $d=1$ 及 $k\in\{0,1,2\}$ 时的情形. 该定理在 $k=0$ 时有概率证明, 这是熟知的, 例如见 [25, 引论]. $k\in\{0,1,2\}$ 时也有概率证明, 见 [38, Ch. 3, Sect. 8]. 一般情形的证明见本章后面的习题. 如果你不会这个习题但又想知道怎么证明, 可参考 [8, p.157].

不过, 你也许愿意试试给一个概率证明?

8.2 有限变差过程的 Itô 公式

我们的最终目的是对半鞅建立 Itô 公式. 由于半鞅有局部鞅和有限变差过程两部分, 我们从比较简单的有限变差过程开始.

引理 8.2.1 (分部积分公式) 设 X,Y 为连续有限变差过程, 则

$$X_tY_t - X_0Y_0 = \int_0^t X_u dY_u + \int_0^t Y_u dX_u.$$

证明 以 μ,ν 分别表示 X 和 Y 生成的 Stieltjes 测度, 则有

$$\mu\times\nu([0,t]\times[0,t]) = \mu\times\nu([0,t]\times[0,t],u\leqslant v) + \mu\times\nu([0,t]\times[0,t],u\geqslant v).$$

然后用 Fubini 定理即可. □

定理 8.2.2 (有限变差过程的 Itô 公式) 设 $f\in C^1(\mathbb{R}^d)$, $X=(X_t^1,\cdots,X_t^d)$ 为连续有界变差过程. 则

$$f(X_t) - f(X_0) = \sum_{i=1}^d \int_0^t f_i(X_s)dX_s^i,$$

其中 $f_i(x) := \dfrac{\partial}{\partial x_i}f(x)$.

证明 以 $\mathscr{A}$ 表示使结果成立的函数类. 则 $\mathscr{A}$ 显然是线性空间. 设 $F,G\in\mathscr{A}$. 由引理 8.2.1 易见 $FG\in\mathscr{A}$. 从而 $\mathscr{A}$ 为代数, 因此包含了全体多项式. 最后, 易见 $\mathscr{A}$ 是 $C^1(\mathbb{R}^d)$(赋予紧集上本身及一阶导数一致收敛拓扑) 中的闭集. 因此由引理 8.1.1 $\mathscr{A}\supset C^1(\mathbb{R}^d)$. □

8.3 半鞅的 Itô 公式

设 $M^i\in\mathscr{M}^{\mathrm{loc}}$, $A^i\in\mathscr{V}$, $i=1,\cdots,d$. 令 $X^i=M^i+A^i$. 下面这个结果就是半鞅的 Itô 公式.

定理 8.3.1　若 $F \in C^2(\mathbb{R}^d)$, 则

$$F(X(t)) - F(X(0))$$

$$= \sum_{i=1}^{d} \int_0^t F_i'(X(s))dX^i(s) + \frac{1}{2}\sum_{i,j=1}^{d}\int_0^t F_{ij}''(X(s))d[M^i, M^j](s). \qquad (3.1)$$

若 $F \in C^3(\mathbb{R}^d)$, 则

$$F(X(t)) - F(X(0)) = \sum_{i=1}^{d}\int_0^t F_i'(X(s)) \circ dX^i(s). \qquad (3.2)$$

不奇怪吗? 在后面这个公式里, 只出现了 F 和其一阶导数, 而条件却是 F 三次连续可微! 这是因为 Stratonovich 积分的被积过程必须是半鞅, 这就是说这里 $F_i'(X(t))$ 必须为半鞅, 因此由第一个公式, F_i' 必须为 C^2, 因此 F 为 C^3.

值得着重指出的是, 如果我们使用 Stratonovich 积分, 那么 Itô 公式就和普通微积分的链导法则有同样的形式. 这一事实表面上看只是同一个公式换了一个形式而已, 但实际上其内涵要深刻得多. 首先, 它使得我们能以内蕴 (即不依赖坐标) 的形式写出流形上的随机微分方程, 从而成为随机微分几何的起点; 其次, 从偏微分方程的角度来看, 作为二阶偏微分方程的特征, Stratonovich 形式的随机微分方程对应着散度形式的二阶偏微分方程. 对后面这类方程, 可应用分部积分公式定义分布意义下弱解的概念. 而对于 Itô 形式下的随机微分方程, 相应的偏微分方程是非散度形式的, 此时粘性解的概念就更自然一些.

使用这两个公式, 往往用其微分形式更加方便, 即

$$dF(X(t)) = \sum_{i=1}^{d} F_i'(X(t))dX^i(t) + \frac{1}{2}\sum_{i,j=1}^{d} F_{ij}''(X(t))d[M^i, M^j](t)$$

$$= \sum_{i=1}^{d} F_i'(X(t))dX^i(t) + \frac{1}{2}\sum_{i,j=1}^{d} F_{ij}''(X(t))dX_t^i \cdot dX_t^j. \qquad (3.3)$$

因为形式上有

$$dF(X(t)) = F(X(t) + dX(t)) - F(X(t)),$$

所以, 如果说普通的链导法则在形式上就是 Taylor 公式展开到第一项的话, 那么上面这个公式则是 Taylor 公式形式上展开到第二项. 为什么要展开到第二项? 因为半鞅在小区间 $[t, t + dt]$ 上的平方变差, 即

$$dX^i(t) \cdot dX^j(t) = d[X^i, X^j](t),$$

未必是 dt 的高阶无穷小; 同时, 三次以上的变差就是 dt 的高阶无穷小了, 因为

$$dX_t^i \cdot dX_t^j \cdot dX_t^k = d[X^i, X^j]_t \cdot dX_t^k = 0.$$

所以没有更高阶的项出现——你注意到了吗? 记住了吗?

若 $F \in C^3(\mathbb{R}^d)$, 则对 Stratonovich 积分有

$$dF(X(t)) = \sum_{i=1}^d F_i'(X(t)) \circ dX^i(t). \tag{3.4}$$

这是 Taylor 公式展开到第一项的样子. 为什么平方变差消失了? 不, 它没有消失, 只是被吸收到 Stratonovich 积分里去了. 这个公式的直观背景是, 用梯形公式逼近 Stratonovich 积分时, 舍去的项是 $|dX(t)|^3$, 故至少是 $(dt)^{3/2}$, 因此是 dt 的高阶无穷小.

此外, 定理的条件在某些情况下可以减弱. 例如, 若 X^k 为有限变差过程, 则只需要 F_k 存在且连续, 不需要任何一个 F_{kj}, $j = 1, \cdots$ 存在.

这个公式的证明方略和有限变差过程时 Itô 公式的证明是一样的, 即从分部积分公式出发, 再用多项式逼近一般 C^2 函数. 因此我们先建立:

引理 8.3.2 (分部积分公式) 设 X, Y 为连续半鞅, 则

$$X_t Y_t - X_0 Y_0 = \int_0^t X_s dY_s + \int_0^t Y_s dX_s + [X, Y]_t.$$

证明 只需证明: 若 $M, N \in \mathscr{M}_2$, A 为连续有限变差过程, 则

$$M_t N_t - M_0 N_0 = \int_0^t M_s dN_s + \int_0^t N_s dM_s + [M, N]_t, \tag{3.5}$$

$$M_t A_t - M_0 A_0 = \int_0^t M_s dA_s + \int_0^t A_s dM_s. \tag{3.6}$$

为证第一式, 利用极化公式, 又可设 $M = N$. 再通过局部化操作, 又可假设 M 为有界鞅, A 为有界变差过程, 即存在常数 C 使得

$$\sup_t (|M_t| + |A|_t) \leqslant C.$$

回顾平方变差过程的构造: $[M]$ 为

$$V_t^n := M_t^2 - 2(H^n \cdot M)$$

在 L^2 中的一致极限, 其中 $\sup_t |H_t^n - M_t| \leqslant 2^{-n}$. 因此 $H^n \cdot M$ 在 L^2 中一致收敛于 $M \cdot M$. 这样在上式中两边取极限便得到 (3.5).

类似地, 令 $t_i^n := (i2^{-n}) \wedge t$. 由分部求和公式有

$$M_t A_t = \sum_{i \geqslant 1} M(t_i^n)(A(t_i^n) - A(t_{i-1}^n)) + \sum_{i \geqslant 1} A(t_{i-1}^n)(M(t_i^n) - M(t_{i-1}^n))$$

$$= \sum_{i \geqslant 1} M(t_i^n)(A(t_i^n) - A(t_{i-1}^n)) + \int_0^t H_s^n dM_s,$$

其中

$$H^n(t) := \sum_{i \geqslant 1} A(t_{i-1}^n) 1_{[t_{i-1}^n, t_i^n)}.$$

显然 H^n 在 L^2 中一致收敛于 A, 因此在 L^2 中一致地有

$$H^n \cdot M \to A \cdot M.$$

令 $n \to \infty$ 得到 (3.6). $\qquad\qquad\qquad\qquad\qquad\qquad\qquad\qquad\qquad\qquad\square$

现在可以给出定理 8.3.1 的证明.

证明　以 $\mathscr{A}$ 表示使公式成立的函数全体. 显然 $\mathscr{A}$ 为线性空间. 又若 $F, G \in \mathscr{A}$, 应用上一引理, 简单计算表明 $FG \in \mathscr{A}$. 因此 $\mathscr{A}$ 为代数且包含了所有多项式. 又由引理 8.1.1, $\mathscr{A}$ 在 $C^2(\mathbb{R}^d)$ 中稠密, 因此剩下只需证明 $\mathscr{A}$ 是 $C^2(\mathbb{R}^d)$(赋予所有二阶以下导数在紧集上一致收敛拓扑) 中的闭集.

设 $f_n \in \mathscr{A}$, 且在 $C^2(\mathbb{R}^d)$ 中 $f_n \to f$. 令

$$\tau_m := \inf\{t : \sup_i\{|X_t^i|, [M^i]_t, |A^i|_t\} \geqslant m\}.$$

则由 Kunita-Watanabe 不等式有

$$|[M^{\tau_m, i}, M^{\tau_m, j}]|_t \leqslant m.$$

对 $f_n(X_t^{\tau_m})$ 用 Itô 公式得

$$f_n(X_t^{\tau_m}) - f_n(X_0^{\tau_m}) = I_{1,n}(t) + I_{2,n}(t) + I_{3,n}(t),$$

其中

$$I_{1,n}(t) = \int_0^t f_{n,i}'(X_s^{\tau_m}) 1_{[0,\tau_m]}(s) dM_s^i,$$

$$I_{2,n}(t) = \int_0^t f_{n,i}'(X_s^{\tau_m}) 1_{[0,\tau_m]}(s) dA_s^i,$$

$$I_{3,n}(t) = \frac{1}{2} \int_0^t f_{n,ij}''(X_s^{\tau_m}) 1_{[0,\tau_m]}(s) d[M^i, M^j]_s.$$

再以 I_1, I_2, I_3 分别表示上面三式中的右边以 f 代替 f_n 得到的. 令

$$\epsilon_n := \max_{|x| \leqslant m} \{|f_n(x) - f(x)|, |f'_{n,i}(x) - f'(x)|, |f''_{n,ij}(x) - f''_{ij}(x)|\}.$$

则由命题 7.4.3 有

$$E[|I_{1,n}(t) - I_1(t)|^2]$$
$$= CE\left[\int_0^t |f'_{n,i}(X_s^{\tau_m}) - f'_i(X_s^{\tau_m})|^2 d[M^i]_s\right]$$
$$\leqslant C\epsilon_n^2.$$

又易见

$$E[|I_{1,n}(t) - I_1(t)|^2 + |I_{2,n}(t) - I_2(t)|^2] \leqslant C\epsilon_n.$$

因此

$$E\left|f_n(X_t^{\tau_m}) - f_n(X_0^{\tau_m}) - \sum_{i=1}^3 I_i(t)\right|^2 \leqslant C(\epsilon_n + \epsilon_n^2).$$

令 $n \to \infty$ 得

$$f(X_t^{\tau_m}) - f(X_0^{\tau_m}) = \sum_{i=1}^3 I_i(t).$$

又 m 是任意的, 故 $f \in \mathscr{A}$. 所以 (3.1) 成立. 由 (3.1) 及 Stratonovich 积分的定义立即得到 (3.2).

这就完成了定理的证明. □

8.4 两个直接应用

本节我们介绍 Itô 公式在随机微分方程中的两个直接应用. 我们的重点在于方法, 因此只考虑最简单的情况和最强的条件, 更全面细致的讨论可参见相应的参考文献.

8.4.1 常数变易法——Doss-Sussmann 方法 [13, 72]

让我们回忆一下常微分方程中的常数变易法. 考虑齐次线性常微分方程

$$X'(t) = a(t)X(t).$$

它的通解为

$$X(t) = CX_0(t),$$

其中 C 为任意常数, 而

$$X_0(t) = \exp\left(\int_0^t a(s)ds\right).$$

为求线性非齐次方程

$$X'(t) = a(t)X(t) + f(t)$$

的通解, 我们让 C 变成 t 的函数, 而假设其解具有形式

$$X(t) = C(t)X_0(t).$$

对 $X(t)$ 求导, 知 $C(t)$ 需满足

$$C'(t)X_0(t) = f(t).$$

所以

$$C(t) = \int_0^t f(s)\exp\left(-\int_0^s f(u)du\right)ds + C,$$

其中 C 为常数. 于是得到所求的通解为

$$X(t) = \left(\int_0^t f(s)\exp\left(-\int_0^s f(u)du\right)ds + C\right)\exp\left(\int_0^t a(s)ds\right).$$

这就是所谓常数变易法: 在已知方程的解中让常数变动, 得到另一方程的解.

现在让我们依此例来寻找随机微分方程

$$X_t = x + \int_0^t \sigma(X_s)dB_s + \int_0^t b(X_s)ds$$

的一个解——我们后面将会知道, 在所给条件下, 这个方程有唯一解, 因此这里所寻求到的解就是其唯一解, 这里先按下不表.

在这个方程中, B 是一维 Brown 运动, 而 $\sigma, b: \mathbb{R} \mapsto \mathbb{R}$ 满足: σ, b 为 Lipschitz 函数, 且 $\sigma \in C^2$.

考虑常微分方程

$$X'(y) = \sigma(X(y)), \quad X(0) = z.$$

由常微分方程理论, 存在 $\varphi \in C^2(\mathbb{R}^2)$ 使得 $\varphi(y, z)$ 为这个方程有唯一解. 现在将 y 用 $B(t)$, z 用未知过程 $z(t)$ 代入, 得到过程

$$X(t) = \varphi(B(t), z(t)).$$

用 Itô 公式, 加上一点常微分方程的知识, 易得

$$X(t) - z(0) = \int_0^t \sigma(X(s))dB_s + \frac{1}{2}\int_0^t (\sigma'\sigma)(X_s)ds + \int_0^t \varphi_2'(B_s, z_s)z_s'ds.$$

所以, 只要 z_s 满足

$$z_t' = (\varphi_2')^{-1}(B_t, z_t)\left[b - \frac{1}{2}(\sigma'\sigma)\right]\varphi(B_t, z_t), \quad z_0 = x,$$

X_t 就是我们所要找的解. 显然, 在所给的条件下, z_t 可由此方程唯一解出. 不止如此, 实际上我们还把解 X 表示成了 Brown 运动轨道的连续泛函, 因此 X 又称为轨道解.

可惜的是, 在多维的情况下, 这种做法行不通. 即使在一维的情况, 如果系数不是足够好, 这种做法也行不通. 当然, 也唯其行不通, 随机微分方程才有了独特的魅力——不然就和常微分方程没什么区别了.

8.4.2 状态空间改变法——Zvonkin 方法 [86]

为简单计, 本节我们还是考虑一维情形. 但与上节不同, 本节的结果本质上是可以推广到多维的.

设 $\sigma, b : \mathbb{R} \mapsto \mathbb{R}$, b 有界连续. 我们知道, 此时常微分方程

$$dX_t^0 = b(X_t^0)dt, \quad X_0^0 = x \tag{4.7}$$

有解, 但解未必唯一. 因此一般说来, 随机微分方程

$$\begin{cases} dX_t = \sigma(X_t)dB_t + b(X_t)dt, \\ X_0 = x \end{cases} \tag{4.8}$$

的解也不一定唯一, 如果存在的话. 但若 σ 为 Lipschitz 连续, 且

$$\int_x^y |\sigma^{-2}(u)b(u)|du < \infty, \quad \forall -\infty < x < y < \infty,$$

令

$$\psi(x) = \int_0^x \exp\left(-\int_0^y 2b(u)\sigma(u)^{-2}du\right)dy.$$

则 $\psi \in C_b^2$ 且为 $\mathbb{R}$ 上的微分同胚. 设 X_t 为 (4.8) 的一个解, 令

$$Y_t := \psi(X_t).$$

则由 Itô 公式, Y_t 满足方程

$$dY_t = g(Y_t)dB_t, \quad Y_0 = \psi(x), \tag{4.9}$$

其中

$$g(y) = (\sigma\psi') \circ \psi^{-1}(y).$$

易见 $g \in C_b^1$, 因此 (我们以后会证明) 此方程有唯一解. 而由于 ψ 是同胚, 所以由此反推出 (4.8) 有唯一解.

所以, 通过改变状态空间, 原来看不清楚的唯一性问题变得清楚了.

这里顺便带出了一个有趣的现象: 原确定性方程的解没有唯一性, 但加了一个随机项, 变为随机微分方程之后, 反倒有了唯一性. 实际上偏微分方程中也有类似现象: 原一阶方程没有唯一性, 加上一个非退化的二次项之后, 反倒有了唯一性. 这样加上去的项一般称为粘性项, 加上去之后得到唯一解, 然后让粘性趋于零, 这样得到的解在原方程中有特殊地位, 即所谓粘性解. 当然, 现在的粘性解理论有其直接的方法, 并不需要这么复杂的加上然后消去粘性的过程, 但其思想源头却在于此——如果要继续追根溯源的话, 也许在于流体力学?

习 题 8

1. 设 f 为 $[0,1]$ 上的连续函数. 定义 (多项式列)

$$f_n(x) := \frac{\displaystyle\int_0^1 (1-(x-y)^2)^n f(y)dy}{\displaystyle\int_{-1}^1 (1-y^2)^n dy}, \quad n = 1, 2, \cdots.$$

设 J 为闭区间且 $J \subset (0,1)$. 证明: 在 J 上, f_n 一致收敛于 f.

2. 设 f 为 $[0,1]^d$ 上的连续函数. 定义 (多项式列)

$$f_n(x) := \frac{\displaystyle\int_0^1 \cdots \int_0^1 \prod_{i=1}^d (1-(x_i-y_i)^2)^n f(y)dy_1 \cdots dy_d}{\displaystyle\int_{-1}^1 (1-y^2)^n dy}, \quad n = 1, 2, \cdots.$$

设 J 为闭区间且 $J \subset (0,1)^n$. 证明: 在 J 上, f_n 一致收敛于 f.

若 $f \in C^m(\mathbb{T})$, 则 f_n 的所有不超过 m 阶的导数均在 J 上一致收敛于 f 的相应的导数.

3. 证明定理 5.8.1 的第二个结论.

4. 设 $M^i \in \mathscr{M}_2, i = 1, \cdots, d, F \in C^2$ 且所有一阶导数有界. 证明:

$$F(M(t)) - F(M(0)) - \frac{1}{2}\sum_{i,j=1}^d \int_0^t F_{ij}''(M(s))d[M^i, M^j](s) \in \mathscr{M}_2.$$

5. 设 $w = (w^1, \cdot, w^d)$ 为 d 维 Brown 运动, $\sigma(s) \in \mathscr{L}_{\text{loc}}^2$, $b \in \mathscr{L}_{\text{loc}}^1$. 令

$$X_t = \xi_0 + \int_0^t \sigma(s)dw(t) + \int_0^t b(s)ds.$$

证明: $\forall F \in C^2(\mathbb{R}^n)$,

$$dF(X_t) = F_j(X_t)\sigma_i^j(t)dw_t^i + F_j(X_t)b^j(t)dt + \frac{1}{2}F_{ij}(X_s)(\sigma_k^i\sigma_k^j)(t)dt.$$

6. 利用 Itô 公式证明 Liouville 定理: 若 u 为 $\mathbb{R}^n$ 上的有界调和函数, 则 u 为常数.

7. 设

(a) $\forall \omega$, $F(\omega, \cdot, \cdot) \in C^{1,2}(\mathbb{R}_+ \times \mathbb{R}^d)$;

(b) $\forall x \in \mathbb{R}^d$, $F(\cdot, \cdot, x)$ 为适应过程;

(c) $M = (M^1, \cdots, M^d)$ 为 d 维连续半鞅.

令

$$I_{1,n} := \sum_{k=0}^{2^n-1} [F(\omega, t_{k+1}^n, M(t_{k+1}^n)) - F(\omega, t_k^n, M(t_{k+1}^n))],$$

$$I_{2,n} := \sum_{k=0}^{2^n-1} [F(\omega, t_k^n, M(t_{k+1}^n)) - F(\omega, t_k^n, M(t_k^n))].$$

其中 $t_k^n := t \wedge k2^{-n}$. 证明:

$$\underset{n\to\infty}{\text{l.i.p}} \, I_{1,n} = \int_0^t F_0(\omega, s, M_s)ds,$$

$$\underset{n\to\infty}{\text{l.i.p}} \, I_{2,n} = \int_0^t F_i(\omega, s, M_s)dM_s^i + \frac{1}{2}\int_0^t F_{ij}F(\omega, s, M_s)d[M^i, M^j]_s,$$

其中

$$F_0(\omega, s, x) := \frac{\partial}{\partial s}F(\omega, s, x),$$

$$F_i(\omega, s, x) := \frac{\partial}{\partial x_i}F(\omega, s, x),$$

$$F_{ij}(\omega, s, x) := \frac{\partial^2}{\partial x_i \partial x_j}F(\omega, s, x).$$

由此得到 Itô 公式的推广:

$$dF(t, M) = F_0(\omega, t, M_t)dt + F_i(\omega, t, M_t)dM_t^i + \frac{1}{2}F_{ij}(\omega, t, M_t)d[M^i, M^j]_t.$$

8. 设 f 为 $\mathbb{R}^d$ 上的有界函数, 且所有二阶导数连续, $\sum_{i=1}^d \frac{\partial^2}{\partial x_i^2}f \equiv 0$. 设 (w_t) 为 d 维标准 Brown 运动.

(a) 证明 $(f(w_t))$ 为鞅;

(b) 证明 $\lim_{t\to\infty} f(w_t)$ a.s. 存在并等于常数;

(c) 证明 $f \equiv f(0)$.

9. 设 $\sigma, b : \mathbb{R} \mapsto \mathbb{R}$ 满足

$$|\sigma(x)| \leqslant C_1(1 + |x|), \quad |b(x)| \leqslant C_2(1 + |x|),$$

其中 C_1, C_2 是非负常数; X_t 满足

$$X_t = x + \int_0^t \sigma(X_{h_s}) dw_s + \int b(X_{g_s}) ds, \quad t \geqslant 0,$$

其中 $h, g : \mathbb{R}_+ \mapsto \mathbb{R}_+$ 满足 $h_s \vee g_s \leqslant s$ 且 $(t, \omega) \mapsto X_{h_s}, X_{g_s}$ 均联合可测. 证明: $\forall p \geqslant 2, t \geqslant 0$,

$$E|X_t|^p \leqslant |x|^p + Ct + C\left(|x|^p t + \frac{C}{2} t^2\right) e^{Ct},$$

其中 $C := C_1 p(p-1) + 2C_2 p$.

10. 设 X_i 为半鞅, $i = 1, \cdots, n$; $F \in C^1(\mathbb{R}^n, \mathbb{R})$ 且 $|\nabla F| \leqslant C$. 证明:

$$F(X_t) - F(X_0) \leqslant \text{局部鞅} + \frac{C}{2} \sum_{i,j=1}^n [M_i, M_j]_t.$$

11. 对 $x, y \in \mathbb{R}$, 令

$$H_n(x, y) = \left. \frac{d^n}{d\alpha^n} \exp\left(\alpha x - \frac{\alpha^2}{2} y\right) \right|_{\alpha=0}, \quad n \in \mathbb{N}_0.$$

证明: 若 $M \in \mathscr{M}_{\mathrm{loc}}$, 则 $\forall n \in \mathbb{N}_0, H_n(M_t, [M]_t) \in \mathscr{M}_{\mathrm{loc}}$, 且

$$H_n(M_t, [M]_t) = n \int_0^t H_{n-1}(M_s, [M]_s) dM_s$$

$$= n! \int_0^t \int_0^{t_1} \cdots \int_0^{t_{n-1}} dM_{t_1} \cdots dM_{t_n}.$$

这里积分的次序是从后往前积, 即先对 $t_n, \cdots$, 最后对 t_1.

12. 利用梯形公式直接证明对 Stratonovich 积分的 Itô 公式, 并由此推得对于 Itô 积分的 Itô 公式.

13. 设 $A(t)$ 是一个矩阵值过程. 如果它的每一个分量都是半鞅, 则称它为半鞅.

设 $A(t) = (a_{ij}(t))_{l \times m}, B(t) = (b_{ij}(t))_{m \times n}$ 为矩阵值半鞅. 定义

$$A(t) \cdot dB(t) = \left(\sum_{k=1}^m a_{ik}(t) db_{kj}(t)\right),$$

$$dA(t) \cdot B(t) = \left(\sum_{k=1}^m b_{kj}(t) da_{ik}(t)\right),$$

$$d[A, B](t) = \left(\sum_{k=1}^m d[a_{ik}, b_{kj}](t)\right).$$

证明:

$$d(AB)(t) = A(t) \cdot dB(t) + dA(t) \cdot B(t) + d[A, B](t).$$

第 9 章 Itô 公式的一些重要应用

Itô 公式是关于随机分析的基本运算法则, 其强大的威力不仅体现在它是随机分析之一切计算的基础和不可或缺的工具, 还体现在利用它能直接导出一些重要结果, 体现在它能大大简化此前一些重要结果的证明. 本章我们就来看看一些著名的例子.

9.1 Lévy-Kunita-Watanabe 定理

比如下面这个结果, 它是由 Paul Lévy 最先证明的, 那时还没有随机积分, 更没有 Itô 公式, 证明十分复杂. 下面这个简洁优雅的证明是由 Kunita 与 Watanabe 给出的.

定理 9.1.1 (Lévy-Kunita-Watanabe 定理) 设 X 为 d 维 $(\mathscr{F}_t)$-适应过程, $X_0 = 0$. 则以下论断等价:

(1) X 为 d 维 $(\mathscr{F}_t)$-Brown 运动;

(2) X 为 d 维 $(\mathscr{F}_t)$-连续局部鞅且

$$[X^i, X^j]_t = \delta_{ij}t, \quad i, j = 1, \cdots, d, \ t \geqslant 0;$$

(3) 对任意 $\alpha \in \mathbb{R}^d$, $Z_t := \exp\left\{i(\alpha, X_t) + \frac{1}{2}|\alpha|^2 t\right\}$, $t \geqslant 0$ 为 $(\mathscr{F}_t)$-连续局部鞅.

证明 (1)$\Longrightarrow$(2) 是已知的.

(2)$\Longrightarrow$(3): 令 $f(x, t) := \exp\left\{i(\alpha, x) + \frac{1}{2}|\alpha|^2 t\right\}$, 则 $Z_t = f(X_t, t)$. 由 Itô 公式, 我们有

$$dZ_t = f_j'(X_t, t)dX_t^j + f_t'(X_t, t)dt + \frac{1}{2}f_{jk}''(X_t, t)d[X^j, X^k]_t$$

$$= i\alpha_j f(X_t, t)dX_t^j + \frac{1}{2}|\alpha|^2 f(X_t, t)dt + \frac{1}{2}(i\alpha_j)(i\alpha_k)f(X_t, t)\delta_{jk}dt$$

$$= i\alpha_j f(X_t, t)dX_t^j.$$

因此 Z 为 $(\mathscr{F}_t)$-连续局部鞅.

(3)$\Longrightarrow$(1): 注意 $|Z_t| \leqslant \exp\left(\frac{1}{2}|\alpha|^2 t\right)$, $\forall t$, 故由控制收敛定理, Z 实际上为连续鞅. 从而对任意 $0 \leqslant s < t$, 有

$$E[\exp\{i(\alpha, X_t - X_s)\}|\mathscr{F}_s] = \exp\left(-\frac{1}{2}(t-s)|\alpha|^2\right).$$

所以 X 为 $(\mathscr{F}_t)$-Brown 运动. □

为了用具体实例说明这个定理的威力, 也因为重要的事情要说三遍 (不要太认真太逻辑地对待这句话——我们丝毫没有本书中没有说三遍的事就不重要的意思, 一点都没有!), 我们再来用一种不同的方式证明 Brown 运动的反射原理[①].

设 X 是 Brown 运动, τ 为有限停时, 即 $\tau < \infty$ a.s.. 令

$$Y_t := X_{t\wedge\tau} - (X_t - X_\tau)1_{t>\tau} = X_{t\wedge\tau} - (X_t - X_{t\wedge\tau}).$$

我们要证明 Y 也是 Brown 运动. 为此, 只需证 $\forall u \in \mathbb{R}$, $\exp\left\{iuY_t - \frac{u^2}{2}t\right\}$ 是鞅.

为此, 以 $(\mathscr{F}_t)$ 记 X 生成的 σ-代数流. 首先, 显然 Y 为连续 $(\mathscr{F}_t)$-适应过程. 其次, 设 σ 为任一有界停时. 我们有, $\forall u \in \mathbb{R}$,

$$E\left[\exp\left\{iuY_\sigma + \frac{u^2}{2}\sigma\right\}\right]$$
$$= E\left[\exp\left\{iuX_{\sigma\wedge\tau} - iu(X_\sigma - X_{\sigma\wedge\tau}) + \frac{u^2}{2}\sigma\right\}\right]$$
$$= E\left[\exp\left\{iuX_{\sigma\wedge\tau} + \frac{u^2}{2}\sigma\wedge\tau\right\}F\right],$$

其中

$$F = E\left[\exp\left\{-iu(X_\sigma - X_{\sigma\wedge\tau}) + \frac{u^2}{2}(\sigma - \sigma\wedge\tau)\right\}\Big|\mathscr{F}_{\sigma\wedge\tau}\right].$$

由于 $\exp\left\{-iuX_t + \frac{u^2}{2}t\right\}$ 为鞅, 故由 Doob 停止定理, $F = 1$. 再用一次 Doob 停止定理就得

$$E\left[\exp\left\{iuY_\sigma + \frac{u^2}{2}\sigma\right\}\right] = E\left[\exp\left\{iuX_{\sigma\wedge\tau} + \frac{u^2}{2}\sigma\wedge\tau\right\}\right] = 1.$$

所以 $\exp\left\{iuY_t - \frac{u^2}{2}t\right\}$ 是鞅, 因此 Y 是 Brown 运动.

另外也可以直接证明 Y 是鞅, 且平方变差过程为 t, 这样也能说明 Y 是 Brown 运动. 你可以自己试试看.

① 这个证明是汪老师 (汪嘉冈教授) 教我的.

9.2 连续局部鞅作为 Brown 运动的时变

上面这个定理的一个乍看起来有点令人吃惊的推论是, 粗略地说, 任何一个连续局部鞅实际上都可以看成一个 Brown 运动的时变. 不过细想之下, 这一结果是合理的. 之所以合理, 其背后的思想大致是这样的: 设 M 是连续局部鞅, A 为增过程. 令 $B_t := M_{A_t}$. 则容易看出, B 的平方变差过程为

$$[B]_t := [M](A_t).$$

从而若取 $A_t := [M]^{-1}(t)$ (反函数, 非倒数), 则 $[B]_t = t$. 又由 Doob 停止定理, B 为 $(\mathscr{F}_{A_t})$ 局部鞅, 因此 B 为 Brown 运动且 $M_t = B(A_t^{-1}) = B([M]_t)$.

也许你还是有疑问: 那, 恒等于零的过程, 也是 Brown 运动的时变?

这要分两种情况来回答.

第一种情况是, 在这个概率空间上已经有了一个 Brown 运动, 那么就让时间永远停留在初始处, 这也是一种时变, 一种极端的时变. 死水微澜甚至无澜, 相当于时间停止住了.

第二种情况是, 在这个概率空间上没有 Brown 运动, 或这个概率空间无力支撑起一个 Brown 运动, 此时当然无从谈起 0 是哪个 Brown 运动的时变, 因此这时就首先要将概率空间扩大, 使得它可以支撑一个 Brown 运动, 再来谈 0 是否为这个 Brown 运动的时变.

无论哪一种情况, 当 M 为常数时, $[M]$ 也是静止不动的. 这也从另一个角度说明, 用 $[M]$ 作新的时间度量是合适的.

下面是这一结果的精确表述与证明. 我们先注重思想, 证明一个基本版; 然后补充技术细节, 得到完整版.

定理 9.2.1 (Dambis-Dubins-Schwarz, 基本版) 设 M 为连续局部鞅, $M_0 \equiv 0$, $\lim_{t\to\infty}[M]_t = \infty$. $\forall t \geqslant 0$, 令

$$\tau_t := \inf\{u : [M]_u > t\}, \quad \mathscr{G}_t := \mathscr{F}_{\tau_t}.$$

则 $B_t := M(\tau_t)$ 为 $(\mathscr{G}_t)$-Brown 运动, 且 $M_t = B([M]_t)$. 此外, 对任意 t, $[M]_t$ 为 $(\mathscr{G}_t)$-停时.

注. 该定理在多维时依然成立, 称为 Knight 定理, 见 [62].

证明 易证 B 为适应过程. 又尽管 $t \mapsto \tau_t$ 未必连续, 但由于在 $[M]$ 为常数的区间上, M 也为常数 (命题 4.7.4), 故无论如何 B 均为连续过程. 因此为证 B 为 Brown 运动, 剩下只需证 B 为局部鞅且其平方变差过程为 t.

令

$$\sigma_n := \inf\{t : |M_t| > n\}, \quad \gamma_n := [M](\sigma_n).$$

则 σ_n 为 $(\mathscr{F}_t)$-停时. 又对任意 t,

$$\{\gamma_n \leqslant t\} = \{\sigma_n \leqslant \tau_t\} \in \mathscr{F}_{\tau_t} = \mathscr{G}_t,$$

所以 γ_n 为 $(\mathscr{G}_t)$-停时. 由于 $\lim_{n\to\infty} \sigma_n = \infty$, 故 $\lim_{n\to\infty} \gamma_n = \infty$. 再注意

$$[M](\tau_{t\wedge\gamma_n}) = [M](\sigma_n \wedge \tau_t),$$

故

$$B_{t\wedge\gamma_n} = M^{\sigma_n}(\tau_t).$$

因此由 Doob 停止定理,

$$E[B(t \wedge \gamma_n)|\mathscr{G}_s] = E[M^{\sigma_n}(\tau_t)|\mathscr{G}_s] = M^{\sigma_n}(\tau_s) = B(s \wedge \gamma_n).$$

所以 B 是以 $\{\gamma_n\}$ 为局部化停时列的 $(\mathscr{G}_t)$-局部鞅. 此外,

$$[B^{\gamma_n}]_t = [M](\sigma_n \wedge \tau_t),$$

故

$$[B]_t = [M](\tau_t) = t.$$

这样就证明了 B 为 Brown 运动.

最后来证 $B([M]_t) = M_t$. 由定义 $B([M]_t) = M(\tau_{[M]_t})$. 若 $\tau_{[M]_t} = t$, 则自然有 $B([M]_t) = M_t$. 尽管有可能 $\tau_{[M]_t} > t$, 但这只会发生在 $[M]$ 在以 t 为起点的某个区间上为常数的情形, 此时 M 在此区间上也是常数, 而在该区间的右端点, 比如说 t_0, 有 $\tau_{[M]_{t_0}} = t_0$, 因而还是有

$$B([M]_t) = B([M]_{t_0}) = M(\tau_{[M]_{t_0}}) = M(t_0) = M(t). \qquad \square$$

在上述定理中, 条件 $[M]_\infty = \infty$ 是必需的, 否则 M 所在的概率空间有可能无法支撑起一个 BM, 因此一切免谈, 比如

$$\Omega = \{1\}, \quad \mathscr{F} = \mathscr{F}_t = \{\varnothing, \Omega\}, \quad M_t(1) \equiv 0$$

时就是如此. 所以此时若仍要得到类似的表示的话, 扩大概率空间以支撑起一个 Brown 运动就是必需的, 也就是说在 $\tau := [M]_\infty$ 之后, 要接上一个与 M 独立的 Brown 运动, 这样合起来就是一个完整的 Brown 运动, 我们记为 B 好了, 且 M 就是停止过程 B 的时变. 我们现在就来具体实现这一设想.

设概率空间 $(\Omega', \mathscr{F}', (\mathscr{F}'_t), P)$ 能支撑一个 $(\mathscr{F}'_t)$-Brown 运动——比如, 如果你愿意, 它们可取为经典 Wiener 空间及其上的坐标过程. 令 $\tilde{\Omega} = \Omega \times \Omega'$, $\tilde{\mathscr{F}}_t = \mathscr{F}_t \times \mathscr{F}'_t$, $\tilde{\mathscr{F}} = \mathscr{F} \times \mathscr{F}'$, $\tilde{P} = P \times P'$. $\tilde{\Omega}$ 的一般点记为 $\tilde{\omega} = (\omega, \omega')$, 其中 $\omega \in \Omega$, $\omega' \in \Omega'$. 显然 M 可自动视为 $\tilde{\Omega}$ 上的过程 (你懂的); 反之, 若 $\tilde{\Omega}$ 上的过程只依赖于 ω, 则也可自动视为 Ω 上的过程 (你也懂的, 不是吗?). 由于 $\{[M^{\tau_t}]_\infty \leqslant t\}$, M 几乎必然收敛, 因此可令

$$\hat{B}(t) := \lim_{s\uparrow\infty} M(\tau_t \wedge s),$$

其中右边的极限同时在 L^2 中和几乎必然意义下成立. 容易算出, $\forall T > 0$,

$$\mathrm{l.i.p} \sup_{n\to\infty} \sup_{t \leqslant T} \left| \sum_{k=0}^{\infty} (\hat{B}_{(k+1)2^{-n}\wedge t} - \hat{B}_{k2^{-n}\wedge t})^2 - t \wedge [M]_\infty \right| = 0.$$

因此, 必要时抽出一子列, 可以假定上面的极限几乎必然成立. 再令

$$\hat{\mathscr{F}}_t := \vee_{s>0} \mathscr{F}_{\tau_t \wedge s}.$$

$\forall s < t$, $s'' < s'$, 由 Doob 停止定理, 有

$$E[M(\tau_t \wedge s') | \mathscr{F}_{\tau_s \wedge s''}] = M(\tau_s \wedge s'').$$

先令 $s' \uparrow \infty$, 次令 $s'' \uparrow \infty$, 得

$$E[\hat{B}(t) | \hat{\mathscr{F}}_s] = \hat{B}(s).$$

因此 $\hat{B}$ 为 $(\hat{\mathscr{F}}_t)$-鞅. 令

$$B_t((\omega, \omega')) = \hat{B}_t(\omega) + B'(t, \omega') - B'(t \wedge [M]_\infty(\omega), \omega').$$

我们先注意 $\hat{B}$ 及 B' 显然为 $(\hat{\mathscr{F}}_t \times \mathscr{F}'_t)$ 鞅; 至于 $\{B'(t \wedge [M]_\infty(\omega), \omega')\}$, 易证——是真的易证吗? 你试试看——$B'$ 为 $(\hat{\mathscr{F}}_t \times \mathscr{F}'_t)$ 适应过程, 且由于 $[M]$ 只依赖于 ω, 故对 $s < t$, $f \in \mathscr{F}'_s$, $g \in \mathscr{F}$, f, g 有界, 有

$$\iint_{\Omega \times \Omega'} B'(t \wedge [M]_\infty(\omega), \omega') f(\omega') g(\omega) (P \times P')(d\omega, d\omega')$$

$$= \int_{\Omega'} g(\omega) P(d\omega) \int_\Omega B'(t \wedge [M]_\infty(\omega), \omega') f(\omega') P'(d\omega')$$

$$= \int_{\Omega'} g(\omega) P(d\omega) \int_\Omega B'(s \wedge [M]_\infty(\omega), \omega') f(\omega') P'(d\omega')$$

$$= \iint_{\Omega \times \Omega'} B'(s \wedge [M]_\infty(\omega), \omega') f(\omega') g(\omega) (P \times P')(d\omega, d\omega').$$

所以

$$\tilde{E}[B'(t \wedge [M]_\infty(\omega), \omega') | \mathscr{F} \times \mathscr{F}'_s] = B'(s \wedge [M]_\infty(\omega), \omega').$$

因而更有

$$\tilde{E}[B'(t \wedge [M]_\infty(\omega), \omega') | \hat{\mathscr{F}}_s \times \mathscr{F}'_s] = B'(s \wedge [M]_\infty(\omega), \omega').$$

所以 $B'(t \wedge [M]_\infty(\omega), \omega')$ 也为 $(\hat{\mathscr{F}}_t \times \mathscr{F}'_t)$ 鞅, 因而 B 为 $(\hat{\mathscr{F}}_t \times \mathscr{F}'_t)$ 鞅 [①].

下面计算其平方变差. 若 ω 使得 $[M]_\infty(\omega) = \infty$, 则对 a.a.-$\omega'$,

$$\lim_{n\to\infty} \sum_{k=0}^\infty (B_{t\wedge(k+1)2^{-n}} - B_{t\wedge k2^{-n}})^2$$

$$= \lim_{n\to\infty} \sum_{k=0}^\infty (\hat{B}_{t\wedge(k+1)2^{-n}} - \hat{B}_{t\wedge k2^{-n}})^2 = t.$$

若 ω 使得 $[M]_\infty(\omega) < \infty$, 对 $t < M_\infty(\omega)$ 上式依然成立, 而对 $t \geqslant M_\infty(\omega)$, 则有

$$\lim_{n\to\infty} \sum_{k=0}^\infty (B_{t\wedge(k+1)2^{-n}} - B_{t\wedge k2^{-n}})^2$$

$$= \lim_{n\to\infty} \sum_{k=0}^\infty (\hat{B}_{[M]_\infty\wedge(k+1)2^{-n}} - \hat{B}_{[M]_\infty\wedge k2^{-n}})^2$$

$$+ \lim_{n\to\infty} \sum_{k=0}^\infty (B'_{(t\wedge(k+1)2^{-n})\vee[M]_\infty} - B_{(t\wedge k2^{-n})\vee[M]_\infty})^2$$

$$= [M]_\infty + t - [M]_\infty = t.$$

所以 $[B]_t = t$, 因此 B 为 $(\tilde{\mathscr{F}}_t)$-Brown 运动. 最后, 和前面定理的证明一样, 易证 $M_t = B([M]_t)$. 因此我们得到:

定理 9.2.2 (Dambis-Dubins-Schwarz, 完整版)　对任意局部鞅 M, 都存在 (可能是定义在某个拓广了的概率空间上的) Brown 运动 B, 使得 $M_t = B([M]_t)$.

我们知道, Brown 运动的分布是显式的, 因此上述表示的用处之一便在于对 M 的概率做估计. 但 $[M]_\infty < \infty$ 时, 需要扩大概率空间, 这有时候有些烦人, 在有些问题上可以有更加直接的也更加方便实用的技巧. 例如, 我们可以先考虑现有概率空间和某个可以支撑一个 Brown 运动 (比如说 B) 的概率空间的乘积, 在此乘积空间上考虑鞅 $M_t^\epsilon := M_t + \epsilon B_t$. 则 $[M^\epsilon]_t = [M]_t + \epsilon t$, 因而条件对 M^ϵ 是成立的, 故可先对 M^ϵ 用, 然后令 $\epsilon \to 0$. 所以实际使用上面的结果时, 不必拘泥于机械地套用定理.

[①] 另外一个途径是, 先证明 $[M]_\infty$ 是 $(\hat{\mathscr{F}}_t)$-停时, 然后用 Doob 停止定理.

9.3 鞅的随机积分表示 (关于既定 Brown 运动)

同样是作为 Lévy-Kunita-Watanabe 定理的推论, 我们可以将关于某个 Brown 生成的流的鞅表示为关于这个 Brown 运动的随机积分. 为此, 我们先证明下面的预备结果.

引理 9.3.1 设 B 是 n 维 Brown 运动, $(\mathscr{F}_t)$ 是 B 生成的流, $T > 0$. 设 $F \in L^2(\mathscr{F}_T)$. 若对任意 m, 任意 $\theta^1, \cdots, \theta^m \in \mathbb{R}^n$ 及 $0 = t_0 < t_1 < \cdots < t_m \leqslant T$, 有

$$E\left[F \exp\left[i \sum_{k=1}^m (\theta^k, B(t_k) - B(t_{k-1}))\right]\right] = 0,$$

则 $F = 0$.

证明 由 Stone-Weierstrass 定理, $\mathbb{R}^{n \times m}$ 上的任意具有紧支集的有界连续函数 f 均可由形如

$$\exp\left[i \sum_{k=1}^m (\theta^k, x_k)\right], \quad x = (x_1, \cdots, x_m), \quad x_k \in \mathbb{R}^n$$

的函数的线性组合一致地逼近. 因此用控制收敛定理两次, 知对 $\mathbb{R}^{n \times m}$ 上的任意有界连续函数 f, 有

$$E[Ff(B(t_1), B(t_2) - B(t_1), \cdots, B(t_m) - B(t_{m-1}))] = 0.$$

再由单调类定理,

$$E[FG] = 0, \quad \forall G \in b\mathscr{F}_T.$$

因此 $F = 0$. $\qquad\square$

现在我们可以证明下面的定理.

定理 9.3.2 设 $F \in L^2(\mathscr{F}_\infty)$. 则存在唯一可选过程 H 满足

$$E\left[\int_0^\infty |H_s|^2 ds\right] < \infty,$$

使得

$$E[F|\mathscr{F}_t] = E[F] + \int_0^t H_s dB_s.$$

证明 唯一性由随机积分的保范性直接得到, 往证存在性. 为此, 只需对固定的 $T > 0$, 考虑 $F \in \mathscr{F}_T$ 的情形, 而此时只需证明上述等式在 $t \in [0, T]$ 时成立.

不妨假设 $E[F] = 0$, 否则可考虑 $F - E[F]$. 令

$$\mathscr{H} := \left\{ H : H可选, \ E\left[\int_0^T H_s^2 ds\right] < \infty \right\},$$

$$I(H) := H \cdot B, \quad L_0^2(\mathscr{F}_T) := \{F \in L^2(\mathscr{F}_T) : E[F] = 0\}.$$

则 $I_T(H) := I(H)(T)$ 为 $\mathscr{H}$ 到 $L_0^2(\mathscr{F}_T)$ 的等距映射, 因此 $I_T(\mathscr{H})$ 为 $L_0^2(\mathscr{F}_T)$ 的闭子空间. 我们只需证 $I_T(\mathscr{H}) = L_0^2(\mathscr{F}_T)$, 为此又只需证

$$X \in L_0^2(\mathscr{F}_T), \ X \perp I_T(\mathscr{H}) \Longrightarrow X = 0. \tag{3.1}$$

设 $H \in \mathscr{H}$, 则对任意停时 $\sigma \leqslant T$, $H1_{[0,\sigma]} \in \mathscr{H}$. 令 $Y := I(H)$, 则

$$Y_\sigma = \int_0^T H1_{[0,\sigma]} dB_s, \quad Y_{t \wedge \sigma} = \int_0^t H1_{[0,\sigma]} dB_s.$$

因此, 对 $X_t := E[X|\mathscr{F}_t]$, 有

$$\begin{aligned} E[(XY)_\sigma] &= E[Y_\sigma E[X|\mathscr{F}_\sigma]] \\ &= E[E[XY_\sigma|\mathscr{F}_\sigma]] \\ &= E[XY_\sigma] = 0. \end{aligned}$$

因此 $X_t Y_t$ 为鞅.

对 $\theta \in \mathbb{R}^n$, 令

$$f(x,t) := \exp\left\{ i(\theta, x) + \frac{1}{2}|\theta|^2 t \right\},$$

$$Z_t := f(B_t, t).$$

则由 Itô 公式, Z 为鞅且

$$dZ_t = i\theta_j Z_t dB^j(t).$$

故 $Z \in I(\mathscr{H})$, 从而由刚刚证明的结论, $Z_t X_t$ 为鞅. 故对 $s < t$,

$$E[X_t \exp\{i(\theta, B_t - B_s)\}|\mathscr{F}_s] = X_s \exp\left(-\frac{1}{2}(t - s)|\theta|^2\right).$$

因此对任意 m, 任意 $0 = t_0 < t_1 < \cdots < t_m = T$ 及任意 $\theta_1, \cdots, \theta_m \in \mathbb{R}^n$ 连续应用上式, 并注意 $X_T = X$, 有

$$E\left[X \exp\left\{ i \sum_{j=1}^m (\theta_j, B(t_j) - B(t_{j-1})) \right\}\right]$$

$$= E\left[X_0 \exp\left\{ -\frac{1}{2} \sum_{j=1}^m (t_j - t_{j-1})|\theta_j|^2 \right\}\right] = 0.$$

因此由前面的引理, $X = 0$. □

9.4　鞅的随机积分表示 (关于待定 Brown 运动)

如果我们的鞅不是相对于既定 Brown 运动生成的流的, 那么能否构造一个 Brown 运动, 使该鞅仍然能够表示为该 Brown 运动的随机积分?

回答一般是否定的, 原因在于, 正如前面提到过的, 该鞅定义于斯的概率空间可能过于贫瘠, 不能支撑一个 Brown 运动. 例如, 设 $\Omega = \{0\}$, $\mathscr{F} = \{\Omega, \varnothing\}$, $M_t(0) \equiv 0$. 则 M 为鞅, 但不可能在 Ω 上定义一个 Brown 运动.

所以若仍然要追寻鞅的某种随机积分表现, 就必须将原有的概率空间扩大. 为此我们引进下面的

定义 9.4.1　设 $(\Omega, \mathscr{F}, (\mathscr{F}_t), P)$ 为概率空间, $(\Omega', \mathscr{F}', P')$ 是另一概率空间. 令

$$\tilde{\Omega} := \Omega \times \Omega', \quad \tilde{\mathscr{F}} := \mathscr{F} \times \mathscr{F}', \quad \tilde{P} = P \times P'.$$

再对 $\tilde{\omega} = (\omega, \omega') \in \tilde{\Omega}$, 令 $\pi\tilde{\omega} = \omega$. 若 $(\tilde{\mathscr{F}}_t)$ 是 $(\tilde{\Omega}, \tilde{\mathscr{F}}, \tilde{P})$ 上的 σ-代数流, 满足

$$\mathscr{F}_t \times \{\Omega', \varnothing\} \subset \tilde{\mathscr{F}}_t \subset \mathscr{F}_t \times \mathscr{F}' \quad \forall t,$$

则 $(\tilde{\Omega}, \tilde{\mathscr{F}}, (\tilde{\mathscr{F}}_t), \tilde{P})$ 称为 $(\Omega, \mathscr{F}, (\mathscr{F}_t), P)$ 的一个标准拓广.

这个拓广跟 9.2 节用的拓广非常相似, 但并不完全一样, 因为那里需要用到时变, 所以涉及停止 σ-代数, 而此地不需要.

Ω 上的函数 f, 通过定义 $f(\tilde{\omega}) := f(\pi\tilde{\omega})$, 可默认为 $\tilde{\Omega}$ 上的函数. 不难证明, 在这种默认下, 原空间上的鞅、半鞅、停时等等, 均为新空间上的同样的东西.

上面的扩张是抽象的定义. 对于我们的具体问题, 怎么得到有用的扩张? 这需要一些不那么初等的矩阵论的知识, 我们简单叙述如下, 详细细节可参见 [84].

设 A 是秩为 r 的 $n \times m$ 矩阵, 则存在 $n \times n$ 正交阵 Q_1 及 $m \times m$ 正交阵 Q_2 使

$$A = Q_1 \begin{pmatrix} \Lambda^{(r,r)} & 0^{(r,m-r)} \\ 0^{(n-r,r)} & 0^{(n-r,m-r)} \end{pmatrix} Q_2,$$

其中

$$\Lambda = \mathrm{diag}(\lambda_1, \cdots, \lambda_r), \quad 0 < \lambda_1 \leqslant \cdots \leqslant \lambda_r,$$

而 $\lambda_1^2, \cdots, \lambda_r^2$ 为 AA^* 的所有非零特征根. 上面 A 的表达式中夹在 Q_1 与 Q_2 中间的那个矩阵称为 A 的正交相抵标准形. 定义 A 的强广义逆为 $m \times n$ 矩阵:

$$A^{-1} = Q_2^{-1} \begin{pmatrix} \Lambda^{-1} & 0^{(m-r,r)} \\ 0^{(r,n-r)} & 0^{(m-r,n-r)} \end{pmatrix} Q_1^{-1}.$$

注意这里虽然 Q_1, Q_2 的选择不是唯一的, 但 A^{-1} 是唯一存在的. 又显然有

$$AA^{-1}A = A, \quad A^{-1}AA^{-1} = A^{-1}.$$

事实上,

$$AXA = A, \; XAX = X$$

是 $X = A^{-1}$ 的充分必要条件.

此外, 令 $V_0 := \ker(A)$, $U_1 := \mathrm{Im}(A)$, $V_1 := V_0^\perp$, $U_0 = U_1^\perp$. 则 AA^{-1} 是 $\mathbb{R}^n$ 中到 U_1 的正交投影, $A^{-1}A$ 是 $\mathbb{R}^m$ 中到 U_0 的正交投影.

现在我们可以叙述我们的表示定理了.

定理 9.4.2   设 M 是概率空间 $(\Omega, \mathscr{F}, (\mathscr{F}_t), P)$ 上的连续局部鞅, 且存在 $m \times d$-矩阵值过程 H 使得

$$d[M]_t = HH^*(t)dt.$$

则在 $(\Omega, \mathscr{F}, (\mathscr{F}_t), P)$ 的某个拓广 $(\tilde{\Omega}, \tilde{\mathscr{F}}, (\tilde{\mathscr{F}}_t), \tilde{P})$ 上可定义一个 d 维 Brown 运动 $\{w_t\}$, 使得

$$M_t = \int_0^t H_s dw_s.$$

证明   设 w' 是定义在某概率空间 $(\Omega', \mathscr{F}', (\mathscr{F}_t'), P')$ 上的 d 维 Brown 运动, H_s^{-1} 是 H_s 的强广义逆. 则 H_s 也是可选过程. 在标准拓广 $(\tilde{\Omega}, \tilde{\mathscr{F}}, (\tilde{\mathscr{F}}_t), \tilde{P})$ 上 (其中 $\tilde{\mathscr{F}}_t := \mathscr{F}_t \times \mathscr{F}_t'$), 令

$$w(t) := \int_0^t H_s^{-1} dM_s + \int (I_{d \times d} - H_s^{-1} H_s) dw_s'.$$

则

$$
\begin{aligned}
[w]_t &= \int_0^t H_s^{-1} H_s H_s^* (H_s^{-1})^* ds + \int_0^t (I_{d \times d} - H_s^{-1} H_s)(I_{d \times d} - H_s^{-1} H_s)^* ds \\
&= I_{d \times d} t.
\end{aligned}
$$

这里最后一个等式用到了正交相抵标准形. 因此 w 为 d 维 Brown 运动且我们有

$$
\begin{aligned}
\int_0^t H_s dw_s &= \int_0^t H_s H_s^{-1} dM_s + \int_0^t (H_s - H_s H_s^{-1} H_s) dw_s' \\
&= \int_0^t H_s H_s^{-1} dM_s.
\end{aligned}
$$

但

$$\left[\int_0^t H_s H_s^{-1} dM_s - M_t \right]$$

$$= \left[\int_0^t (H_s H_s^{-1} - I_{m \times m}) dM_s \right]$$

$$= \int_0^t (H_s H_s^{-1} - I_{m \times m}) H_s H_s^* (H_s H_s^{-1} - I_{m \times m}) ds$$

$$= \int_0^t (H_s H_s^{-1} H_s H_s^* - H_s H_s^*)(H_s H_s^{-1} - I_{m \times m}) ds$$

$$= 0,$$

故

$$M_t = \int_0^t H_s H_s^{-1} dM_s = \int_0^t H_s dw_s. \qquad \square$$

细心的读者一定会发现上述证明中 H^{-1} 的可选性是有疑问的, 因为在构造 A^{-1} 时, Q_1 和 Q_2 的取值都不是唯一的, 所以疑问在于是否有一种方式选择它们, 使得它们可选? 这不是一个平凡的问题. 幸好, 前人已给我们铺平了道路: 下面的可测选择定理 (见 [16, Appendixes, Corollary 10, 3]) 可帮助我们消除此疑问.

定理 9.4.3 设 E_1, E_2 为 Polish 空间, $F: E_1 \ni x \mapsto F(x) \subset E_2$ 为 E_1 到 2^{E_2} 的映射. 若对任意 $\{x_n\} \subset E_1$, $\lim_{n \to \infty} x_n = x$, 及任意 $y_n \in F(x_n)$, $\{y_n\}$ 均有聚点 $y \in F(x)$, 则存在 $f: E_1 \mapsto E_2$, $f \in \mathscr{B}(E_1)/\mathscr{B}(E_2)$, 使得 $f(x) \in F(x)$, $\forall x \in E_1$.

所以, 取 $E_1 := \mathbb{R}^n \otimes \mathbb{R}^m$ 为所有 $n \times m$ 矩阵构成的空间, E_2 为 n 阶正交阵构成的空间. 因为后者是紧的, 所以该定理适用于映射 $F: A \mapsto Q_1$. 于是存在 Borel 可测映射 $A \mapsto Q_1(A)$. 同理, 存在 Borel 可测映射 $A \mapsto Q_2(A)$. 又显然映射

$$A \mapsto \begin{pmatrix} \Lambda^{(r,r)} & 0^{(r,m-r)} \\ 0^{(n-r,r)} & 0^{(n-r,m-r)} \end{pmatrix}$$

也是 Borel 可测的, 所以我们有一个选择 A^{-1}, 使得 $A \mapsto A^{-1}$ 是 Borel 可测的. 这样, 若 H 是可选过程, 那么, 作为可测映射的复合, H^{-1} 也是可选过程.

那么, 什么时候不必扩充原来的概率空间呢? 上述证明蕴含了答案: 当 H 为列满秩时.

推论 9.4.4 若 H 是列满秩的, 则概率空间不必扩充, 在原概率空间上直接得到表示. 特别地, 若 M 的诸分量中已有一个 d 维 Brown 运动, 则可以就地取材, 就用对这个 Brown 运动的随机积分表示其他分量.

事实上, 此时 $H_s^{-1} H_s = I_{d \times d}$, 因此前面证明中 w 的定义中的后面的那一项等于零.

9.5　指数鞅与 Girsanov 定理

我们都知道指数函数 e^t 在分析中的重要性, 也知道它是线性方程 $y_t = 1 + \int_0^t y_s ds$ 的唯一解. 在随机分析中, 有一个过程也有类似的性质和作用, 甚至连名字也是类似的, 这就是指数鞅.

我们曾经证明过, 现在也能很容易地——比以前更容易地——证明 (用 Itô 公式): 若 B 为 Brown 运动, 则

$$Z_t := \exp\left\{ B_t - \frac{1}{2}t \right\}$$

为鞅. 现在我们将对一般局部鞅研究这一表达式. 不过, 我们可以从更一般的半鞅开始定义.

设 X 为连续半鞅, $X_0 = 0$. 令

$$Z_t := \mathscr{E}(X)_t := \exp\left(X_t - \frac{1}{2}[X]_t \right).$$

Z 称为 (联系于) X 的指数半鞅. 当然, 为了这个名称合理, 我们得立即证明它的确是一个半鞅.

定理 9.5.1　Z 为方程

$$Z_t = 1 + \int_0^t Z_s dX_s$$

的唯一解. 特别地, Z 为半鞅, 且当 X 为局部鞅时, Z 也是局部鞅.

证明　直接用 Itô 公式可证明 Z 满足方程. 为证唯一性, 设 Z_t' 为方程的另一解. 对 $Z_t' Z_t^{-1}$ 用 Itô 公式可得

$$d(Z_t' Z_t^{-1}) = 0.$$

因此 $Z_t' Z_t^{-1} = C$. 又 $Z_0' Z_0^{-1} = 1$, 所以 $Z_t' = Z_t$. □

当 X 为局部鞅时, 我们就简称 Z 是指数鞅, 尽管它实际上只是一个局部鞅. 以下设 X 为局部鞅. 于是 Z 为非负局部鞅, 因此为非负上鞅. 故

$$Z_\infty := \lim_{t\to\infty} Z_t$$

几乎必然存在. 由于 $E[Z_t] \leqslant E[Z_0] = 1$, 且 $Z_t \geqslant 0$, 故由 Fatou 引理知 $E[Z_\infty] \leqslant 1$. 不仅如此, 事实上对任意停时 $\sigma \leqslant \tau$ 均有

$$E[Z_\tau | \mathscr{F}_\sigma] \leqslant Z_\sigma. \tag{5.2}$$

这是因为, 对任意 $n \leqslant m$ 有

$$E[Z_{\tau \wedge m} | \mathscr{F}_{\sigma \wedge n}] \leqslant Z_{\sigma \wedge n}.$$

令 $m \to \infty$, 由关于条件期望的 Fatou 引理 (见 [60, 定理 9.1.4]), 有

$$E[Z_\tau | \mathscr{F}_{\sigma \wedge n}] \leqslant Z_{\sigma \wedge n}.$$

因为

$$\bigvee_{n=1}^{\infty} \mathscr{F}_{\sigma \wedge n} = \mathscr{F}_\sigma,$$

令 $n \to \infty$, 由 [60, 推论 9.4.3] 便得 (5.2).

于是对任意非负 $\mathscr{F}_\sigma$-可测随机变量 Y 有

$$E[Y Z_\tau] \leqslant E[Y Z_\sigma].$$

我们感兴趣的是 $E[Z_\tau] = 1$ 的情况.

引理 9.5.2 设 τ 为停时. 若 $E[Z_\tau] = 1$, 则 Z^τ 为鞅.

证明 任取停时 $\sigma \leqslant \tau$, 则 $1 \geqslant E[Z_\sigma] \geqslant E[Z_\tau] = 1$. 故 $E[Z_\sigma] = E[Z_\tau] = 1$. 于是 Z^τ 为鞅. □

现在我们可以叙述 Girsanov 定理了. 为简洁计, 下面只考虑 $\tau = \infty$ 的情况. 对一般的 τ, 对条件和结论做明显的修改后, 论述照样成立. 特别地, 取 $\tau = T$ 就得到有限区间 $[0, T]$ 上的定理.

定理 9.5.3 (Girsanov) 设 $E[Z_\infty] = 1$. 定义

$$Q(d\omega) = Z_\infty(\omega) P(d\omega),$$

则

(i) Q 为 $(\Omega, \mathscr{F})$ 上概率测度;

(ii) 若 Y 为 $(\Omega, \mathscr{F}, (\mathscr{F}_t), P)$ 上的适应过程且 YZ 为 P-局部鞅, 则 Y 为 Q-局部鞅;

(iii) 设 M 为 P-局部鞅. 令

$$N_t := M_t - [M, X]_t = M_t - \int_0^t Z_s^{-1} d[M, Z]_s.$$

则 N 为 Q-局部鞅且

$$[N] = [M], \quad P\text{-a.s.}$$

$$H \cdot N = H \cdot M - H \cdot [M, X], \quad \forall H \in \mathscr{L}_2^{\mathrm{loc}}(M);$$

(iv) 若 B 为 P-Brown 运动, γ 为循序可测过程且

$$E\left[\exp\left(\int_0^\infty \gamma_s dB_s - \frac{1}{2}\int_0^\infty |\gamma_s|^2 ds\right)\right] = 1,$$

则

$$W_t := B_t - \int_0^t \gamma_s ds$$

为 Q-Brown 运动.

证明 (i) 显然.

(ii) 设 (σ_n) 是 YZ 的局部化停时列. 则对停时 $\sigma \leqslant \tau$ 有

$$\int Y_{\tau\wedge\sigma_n} dQ$$
$$= E[Y_{\tau\wedge\sigma_n} Z_\infty]$$
$$= E[E[Y_{\tau\wedge\sigma_n} Z_\infty | \mathscr{F}_{\tau\wedge\sigma_n}]]$$
$$= E[Y_{\tau\wedge\sigma_n} Z_{\tau\wedge\sigma_n}]$$
$$= E[Y_{\sigma\wedge\sigma_n} Z_{\sigma\wedge\sigma_n}]$$
$$= \int Y_{\sigma\wedge\sigma_n} dQ.$$

(iii) 由 (ii), 只需证明 NZ 为 P-局部鞅. 由 Itô 公式有

$$d(M_t Z_t) = M_t dZ_t + Z_t dM_t + d[M,Z]_t,$$
$$d([M,X]_t Z_t) = [M,X]_t dZ_t + Z_t d[M,X]_t$$
$$= [M,X]_t dZ_t + Z_t(Z_t^{-1} d[M,Z]_t)$$
$$= [M,X]_t dZ_t + d[M,Z]_t.$$

相减即得

$$d(NZ)_t = N_t dZ_t + Z_t dM_t,$$

因此 NZ 为 P-局部鞅, 因 Z 与 M 都是. 又由于 $[M,X]$ 是有限变差过程, 所以 $[N] = [M]$.

又, 由此显然有 $\mathscr{L}_2^{\mathrm{loc}}(M) = \mathscr{L}_2^{\mathrm{loc}}(N)$.

对简单过程 H, 由定义易证 $H \cdot N = H \cdot M - H \cdot [M,X]$. 一般地可用简单过程逼近得到.

(iv) 取 $X = \gamma \cdot B$, 用 (iii) 即可. □

这个定理应用的前提条件是 $E[Z_\infty] = 1$. 那么问题来了: 什么时候 $E[Z_\infty] = 1$? 设 σ_n 是 Z 的一个局部化停时列, 则对任意停时 τ, $Z^{\sigma_n \wedge \tau}$ 均为鞅. 因此

$$E[Z_{\sigma_n \wedge \tau}] \leqslant \lim_{t \to \infty} E[Z_{\sigma_n \wedge \tau \wedge t}] = 1.$$

从而

$$E[Z_\tau] \leqslant \lim_{n \to \infty} E[Z_{\sigma_n \wedge \tau}] \leqslant 1.$$

上面的两个不等式成为等式的条件均是极限和期望可以交换次序, 因此一个充分条件分别是 $Z^{\sigma_n \wedge \tau}$ 与 Z^τ 一致可积, 综合起来是 Z^τ 一致可积. 因此 $E[Z_\tau] = 1$ 的一个充分条件是 Z^τ 一致可积. 下面的 Novikov 型准则提供了一个满足这个条件的判别依据, 是由 N. V. Krylov 建立的 (见 [39]), 它推广了之前 Novikov 的结果.

定理 9.5.4 (Novikov 准则)　(i) 设 τ 为停时, $c_0 > \dfrac{1}{2}$, 而

$$E\left[\exp\{c_0[X]_\tau\}\right] < \infty,$$

则 $E[Z_\tau] = 1$;

　　(ii) 若

$$\liminf_{\epsilon \downarrow 0} \epsilon \log E\left[\exp \frac{1-\epsilon}{2}[X]_\tau\right] < \infty,$$

则 $E[Z_\tau] = 1$;

　　(iii) 若

$$E\left[\exp\left\{\frac{1}{2}[X]_\tau\right\}\right] < \infty,$$

则 $E[Z_\tau] = 1$.

　　证明　(i) 设 $\sigma \leqslant \tau$ 为任一停时, $p > 1$, $r > 1$. 则由 Hölder 不等式有

$$
\begin{aligned}
E[Z_\sigma^p] &= E\left[\exp\left\{pX_\sigma - \frac{p}{2}[X]_\sigma\right\}\right] \\
&= E\left[\exp\left\{pX_\sigma - \frac{rp^2}{2}[X]_\sigma\right\} \exp\left\{\frac{rp^2 - p}{2}[X]_\sigma\right\}\right] \\
&\leqslant \left(E\left[\exp\left\{rpX_\sigma - \frac{1}{2}[rpX]_\sigma\right\}\right]\right)^{\frac{1}{r}} \left(E\left[\exp\left\{\frac{(rp-1)rp}{2(r-1)}[X]_\sigma\right\}\right]\right)^{\frac{r-1}{r}} \\
&\leqslant \left(E\left[\exp\left\{\frac{(rp-1)rp}{2(r-1)}[X]_\sigma\right\}\right]\right)^{\frac{r-1}{r}}.
\end{aligned}
$$

取定 r, p 充分接近于 1, 使得 $\dfrac{(rp-1)rp}{2(r-1)} < c_0$. 我们有

$$\sup_{\sigma \leqslant \tau} E[Z_\sigma^p] \leqslant \left(E\left[\exp\left\{ \frac{(rp-1)rp}{2(r-1)}[X]_\tau \right\} \right] \right)^{\frac{r-1}{r}} < \infty.$$

因此 $\{Z_\sigma, \sigma \leqslant \tau\}$ 一致可积.

于是, 若 (σ_n) 为 Z 的局部化停时列, 则 $(Z^{\tau \wedge \sigma_n})$ 为一致可积鞅. 因此 $E[Z_{\tau \wedge \sigma_n}] = 1$. 但 $(Z_{\tau \wedge \sigma_n})$ 依然一致可积, 故令 $n \to \infty$ 得 $E[Z_\tau] = 1$.

(ii) ϵ 足够小的时候有

$$E\left[\exp\frac{1}{2}(1+\epsilon)^2[(1-\epsilon)X]_\tau \right] = E\left[\exp\frac{1}{2}(1-\epsilon^2)^2[X]_\tau \right] < \infty.$$

所以由 (i),

$$E\left[\exp\left((1-\epsilon)X_\tau - \frac{(1-\epsilon)^2}{2}[X]_\tau \right) \right] = 1.$$

故对任意 $T > 0$,

$$
\begin{aligned}
1 &= E\left[\exp\left((1-\epsilon)X_\tau - \frac{(1-\epsilon)^2}{2}[X]_\tau \right) \right] \\
&= E\left[\exp\left\{ (1-\epsilon)\left(X_\tau - \frac{1}{2}[X]_\tau \right) \right\} \exp\left\{ \frac{1}{2}(1-\epsilon)\epsilon[X]_\tau \right\} 1_{[X]_\tau \leqslant T} \right] \\
&\quad + E\left[\exp\left\{ (1-\epsilon)\left(X_\tau - \frac{1}{2}[X]_\tau \right) \right\} \exp\left\{ \frac{1}{2}(1-\epsilon)\epsilon[X]_\tau \right\} 1_{[X]_\tau > T} \right] \\
&\leqslant \left\{ E\left[\exp\left\{ X_\tau - \frac{1}{2}[X]_\tau \right\} \right] \right\}^{1-\epsilon} \left\{ E\left[\exp\left\{ \frac{1}{2}(1-\epsilon)[X]_\tau \right\} 1_{[X]_\tau \leqslant T} \right] \right\}^{\epsilon} \\
&\quad + \left\{ E\left[\exp\left\{ X_\tau - \frac{1}{2}[X]_\tau \right\} 1_{[X]_\tau > T} \right] \right\}^{1-\epsilon} \left\{ E\left[\exp\left\{ \frac{1}{2}(1-\epsilon)[X]_\tau \right\} \right] \right\}^{\epsilon}.
\end{aligned}
$$

两边取 $\liminf_{\epsilon \downarrow 0}$ 得

$$1 \leqslant E\left[\exp\left\{ X_\tau - \frac{1}{2}[X]_\tau \right\} \right] + CE\left[\exp\left\{ X_\tau - \frac{1}{2}[X]_\tau \right\} 1_{[X]_\tau > T} \right].$$

再令 $T \to \infty$ 便得

$$1 \leqslant E\left[\exp\left\{ X_\tau - \frac{1}{2}[X]_\tau \right\} \right].$$

因此 $E[Z_\tau] = 1$.

(iii) 此为 (ii) 之特例. $\square$

注意这个定理的条件中的任何一个实际上都保证了 $[X]_\tau < \infty$ a.s., 因而, 在 $\tau = \infty$ 时, 由定理 4.7.9, 它同时保证了 $X_\infty := \lim_{t\to\infty} X_t$ 存在且几乎必然有限. 由此我们有 $Z_\tau > 0$ a.s.. 这说明在这个定理的条件下, P 和 Q 是等价的概率测度. 于是, 特别地,

$$[M] = [N]\ P\ \text{及}\ Q\ \text{a.s.}\ \text{且}\ \mathscr{L}_2^{\mathrm{loc}}(M) = \mathscr{L}_2^{\mathrm{loc}}(N).$$

在实践中上面的结果往往是 M 为关于 Brown 运动的随机积分的情况时最有用, 也用得最多. 所以我们将这种情况特别提炼出来.

首先, 设 B 为某概率空间 $(\Omega, \mathscr{F}, (\mathscr{F}_t), P)$ 上的 d 维 Brown 运动, $X = f \cdot B$. 直接使用上面的定理之 (iii), 我们有:

推论 9.5.5 设 B 是 $(\Omega, \mathscr{F}, (\mathscr{F}_t), P)$ 上的 d 维 Brown 运动, $f = (f_1, \cdots, f_d) \in \mathscr{H}(B)$, $T \in [0, \infty]$, 且

$$E\left[\exp\left(\frac{1}{2}\int_0^T |f(s)|^2 ds\right)\right] < \infty,$$

则

$$E[Z_T] = 1.$$

并且我们可以进一步得到:

推论 9.5.6 继续推论 9.5.5 的记号且设 $T < \infty$. 若存在 $\mu > 0$ 使得

$$\sup_{t\in[0,T]} E[\exp(\mu|f(t)|^2)] < \infty,$$

则 $E[Z_T] = 1$.

证明 取 n 使得 $2n\mu \geqslant 1$. 令 $t_i = \frac{i}{n} \wedge T$. 则由 Jensen 不等式有

$$\exp\left\{\frac{1}{2}\int_{t_0}^{t_1} |f(s)|^2 ds\right\} \leqslant n\int_{t_0}^{t_1} \exp(\mu|f(s)|^2) ds.$$

因此由推论 9.5.5 直接得到 $EZ_{t_1} = 1$. 再在区间 $[t_1, t_2]$ 用与 9.5.4 类似的证明方法可证

$$E[Z_{t_2}|\mathscr{F}_{t_1}] = Z_{t_1},$$

因此

$$E[Z_{t_2}] = E[Z_{t_1}] = 1.$$

把这一过程继续下去就得

$$E[Z_T] = 1. \qquad \square$$

所以我们又有:

推论 9.5.7   设 γ_i 满足上面两个推论中假设条件中的任何一个. 令

$$Q(d\omega) = \exp\left\{ \sum_{i=1}^{d} \int_0^T \gamma_i(s) dB_s^i - \frac{1}{2} \sum_{i=1}^{d} \int_0^T \gamma_i(s)^2 ds \right\} P(d\omega),$$

$$\tilde{B}_t^i := B_t^i - \int_0^t \gamma_i(s) ds.$$

则 $(\tilde{B}^1, \cdots, \tilde{B}^d)$ 为 d 维 Q-Brown 运动.

证明   由于在所给条件下, $Q(\Omega) = 1$, 所以 Q 为概率测度且 $Q \sim P$. 由定理 9.5.3, $\forall i$, $\tilde{B}^i$ 为 Q-局部鞅. 又显然

$$[\tilde{B}^i, \tilde{B}^j]_t = [B^i, B^j]_t = \delta_{ij} t, \quad P, Q\text{-a.s..}$$

故由定理 9.1.1, $(\tilde{B}^1, \cdots, \tilde{B}^d)$ 为 d 维 Q-Brown 运动.   □

特别地, 把上面的概率空间取为经典 Wiener 空间, $\gamma(t)$ 取为确定性的. 也就是说, 用 2.7 节的记号. 令

$$X_t(w) = w(t) - h(t).$$

则

$$Q(dw) = \exp\left\{ \sum_{i=1}^{d} \int_0^T \dot{h}_i(s) dw_s^i - \frac{1}{2} \sum_{i=1}^{d} \int_0^T \dot{h}_i(s)^2 ds \right\} P(dw).$$

由于 X 在 Q 下为 Brown 运动, 故

$$Q \circ X^{-1} = P.$$

由于映射 $w \mapsto X(w)$ 的逆映射为

$$w \mapsto Y_t(w) = w(t) + h(t),$$

故

$$P \circ Y^{-1} = Q.$$

这样我们又重新得到了 Cameron-Martin 定理. 所以 Girsanov 定理是 Cameron-Martin 定理的推广, 因而也时常有了一个相当长的名字: Cameron-Martin-Girsanov 定理, 完整地体现了三个人的历史贡献.

9.6 鞅的矩估计——BDG 不等式

设 $M \in \mathscr{M}^{\text{loc}}$. 令

$$M_t^* := \sup_{0 \leqslant s \leqslant t} |M_s|, \quad M_\infty^* := \sup_{0 \leqslant s < \infty} |M_s|.$$

如果你需要计算 $E[|M_t|^p]$ 或 $E[M_t^{*p}]$, 基本上是没有什么直接计算的方法的, 即使在最简单的 Brown 运动的情形, 也要知道 Brown 运动的极大值的分布, 而这本身就不是一件简单的事情 (需要用到反射原理). 对一般的鞅, 根本不可能指望能得到极大值的分布. 因此, 给出估计它们的方法就成了一件十分要紧的事情.

相对来说, $[M]$ 比 M^* 更好处理, 因为它是增过程, 结构也比较简单. 比如, 我们知道, M 为 Brown 运动时, $[M]_t = t$; 而

$$M_t = \int_0^t f_s dB_s$$

时, 则

$$[M]_t = \int_0^t f_s^2 ds.$$

所以, 如果能用 $E[[M]_t^p]$ 控制 $E[(M^*)^{2p}]$ 就好了 ($[M]_t$ 是 p-次方而 M^* 是 $2p$ 次方是因为前者是后者的平方级的). 这种想法是有依据的, 因为至少在 $p = 2$ 的特殊情况, 它们是能被互相控制的, 不是吗? 此外, 给我们提供暗示的还有 Kolmogorov-Doob 不等式、Doob 不等式、Itô 不等式及广义 Itô 不等式.

这个想法是能够实现的. 事实上, 对一般的 p, 我们有下面重要的结果, 尤其是第一个不等式最有用.

定理 9.6.1 (BDG(Burkhölder-Davis-Gundy) 不等式) 对任意 $p \in (0, \infty)$, 存在 c_p, C_p 使得对任意 $M \in \mathscr{M}^{\text{loc}}$ 及任意 $t \in [0, \infty]$, 有

$$c_p E[M_t^{*2p}] \leqslant E[[M]_t^p] \leqslant C_p E[M_t^{*2p}].$$

这里 c_p 与 C_p 的值可以具体地给出 (见证明).

证明 首先, 由第 4 章习题 19, 只需对 $p \geqslant 1$ 证明.

其次, 只需对 $t \in [0, \infty)$ 证明, 因为一旦对 $t \in [0, \infty)$ 成立, 令 $t \to \infty$ 便得到对 $t = \infty$ 也成立 (单调收敛定理).

再次, 可设 M 为有界鞅. 事实上, 设对有界鞅成立. 令 $\tau_n := \inf\{t : |M_t| > n, [M]_t > n\}$, 则定理对 M^{τ_n} 成立. 令 $n \to \infty$ 得定理对 M 成立.

最后, 若 $p = 1$, 则有

$$E[[M]_t] = E[M_t^2] \leqslant E[(M_t^*)^2].$$

又由 Doob 不等式

$$E[M_t^{*2}] \leqslant 4E[M_t^2].$$

所以此时取 $c_1 = 1/4$, $C_1 = 1$ 即可.

因此以下假定 $p > 1$, $t \in [0, \infty)$, M 为有界鞅. 由 Itô 公式有

$$|M_t|^{2p} = 2p \int_0^t |M_s|^{2p-1}\mathrm{sgn}(M_s)dM_s + p(2p-1) \int_0^t |M_s|^{2p-2}d[M]_s.$$

取期望得

$$E[|M_t|^{2p}] \leqslant p(2p-1)E\left[\int_0^t |M_s|^{2p-2}d[M]_s\right]$$

$$\leqslant p(2p-1)E[|M_t^*|^{2p-2}[M]_t]$$

$$\leqslant p(2p-1)\{E[|M_t^*|^{2p}]\}^{1-1/p}\{E[[M]_t^p]\}^{1/p}.$$

但由 Doob 不等式有

$$E[M_t^{*2p}] \leqslant \left(\frac{2p}{2p-1}\right)^{2p} E[|M_t|^{2p}].$$

因此

$$E[M_t^{*2p}] \leqslant \left(\frac{2p}{2p-1}\right)^{2p} p(2p-1)\{E[M_t^{*2p}]\}^{1-1/p}\{E[[M]_t^p]\}^{1/p}.$$

整理即得第一个不等式.

下面证明第二个不等式. 令 $N_t := \int_0^t [M]_s^{\frac{p-1}{2}}dM_s$. 则

$$[N]_t = \int_0^t [M]_s^{p-1}d[M]_s = p^{-1}[M]_t^p.$$

所以 $E[N_t^2] = p^{-1}E[[M]_t^p]$. 由 Itô 公式,

$$M_t[M]_t^{\frac{p-1}{2}} = \int_0^t [M]_s^{\frac{p-1}{2}}dM_s + \int_0^t M_s d[M]_s^{\frac{p-1}{2}}$$

$$= N_t + \int_0^t M_s d[M]_s^{\frac{p-1}{2}}.$$

因此 $N_t \leqslant 2M_t^*[M]_t^{\frac{p-1}{2}}$. 这样就有

$$p^{-1}E[[M]_t^p] = E[N_t^2] \leqslant 4E[M_t^{*2}[M]_t^{p-1}] \leqslant 4\{E[M_t^{*2p}]\}^{1/p}\{E[[M]_t^p]\}^{1-1/p}.$$

从而

$$E[[M]_t^p] \leqslant (4p)^p E[M_t^{*2p}]. \qquad \qquad \square$$

　　我们知道, 在离散时间情形也有 BDG 不等式. 事实上, 连续情形的 BDG 不等式可以是离散情形时的推论, 因为用离散情形逼近即可. 但我们没有给出离散情形的证明, 因为那个证明太难, 而这里只要用 Itô 公式就可以了. 这也又一次给了我们下列事实一个例证, 即微分比差分容易, 积分比级数容易, 在普通微积分和随机微积分里都是如此. 真实的物理时间和空间都是离散的, 至少在目前的认识水平层面是离散的, 但如果囿于此而在数学上不发展微积分, 今天的科学今天的世界是个什么样子是不可想象的——这就是思辨的力量、理性的力量、数学的力量. 对不起, 我 excurse 于主题之外了, 而对于 Itô 的 excursion 理论 (例如见 [82]), 本书是完全没有提及啊①.

　　下面我们把这个不等式推广到多维情形. 当然, 用通常做法, 对每个分量分别考虑, 就可以从一维直接推广到多维. 但这样的话, 不等式中出现的常数就势必依赖于维数, 而这是很讨厌的. 我们的目的是得到一个常数不依赖于维数的 BDG 不等式.

　　我们将需要下面的引理. 引理对任意 $p > 0$ 均成立, 但我们后面需要的只是 $p \geqslant 1$ 的情况.

　　引理 9.6.2　　对任意 $p > 0$, 存在仅依赖于 p 的常数 $0 < c_p < C_p$, 使得对任意 n, 任意 n 阶非负定对称方阵 A, 任意满足条件

$$P(r_1 = 1) = P(r_1 = -1) = \frac{1}{2}$$

的独立同分布随机变量序列 $\{r_1, r_2, \cdots, r_n\}$, 有

$$c_p \lambda^p \leqslant E[|rAr^*|^p] \leqslant C_p \lambda^p,$$

其中 $\lambda = \operatorname{tr}(A)$, $r = (r_1, \cdots, r_n)$.

　　证明　　记

$$A = (a_{ij}),$$

$$\xi := rAr^* = \sum_{i,j=1}^{n} a_{ij} r_i r_j.$$

设 m 为正整数. 令

$$\mathbb{K} := \{K = (k_{ij}) : K \text{ 为 } n \text{ 阶方阵, 所有元素 } k_{ij} \text{ 为非负整数, 且 } \sum_{ij} k_{ij} = m\}.$$

---

　　① 即使没有随机积分和随机微分方程, 仅凭 excursion, Itô 就是一流数学家, 这是 M. Yor 说的. 而我好奇的是, 如果连 excursion 也没有, 仅凭 Lévy-Itô 分解 (独立增量过程的分解, 例如见 [30]), 或者仅凭 Wiener-Itô 混沌展开 (例如见 [25, 67]), Itô 是否依然是一流数学家? 谁能告诉我?

则

$$E[|\xi|^m] = E\left[\sum_{K \in \mathbb{K}} \frac{m!}{\prod_{i,j=1}^{n}(k_{ij}!)} \prod_{i,j=1}^{n} a_{ij}^{k_{ij}} (r_i r_j)^{k_{ij}}\right]$$

$$= \sum_{K \in \mathbb{K}} \frac{m!}{\prod_{i,j=1}^{n}(k_{ij}!)} \prod_{i,j=1}^{n} a_{ij}^{k_{ij}} E\left[\prod_{i=1}^{n} r_i^{\alpha_i}\right],$$

其中

$$\alpha_i := \sum_{j=1}^{n} k_{ij} + \sum_{j=1}^{n} k_{ji}.$$

若诸 α_i 中有一个是奇数, 那么

$$E\left[\prod_{i=1}^{n} r_i^{\alpha_i}\right] = 0.$$

如果诸 α_i 全为偶数, 则利用估计式:

$$\left|\prod_{i,j=1}^{n} a_{ij}^{k_{ij}} \prod_{i=1}^{n} r_i^{\alpha_i}\right| \leqslant \prod_{i,j=1}^{n} a_{ii}^{\frac{1}{2}k_{ij}} a_{jj}^{\frac{1}{2}k_{ij}} = \prod_{i=1}^{n} a_{ii}^{\frac{\alpha_i}{2}}.$$

所以

$$E[|\xi|^m] \leqslant \sum_{K:\ \text{所有的}\ \alpha_i\ \text{都是偶数}} \frac{m!}{\prod_{i,j=1}^{n}(k_{ij}!)} \prod_{i=1}^{n} a_{ii}^{\alpha_i}.$$

另一方面, 令 $b_i = a_{ii}^{\frac{1}{2}}$, 又有

$$E\left[\left|\sum_{i=1}^{n} b_i r_i\right|^{2m}\right] = E\left[\sum_{K} \frac{m!}{\prod_{i,j=1}^{n}(k_{ij}!)} \prod_{i,j=1}^{n} (b_i b_j)^{k_{ij}} (r_i r_j)^{k_{ij}}\right]$$

$$= \sum_{K:\ \text{所有的}\ \alpha_i\ \text{都是偶数}} \frac{m!}{\prod_{i,j=1}^{n}(k_{ij}!)} \prod_{i=1}^{n} a_{ii}^{\frac{\alpha_i}{2}}.$$

故

$$E[|\xi|^m] \leqslant E\left[\left|\sum_{i=1}^{n} b_i r_i\right|^{2m}\right].$$

因此由 Khinchin 不等式

$$E[|\xi|^m] \leqslant C_m \lambda^m.$$

先设 $p \geqslant 1$. 此时存在唯一正整数 m 及唯一 $\theta \in (0,1]$ 使得 $p = \theta m + (1-\theta)(m+1)$. 因而由插值不等式, 首先有

$$\|\xi\|_p \leqslant \|\xi\|_m^{1-\theta} \|\xi\|_{m+1}^{\theta} \leqslant \mathrm{C}_m^{1-\theta} \mathrm{C}_{m+1}^{\theta} \lambda.$$

其次, 由于 A 非负定, 故

$$E[|rAr^*|] = E[rAr^*] = \lambda.$$

于是

$$\|rAr^*\|_p \geqslant \|rAr^*\|_1 = \lambda,$$

从而 $p \geqslant 1$ 的情况证毕. 再看 $0 < p < 1$ 的情况. 首先由 Hölder 不等式有

$$\|\xi\|_p \leqslant \|\xi\|_1 = \lambda.$$

另一方面, 任取 $\alpha \in (0,p)$, 对共轭指标 $\theta = p\alpha^{-1}$, $\theta' = 1 - \theta$ 用 Hölder 不等式, 得

$$\|\xi\|_1 = \|\xi^{\alpha + (1-\alpha)}\|_1 \leqslant \|\xi\|_p^{\alpha} \|\xi\|_{(1-\alpha)\theta'}^{1-\alpha}.$$

所以也有

$$\|\xi\|_p \geqslant C\lambda.$$

这样 $p \in (0,1)$ 的情况也证毕, 因而整个定理证毕. $\qquad\square$

在应用中, $r_1, \cdots, r_n$ 常常不是问题本身固有的, 而是人为地加上去起辅助作用的. 上面的 Bernoulli 随机变量列 r 是一种选择, 但不必限于此 (我们下面的应用就是这样), 只要独立同分布, 各阶矩存在, 且均值为零即可. 这时例如可将 r 取为正态随机变量. 而上面引理中, 把 r 换为正态变量之后, 结果依然是成立的, 且证明更加快捷. 事实上, 因为 A 对称非负定, 故存在正交阵 Q 使得

$$A = Q\Lambda Q^*,$$

其中 Λ 是由 A 的特征根 $\lambda_1, \cdots, \lambda_n$ 组成的对角阵. 取 r 为 n 维标准正态随机变量, 令 $r' = rQ$, 则 r' 仍是标准正态随机变量, 因此 Khinchin 不等式依然成立 (见 [70]). 令

$$S = r'(\lambda_1^{\frac{1}{2}}, \cdots, \lambda_n^{\frac{1}{2}})^*.$$

则

$$|S|^2 = rAr^*, \quad \lambda = \lambda_1 + \cdots + \lambda_n.$$

因此可直接由 [70] 中的 Khinchin 不等式得到结论.

现在可以叙述多维 BDG 不等式了.

定理 9.6.3　$\forall p > 0$, 存在仅依赖于 p 的常数 $0 < c_p < C_p < \infty$, 使得对任意 n 及任意 $M_i \in \mathscr{M}^{\mathrm{loc}}$, $i = 1, \cdots, n$ 及任意 $t \in [0, \infty]$, 有

$$c_p E \left[\left(\sum_{i=1}^{n} [M^i, M^i]_t \right)^{p/2} \right] \leqslant E \left[\sup_{s \leqslant t} \left(\sum_{i=1}^{n} (M_s^i)^2 \right)^{p/2} \right]$$

$$\leqslant C_p E \left[\left(\sum_{i=1}^{n} [M^i, M^i]_t \right)^{p/2} \right].$$

证明　我们只证第二个不等式, 第一个的证明类似.

设 $r_1, \cdots, r_n$ 是定义在另一概率空间 $(\Omega', \mathscr{F}', P')$ 上的引理 9.6.2 中的随机变量列或相互独立的标准 Gauss 随机变量列. 由刚刚证明的结果, 有

$$E \left[\sup_{s \leqslant t} \left(\sum_{i=1}^{n} (M_s^i)^2 \right)^{p/2} \right]$$

$$\leqslant CE \left[\sup_{s \leqslant t} E' \left| \sum_{i=1}^{n} r_i M_s^i \right|^p \right]$$

$$\leqslant CE'E \left[\sup_{s \leqslant t} \left| \sum_{i=1}^{n} r_i M_s^i \right|^p \right]$$

$$\leqslant CE' \left[E \left[\sum_{i=1}^{n} r_i M^i \right]_t^{p/2} \right]$$

$$\leqslant CE \left[E' \left[\sum_{i,j=1}^{n} r_i r_j [M^i, M^j]_t \right]^{p/2} \right]$$

$$\leqslant CE \left[\left(\sum_{i=1}^{n} [M^i, M^i]_t \right)^{p/2} \right].$$

　　　□

9.7　局部时与 Tanaka 公式

设 $s \mapsto X_s$ 与 $x \mapsto f(x)$ 均一次连续可微, 则由微积分学有

$$f(X_t) = f(X_0) + \int_0^t f'(X_s) dX_s.$$

这一公式很容易有以下推广: 设 f 为凸函数, 将其磨光

$$f_n(x) = n \int f(x - y) \rho(ny) dy,$$

其中 $\rho \in C_b^\infty$,

$$\rho(x) \begin{cases} > 0, & x \in (0,1), \\ = 0, & x \notin (0,1), \end{cases}$$

且

$$\int_{-\infty}^{\infty} \rho(x)dx = 1.$$

由于 f_n 光滑, 故有

$$f_n(X_t) = f_n(X_0) + \int_0^t f_n'(X_s)dX_s.$$

由于 f 为凸函数, 故其左右导数皆存在, 递增, 且左导数左连续, 右导数右连续 (见 [60]). 因此

$$\lim_n f_n'(x) = f_-'(x), \quad \forall x.$$

于是令 $n \to \infty$ 得

$$f(X_t) = f(X_0) + \int_0^t f_-'(X_s)dX_s.$$

现在我们把这一思想和做法应用到半鞅. 设 $X = M + V$ 为半鞅, 其中 M 是局部鞅, V 是有限变差过程. 令

$$\tau_n := \inf\{t : |M_t| + [M]_t + V_t \geqslant n\}.$$

则 $\{\tau_n\}$ 是局部化列. 通过局部化方法, 可假定 M, $[M]$ 及 V 均有界——本节我们均作此假定.

但在现在的情形, 在用 Itô 公式进行与上面类似的计算时要多出一项:

$$f_n(X_t) = f_n(X_0) + \int_0^t f_n'(X_s)dX_s + \frac{1}{2}\int_0^t f_n''(X_s)d[X]_s. \tag{7.3}$$

由于 f_n 也为凸函数, 故 $f_n''(x) \geqslant 0$, 因而最后一项为增过程. 令 $n \to \infty$, 则前三项均收敛, 因此逼迫第四项也收敛于某增过程 A. 这样就有

$$f(X_t) = f(X_0) + \int_0^t f_-'(X_s)dX_s + A_t.$$

把这一想法严格化, 就得到:

定理 9.7.1 设 X 为半鞅, f 为凸函数. 则存在增过程 A 使得

$$f(X_t) = f(X_0) + \int f_-'(X_s)dX_s + A_t.$$

证明   尽管证明的思路已在导出定理的那段话里阐述清楚了, 但我们仍然有必要将它严格化与精确化. 设 f, f_n 如前.

利用停时, 我们可不妨假定 X 有界. 由于 f_n 与 f_n' 分别点点收敛于 f 与 f_-', 故

$$f_n(X_t) \to f(X_t), \ \forall \omega, t,$$

并且, 依照随机积分的收敛性方面的结果 (对关于鞅的随机积分部分, 用推论 7.8.2; 对关于有界变差过程的积分部分, 用普通的控制收敛定理), 在任意有限区间上一致依概率有

$$\int_0^{\cdot} f_n'(X_s)dX_s \to \int_0^{\cdot} f_-'(X_s)dX_s.$$

因此在 (7.3) 两边取极限就有

$$f(X_t) = f(X_0) + \int_0^t f_-'(X_s)dX_s + A_t,$$

其中

$$A_t := \lim_{n\to\infty} \frac{1}{2} \int_0^t f_n''(X_s)d[X]_s.$$

A. 作为增过程序列

$$\frac{1}{2} \int_0^{\cdot} f_n''(X_s)d[X]_s$$

的极限, 当然也是增过程, 同时由于等式中的其他两项均连续, 它想不连续都不行.   □

将上述定理应用到 $f(x) := |x - a|$, 所得到的增过程记为 L_t^a, 我们得到

定理 9.7.2 (Tanaka 公式)   设 X 为半鞅. 则 $\forall a$, 存在增过程 L^a 使得

$$|X_t - a| = |X_0 - a| + \int_0^t \mathrm{sgn}(X_s - a)dX_s + L_t^a,$$

其中

$$\mathrm{sgn}(x) = \begin{cases} -1, & x \leqslant 0, \\ 1, & x > 0. \end{cases}$$

这里将函数 $f(x) = |x - a|$ 单独拎出来不是就那么随便一拎的, 而是目的性明确. 因为任何一个凸函数, 忽略掉一个一次函数的差别外, 是可以写为这种函数的线性组合的 (见后面的 (7.5) 式), 所以这类函数可以视为凸函数大家族中的 "基本粒子", 搞定了它们就搞定了所有的凸函数.

我们来看一下这个公式的一个直接推论. 首先注意到对任意 a 及 ω, L^a 是单调上升的连续函数. 这个函数自然生成一个 Lebesgue-Stieltjes 测度. 现在证明:

定理 9.7.3 这个测度只在 $\{t : X_t = a\}$ 上有负荷.

证明 我们需要证明

$$\int_0^t 1_{X_s \neq a} dL_s^a = 0, \quad \forall t > 0.$$

这又只要证明

$$\int_0^t |X_s - a| dL_s^a = 0, \quad \forall t > 0. \tag{7.4}$$

由于

$$|X_t - a| = |X_0 - a| + \int_0^t \mathrm{sgn}(X_s - a) dX_s + L_t^a.$$

由 Itô 公式有

$$|X_t - a|^2 = |X_0 - a|^2 + 2\int_0^t |X_s - a| \mathrm{sgn}(X_s - a) dX_s + 2\int_0^t |X_s - a| dL_s^a + [X]_t$$

$$= |X_0 - a|^2 + 2\int_0^t (X_s - a) dX_s + 2\int_0^t |X_s - a| dL_s^a + [X]_t.$$

但如果直接对 $X_s - a$ 用 Itô 公式则得

$$|X_t - a|^2 = |X_0 - a|^2 + 2\int_0^t (X_s - a) dX_s + [X]_t.$$

两相比较就有 (7.4). $\qquad\square$

这个结果说明, L_t^a 在某种意义上说, 只度量了集合 $\{s \in [0, t] : X_s = a\}$ 的大小, 而与 $\{s \in [0, t] : X_s \neq a\}$ 无关. 当然直接谈 $\{s \in [0, t] : X_s = a\}$ 的大小一般是没有意义的, 因为再比如说 Brown 运动的情形, 不难证明它永远是零. 所以这里的大小只可能是某种密度, 比如说测度 $\mathscr{L}(\{s \in [0, t] : X_s \in da\})$ 关于 Lebesgue 测度 da 的密度. 事实到底是不是这样呢? 这是一个需要回答的问题.

为回答它, 把这个公式与对 $f(x) = |x - a|$ 形式上用 Itô 公式得出的结果比较 (注意 $f'(x) = \mathrm{sgn}(x - a)$, $f''(x) = 2\delta_a$), 得到

$$L_t^a = \int_0^t \delta_a(X_s) d[X]_s.$$

所以直观上 L_t^a 的确可理解为在 $[0, t]$ 这段时间内, 过程 X 在 a 处停留的时间 (以 $[X]$ 作标准时间刻度) 密度 (相对于 Lebesgue 测度). 在给出这一事实的精确数学表述之前, 我们先注意到, 由随机 Fubini 定理 (定理 7.9.3), 可选择 $L(t, a, \omega)$ 使得它是 $\mathscr{B} \times \mathscr{O}$ 可测的. 我们以后总是做这样的选择.

首先我们证明对于凸函数的 Itô 公式. 这个公式不是别的, 无外乎是 Tanaka 公式的推广——从绝对值函数 $|x-a|$ 推广到了凸函数. 这之所以可能是——就像我们刚说过的一样——任意一个凸函数总可以表示为 $|x-a|$ 的"线性组合".

让我们从回顾这个公式里将要涉及凸函数的头两阶导数开始.

设 f 为 $\mathbb{R}$ 上的凸函数, 则对每个 x, $f'_-(x)$ 均存在且均为增函数. 所以 f'_- 在分布意义下的一阶导数即为 f'_- 产生的 Lebesgue-Stieltjes 测度——它是 $\mathbb{R}$ 上的非负 Radon 测度. 我们仍然用 f'' 表示这个测度.

若 f 为两个凸函数之差, 我们也可用线性性定义其一阶和二阶导数, 只不过这时其一阶导数为有限变差函数, 二阶导数为赋号 Radon 测度.

做完这些准备工作后, 我们有:

定理 9.7.4 (Itô-Tanaka 公式)　设 f 为两个凸函数之差, 则

$$f(X_t) = f(X_0) + \int_0^t f'_-(X_s)dX_s + \frac{1}{2}\int_{\mathbb{R}} L_t^a f''(da).$$

特别地, $f(X)$ 为半鞅.

证明　首先, 显然只需要对凸函数证明; 其次, 由于 X 有界. 因此可假定 f'_- 生成的 Lebesgue-Stieltjes 测度 μ 具有紧支集. 由后面的命题 12.2.1, 此时存在常数 α, β 使得

$$f(x) = \alpha x + \beta + \frac{1}{2}\int_{\mathbb{R}} |x-a|\mu(da). \tag{7.5}$$

于是我们有

$$f(X_t) = \alpha X_t + \beta + \frac{1}{2}\int_{\mathbb{R}} |X_t - a|\mu(da)$$

$$= \alpha(X_t - X_0) + f(X_0) + \int_{\mathbb{R}} \frac{1}{2}\left(\int_0^t \mathrm{sgn}(X_s - a)dX_s + L_t^a\right)\mu(da).$$

因为

$$f'_-(x) = \alpha + \frac{1}{2}\int \mathrm{sgn}(x-a)\mu(da),$$

所以

$$\int_{\mathbb{R}} \frac{1}{2}\int_0^t \mathrm{sgn}(X_s - a)dX_s \mu(da)$$

$$= \frac{1}{2}\int_0^t dX_s \int_{\mathbb{R}} \mathrm{sgn}(X_s - a)\mu(da)$$

$$= \int_0^t f'_-(X_s)dX_s - \alpha(X_t - X_0),$$

这就完成了证明.   □

定理 9.7.5   存在可略集 B, 使得对任意非负 Borel 函数 f 及任意 t 有

$$\int_0^t f(X_s)d[X]_s = \int f(a)L_t^a da, \quad \forall \omega \notin B.$$

这个公式称为占位时公式, 因为如果取 $f = 1_A$, A 是 Borel 集, 则左边就是
X 到时刻 t 为止在 A 中逗留的时间. 注意, 这里容易被人忽略的是, 这里的可略
集 B 是——竟然可以是——对所有的 f 的公共可略集.

证明   若 $f = F''$, 其中 $F \in C^2$, 则比较 Itô 公式和 Itô-Tanaka 公式知该
式除开某个可略集 A 外对所有 t 成立. 选取可数个这样的函数 $\{f_n\}$ 使得它们在
$C_0(\mathbb{R})$ 中按紧集上一致收敛拓扑稠密, 并以 A_n 表示相应于 f_n 的可略集, 则通过
取极限知在 $\bigcup_n A_n$ 之外该公式对所有 $f \in C_0(\mathbb{R})$ 和 $t \geqslant 0$ 成立. 最后, 用单调类
定理知它对所有非负 Borel 可测函数和所有 t 成立.   □

由于 L_t^a 的上述性质, 下面的名字是合理的.

定义 9.7.6 L^a 称为 X 在 a 点的局部时.

我们现在证明, 作为 t 与 a 的函数, L_t^a 有很好的修正.

定理 9.7.7 L 存在一个修正, 仍记为 L, 使得除开一个可略集外, 对任何
t, a,

$$\lim_{s \to t, b \downarrow a} L_s^b = L_t^a,$$

且

$$\lim_{s \to t, b \uparrow a} L_s^b = L_t^{a-} \ 存在.$$

证明   由 Tanaka 公式,

$$|X_t - a| = |X_0 - a| + \int_0^t \text{sgn}(X_s - a)dM_s + \int_0^t \text{sgn}(X_s - a)dV_s + L_t^a.$$

显然, $X_t - a$ 关于 t, a 是二元连续的; 其次, 令

$$Y(t, a) := \int_0^t \text{sgn}(X_s - a)dV_s.$$

则

$$\lim_{s \to t, b \downarrow a} Y(s, b) = Y(t, a).$$

又由于

$$\text{sgn}(x - a) - \lim_{b \uparrow a} \text{sgn}(x - b) = -21_{x=a},$$

故由控制收敛定理

$$\lim_{s \to t, b \uparrow a} Y(s, b) = Y(t, a) + 2 \int_0^t 1_{X_s = a} dV_s.$$

因此只需证

$$Z_t^a := \int_0^t \text{sgn}(X_s - a) dM_s$$

有二元连续修正.

为此, 又只需证, 对任意 $T, h > 0$, Z_t^a 在 $[0, T] \times [-h, h]$ 上有连续修正. 不失一般性, 可假设 $T = h = 1$. 对任意 $p \geqslant 2$, $-h \leqslant a < b \leqslant h$, 由 BDG 不等式和占位时公式有

$$E[\sup_{0 \leqslant t \leqslant 1} |Z_t^a - Z_t^b|^p] = E\left[\sup_{0 \leqslant t \leqslant 1} \left| \int_0^t 21_{a < X_s \leqslant b} dM_s \right|^p \right]$$

$$\leqslant CE\left[\left| \int_0^1 1_{a < X_s \leqslant b} d[M]_s \right|^{p/2} \right]$$

$$= CE\left[\left| \int_a^b L_1^x dx \right|^{p/2} \right]$$

$$\leqslant C(b-a)^{p/2-1} E\left[\left| \int_a^b |L_1^x|^{p/2} dx \right| \right]$$

$$\leqslant C(b-a)^{p/2},$$

其中最后一步我们用到了 $\sup_{-1 \leqslant x \leqslant 1} E|L_1^x| < \infty$, 这可由 Tanaka 公式轻易推出——记住我们假定了 $|M|$, $[M]$ 及 $|V|$ 均有界. 所以由 Kolmogorov 连续性准则, 存在连续修正 $a \mapsto L_\cdot^a$. 所以 $(t, a) \mapsto L_t^a$ 存在连续修正.   □

习 题 9

1. 设 M 是连续适应过程, A 为连续增过程, $M_0 = A_0 = 0$. 证明下列论断等价:

(a) M 为局部鞅, 且 $[M] = A$.

(b) 对任意复数 z, 过程

$$Z_t := \exp\left\{ zM_t - \frac{1}{2} z^2 A_t \right\}$$

为局部鞅.

(c) 对任意实数 r, 过程

$$X_t := \exp\left\{rM_t - \frac{1}{2}r^2 A_t\right\}$$

为局部鞅.

2. 设 w^1, w^2 为 Brown 运动, τ 为关于 w^1 的自然 σ-代数流的有限停时, w^2 与 $(w^1)^\tau$ 独立. 证明: $\{w^1_{t\wedge\tau} + w^2_t - w^2_{t\wedge\tau}\}$ 为 $(\mathscr{G}_t)$-Brown 运动, 其中 $\mathscr{G}_t := \sigma(w^1(s\wedge\tau), s\leqslant t)\vee\sigma(w^2(s), s\leqslant t)$.

3. 完整版的 DDS 定理也可如下证明.

设 M_t 是概率空间 $(\Omega_1, \mathscr{F}_1, P_1)$ 上的连续局部鞅. 取能支撑 Brown 运动 B_t 的概率空间 $(\Omega_2, \mathscr{F}_2, P_2)$. 令

$$(\Omega, \mathscr{F}, P) := (\Omega_1, \mathscr{F}_1, P_1) \times (\Omega_2, \mathscr{F}_2, P_2).$$

在 $(\Omega, \mathscr{F}, P)$ 上定义

$$M_t^\epsilon := M_t + \epsilon B_t.$$

证明:

(a) $\forall \epsilon > 0$, 存在 Brown 运动 w^ϵ 使得

$$M_t^\epsilon = w^\epsilon([M^\epsilon]_t), \quad w_t^\epsilon = M^\epsilon(\tau_t^\epsilon),$$

其中 $\tau_t^\epsilon := \inf\{u : [M^\epsilon]_u > t\}$;

(b) 存在连续过程 w_t 使得

$$\lim_{\epsilon\downarrow 0} w_t^\epsilon = w_t, \quad \text{a.s. } \forall t,$$

且 w_t 为 Brown 运动;

(c)

$$M_t = w([M]_t), \quad w_t = M(\tau_t),$$

其中 $\tau_t := \inf\{u : [M]_u > t\}$.

4. 设 B 为 d 维 Brown 运动, Q 为取值于 $d\times d$ 正交矩阵的可选过程. 证明: $Q\cdot B$ 也为 d 维 Brown 运动.

5. 设 (w_t) 为 $(\Omega, \mathscr{F}, (\mathscr{F}_t), P)$ 上的 Brown 运动, $H\in\mathscr{L}_2$. 设对任意 (ω, t),

$$H(t, \omega) \neq 0,$$

且

$$\int_0^\infty H^2(t, \omega)dt = \infty.$$

令

$$X_t = \int_0^t H_s dw_s, \quad \tau_t := \inf\{s : [X]_s \geqslant t\}.$$

证明: 存在 $(\Omega, \mathscr{F}, P)$ 上的递增 σ-代数流 $(\mathscr{G}_t)$ 及 $(\mathscr{G}_t)$-BM $(\tilde{w}_t)$ 使得

$$X_t = \tilde{w}([X]_t), \quad \forall t.$$

(提示: 令 $d\tilde{w}_t = \text{sgn}(H_t)dw_t$.)

6. 接上题. 即使不假设

$$H(t, \omega) \neq 0$$

及

$$\int_0^\infty H^2(t,\omega)dt = \infty,$$

结论依然成立.

(提示: 以 $H(t,\omega) + \epsilon\mathrm{sgn}(H(t,\omega))$ 代替 $H(t,\omega)$, 其中 $\epsilon > 0$, $\mathrm{sgn}(0) = 1$.)

7. 利用 DDS 定理证明 Itô 不等式.

8. 设 w 为一维 BM, $a, b > 0$, $\tau := \inf\{t : w(t) = a\}$. 证明 (再证明, 利用 Girsanov 定理和指数鞅)

$$P(\tau < \infty) = 1$$

且

$$E[\exp(-b\tau)] = \exp(-\sqrt{2b}a),$$

并由此推出

$$P(\tau \in dt) = \frac{a}{(2\pi t^3)^{\frac{1}{2}}} \exp\left(-\frac{a^2}{2t}\right) dt.$$

9. 设 $T > 0$, μ 为 $C_0([0,T], \mathbb{R}^d)$ 上的 d 维标准 Wiener 测度. 证明 μ 的支集为整个 $C_0([0,T], \mathbb{R}^d)$, 即对其任意开集 O 均有 $\mu(O) > 0$.

10. 设 $T > 0$, μ 为 $C_0([0,T], \mathbb{R}^d)$ 上的 d 维标准 Wiener 测度, g 为 $C_0([0,T])$ 上的 Borel 非负可测函数, (w_t) 为由坐标过程给出的标准 BM, h 为 d 维可选过程且

$$E\left[\frac{1}{2}\int_0^T |h(s)|^2 ds\right] < \infty.$$

令

$$\tilde{w}_t := w_t + \int_0^t h(s)ds.$$

(a) 证明

$$E[g(\tilde{w}.)] = E\left[g(w.)\exp\left(\int_0^T h(s)dw_s - \frac{1}{2}\int_0^T |h(s)|^2 ds\right)\right].$$

(b) 令 $\Psi : C_0([0,T], \mathbb{R}^d) \mapsto C_0([0,T], \mathbb{R}^d)$ 为

$$\Psi(\omega) := \omega_t + \int_0^t h(s,\omega)ds,$$

再令

$$d\tilde{\mu} = \exp\left(\int_0^T h(s)dw_s - \frac{1}{2}\int_0^T |h(s)|^2 ds\right) d\mu.$$

证明: Ψ 在 $\tilde{\mu}$ 下的分布为 μ, 即

$$\tilde{\mu} \circ \Psi = \mu.$$

(c) 令

$$\tilde{w}_t^\epsilon := w_t + \epsilon\int_0^t h(s)ds.$$

证明: $F(\epsilon) := E[g(\tilde{w}^\epsilon_\cdot)]$ 关于 ϵ 可微并计算 $F'(\epsilon)$.

(d) 设 ξ_s, h_s 为循序可测过程, c 为常数, 满足

$$\int_0^1 \xi_s h_s ds + \int_0^1 \xi_s dw_s = c.$$

证明: $|c| \leqslant \mathrm{esssup}_{(s,\omega)} |h_s|$.

11. 设 X, Y 为连续半鞅. 证明

$$Z_t := \mathscr{E}(X)_t \left\{ Y_0 + \int_0^t \mathscr{E}(X)_s^{-1} (dY_s - d[X,Y]_s) \right\}$$

是方程

$$Z_t = Y_t + \int_0^t Z_s dX_s$$

的唯一解.

12. 设 B 为 d 维 Brown 运动, f 为 $n \times d$-矩阵值循序可测过程. 令 $X_t = \int_0^t f_s dB_s$. 证明: $\forall p \in (0,\infty), \exists 0 < c_p < C_p < \infty$, 使得

$$c_p E \left[\int_0^t \|f_s\|_{H.S}^p ds \right] \leqslant E \left[\sup_{s \leqslant t} \left| \int_0^s f_u dB_u \right|_{\mathbb{R}^n}^p \right] \leqslant C_p E \left[\int_0^t \|f_s\|_{H.S}^p ds \right].$$

13. 设 X 为连续半鞅. 证明: 除开某个公共的零测集外, 对一切 $\mathbb{R}_+ \times \mathbb{R}$ 上的 Borel 可测函数 h 和一切 t 有

$$\int_0^t h(s, X_s) d[X]_s = \int_{-\infty}^\infty ds \int_0^t h(s,a) dL_s^a.$$

14. 设 M 为连续局部鞅, L_t^a 是其局部时. 证明: L_t^a 存在关于 (t,a) 二元连续的修正, 且此修正满足

$$L_t^a = \lim_{\epsilon \downarrow 0} \frac{1}{2\epsilon} \int_0^t 1_{(a-\epsilon, a+\epsilon)}(M_s) d[M]_s.$$

15. 证明: $\forall a, dL_t^a$ 几乎必然只在集合 $\{t : X_t = a\}$ 上有负荷.

16. 设 B 是一维 BM. 证明: $\forall x \in \mathbb{R}, L(\{t : B_t = x\}) = 0$ a.s..

17. 设 $X = M + V$, 其中 M 为连续半鞅, 且存在可选过程 v 使得

$$V_t = \int v_s d[M]_s.$$

设存在 $p > 1$ 使得

$$E \int_0^t |v_s|^p d[M]_s < \infty, \quad \forall t > 0.$$

(a) 证明 X 的局部时 L_t^a 存在关于 (a,t) 二元连续的修正.

(b) 证明: 几乎必然地, 对所有的 t, a 有

$$L_t^a = \lim_{\epsilon \downarrow 0} \frac{1}{2\epsilon} \int_0^t 1_{a-\epsilon, a+\epsilon}(X_s) d[M]_s.$$

18. 设 X 是一维半鞅, f 是 $\mathbb{R}$ 上的 C^1 函数, 且 f' 为绝对连续函数. 证明:

$$f(X_t) - f(X_0) = \int_0^t f'(X_s)dX_s + \frac{1}{2}\int_0^t f''(X_s)d[X]_s.$$

19. 设 $X = M + V$, $p > 1$, 满足

$$E[|M_t|^p + |V|_t^p] < \infty, \ \forall t.$$

证明: 对任意 t, 存在常数 $C = C(t)$, 使得

$$E[|L_t^a|^p] \leqslant Ca^p.$$

这里 $|V|$ 是 V 的全变差过程.

20. 设 X 是局部鞅, $a \in \mathbb{R}$, 使得 $L_t^a = 0$, $\forall t > 0$. 设 f 是凸函数, f'' 在 $\mathbb{R} \setminus \{a\}$ 上关于 Lebesgue 测度绝对连续, 且仍用 f'' 表示其 Radon-Nikodym 导数. 证明:

$$f(X_t) - f(X_0) = \int_0^t f'_-(X_s)dX_s + \int_0^t f''(X_s)1_{X_s \neq a}(s)d[X]_s.$$

21. 设 M 为局部鞅. $a, c > 0$. 证明:

(a) $\exp\left\{M - \dfrac{1}{2}[M]\right\}$ 为上鞅;

(b) 证明指数不等式:

$$P([M]_t < a, \sup_{0 \leqslant s \leqslant t} |M_s| \geqslant c) \leqslant 2\exp\left(-\frac{c^2}{2a}\right);$$

(c) 证明 Itô 不等式的改进形式:

$$P(\sup_{0 \leqslant s \leqslant t} |M_s| \geqslant c) \leqslant 2\exp\left(-\frac{c^2}{2a}\right) + P([M]_t \geqslant a).$$

22. 设 M 为鞅, $[M]_t = \displaystyle\int_0^t h_s ds$, $p \geqslant 2$. 证明: $\forall t$,

$$E[|M_t|^p] \leqslant (p-1)^p E\left[\left|\int_0^t h_s^2 ds\right|^{p/2}\right].$$

如果直接利用 BDG 不等式, 你得到的常数是什么? (提示: 利用 Zakai 不等式.)

23. 设 $p \geqslant 2$, $w = (w_1, \cdots, w_d)$ 是 d 维 Brown 运动, h^i 是 r-维可选过程, $\forall i = 1, \cdots, d$. 证明 (见 [57]);

$$\left\|\sum_{i=1}^d \int_0^t h_s^i dw_s^i\right\|_p^2 \leqslant (p-1)\int_0^t \left\|\sum_{i=1}^d |h_s^i|^2\right\|_{p/2} ds, \ \forall t.$$

24. 设过程 X_t 满足方程

$$X_t = a + \int_0^t f(X_s)dW_s + \int_0^t g(X_s)ds, \ \forall t,$$

其中 a 是常数, 且有常数 b, c 使得

$$|f(x)| \leqslant b|x|, \quad |g(x)| \leqslant c|x|, \ \forall x.$$

试用 a, b, c 表示你所能得到的 $E|X_t|^p$ 和 $E[\sup_{0 \leqslant s \leqslant t} |X_s|^p]$ 的最好的上界.

25. 设 B 是二维 Brown 运动. 证明 $\forall x \in \mathbb{R}^2, \ x \neq 0,$

$$P(\tau < \infty) = 0,$$

其中

$$\tau := \inf\{t > 0 : B_t = x\}.$$

第 10 章　随机微分方程

至少早在 1908 年, 形式上的随机微分方程已经出现在物理学家 Paul Lange-vin 的研究论文中了.

我们说过, 数学上的 Brown 运动和物理上的 Brown 运动其实含义是不一样的. 现在常常说 Einstein 导出了微粒的概率分布, 它就是 Gauss 分布. 但 Einstein 笔下的 Brown 运动当然是物理上的 Brown 运动, 并且他导出的分布是渐近分布, 就是说: 一是一个近似; 二是只有在 t 很大时, 才是一个近似. 也就是说, 他舍弃了一些非决定性的因素, 并且这些被舍弃的因素会随着时间的增长而逐步式微乃至消失.

为了理解 Einstein 的结果并将其严密化精确化, 好几位物理学家从不同的角度深入研究了这种运动. 其中最重要的进展之一是 Langevin 从经典牛顿动力学的原理出发, 得到了这种运动的动力学方程, 从而以非常简单的方法推导出了爱因斯坦的结果 (见 [69, 第 3 章]).

让我们不揣浅陋地揣度一下先贤的心迹吧. 既然承认微粒在液体中的运动仍是经典运动学动力学范畴之内的运动, 而不是相对论或量子力学范畴内的运动 (其速度达不到前者的要求而体积达不到后者的要求), 那么, 原则上它就应该服从牛顿的运动定律, 只是此时它所受到的力比较复杂且难以用经典手法描述罢了. 所以, 关键是要把微粒所受到的力分析清楚.

为简单记, 只考虑一个坐标. 设微粒的初始速度为 x. 我们假定液体是匀质的, 且各点温度相同. 根据 Stokes 定律, 微粒所受到的粘滞力的大小与速度的大小成正比, 方向与速度的方向相反. 假设比例常数即粘滞系数为 c. 大量分子无规则地撞击粒子所形成的无规力为 $\sigma \dot{B}_t$—— 因为是所有分子的合力, 所以称为白噪声力, 就像把所有频率的声波均匀地混合在一起称为白噪声一样. 当然, 后面这个声学名词又是脱胎于一个光学名词, 白光. 以 X_t 表示微粒在 t 时刻的速度. 设这颗微粒的质量为 1, 那么根据牛顿第二定律, 我们有

$$\begin{cases} dX_t = (-cX_t + \sigma \dot{B}_t)dt, \\ X_0 = x \end{cases}$$

这个方程称为 Langevin 方程. 但用 $\sigma \dot{B}_t$ 代表白噪声力只是一种数学理想化的表述, 因为宇宙最小的时间间隔不是无穷小, 何况目前实际能观察到的时间间隔远

远没有达到这个精度①. 所以 $\dot{B}_t$ 实际上是差分, 它乘上 Δt 或者理想化的 dt 之后就是 B_t 在小区间上的增量. 物理分析表明, 白噪声力在各个不同的时间点是独立的, 即 $\forall n, \forall t_1 < t_2 < \cdots < t_n, \dot{B}(t_1), \dot{B}(t_2), \cdots, \dot{B}(t_n)$ 是独立的. 因为

$$\dot{B}(t)dt = B(t+dt) - B(t),$$

所以当诸 Δt_i 充分小时, 小到诸小区间 $[t_1, t_1+\Delta t_1), [t_2, t_2+\Delta t_2), \cdots, [t_n, t_n+\Delta t_n)$ 不重叠时,

$$B(t_1 + \Delta t_1) - B(t_1), B(t_2 + \Delta t_2) - B(t_2), \cdots, B(t_n + \Delta t_n) - B(t_n)$$

是独立的, 也即 B 是一个独立增量过程. 标准化之后, 它就成了一个数学上的 Brown 运动. 所以可以将上面的方程改写为

$$dX_t = -cX_t dt + \sigma dB_t.$$

这里后一个积分正是 Wiener 积分. 为解这个方程, 形式上使用分部积分公式, 得到

$$d(e^{ct}X_t) = \sigma e^{ct} dB_t,$$

因此

$$X_t = xe^{-ct} + \sigma \int_0^t e^{-c(t-s)} dB_s.$$

这正是前面所说的 O-U 过程. 注意这只是物理 Brown 运动的速度过程, 其位置过程则是这个过程的积分:

$$Z_t := \int_0^t X_s ds.$$

你现在知道更接近于真实运动的物理 Brown 运动与数学 Brown 运动差多远了吧?

　　幸运的是, 上面形式上使用分部积分公式是碰对了, 因为此时有一个有限变差过程, 故而 Itô 公式中的交互变差项为零.

　　或问了: 那 Einstein 推导出的后来被试验证明了的结果怎么和数学 Brown 运动的分布那么一致, 即$\Big($在将物理参数标准化之后, 即取 $c = \dfrac{1}{2}, \sigma = 1$ 之后$\Big)$其位置的分布大约是

$$P(Z_t \in dx) = \frac{1}{\sqrt{2\pi t}} e^{-\frac{x^2}{2t}} dx? \tag{0.1}$$

这是因为, X 的转移半群是

$$P_t f(x) = \int_{\mathbb{R}} f(e^{-\frac{1}{2}t}x + \sqrt{1 - e^{-t}}y)\mu(dy),$$

---

① 宇宙最小的时间间隔是普朗克时间, 为 10^{-43} 秒; 目前能测量的最小时间间隔为 1.2×10^{-17} 秒.

其中 μ 是标准正态分布. 由于对大的 t, e^{-2t} 接近于零而 $\sqrt{1-e^{-2t}}$ 接近于 1, 故当 t 很大时, X_t 的分布接近于 μ. 由此容易算出, t 很大时, $E[Z_t^2]$ 接近于 $c_0 t$. 但 Z_t 又服从 Gauss 分布, 故在选取合适的量纲, 使得 $c_0 = 1$ 后, 其分布当然是上面那个表达式 (0.1) 了 (当将出发点选为坐标原点, 即考虑位移过程时).

对 Langevin 方程的研究也许是随机分析的原始推动力之一吧, 但 Langevin 本人并没有给出他的方程的严格意义, 要知道虽然他只需要 Wiener 积分就能说清楚, 但是很不幸那时连 Wiener 积分都没有. 他自己似乎也没有进一步研究他的方程, 以至于后来, 直到现在, 这个方程的解一直被称为 Ornstein-Uhlenbeck 过程而不是 Langevin 过程. 再后来, (无穷维的)Ornstein-Uhlenbeck 过程在 Malliavin Calculus 的建立与发展中发挥了并仍然发挥着重要的作用, 这也算是世界 (科学界) 真奇妙之一例吧[1].

随机微分方程的总体的严格理论是由 Kiyosi Itô(伊藤清) 创立的 (见 [28]), 但他的初衷却不是严格解释 Langevin 方程 (刚刚说了, 严格解释 Langevin 方程也不需要一般的 Itô 积分, 而只要 Wiener 积分就够了), 更不是简单地在普通的常微分方程后面加上一个随机项, 对常微分方程理论来一点形式上的推广. 他的初衷是用微分方程的方法构造 Markov 过程的轨道, 从而按 Doob 的方式准确表述并严格证明 Feller 的关于 Markov 过程构造的结果. 这个初衷与其说是要雄心勃勃大喊大叫地开创一个新领域, 不如说是想别开一个生视角, 以他独特的循循善诱清澈透明的方式向他人 (还谈不上他的学生. 从年龄上看, 他的那些著名的学生当时最多还在上小学) 解释 Markov 过程的构造. 他那时播下的一颗种子发展成今天这么宏大的理论, 也许连他自己也没有想到吧? 又或许他完全自信会收获丰硕的果实, 因为他扎下了深深的根[2]?

本章我们就介绍随机微分方程.

10.1　基 本 记 号

以 $\mathbb{R}^d \otimes \mathbb{R}^r$ 表示 $d \times r$ 实值矩阵全体. 设 $\sigma \in C(\mathbb{R}^d \mapsto \mathbb{R}^d \otimes \mathbb{R}^r)$, $b \in C(\mathbb{R}^d \mapsto \mathbb{R}^d)$. 设 $B = (B^1, \cdots, B^r)^*$ 是 r-维 Brown 运动 (这里 * 表示矩阵的转置, 即我们把多维 Brown 运动记为列向量). 本书只考虑所谓 Markov 型随机微分方程. 这种方程的形式可类比于自治常微分方程, 其特点是, 从任何一个时刻出发, 其解在无穷小时间段上的增量只与该时刻的状态有关. 因此, 这种方程的一般形式是

$$dX_t = \sigma(X_t)dB(t) + b(X_t)dt, \tag{1.2}$$

---

[1] Uhlenbeck 关于 Brown 运动的研究有两篇著名的论文, 一篇是与 Ornstein 合写的[73], 也许这就是 Ornstein-Uhenbeck 过程其名的发源地; 另一篇是与他的中国学生王明贞合写的[75], 同样是一篇有巨大影响力的论文. 关于 Brown 运动的动力学理论及其发展史, 可见 [52].

[2] 至于 Itô 是怎么抽丝剥茧地得到他的积分和方程的, 见 [28].

或写成积分形式

$$X_t - X_0 = \int_0^t \sigma(X_s) dB(s) + \int_0^t b(X_s) ds. \tag{1.3}$$

而如果指定了初值 $X_0 = x$, 则记为

$$X_t = x + \int_0^t \sigma(X_s) dB(s) + \int_0^t b(X_s) ds. \tag{1.4}$$

这种方程之所以称为 Markov 型, 是因为若它有唯一解的话, 这个解就是 Markov 过程. 此外, 这种方程还是时间齐次的, 即 σ 与 b 不依赖 t. 当然, 这个限制不是本质的, 也可以允许 σ 和 b 同时也是 t 的函数, 即 $\sigma(t, x)$ 与 $b(t, x)$. 但就像 Markov 过程中的标准技巧一样, 原则上通过添加一个维数, 而令 $X_t^{n+1} \equiv t$, 可以将其化为时间齐次的. 当然, 这只是原则上而已, 在讨论具体问题时还应具体分析.

若以 σ_k 表示 σ 的第 k 列 (它是 $\mathbb{R}^d$ 上的向量场), 并用爱因斯坦约定即自动对重复指标求和, 则方程可写为

$$dX_t = \sigma_k(X_t) dB^k(t) + b(X_t) dt.$$

这种向量形式的记号有时特别方便.

这个方程中涉及 Brown 运动 B, 而任何一个 Brown 运动都是定义在某个概率空间上的. 如果我们一开始就指定了具体的 Brown 运动, 因而更指定了它定义于斯的概率空间, 则这个方程不会有歧义; 但也有这样的时候, 即我们写下方程时, 并没有预先指定 Brown 运动, 而你的任务是同时寻找 Brown 运动 B 与解 X(从而, 当然, 也要寻找它们定义于斯的概率空间). 所以为明确含义及以后叙述简洁起见, 我们引进下述记号.

令
$$W_0 := C_0(\mathbb{R}_+, \mathbb{R}^r).$$

在 W_0 上定义有限区间上一致收敛拓扑, 即对 $f_n, f \in W_0$, $f_n \to f$ 是指

$$\sup_{t \leqslant T} |f_n(t) - f(t)| \to 0, \ \forall T > 0.$$

在此拓扑下它成为 Polish 空间, 其度量例如可取为

$$\rho(f, g) := \sum_{n=1}^{\infty} 2^{-n} [(\sup_{t \leqslant n} |f(t) - g(t)|) \wedge 1].$$

用 $\mathscr{W}_0$ 表示其 Borel σ-代数.

以 μ 为 $(W_0, \mathscr{W}_0)$ 上的标准 Wiener 测度, w 代表 W_0 的一般元. 这样坐标过程 $w = \{w(\cdot)\}$ 就为 $(W_0, \mathscr{W}_0, \mu)$ 上的标准 Brown 运动.

令

$$\mathscr{G}_t := \overline{\cap_{\epsilon > 0} \sigma(w_s, t \leqslant s \leqslant t + \epsilon)}^{\mu}.$$

定义 10.1.1 $(W_0, \mathscr{W}_0, (\mathscr{G}_t), \mu, w)$ 称为 Brown 运动的典则架构, 简称典则架构.

典则架构上的坐标过程 (即 w) 是 Brown 运动, 但 Brown 运动不必一定定义在典则架构上; 即使在典则架构上, 也还有不是坐标过程的 Brown 运动. 例如, 设 $(H(t))$ 是取值于 $r \times r$ 正交矩阵的可选过程, 那么

$$B_t := \int_0^t H_s dw_s$$

就还是一个 Brown 运动. 所以, 我们有必要引进一般架构的概念.

定义 10.1.2 设 $(\Omega, \mathscr{F}, (\mathscr{F}_t), P)$ 满足通常条件, B 是其上的 $(\mathscr{F}_t)$-Brown 运动, 且 $B_0 \equiv 0$. 则 $(\Omega, \mathscr{F}, (\mathscr{F}_t), P, B)$ 称为架构.

不管 Brown 运动是定义在哪里的, 方程的解总是一个定义在与它相同的地方的 d 维连续随机过程. 所以我们需要空间

$$W := C(\mathbb{R}_+, \mathbb{R}^d).$$

在 W 上同样定义有限区间上一致收敛拓扑, 在此拓扑下它也成为 Polish 空间, 其 Borel σ-代数记为 $\mathscr{W}$. 在需要指明维数 d 时, W 与 $\mathscr{W}$ 会被分别写为 W^d 与 $\mathscr{W}^d$. W 上的坐标过程记为 $\{x(t)\}$. 再令

$$\mathscr{H}_t := \sigma(x_s, s \leqslant t).$$

10.2 解及其唯一性的定义

和常微分方程不同, 在谈随机微分方程的解的时候会涉及一些细致的概念, 因为就像我们刚刚谈到过的, 有时候 Brown 运动本身也是需要寻找的. 所以我们提出下面的

定义 10.2.1 若存在架构 $(\Omega, \mathscr{F}, (\mathscr{F}_t), P, B)$ 及定义在其上的 $(\mathscr{F}_t)$-Brown 运动 B 和连续适应过程 X, 使得

$$\int_0^t [|\sigma(X_s)|^2 + |b(X_s)|] ds < \infty, \text{ a.s. } \forall t,$$

且 (X, B) 满足方程 (1.2), 则称 X 是 (1.2) 的定义在架构 $(\Omega, \mathscr{F}, (\mathscr{F}_t), P, B)$ 上的解. 若还有 $X_0 = x$, 则称 X 是 (1.2) 的定义在架构 $(\Omega, \mathscr{F}, (\mathscr{F}_t), P, B)$ 上的初值为 x 的解. 在含义明确的语境下, 相关定语可以省略.

在此定义中, X 与 B 都关于 $(\mathscr{F}_t)$ 适应. 但这里面有两种不同的情况. 其一, X 关于 (可能) 更小的 σ-代数流即 B 的自然 σ-代数流 $(\mathscr{F}_t^0)$ 是适应的. 其二, 关于 $(\mathscr{F}_t^0)$ 不是适应的.

第二种情况是存在的. 下面就是一个具体例子.

考虑所谓 Tanaka 方程

$$X_t = X_0 + \int_0^t \mathrm{sgn}(X_s) dB_s.$$

这个方程的解存在. 实际上, 设 X 是定义在某概率空间上的标准 Brown 运动. 以 $(\mathscr{F}_t)$ 表示 X 生成的 σ-代数流, 并令

$$B_t := \int_0^t \mathrm{sgn}(X_s) dX_s.$$

则 B 为连续平方可积鞅且 $[B]_t = t$. 因此 B 为 $(\mathscr{F}_t)$-Brown 运动, 且

$$dX_t = \mathrm{sgn}(X_t) dB_t.$$

从而 (X, B) 为解. 看看, 这里的 B 就是需要寻找的, 并且是在确定了解 X 之后构造出来的. 那么, X 关于 B 的自然 σ-代数流适应吗?

由 Tanaka 公式,

$$B_t = |X_t| - L_t,$$

其中 L 是 X 在 0 点的局部时. 由第 9 章习题 9.7, 我们有

$$L_t = \lim_{\epsilon \downarrow 0} \frac{1}{2\epsilon} \int_0^t 1_{[0,\epsilon)}(|X_s|) ds.$$

因此 L 适应于 $|X|$ 生成的 σ-代数流, 进而 B 适应于 $|X|$ 生成的 σ-代数流. 但此流严格小于 X 生成的流 (为什么? 你轻信吗? 相信吗? 迷信吗?), 因此 X 不可能适应于 B 生成的流. 也就是说, X 不可能是 B 的函数. 故而 (X, B) 是一种比较弱的意义下的解, 因为 X 和 B 的关系比较脆弱.

第一种情况更令人愉快. 设对任意 x, (1.2) 均有唯一解 $X(x)$ 且此解关于 B 适应. 根据测度论, 对每一 x, 都存在 Borel 可测函数

$$F_x : W_0 \mapsto W,$$

使得 $X(x) = F_x(B)$. 因此我们非常希望能由此决定一个定义在 $\mathbb{R}^d \times W_0$ 上的, 取值于 W 的函数 $F(x, w)$, 使得对任意 $x \in \mathbb{R}^d$ 和任意概率空间上的 Brown 运动 B, 简单将它们代入这个函数之后, 所得到的值 $F(x, B)$ 即为 (1.4) 在这个概率空间上的解.

我们将主要讨论这种情况. 但在此之前, 我们需要思考一下解的唯一性的定义问题.

由于解可以定义在不同的架构上, 对任意两个解 X 和 Y, 谈是否有 $X = Y$ 是没有意义的. 但是, X 和 Y 的值域是一样的, 它们的分布定义在同一个空间上, 从而可以谈它们是否相同. 如果对任意 x, 任意两个初值为 x 的解的分布都相同, 则称方程具有分布唯一性, 或弱唯一性.

如果要谈轨道唯一性, 就必须在同一个架构上谈. 这样我们就有下面的定义.

定义 10.2.2　若对于任意架构 $(\Omega, \mathscr{F}, (\mathscr{F}_t), P, B)$, 任意初值 $\xi \in \mathscr{F}_0$, 以及该架构上的任意两个初值为 ξ 的解 X, Y, 均有

$$P(X_t = Y_t) = 1, \ \forall t,$$

则称方程具有轨道唯一性. 由于 X, Y 均连续, 故这一条件等价于

$$P(X_t = Y_t, \ \forall t) = 1.$$

轨道唯一性的定义中的初值是任意 $\xi \in \mathscr{F}_0$. 但其实这等价于将初值取为任一确定性 x 时方程具有轨道唯一性. 事实上, 假设对任何 x, 满足 $X_0 = x$ 的解是唯一的. 对于任意 $\xi \in \mathscr{F}_0$, 设 X 和 Y 均是初值为 ξ 的解. 由于在正则条件概率 $P_x := P(\cdot | \xi = x)$ 下, $(\Omega, \mathscr{F}, (\mathscr{F}_t), P^x, B)$ 仍为架构, X, Y 在此架构上仍然是解且初值为 x, 因为 $P_x(\xi = x) = 1$ (见第 6 章习题 14 或者第 7 章习题 14), 故有

$$P_x(X_t = Y_t) = 1, \ \forall t.$$

设 ν 是 ξ 的分布, 则由全概率公式 $P(\cdot) = \displaystyle\int_{\mathbb{R}^d} P_x(\cdot) \nu(dx)$ 得

$$P(X_t = Y_t) = 1, \ \forall t.$$

在所有的架构中, 典则架构具有特殊的意义. 其特殊性在于, 其 σ-代数流是由其坐标过程所定义的 Brown 运动产生的, 不含任何一点杂质, 因此一个过程关于这个 σ-代数流适应就自动意味着该过程是此 Brown 运动的函数. 具体一点, 我们有:

定理 10.2.3　设 X 是 (1.4) 在典则架构上的解. 令 $F_x := X$. 则

(i) $F_x^{-1}(\mathscr{H}_t) \subset \mathscr{G}_t$;

$$P(X(w) = F_x(w)) = 1.$$

(ii) 设 $(\Omega, \mathscr{F}, (\mathscr{F}_t), P, B)$ 是任一架构, 则

$$\tilde{X} := F_x(B)$$

为 (1.4) 在 $(\Omega, \mathscr{F}, (\mathscr{F}_t), P, B)$ 上的解.

证明　(i) 由解的定义即得.

至于 (ii), 我们用第 6 章习题 6. 由这个习题, 知存在函数 G, H 使得

$$\int_0^{\cdot} \sigma(F_x(w)(s)) dw_s = G(w)(\cdot),$$

$$\int_0^{\cdot} b(F_x(w)(s)) ds = H(w)(\cdot).$$

所以有

$$F_x(w) = G(w) + H(w) \ \mu\text{-a.s.}.$$

由于 B 的分布为 μ, 所以

$$F_x(B) = G(B) + H(B) \ P\text{-a.s.}.$$

再用一次这个习题就得到 (ii).　　　　　　　　　　　　　　　　　　　□

　　在上定理中, 如果对每个 x 都有解, 则 F_x 是 x 的函数. 当然, 如果解不唯一, 这个函数将是多值函数. 但如果解唯一, 这个函数就是唯一确定的. 这时, 我们自然会好奇什么时候函数 $x \mapsto F_x$ 有比较好的性质, 比如可测性、连续性乃至可微性. 这里面最初级的自然是可测性, 并且一旦有了可测性, 我们就可以进一步地追问: 如果 x 的位置用一个随机变量, 比如 ξ, 代入, 所得到的函数是不是就是初值为 ξ 的解? 所以, $F(x, w)$ 关于 x 的可测性是一个重要的性质. 但这个可测性不是由唯一性自动保证的, 而是一个强于唯一性的性质. 并且, 若只是关于 x 单方面可测, 而不是关于 (x, w) 联合可测, 往往也无济于事. 这就引导出强解的概念.

10.3　　强　　解

　　定义 10.3.1　　*函数*

$$F : \mathbb{R}^d \times W_0 \mapsto W$$

称为方程 (1.2) 的强解, 如果

　　1.

$$F^{-1}(\mathscr{H}_t) \subset \mathscr{B}^d \times \mathscr{G}_t, \quad \forall t \geqslant 0;$$

2. 若 $(\Omega, \mathscr{F}, (\mathscr{F}_t), P, B)$ 为任一架构, $x \in \mathbb{R}^d$, 则过程

$$X := F(x, B)$$

是定义在 Ω 上的 (1.2) 的满足初始条件 $X_0 = x$ 的解.

若对于任意两个强解 F 与 G, 均有 $F(x, \cdot) = G(x, \cdot)$ μ-a.s., $\forall x \in \mathbb{R}^d$, 则称 (1.2) 有唯一强解.

我们考察一下这个定义.

首先, 强解与概率空间无关, 因此不能说某某解是定义在某某概率空间上的强解: 强解一律定义在 $\mathbb{R}^d \times W_0$ 上. 接下来的第一个要求是说, 第一, 强解应该是关于 σ-代数流 $(\mathscr{G}_t)$ 适应的, 即 $F(\cdot, w)(t)$ 只依赖于 $\{w(s), 0 \leqslant s \leqslant t\}$, 而与 w 在 t 之后的值无关. 这是理所当然的, 从方程的形式及随机积分的定义就可以看出.

第二, 如果把初值考虑进去, 那么它是联合可测的. 这一点不可或缺, 因为这意味着初值可以用随机变量代进去. 注意, 若仅要求 F 关于 x 是可测的 (至于关于 w 的可测性, 那是当然的, 由解的定义确定的), 你是无法把初值 x 用随机变量 ξ 代进去的——当然要硬代也是可以的, 但 $X(\xi(\omega), \omega)$ 未必是随机变量, 然后就没有然后了.

我们再多啰唆两句. 对于第一个关于可测性的要求, 记

$$X_t(x, w) := F(x, w)(t).$$

由于映射 $(x, w) \mapsto F(x, w)(\cdot)|_{[0,T]}$ 为 $\mathscr{B}^d \times \mathscr{G}_T / \mathscr{H}_T$ 可测, 所以对任意 $T > 0$, 都可定义 $\mathbb{R}^d \times W_{0,T}$ 上的可测函数 F_T:

$$F_T(x, w^T)(t) = F(x, w)(t), \quad t \in [0, T],$$

其中

$$W_{0,T} := C_0([0, T], \mathbb{R}^r),$$

$$w^T(t) := w(t), \quad t \in [0, T].$$

这里我们赋予 $W_{0,T}$ 一致收敛拓扑, 此拓扑下的 Borel σ-代数 $\mathscr{W}_{0,T}$ 则作为可测结构. 注意这个定义是无歧义的, 因为由 $F(x, \cdot)$ 的适应性有

$$w_1^T = w_2^T \Longrightarrow F(x, w_1)(t) = F(x, w_2)(t), \quad \forall t \in [0, T].$$

我们自然有

$$X_t(x, w) = F_T(x, w^T)(t), \quad t \in [0, T].$$

所以我们在 $[0, T]$ 上研究强解时, 如果有必要的话, 可以认为 X_t 就是这样定义在 $W_{0,T}$ 上的, 而不是定义在 W_0 上的. 这是第一.

第二, $\forall t \in [0,T]$, $X_t(x,w)$ 为 $\mathscr{B}^d \times \mathscr{G}_T / \mathscr{B}^d$ 可测, 而 $t \mapsto X_t(x,w)$ 又连续, 因此映射

$$[0,T] \times \mathbb{R}^d \times W_{0,T}(t,x,w) \mapsto X_t(x,w) \in \mathbb{R}^d$$

为 $\mathscr{B}([0,T]) \times \mathscr{B}^d \times \mathscr{F}_T / \mathscr{B}^d$ 可测, 即它是 (t,x,w) 的三元可测函数. 同样的道理, 映射

$$[0,\infty) \times \mathbb{R}^d \times W_0 \ni (t,x,w) \mapsto X_t(x,w) \in \mathbb{R}^d$$

也为 $\mathscr{B}([0,\infty)) \times \mathscr{B}^d \times \mathscr{W} / \mathscr{B}^d$ 可测.

第二个要求则是说, 强解就像一个搅拌机, 这边输入 Brown 运动和初值, 那边就出来一个解. 这是一个关键的性质, 就像没有水泥搅拌机就无法制造出混凝土, 没有果汁机就打不出果汁一样, 没有强解搅拌机, 随机微分方程的许多重要理论也就无从谈起.

在 "强解即为驱动 Brown 运动的适应函数" 这一原则思想下, 强解的定义在不同的文献中不尽相同. 这里的定义和 [65] 中的相同, 而比 [27] 中的更强, 因为它要求更强的可测性. 著名的 Yamada-Watanabe 定理 (弱解存在性加上轨道唯一性意味着唯一强解, 见 [27, Ch.IV, Th. 1.1]) 最初是在 [27] 的意义下证明的. 多年以后, Kallenberg 改进了这个结果, 证明了在 [65] 的意义下, 该定理依然成立, 见 [34].

我们现在能说的是下面这个简单结果:

命题 10.3.2　　方程 (1.2) 有强解且轨道唯一性成立, 则它有唯一强解.

证明　　设轨道唯一性成立且 F, G 均为方程的强解, 则 $\forall x \in \mathbb{R}^d$,

$$F(x,w)(t) = G(x,w)(t), \quad \forall t.$$

因此 $F(x,\cdot) = G(x,\cdot)$. 　　　　　　　　　　　　　　　　　　　　　□

下面我们证明, 作为一个搅拌机, 在强解中输入的初值不必限定为固定的点.

定理 10.3.3　　设方程 (1.2) 有强解 F. 若 $(\Omega, \mathscr{F}, (\mathscr{F}_t), B, P)$ 为任一架构, $\xi \in \mathscr{F}_0$, 则过程

$$X := F(\xi, B)$$

是 (1.2) 的定义在 Ω 上的满足初始条件 $X_0 = \xi$ 的解.

证明　　设 $(\Omega, \mathscr{F}, (\mathscr{F}_t), P, B)$ 是任一架构, 以 P^x 记给定 $\xi = x$ 时的正则条件概率, 则 $(\Omega, \mathscr{F}, (\mathscr{F}_t), B, P^x)$ 也是一架构, 且 $P^x(\xi = x) = 1$. 因此在此架构上, 过程 $Z(t,x,\omega) := F(x,B)(t)$ 满足

$$Z(t,x,\omega) = x + \int_0^t \sigma(s, Z(\cdot,x,\omega)) dB_s(\omega) + \int_0^t b(s, Z(\cdot,x,\omega)) ds, \ \forall t, P^x\text{-a.s.}$$

于是由全概率公式 $P(\cdot) = \int P^x(\cdot)P(\xi \in dx)$, 在 $(\Omega, \mathscr{F}, (\mathscr{F}_t), P, B)$ 上, 过程 $Z(t,\xi) := F(\xi, B)(t)$ 满足方程

$$Z(t,\xi,\omega) = \xi + \int_0^t \sigma(s, Z(\cdot,\xi,\omega))dB_s(\omega) + \int_0^t b(s, Z(\cdot,\xi,\omega))ds, \ \forall t, P\text{-a.s.} \quad \square$$

　　从某种意义上说, 强解, 特别是唯一强解, 是连接定义在不同架构上的解的一个桥梁. 为用具体例子说明此点, 设 (1.2) 有轨道唯一性, 而 X, Y 分别是定义在两个可能不同的架构上的解, 初值分别是 ξ 与 η. 设 ξ 与 η 同分布. 问: X 与 Y 是否也同分布?

　　这就是所谓分布唯一性的问题.

　　首先, 存在这样的方程, 其分布唯一性成立但轨道唯一性不成立. 例如前面讨论过的 Tanaka 方程, 考虑它的初值为零的解. 显然, 它的任何一个解都是 Brown 运动, 因此分布唯一性是成立的; 但若 X 是它的解, 那么易见 $-X$ 也是它的解, 因此轨道唯一性是不成立的. 所以分布唯一性不会强于轨道唯一性.

　　那么, 轨道唯一性是否强于分布唯一性呢?

　　这不是一个简单的问题——如果没有强解的话. 这是因为 X 与 Y 定义在不同的概率空间上, 所以有了轨道唯一性也无济于事, 只能干着急. 但有了强解就不一样了, 我们可以用强解来连接不同空间上的解, 因此也很容易证明:

　　定理 10.3.4　若 (1.4) 有强解且轨道唯一性成立, 则有分布唯一性.

　　证明　设 X, Y 是两个解, 相应的 Brown 运动分别是 B 与 B', 初值分别为 ξ, η, ξ 与 η 同分布. 由命题 10.3.2, 该方程有唯一强解, 比如说 F. 于是 $F(\xi, B)$ 与 $Y = F(\eta, B')$ 分别是和 X 及 Y 定义在同一架构上的解. 因此由轨道唯一性有

$$X = F(\xi, B), \quad Y = F(\eta, B').$$

由于 ξ 与 B 独立, η 与 B' 独立, 所以 (ξ, B) 与 (η, B') 也同分布, 从而 X 与 Y 同分布. $\qquad\square$

　　注　上面这个结果中 "有强解" 这个条件是多余的, 实际上弱解的存在性和轨道唯一性可以保证存在唯一强解 (见 [34]).

10.4　Lipschitz 系数的方程

　　本节我们在最简单也最常见的情况下考察方程, 即假定 σ 和 b 满足

$$|\sigma(x) - \sigma(y)| + |b(x) - b(y)| \leqslant K|x - y|, \tag{4.5}$$

$$|\sigma(x)| + |b(x)| \leqslant K(1 + |x|), \tag{4.6}$$

其中 K 是常数. 这就是所谓 Lipschitz 条件 (4.5) 和线性增长条件 (4.6). 这两个条件不是独立的, 因为从前一个显然可以推出后一个. 我们在常微分方程理论中已经熟悉它们, 知道它能够保证常微分方程解的存在唯一性. 对于现在的随机微分方程, 我们也有类似结果, 并且证明也是类似的: 唯一性用 Gronwall 不等式, 存在性用 Picard 迭代.

定理 10.4.1 对任意 $x \in \mathbb{R}^d$, 在任一架构 $(\Omega, \mathscr{F}, (\mathscr{F}_t), P, B)$ 上, 方程 (1.4) 有轨道唯一解, 且此解关于 B 的自然 σ-代数流适应.

证明 取定架构 $(\Omega, \mathscr{F}, (\mathscr{F}_t), P, B)$. 首先注意若 X 为解, 则

$$E[\sup_{0 \leqslant s \leqslant t} |X_s|^p] < \infty, \quad \forall t > 0, \ p \geqslant 1. \tag{4.7}$$

事实上, 对任意 n, 令 $\tau_n := \inf\{t : |X_t| \geqslant n\}$. 再令

$$Y_s^n := X_s^{\tau_n}.$$

由 BDG 不等式及线性增长条件 (4.6) 易得

$$E[\sup_{s \leqslant t} |Y_s^n|^p] \leqslant C + C \int_0^t E[\sup_{u \leqslant s} |Y_u^n|^p] ds,$$

其中 C 与 n 无关. 这样由 Gronwall 不等式就有

$$E[\sup_{s \leqslant t} |Y_s^n|^p] \leqslant C,$$

其中 C 仍与 n 无关. 令 $n \to \infty$, 由 Fatou 引理得到 (4.7).

轨道唯一性: 设 X, Y 都是初值为 x 的解, 令 $Z = X - Y$. 则由上一步有 $E[|Z_t|^2] < \infty, \forall t$. 于是由 Lipschitz 条件易得

$$E[|Z_t|^2] \leqslant C \int_0^t E[|Z_s|^2] ds.$$

因此由 Gronwall 不等式知对任意 t 有 $Z_t = 0$ a.s., 从而 $X_t = Y_t$, a.s.. 然而 X 与 Y 都是连续过程, 所以它们无区别.

存在性. 用传统的 Picard 迭代, 令

$$X_t^0 = x,$$

$$X_t^{n+1} = x + \int_0^t \sigma(X_s^n) dB_s + \int_0^t b(X_s^n) ds, \tag{4.8}$$

$$Y_t^{n+1} = \sup_{0 \leqslant s \leqslant t} |X_s^{n+1} - X_s^n|^2,$$

$$h_n(t) = E[Y_t^n].$$

则

$$
\begin{aligned}
h_{n+1}(t) \leqslant{}& CE\left[\sup_{0 \leqslant s \leqslant t}\left|\int_0^s (\sigma(X_u^n) - \sigma(X_u^{n-1}))dB_u\right|^2\right] \\
&+ CE\left[\sup_{0 \leqslant s \leqslant t}\left|\int_0^s (b(X_u^n) - b(X_u^{n-1}))du\right|^2\right] \\
\leqslant{}& C_t E\left[\int_0^t (\sigma(X_u^n) - \sigma(X_u^{n-1}))^2 du|\right] + C_t E\left[\int_0^t (b(X_u^n) - b(X_u^{n-1}))^2 du\right] \\
\leqslant{}& C_t E\left[\int_0^t |X_u^n - X_u^{n-1}|^2 du|\right] \\
\leqslant{}& C_t \int_0^t E[\sup_{0 \leqslant u \leqslant s} |X_u^n - X_u^{n-1}|^2]ds \\
={}& C_t \int_0^t h_n(s)ds,
\end{aligned}
$$

其中 C_t 只与 t 有关而与 n 无关, 且是 t 的递增函数. 注意我们在此用到了 Lipschitz 条件、Hölder 不等式及 Fubini 定理, 以及在估计随机积分时用到了 BDG 不等式. 现在, 再利用 Gronwall 不等式及归纳法得

$$h_n(t) \leqslant C_t \frac{t^n}{n!},$$

而这意味着

$$\sum_{n=1}^{\infty} h_n^{\frac{1}{2}}(t) < \infty.$$

于是由 Hölder 不等式,

$$\sum_{n=1}^{\infty} E[\sup_{0 \leqslant s \leqslant t} |X^{n+1}(s) - X^n(s)|] < \infty, \quad \forall t.$$

因此

$$\sum_{n=1}^{\infty} \sup_{0 \leqslant s \leqslant t} |X^{n+1}(s) - X^n(s)| < \infty \text{ a.s.}, \quad \forall t.$$

所以 X^n 几乎必然在任意有限区间上一致收敛. 记其极限为 X, 则 X 为连续适应过程且

$$\lim_{n \to \infty} E[\sup_{0 \leqslant s \leqslant t} |X^n(s) - X(s)|^2] = 0.$$

于是, 在 (4.8) 两边取极限并交换极限与积分的顺序 (为什么可以?), 得

$$X_t = x + \int_0^t \sigma(X_s)dB_s + \int_0^t b(X_s)ds,$$

故 X 为方程 (1.4) 的解. □

诚如 Banach 早就洞察到了的, 凡是可以用迭代得到的东西都可以用压缩映射原理得到, 这里也不例外, 见习题 10.11.

10.5 Lipschitz 条件下强解的存在唯一性

设 σ, b 和 10.4 节一样. 我们现在的问题是: 能否对方程 (1.2) 构造出强解?

由于上节已经证明此时该方程在任何架构上都有适应于驱动 Brown 运动的自然 σ-代数流的唯一解, 所以对每一个 x, 都有一个函数 $F_x : W_0 \mapsto W^n$, 使得 $X(t, x, w) = F_x(w)$ 是方程的解. 现在还不清楚的是: 能否选择 F_x 使得 $(x, w) \mapsto F_x$ 是二元可测的? 因此我们的第一个任务就是给予这个问题一个肯定的回答. 事实上, 我们能做的要多得多.

我们先证明一个解关于时间和初值的正则性结果.

引理 10.5.1 保持上节定理的记号和假设. 则存在 X 的修正, 仍记为 X, 使得对任意 $T, M > 0, (t, x) \mapsto X(t, x)$ 在 $[0, T] \times \{x : |x| \leqslant M\}$ 上对任意 $\alpha \in (0, 1)$ 都是 $\left(\frac{1}{2}\alpha, \alpha\right)$-Hölder 连续的, 即关于 t 为 $\frac{1}{2}\alpha$-Hölder 连续, 关于 x 为 α-Hölder 连续.

证明 $\forall p \geqslant 2$, 对任意固定的 $T, M > 0$, 由 σ, b 的线性增长性易证存在常数 $C = C(T, M) > 0$ 使得

$$\sup_{t \leqslant T, \|x\| \leqslant M} E[|X(t, x)|^p] \leqslant C.$$

因此, 存在另一个依赖于 T, M 及 p 的常数 C, 使得 $\forall |x| \leqslant M, s, t \in [0, T]$, 有

$$E[|X(t, x) - X(s, x)|^{2p}]$$

$$\leqslant CE\left[\left|\int_s^t \sigma(X(u))dB_u\right|^{2p} + \left|\int_s^t b(X(u))du\right|^{2p}\right]$$

$$\leqslant CE\left[\left|\int_s^t |\sigma(X(u))|^2 du\right|^p + \left|\int_s^t b(X(u))du\right|^{2p}\right]$$

$$\leqslant CE\left[|t - s|^{p-1}\int_s^t |\sigma(X(u))|^{2p}du + |t - s|^{2p-1}\int_s^t |b(X(u))|^{2p}du\right]$$

$$\leqslant C|t-s|^{p-1}\int_s^t E[|\sigma(X(u))|^{2p}]du + |t-s|^{2p-1}\int_s^t E[|b(X(u))|^{2p}]du$$

$$\leqslant C|t-s|^p. \tag{5.9}$$

而对 $t \in [0,T]$, $|x|, |y| \leqslant M$, 有

$$E[|X(t,x)-X(t,y)|^{2p}]$$

$$\leqslant C|x-y|^{2p} + CE\left[\left|\int_0^t (\sigma(X(s,x))-\sigma(X(s,y)))dB_s\right|^{2p}\right.$$

$$+ \left.\left|\int_0^t (b(X(s,x))-b(X(s,y)))ds\right|^{2p}\right]$$

$$\leqslant C|x-y|^{2p} + CE\left[\int_0^t |\sigma(X(s,x))-\sigma(X(s,y))|^{2p}ds\right.$$

$$+ \left.\int_0^t |b(X(s,x))-b(X(s,y))|^{2p}ds\right]$$

$$\leqslant C|x-y|^{2p} + C\int_0^t E[|\sigma(X(s,x))-\sigma(X(s,y))|^{2p}]ds$$

$$+ C\int_0^t E[|b(X(s,x))-b(X(s,y))|^{2p}]ds$$

$$\leqslant C|x-y|^{2p} + C\int_0^t E[|X(s,x)-X(s,y)|^{2p}]ds.$$

故由 Gronwall 不等式有

$$E[|X(t,x)-X(t,y)^{2p}] \leqslant C|x-y|^{2p}. \tag{5.10}$$

综合起来就得到

$$E[|X(t,x)-X(s,y)|^{2p}] \leqslant C(|t-s|^p + |x-y|^{2p}), \quad \forall s,t \in [0,T], |x|,|y| \leqslant M.$$

然后直接用 Kolmogorov 连续性准则得到结论.   □

现在可以证明:

定理 10.5.2   设 σ, b 满足 Lipschitz 条件和线性增长条件, 则方程存在唯一强解.

证明   在典则架构上考虑该方程. 由上一节的定理及上面这个引理, 对任意 $x \in \mathbb{R}^d$, 这个方程有初值为 x 的轨道唯一解, 且存在 $F(x,w)$, 使得

1. $\forall x, F(x,\cdot): W_0 \mapsto W, F(x,\cdot) \in \mathscr{G}_t/\mathscr{H}_t, \forall t$;

2. $\forall w$, $x \mapsto F(x,w) \in W$ 连续;

3. 过程 $X(t,x,w) := F(x,w)(t)$ 满足方程:

$$X(t,x) = x + \int_0^t \sigma(X(\cdot,x))dw_s + \int_0^t b(X(\cdot,x))ds.$$

显然

$$F^{-1}(\mathscr{H}_t) \subset \mathscr{B}^d \times \mathscr{G}_t, \quad \forall t \geqslant 0.$$

设 $(\Omega, \mathscr{F}, (\mathscr{F}_t), P, B)$ 为任一架构. 令

$$Y(t,x,\omega) := F(x, B(\omega))(t)$$

由于 B 的分布为 μ, 故 (Y,B) 与 (X,w) 同分布. 于是由第 6 章习题 6

$$Y(\cdot,x) - x - \int_0^{\cdot} \sigma(Y(s,x))dB_s - \int_0^{\cdot} b(Y(s,x))ds$$

与

$$X(\cdot,x) - x - \int_0^{\cdot} \sigma(X(s,x))dw_s - \int_0^{\cdot} b(X(s,x))ds$$

同分布. 但 X 满足方程

$$X(t,x) = x + \int_0^t \sigma(X(s,x))dw_s + \int_0^t b(X(s,x))ds$$

所以 Y 也满足方程

$$Y(t,x) = x + \int_0^t \sigma(Y(s,x))dB_s + \int_0^t b(Y(s,x))ds.$$

因而 F 是强解. 唯一性由命题 10.3.2及轨道唯一性而得. □

10.6 局部 Lipschitz 系数的方程

如果把条件 (4.5) 放宽一些, 而代之以:

$\forall n$, $\exists C_n > 0$, 使得

$$|x|,\ |y| \leqslant n \Longrightarrow |\sigma(x) - \sigma(y)| + |b(x) - b(y)| \leqslant C_n|x-y|, \qquad (6.11)$$

则称 σ, b 满足局部 Lipschitz 条件. 与此相对照, (4.5) 也常常为强调其整体性而被称为整体 Lipschitz 条件.

本节假设系数满足 (6.11), 且线性增长条件 (4.6) 仍予保留.

不同于整体 Lipschitz 系数的情形, 在局部 Lipschitz 条件下, 我们使用过的一些关键工具, 例如 Picard 迭代法和 Kolmogorov 连续性准则不再适用于构造强

解, 至少是使用起来不太方便. 不过实际上也没必要将整个过程重新来过, 而是可以通过用整体 Lipschitz 系数逼近原系数来构造强解. 我们现在就来实现这个想法, 也就是说, 我们要证明下面的结果.

定理 10.6.1　在条件 (6.11) 及 (4.6) 下, 方程存在唯一强解.

证明　对 $\mathbb{R}^d$ 上的函数 f, 令

$$f_n(x) := \begin{cases} f(x), & |x| \leqslant n, \\ f(n|x|^{-1}x), & |x| > n. \end{cases}$$

则当 f 是局部 Lipschitz 函数时, f_n 是 Lipschitz 函数. 于是由定理 10.5.2, 方程

$$X_t = x + \int_0^t \sigma_n(X_s)dB(s) + \int_0^t b_n(X_s)ds \tag{6.12}$$

有唯一强解 F_n, 且函数

$$X_n(t, x, w) := F_n(x, w)(t)$$

是典则架构上方程的轨道唯一解. 以下为记号简洁计, 我们常省略 x. 令

$$\tau_n := \inf\{t: \ |X_n(t)| \geqslant n\}.$$

由于在 $\{t \leqslant \tau_n\}$ 上, $m > n$ 时, X_n, X_m 均满足方程 (6.12), 故

$$X_n(\tau_n \wedge t) - X_m(\tau_n \wedge t) = \int_0^{\tau_n \wedge t} \sigma_n(X_n(s))dw_s - \int_0^{\tau_n \wedge t} \sigma_n(X_m(s))dw_s$$
$$+ \int_0^{\tau_n \wedge t} b_n(X_n(s))ds - \int_0^{\tau_n \wedge t} b_n(X_m(s))ds.$$

由此易得

$$E|X_n(\tau_n \wedge t) - X_m(\tau_n \wedge t)|^2 \leqslant C \int_0^t E|X_n(\tau_n \wedge s) - X_m(\tau_n \wedge s)|^2 ds.$$

因此

$$E|X_n(\tau_n \wedge t) - X_m(\tau_n \wedge t)|^2 = 0, \quad \forall t. \tag{6.13}$$

再利用 X_n 和 X_m 关于 (t, x) 的连续性, 知除开一个可略集外, 有

$$X_n(t, x, w) = X_m(t, x, w), \quad \forall x \in \mathbb{R}^d, \ t \leqslant \tau_n(w), \ m > n.$$

又很明显对任意 $T > 0$ 有

$$\sup_n E[\sup_{0 \leqslant t \leqslant T} |X_n(t)|^2] < \infty,$$

于是 $\tau_n \uparrow \infty$ a.s.. 故除开一个可略集外, 对任意 $x \in \mathbb{R}^d$, $t \geqslant 0$, 极限

$$X(t, x, w) := \lim_{n \to \infty} X_n(t, x, w)$$

存在, 且几乎必然是 (t, x) 的连续函数. 由定义, 在 $[0, \sup_n \tau_n(w))$ 上, X 都满足方程. 然而 $\sup_n \tau_n(w) = \infty$ a.s., 故在 $\mathbb{R}_+ \times \Omega$ 上, X 满足方程. 所以 X 是解.

再令

$$F(x, w)(t) := \begin{cases} X(t, x, w), & \text{若上述极限存在,} \\ 0, & \text{否则.} \end{cases}$$

则与定理 10.5.2 之证明类似, 可证 F 是强解.

为完成证明, 我们还需证明轨道唯一性. 设 X, Y 均是定义在同一架构上的满足同一初值的解. 令

$$\tau_n := \inf\{t : |X(t)| \geqslant n\},$$

$$\theta_n := \inf\{t : |Y(t)| \geqslant n\}.$$

与前面证明 (6.13) 类似, 可以得到

$$E|X(\tau_n \wedge \theta_n \wedge t) - Y(\tau_n \wedge \theta_n \wedge t)|^2 = 0, \ \forall t.$$

因此在 $\{t \leqslant \tau_n \wedge \theta_n\}$ 上有 $X(t) = Y(t)$ a.s.. 但 $\tau_n \wedge \theta_n \uparrow \infty$ a.s., 故 $X = Y$. $\quad \square$

10.7 解的 Markov 性

我们说过, Itô 建立随机积分和随机微分方程的初衷是构造具有给定无穷小生成元的 Markov 过程. 他的目的达到了吗?

现在是时候回答这个问题了. 我们来证明:

定理 10.7.1 若 (1.2) 有强解 F 且有轨道唯一性 (因而 F 是唯一强解), 则在任意架构 $(\Omega, \mathscr{F}, (\mathscr{F}_t), B, P)$ 上, 其解 $X(t, x) := F(x, B)(t)$ 为 Markov 族.

证明 $\forall s > 0$, 令

$$(\theta_s B)(t) := B(t + s) - B(s).$$

则 $(\theta_s B)$ 是 $(\mathscr{F}_{s+t}, t \geqslant 0)$-Brown 运动, $X_s \in \mathscr{F}_s$. 因此 $Y(t) := F(X_s(x), \theta_s(B))(t)$ 满足方程

$$Y(t) = X_s(x) + \int_0^t \sigma(Y(u)) d(\theta_s B)_u + \int_0^t b(Y(u)) du,$$

但又有

$$X(t+s,x) = X(s,x) + \int_s^{t+s} \sigma(X(u,x))dB_u + \int_s^{t+s} b(X(u,x))du$$

$$= X(s,x) + \int_0^t \sigma(X(s+u,x))d(\theta_s B)_u + \int_0^t b(X(s+u,x))du.$$

所以 $Y(t)$ 与 $X(t+s,x)$ 均为架构 $(\Omega, \mathscr{F}, (\mathscr{F}_t'), \theta_s B, P)$ 上初值为 $X_s(x)$ 的解, 其中

$$\mathscr{F}_t' := \sigma(B(u+s) - B(s), u \leqslant t).$$

因此由轨道唯一性,

$$Y(t) = X(t+s,x),$$

即

$$F(X_s, \theta_s B)(t) = F(x, B)(t+s).$$

由于 $\theta_s(B)$ 与 X_s 独立, 故对任意有界 Borel 函数 f 有

$$E[f(X(t+s,x,B))|\mathscr{F}_s]$$

$$= E[f(F(x,B)(t+s))|\mathscr{F}_s]$$

$$= E[f(F(X_s, \theta_s B)(t))|\mathscr{F}_s]$$

$$= E[f(F(y, \theta_s B)(t))]|_{y=X_s},$$

其中最后一项是 X_s 的可测函数, 故 X 是 Markov 族. □

现在我们来求这一族 Markov 过程的生成元. 由 Itô 公式, 若 $f \in C_b^2(\mathbb{R}^d)$, 则

$$f(X(t,x)) - f(x)$$

$$= 鞅 + \int_0^t \left[\frac{1}{2} a_{ij}(X(s,x)) \frac{\partial^2 f}{\partial x^i \partial x^j}(X(s,x)) + b_i(X(s,x)) \frac{\partial f}{\partial x^i}(X(s,x)) \right] ds.$$

因此, 与定理 5.8.1 对照, 就知道 X 的无穷小生成元 L 的定义域至少包含了 $C_b^2(\mathbb{R}^d)$, 且对 $f \in C_b^2(\mathbb{R}^d)$ 有

$$Lf := \frac{1}{2} a_{ij} \frac{\partial^2 f}{\partial x^i \partial x^j} + b_i \frac{\partial f}{\partial x^i}.$$

所以如果已知某 Markov 过程的生成元是上述形式, 就可以通过解随机微分方程构造出该 Markov 过程的全部轨道. Itô 达到了他的目的.

我们曾经证明过, 对轨道连续的过程而言, 有了 Markov 性就有了强 Markov 性. 但在典则空间上, 因为有推移算子存在, 我们还可以证明更强的:

定理 10.7.2 设 $F(x,w)$ 是强解且方程具有轨道唯一性. 令

$$X(t,x,w) = F(x,w)(t).$$

则

(1) X 是定义在典则架构上的解;

(2) 设 τ 为 $(\mathscr{G}_t)$-停时, 则除开一个可略集外, 在 $\tau < \infty$ 上有

$$X(\tau(w)+t,x,w) = X(t,X(\tau(w),x,w),\theta_\tau(w)), \quad \forall t \geqslant 0.$$

证明 第一个结论是显然的, 往证第二个.

在 $\{\tau < \infty\}$ 上, 令

$$Y_t(w) := X(\tau(w)+t,x,w) = F(x,w)(\tau(w)+t),$$

$$Z_t(w) := X(t,X(\tau(w),x,w),\theta_{\tau(w)}w) = F(X(\tau(w),x,w),\theta_{\tau(w)}w)(t),$$

再令

$$W_0' = W_0 \cap \{\tau < \infty\},$$

$$\mathscr{G}' := \mathscr{G} \cap \{\tau < \infty\},$$

$$\mathscr{G}_t' := \mathscr{G}_{\tau+t} \cap \{\tau < \infty\},$$

$$Q(dw) = \mu(dw|\tau < \infty).$$

则由 Brown 运动的强 Markov 性 (见定理 2.3.6), $(W_0',\mathscr{G}',(\mathscr{G}_t'),Q,\theta_\tau w)$ 为架构. 因此 Z 满足方程

$$Z_t = X(\tau,x) + \int_0^t \sigma(Z_s)d(\theta_\tau w)_s + \int_0^t b(Z_s)ds.$$

而当 $\tau < \infty$ 时,

$$Y_t = X(\tau,x) + \int_\tau^{\tau+t} \sigma(X_s)dw_s + \int_\tau^{\tau+t} b(X_s)ds.$$

由第 6 章习题 4, 有

$$Y_t = X(\tau,x) + \int_0^t \sigma(Y_s)d(\theta_\tau w)_s + \int_0^t b(Y_s)ds.$$

所以由轨道唯一性, $Y \equiv Z$. □

由于在上定理中, 可以对所有的 t 除开公共的可略集, 故有:

推论 10.7.3   记号如前. 若 η 是定义在 $\{\tau < \infty\}$ 上的任意实值函数, 甚至不必可测, 则除开一个可略集外

$$X(\eta(\omega) + \tau(\omega), x, \omega) = X(\eta(\omega), X(\tau, x, \omega), \theta_\tau(\omega)).$$

虽然定理的条件不要求 η 可测, 但实际上如果 η 连最起码的可测性都没有的话, 这个等式两边的函数也就没有起码的可测性, 因此只是个花瓶, 没有多大用处. 真正有用的还是一些具体的例子. 例如, 当 η 关于 $\mathscr{F}_\tau$ 可测时, $(\eta, X(\tau, x, \omega))$ 关于 $\mathscr{F}_\tau$ 也是可测的. 再注意 $\theta_\tau(\omega)$ 独立于 $\mathscr{F}_\tau$, 因此对有界可测函数 f 就有

$$E[1_{\eta+\tau<\infty} f(X(\eta(\omega) + \tau(\omega), x, \omega)) | \mathscr{F}_\tau]$$
$$= E[1_{\eta+\tau<\infty} f(X(\eta(\omega), X(\tau(\omega), x, \omega), \theta_\tau(\omega))) | \mathscr{F}_\tau]$$
$$= E[1_{\eta+\tau<\infty} f(X(t, y, \theta_\tau(\omega)))]|_{(t,y)=(\eta(\omega), X_\tau(x,\omega))}.$$

这就是所谓的强 Markov 性的一种形式, 见推论 5.4.6.

由证明可以看出, 随机微分方程的解不管是 Markov 性还是强 Markov 性, 抑或是上面所呈现出来的更强的形式, 都是从 Brown 运动的相应性质继承下来的, 所以说 Brown 运动是万善之源.

10.8   更一般条件下强解的存在性

10.7 节我们证明了系数的 Lipschitz 条件能保证存在唯一强解. 实际上在 "正常" 情况下, 轨道唯一性本身就意味着强解的存在性, 因而也意味着存在唯一强解. 就字面意义和历史脉络来讲, 这一结果原本是属于 Yamada 与 Watanabe 的. 但是他们考虑的是系数非常一般的方程, 结论中的强解的定义也涉及非常复杂的可测性 (见 [27]). 现在我们要介绍的结论只考虑了连续系数的方程, 相应的强解的可测性也更好更简单. 也就是说, 比之于 Yamada 与 Watanabe 的著名结果, 现在我们假设了更多也收获了更多. 这就是下面这个 Kaneko-Nakao 定理, 或许也可以称为 Yamada-Watanabe 定理的 Kaneko-Nakao 版. 但正如我们前面提到过的, 多年以后 Kallenberg 改进了 Yamada 与 Watanabe 的结果, 不过由于其证明比较复杂, 我们就不在此介绍了.

定理 10.8.1 (Kaneko-Nakao [35])   设 σ, b 连续, 且存在 $C > 0$ 使得

$$|\sigma(x)| + |b(x)| \leqslant C(1 + |x|), \quad \forall x \in \mathbb{R}^d.$$

如果方程 (1.2) 的解具有轨道唯一性, 则存在唯一强解.

证明   首先, 由于有轨道唯一性, 因此强解若存在的话, 必定是唯一的.

往证强解的存在性. 我们需要通过具有 Lipschitz 系数的方程过渡, 故先要把系数磨得光滑一些. 具体地说, 取一个磨光函数 $\rho \in C_0^\infty(\mathbb{R}^d)$, $\int \rho(x)dx = 1$, 且 ρ 的支集是以原点为球心的单位球. 例如可取

$$\rho(x) = \begin{cases} C_0 \exp\{(|x|^2 - 1)^{-1}\}, & |x| < 1, \\ 0, & |x| \geqslant 1, \end{cases}$$

其中

$$C_0 := \left(\int_{|x|<1} \exp\{(|x|^2 - 1)^{-1}\}dx \right)^{-1}.$$

再令

$$\rho_n(x) := n^d \rho(nx),$$

$$\sigma_n(x) = \sigma * \rho_n(x), \quad b_n(x) = b * \rho_n(x),$$

其中 $*$ 代表卷积. 则 σ_n, b_n 均为局部 Lipschitz 函数, 且有公共的常数 C 使得

$$|\sigma_n(x)| + |b_n(x)| \leqslant C(1 + |x|), \quad \forall x \in \mathbb{R}^d, \ \forall n. \tag{8.14}$$

此外, 在任何有界区域上, $\{\sigma_n\}$, $\{b_n\}$ 等度连续且分别一致收敛于 σ, b.

以下证明分为四步.

第一步: 对任意初值 x, 存在一个架构, 在此架构上存在一个解.

设 $(\Omega, \mathscr{F}, (\mathscr{F}_t), P, B)$ 是任一架构. 由于 σ_n, b_n 为 Lipschitz 函数且满足 (8.14), 故由定理 10.6.1, 故方程

$$X_t = x + \int_0^t \sigma_n(X_s)dB_s + \int_0^t b_n(X_s)ds$$

有唯一解, 记为 X^n. 容易证明, $\forall p \geqslant 1, T, N > 0$, 存在常数 C 使得

$$\sup_n E[\sup_{t \leqslant T} |X_t^n|^{2p}] < \infty, \tag{8.15}$$

$$\sup_n E[|X_t^n - X_s^n|^{2p}] \leqslant C|t - s|^p, \quad \forall s, t \in [0, T]. \tag{8.16}$$

因此 $\{X^n\}$ 胎紧. 于是由 Skorohod 表现定理 (例如见 [60]), 存在另一个概率空间 $(\hat{\Omega}, \hat{\mathscr{F}}, \hat{P})$ 及其上的随机变量列 $\{(\hat{X}^n, \hat{B}^n)\}$ 及随机变量 $(\hat{X}, \hat{B})$, 使得 $(\hat{X}^n, \hat{B}^n)$ 与 (X^n, B) 同分布且几乎必然地

$$(\hat{X}^n, \hat{B}^n) \to (\hat{X}, \hat{B}).$$

令 $\hat{\mathscr{F}}_t^n := \sigma(\hat{X}^n(s), \hat{B}^n(s), s \leqslant t)$, $\hat{\mathscr{F}}_t := \sigma(\hat{X}_s, \hat{B}_s, s \leqslant t)$. 容易证明 $(\hat{B}^n, \hat{\mathscr{F}}_t^n)$ 与 $(\hat{B}, \hat{\mathscr{F}}_t)$ 均为 Brown 运动, 且

$$\hat{X}^n(t) = x + \int_0^t \sigma_n(\hat{X}^n(s))d\hat{B}^n(s) + \int_0^t b_n(\hat{X}^n(s))ds.$$

由于 $\{\sigma_n\}$, $\{b_n\}$ 在任意有界区域上等度连续, 故 $\{\sigma_n(\hat{X}^n)\}$, $\{b_n(\hat{X}^n)\}$ 胎紧 (为什么?). 又由于在任意有界区域上 (σ_n, b_n) 一致收敛于 (σ, b), 故

$$\underset{n\to\infty}{\text{l.i.p.}}|\sigma_n(\hat{X}^n(t)) - \sigma(\hat{X}(t))| + |b_n(\hat{X}^n(t)) - b(\hat{X}(t))| = 0, \ \forall t.$$

因此由第 6 章习题 12 知

$$\hat{X}(t) = x + \int_0^t \sigma(\hat{X}(s))d\hat{B}(s) + \int_0^t b(\hat{X}(s))ds.$$

故 $\hat{X}$ 是架构 $(\hat{\Omega}, \hat{\mathscr{F}}, (\hat{\mathscr{F}}_t), \hat{P}, \hat{B})$ 上的解, 且由轨道唯一性, 此解是这个架构上的唯一解.

第二步: 存在一个架构, $(\Omega, \mathscr{F}, (\mathscr{F}_t^0), P, B)$, 其中 $(\mathscr{F}_t^0)$ 是 B 的自然 σ-代数流, 使得在此架构上有唯一一个解.

为记号简洁起见, 我们忘掉第一步中最初的架构 $(\Omega, \mathscr{F}, (\mathscr{F}_t), P, B)$, 而将其后出现的 $(\hat{\Omega}, \hat{\mathscr{F}}, (\hat{\mathscr{F}}_t), \hat{P}, \hat{B})$ 记为 $(\Omega, \mathscr{F}, (\mathscr{F}_t), P, B)$. 在 $(\Omega, \mathscr{F}, (\mathscr{F}_t), P, B)$ 上, 方程

$$X_t = x + \int_0^t \sigma_n(X_s)dB_s + \int_0^t b_n(X_s)ds$$

与

$$X_t = x + \int_0^t \sigma(X_s)dB_s + \int_0^t b(X_s)ds$$

均分别有唯一解 X^n 与 X.

由于 σ_n 与 b_n 为 Lipschitz 函数, 因此 X^n 关于 $(\mathscr{F}_t^0)$ 是适应的. 下面我们需要证明 X 关于 $(\mathscr{F}_t^0)$ 也是适应的.

用第一步同样的方法, 可证明 (X^n, X, B) 胎紧, 故有弱收敛子列, 仍记为 (X^n, X, B). 因此有概率空间 $(\hat{\Omega}, \hat{\mathscr{F}}, \hat{P})$ 及其上的随机变量列 (Y^n, Z^n, B^n) 及随机变量 (Y, Z, B'), 使得 (Y^n, Z^n, B^n) 与 (X^n, X, B) 同分布, 且

$$(Y^n, Z^n, B^n) \to (Y, Z, B') \ \text{a.s.}.$$

根据第一步同样的道理, Y 与 Z 均满足方程

$$X_t = x + \int_0^t \sigma(X_s)dB_s' + \int_0^t b(X_s)ds.$$

因此由轨道唯一性 $Y = Z$. 再由 (8.15), 知对任意 $p > 1, T > 0$,

$$\sup_n E[\sup_{t \leqslant T} |Y_t^n|^{2p}] < \infty, \tag{8.17}$$

因此随机变量列 $\{\sup_{t \leqslant T} |Y_t^n|^2\}$ 一致可积. 再注意

$$\sup_n E[\sup_{t \leqslant T} |Z_t^n|^{2p}] = E[\sup_{t \leqslant T} |X_t|^{2p}] < \infty, \tag{8.18}$$

因此 $\{\sup_{t \leqslant T} |Z_t^n|^2\}$ 也是一致可积的. 于是,

$$\lim_{n \to \infty} E[\sup_{t \leqslant T} |X^n(t) - X(t)|^2] = \lim_{n \to \infty} \hat{E}[\sup_{t \leqslant T} |Y^n(t) - Z^n(t)|^2]$$

$$= \hat{E}[\sup_{t \leqslant T} |Y(t) - Z(t)|^2]$$

$$= 0.$$

故 $X_n \to X$ a.s. (或至少有一个子列如此). 但 X^n 关于 $(\mathscr{F}_t^0)$ 适应, 故 X 也关于 $(\mathscr{F}_t^0)$ 适应.

第三步: 在典则架构 $(W_0, \mathscr{W}_0, (\mathscr{G}_t), w, \mu)$ 上, 对任意初值 x, 有一个解.

因为第二步中构造的解 X 关于 B 的自然 σ-代数流是适应的, 所以存在 $(W_0, \mathscr{W}_0, (\mathscr{G}_t), \mu, w)$ 上的适应过程 F_x, 使得

$$X(t, \omega) = F_x(B(\omega))(t).$$

令 $Y(t, x, w) = F_x(w)(t)$, 则由第 6 章习题 6, Y 满足方程

$$Y(t, x) = x + \int_0^t \sigma(Y(s, x)) dw_s + \int_0^t b(Y(s, x)) ds.$$

即 $Y(x)$ 是典则架构上的解.

第四步: 强解存在性.

在典则架构 $(W_0, \mathscr{W}_0, (\mathscr{G}_t), \mu, w)$ 上, 考虑方程

$$X_t = x + \int_0^t \sigma_n(X_s) dw_s + \int_0^t b_n(w_s) ds$$

与

$$X_t = x + \int_0^t \sigma(X_s) dB_s + \int_0^t b(X_s) ds.$$

第一个方程的强解记为 $F_n(t, x)$, 第二个方程的解记为 $X(t, x)$(其存在性在上一步已证). 我们先证明: 对任意紧集 K,

$$\lim_{n \to \infty} \sup_{x \in K} E[\sup_{0 \leqslant t \leqslant T} |F_n(t, x) - X(t, x)|^2] = 0. \tag{8.19}$$

设相反, 则存在 $\delta > 0$ 及 $\{x_n\} \subset K$ 使得

$$\limsup_{n\to\infty} E[\sup_{0\leqslant t\leqslant T} |F_n(t,x_n) - X(t,x_n)|^2] > \delta.$$

因此存在子列, 不妨仍记为 $\{n\}$, 使得

$$E[\sup_{0\leqslant t\leqslant T} |F_n(t,x_n) - X(t,x_n)|^2] \geqslant \delta, \quad \forall n.$$

但由前面同样的推理, 知 $F_n(x_n)$ 胎紧, 并可进一步推得有子列 $\{n_k\}$ 使得

$$\lim_{k\to\infty} E[\sup_{0\leqslant t\leqslant T} |F_{n_k}(t,x_{n_k}) - X(t,x_{n_k})|^2] = 0.$$

这就导致了矛盾.

因此 (8.19) 成立, 故可以找到对所有 x 都适用的公共子列 $\{n_k\}$, 使得除开一个可略集外有

$$\lim_{k\to\infty} F_{n_k}(x) = X(x), \quad \forall x.$$

令

$$F(x,w) = \limsup_{n\to\infty} F_n(x,w).$$

则继承于 F_n, F 满足强解定义中的可测性要求 (定义之第一款). 再由定理 10.2.3, 它也满足定义之第二款. 因此 F 是强解. $\qquad\square$

设 F 是此定理中的唯一强解, 那么该定理表明, 在任一架构 $(\Omega, \mathscr{F}, (\mathscr{F}_t), P, B)$ 上, $X = F(x, B)$ 是方程的解. 但我们还可以说得更多一些. 实际上, 我们还可以证明:

推论 10.8.2 保持上一定理的记号与假设, 并以 F 表示所构造的强解. 则对任一架构 $(\Omega, \mathscr{F}, (\mathscr{F}_t), P, B)$ 上的任一初值为 x 的解 (X, B), 有

$$X = F(x, B).$$

证明 因 F 是强解, 故 $\hat{X} := F(x, B)$ 是初值为 x 的解, 进而由轨道唯一性有 $\hat{X} = X$. $\qquad\square$

因此轨道唯一性就成了强解是否存在的一个关键因素. 前面已经证明, 在 Lipschitz 条件下, 方程具有轨道唯一性. Yamada 与 Watanabe 对这一结果进行了改进, 得到了一系列结果, 其中一个 (见 [77]) 如下:

定理 10.8.3 设 ρ, γ 满足

$$\int_{0+} (\rho^2(t)t^{-1} + \gamma(t))^{-1}dt = \infty,$$

且 $\rho^2(t)t^{-1}+\gamma(t)$ 为凹函数. 若

$$|\sigma(x)-\sigma(y)|\leqslant\rho(|x-y|),$$

$$|b(x)-b(y)|\leqslant\gamma(|x-y|),$$

则 (1.2) 的解具有轨道唯一性.

容易验证, 诸如

$$\rho(t)=Ct\left|\log\frac{1}{t}\right|^{\frac{1}{2}},\quad \gamma(t)=Ct\left|\log\frac{1}{t}\right|$$

之类的函数满足定理的条件.

这个结果的证明和常微分方程里关于非 Lipschitz 系数的方程的解的存在唯一性的证明大同小异, 且相对于 Lipschitz 条件来说, 改进也不是很明显, 因此我们不给出证明了. 但在一维情形, 他们可是大大地改进了 Lipschitz 条件——出人意料地改进.

定理 10.8.4 (Yamada-Watanabe[81]) 设 $d=r=1(r=1$ 不是本质的, 可以是任意正整数), σ, b 有界, 并满足以下条件:

(i) 有 $\mathbb{R}_+$ 上的正增函数 ρ 满足

$$\int_{0+}\rho^{-2}(u)du=\infty,$$

使得

$$|\sigma(x)-\sigma(y)|\leqslant\rho(|x-y|);$$

(ii) 有 $\mathbb{R}_+$ 上的正增凹函数 γ 满足

$$\int_{0+}\gamma^{-1}(u)du=\infty,$$

使得

$$|b(x)-b(y)|\leqslant\gamma(|x-y|).$$

则轨道唯一性成立.

比如, 这里可以取

$$\rho(x):=C|x|^{\frac{1}{2}}.$$

从而 σ 只要 $\dfrac{1}{2}$-Hölder 连续就可以了. 关于 b 的连续模的改进倒是不大, 且和常微分方程的情况相比, 还多要求了 γ 是凹的, 因为涉及 γ 和期望的交换次序问题.

　　Yamada 与 Watanabe 关于这个结果的原始证明相当复杂, 涉及绝对值函数 $|x|$ 的冗长的逼近过程. 但在几乎与这个结果同时诞生的 Tanaka 公式里, 实际上已经把这个过程吸收到局部时里头去了[①]. 因此寻求这个结果的局部时证明就成了一件很自然的事情——这件事最终由 Perkins 与 Le Gall 做成了. 我们下面采用 Le Gall 的证明.

　　证明　设 X, X' 是同一架构上的两个解. 令 $Y = X - X'$ 并以 L_t^a 表示 Y 的局部时. 则

$$\int_0^\infty \rho(a)^{-2} L_t^a \, da = \int_0^t \rho(Y_s)^{-2} 1_{Y_s>0} \, d[Y]_s$$
$$\leqslant \int_0^t \rho(Y_s)^{-2} \rho^2(Y_s) \, ds = t.$$

由于 L_t^a 关于 a 右连续, 而 $\displaystyle\int_{0+} \rho(a)^{-2} da = \infty$, 故必有 $L_t^0 = 0$. 于是由 Tanaka 公式

$$|Y_t| = 鞅 + \int_0^t \mathrm{sgn}(Y_s)(b(X_s) - b(X_s'))ds.$$

故

$$E[|Y_t|] \leqslant E \int_0^t \gamma(|Y_s|) ds \leqslant \int_0^t \gamma(E|Y_s|) ds,$$

而谁都知道, 这意味着 $E[|Y_t|] = 0$(见推论 12.1.5). 因为 Y 连续, 所以 $Y \equiv 0$. □

　　关于一维随机微分方程的更多的解的唯一性方面的结果, 可见 [62, Ch.XI, Sect. 3] 及那里的参考文献.

　　在唯一性成立的前提下, 对随机微分方程的解, 我们还可以问是否有所谓 "非接触" 或曰 "非汇流" 性质, 即当 $x \neq y$ 时, 是否有

$$P(X(t,x) \neq X(t,y), \ \forall t \geqslant 0) = 1?$$

以及 $x \mapsto X(t,x)$ 是否构成 $\mathbb{R}^d$ 到 $\mathbb{R}^d$ 上的同胚的问题. 这方面的研究, 包括一维与多维的情况, 可见 [2, 80]. 这些工作的着重点在系数的正则性不太好的情形.

　　我们下面转向系数具有较好的正则性的情形.

---

　　① 有趣的是, 根据 [27], 这个结果的原始思想是属于 Tanaka 的 (见 [27, p.182, 脚注 2]).

10.9 对初值的可微性

假设 b 线性增长, 考虑常微分方程

$$\begin{cases} dX(t) = b(X(t))dt, \\ X(0) = x. \end{cases}$$

记它的唯一解为 $X(t,x)$. 根据常微分方程理论, X 有下面的基本性质:

(i) $X(t+s,x) = X(t, X(s,x))$;

(ii) 若 $b \in C^k$, 则 $X(t,\cdot) \in C^k$;

(iii) $\forall t$, $x \mapsto X(t,x)$ 为同胚.

随机微分方程有类似的性质吗?

性质 (i) 实际上是唯一性的直接推论, 对随机微分方程我们已经建立了, 只不过现在要加上一个推移算子. 这是必须的, 因为 Brown 运动的轨道不比 t, 不是平移不变的. 除此之外, 它原则上也是唯一性的直接推论.

下面我们考虑性质 (ii) 和 (iii). 我们将看到情况会复杂很多.

我们曾经证明若 σ, b 是 Lipschitz 的, 那么 (1.4) 的解就有关于 (t,x) 二元连续的修正 $X(t,x)$. 但是, 并不能证明它关于 x 是 Lipschitz 连续的. 所以, 合理的猜测是, 解关于 x 的正则性相比于系数的正则性是要打折扣的.

以 σ_i 表示 σ 的第 i 列, 则方程可写为

$$\begin{cases} dX(t) = \sigma_i(X(t))dB^i(t) + b(X(t))dt, \\ X(0) = x. \end{cases} \tag{9.20}$$

这个方程的解记为 $X(t,x)$. 我们的结果是:

定理 10.9.1　设 $\sigma, b \in C_b^k$, 则除开一个可略集外, 对所有的 t 有, $X(t,\cdot) \in C^{k-1}$, 且导数 (Jacobi 矩阵)

$$Y(t,x) := \left(\frac{\partial X^i(t,x)}{\partial x_j} \right)_{1 \leqslant i,j \leqslant d}$$

满足矩阵方程

$$Y(t,x) = I + \int_0^t \nabla\sigma_i(X(r,x))Y(r,x)dB_r^i + \int_0^t \nabla b(X(r,x))Y(r,x)dr.$$

这里对 $f : \mathbb{R}^d \mapsto \mathbb{R}^d$, ∇f 表示 f 的 Jacobi 矩阵.

证明　固定 $m \in \{1, \cdots, d\}$, 以 e_m 表示第 m 个坐标为 1, 其他坐标为 0 的向量. 对 $\epsilon \in [-1, 1]$, $\epsilon \neq 0$, $\theta \in [0, 1]$, 令

$$Y_m(t, x, \epsilon) := \frac{1}{\epsilon}(X(t, x + \epsilon e_m) - X(t, x)),$$

$$A_i(r, x, \epsilon, \theta) := \nabla \sigma_i(X(r, x) + \epsilon \theta Y_m(r, x, \epsilon)),$$

$$B(r, x, \epsilon, \theta) := \nabla b(X(r, x) + \epsilon \theta Y_m(r, x, \epsilon)).$$

则 A_i, B 均有界且 Y_m 满足

$$Y_m(t, x, \epsilon) = e_m + \int_0^t Y_m(s, x, \epsilon) \left[\int_0^1 A_i(r, x, \epsilon, \theta) d\theta \right] dB_r^i$$

$$+ \int_0^t Y_m(s, x, \epsilon) \left[\int_0^1 B(r, x, \epsilon, \theta) d\theta \right] dr.$$

因此 $\forall p \geqslant 1$, $T > 0$, 由标准方法 (BDG 不等式加 Hölder 不等式加 Gronwall 不等式, 你懂的) 得

$$E[|Y_m(t, x, \epsilon)|^p] \leqslant C, \tag{9.21}$$

其中 $C = C(T, p)$ 不依赖于 x, ϵ, θ. 再令 $Y_m(t, x)$ 为下面方程的解:

$$Y_m(t, x) = e_m + \int_0^t \nabla \sigma_i(X(r, x)) Y_m(r, x) dB_r^i + \int_0^t \nabla b(X(r, x)) Y_m(r, x) dr.$$

我们有

$$Y_m(t, x, \epsilon) - Y_m(t, x)$$
$$= \int_0^t dB_r^i \left[\int_0^1 A_k(r, x, \epsilon, \theta) Y_m(r, x, \epsilon) d\theta - \nabla \sigma_i(X(r, x)) Y_m(r, x) \right]$$
$$+ \int_0^t dr \left[\int_0^1 B(r, x, \epsilon, \theta) Y_m(r, x, \epsilon) d\theta - \nabla b(X(r, x)) Y_m(r, x) \right]$$
$$:= I_1 + I_2.$$

因为

$$\int_0^1 A_i(r, x, \epsilon, \theta) Y_m(r, x, \epsilon) d\theta - \nabla \sigma_i(X(r, x)) Y_m(r, x)$$

$$= Y_m(r, x, \epsilon) \int_0^1 [A_i(r, x, \epsilon, \theta) - \nabla \sigma_i(X(r, x))] d\theta$$

$$+ \nabla \sigma_i(X(r, x)) [Y_m(r, x, \epsilon) - Y_m(r, x)],$$

而

$$|A_i(r,x,\epsilon,\theta) - \nabla\sigma_i(X(r,x))| \leqslant C|X(r,x+\epsilon e_m) - X(r,x)|,$$

所以用 Hölder 不等式, 由 (9.21) 及 (5.10) 易得

$$E[|I_1|^p] \leqslant C\epsilon^p + C\int_0^t E[|Y_m(r,x) - Y_m(r,x,\epsilon)|^p]dr.$$

同理

$$E[|I_2|^p] \leqslant C\epsilon^p + C\int_0^t E[|Y_m(r,x) - Y_m(r,x,\epsilon)|^p]dr.$$

因此

$$E[|Y_m(t,x) - Y_m(t,x,\epsilon)|^p] \leqslant C\epsilon^p + C\int_0^t E[|Y_m(r,x) - Y_m(r,x,\epsilon)|^p]dr.$$

故 Gronwall 不等式给出

$$E[|Y_m(t,x) - Y_m(t,x,\epsilon)|^p] \leqslant C\epsilon^p, \quad \forall\epsilon \in [-1,1]\setminus\{0\}. \tag{9.22}$$

用通常的手法可证 (参见定理 10.5.1 的证明):

$$E[|Y_m(t,x) - Y_m(s,y)|^p] \leqslant C(|x-y|^p + |t-s|^{\frac{p}{2}}), \tag{9.23}$$

以及

$$E[|Y_m(t,x,\epsilon) - Y_m(s,x,\epsilon)|^p] \leqslant C|t-s|^{\frac{p}{2}}. \tag{9.24}$$

现在注意

$$Y_m(t,x,\epsilon) - Y_m(t,y,\epsilon)$$
$$= \int_0^t dB_r^i \int_0^1 [A_i(r,x,\epsilon,\theta)Y_m(r,x,\epsilon) - A_i(r,y,\epsilon,\theta)Y_m(r,y,\epsilon)]\,d\theta$$
$$+ \int_0^t dr \int_0^1 [B(r,x,\epsilon,\theta)Y_m(r,x,\epsilon) - B(r,y,\epsilon,\theta)Y_m(r,y,\epsilon)]\,d\theta.$$

利用

$$|A_i(r,x,\epsilon,\theta) - A_i(r,y,\epsilon,\theta)| + |B(r,x,\epsilon,\theta) - B(r,y,\epsilon,\theta)|$$
$$\leqslant C(|X(r,x) - X(r,y)| + |X(r,x+\epsilon e_m) - X(r,y+\epsilon e_m)|),$$

用常规方法可证

$$E[|Y_m(t,x,\epsilon) - Y_m(t,y,\epsilon)|^p] \leqslant C|x-y|^p + C\int_0^t E[|Y_m(r,x,\epsilon) - Y_m(r,y,\epsilon)|^p]dr.$$

因此用 Gronwall 引理得到

$$E[|Y_m(t,x,\epsilon) - Y_m(t,y,\epsilon)|^p] \leqslant C|x-y|^p. \qquad (9.25)$$

最后注意

$$|A_i(r,x,\epsilon,\theta) - A_i(r,x,\eta,\theta)| + |B(r,x,\epsilon,\theta) - B(r,x,\eta,\theta)|$$
$$\leqslant C|X(r,x+\epsilon e_m) - X(r,x+\eta e_m)|,$$

类似于上面推理可得, 对 $\epsilon,\eta \in [-1,1] \setminus \{0\}$,

$$E[|Y_m(t,x,\epsilon) - Y_m(t,x,\eta)|^p] \leqslant C|\epsilon-\eta|^p. \qquad (9.26)$$

综合 (9.22)—(9.26), 若记 $Y_m(t,x,0) := Y_m(t,x) := Y(t,x)$ 的第 m 列, 则有

$$E[|Y_m(s,x,\epsilon) - Y_m(t,y,\eta)|^p] \leqslant C(|s-t|^{\frac{p}{2}} + |x-y|^p + |\epsilon-\eta|^p)$$

对任意 $\epsilon,\eta \in [-1,1]$, $s,t \in [0,T]$ 及 $x,y \in \mathbb{R}^d$ 成立. 所以由 Kolmogorov 连续性准则, Y_m 在任意

$$(t,x,\epsilon) \in [0,T] \times [-M,M]^d \times [-1,1]$$

上有三元连续修正, 其中 $M > 0$ 是任意常数. 进而, Y_m 在

$$(t,x,\epsilon) \in [0,T] \times \mathbb{R}^d \times [-1,1]$$

上有三元连续修正. 仍以 Y_m 记这个修正, 则得到除开一个可略集外, 对所有的 $(t,x) \in [0,T] \times [-M,M]^d$ 上一致地有

$$\lim_{\epsilon \to 0} Y_m(t,x,\epsilon) = Y_m(t,x,0) = Y_m(t,x),$$

这正是要证明的东西 (实际上比需要证明的多了一点点). 这就证明了 $k=2$ 时的结果. 一般情形证明是完全类似的.   □

　　注　为得到 k 阶导数的存在性, 这里为简单起见假定了 σ 与 b 属于 C_b^{k+1}. 从证明可以看出, 这一要求可以降低, 实际上只需要它们的第 k 阶导数 Hölder 连续即可. 完整叙述及详细证明可见 [41].

　　下面转向 $x \mapsto X(t,x)$ 的同胚性质. 首先, 我们注意到对任意 $x_0 \in \mathbb{R}^d$, 只要能证明 $x \mapsto X(t,x)$ 的 Jacobi 矩阵即 $Y(t,x)$ 在 x_0 处是可逆的, 则在 x_0 附近, $x \mapsto X(t,x)$ 就是一个同胚. 而这点很容易做到, 即我们有:

引理 10.9.2 设 $\sigma, b \in C_b^2$. 则除开一个可略集外, 对任意 $t \in \mathbb{R}_+$, $x \in \mathbb{R}^n$, $Y(t, x)$ 可逆.

证明 常规方法可证方程

$$Z(t, x) = I - \int_0^t Z(r, x) \nabla \sigma_i(X(r, x)) dB_r^i - \int_0^t Z(r, x) \nabla b(X(r, x)) dr$$

$$+ \sum_{i=1}^d \int_0^t Z(r, x) [\nabla \sigma_i(X(r, x))]^2 dr,$$

有唯一解且此解有关于 t, x 二元连续的修正. 然而用矩阵值的 Itô 公式 (见第 8 章习题 8.4.2) 直接算出

$$d(Y(t, x) Z(t, x)) = 0.$$

因为 $Y(0, x) = Z(0, x) = I$, 故除开一个可略集外, 对所有的 (t, x), $Y(t, x) Z(t, x) = I$, 即 $Y(t, x)^{-1} = Z(t, x)$. 所以除开一个可略集外, $Y(t, x)$ 对所有的 (t, x) 可逆 (以 $Z(t, x)$ 为逆). □

根据反函数定理, 这个结果说明, 除开一个可略集外, 对所有的 t, $x \mapsto X(t, x)$ 都是一个局部同胚. 但全局地看, 我们还什么都不能说, 因为我们既没有证明它是单射, 也没有证明它是满射. 10.10 节我们将证明它其实两者都是, 因而是整体同胚.

10.10 极限定理与时间反演

上节谈到的三个性质, 现在还剩下最后一个, 即 $x \mapsto X(t, x)$ 的同胚性.

我们还是从常微分方程

$$\begin{cases} dX(t) = b(X(t)) dt, \\ X(0) = x \end{cases}$$

谈起. 设 b 是 Lipschitz 函数, $X(t, x)$ 是它的唯一解. 由 b 的 Lipschitz 性, 对任意 x, $X(t, x)$ 对一切 $t \geqslant 0$ 都有定义. 再令 $Y(t, x)$ 是方程

$$\begin{cases} dY(t) = -b(Y(t)) dt, \\ Y(0) = x \end{cases}$$

的唯一解. 同样, 对任意 x, $Y(t, x)$ 对一切 $t \geqslant 0$ 皆有定义. 简单计算知道, 对任意 $T > 0$, $Z(t, x) := Y(T - t, X(T, x))$ 是向量场 b 过 $(T, X(T, x))$ 的积分曲线, 因此由唯一性,

$$X(t, x) = Y(T - t, X(T, x)).$$

这个式子说明了 $x \mapsto X(T, x)$ 是 $\mathbb{R}^d$ 到 $\mathbb{R}^d$ 的同胚. 这里 Y 起的作用是沿着原有积分曲线往后退, 也即对原方程"反方向解".

同样的道理适用于随机微分方程吗?

这是一个想想都头大的问题. 首先, 在常微分方程中, 初值 x 和终值 $X(T, x)$ 的地位是一样的, 但在随机微分方程中, 初值还是那个常初值即不依赖 ω 的初值, 终值却成了一个随机变量 $X(T, x)$. 地位完全不一样了, 而我们也不可能对固定的终值 y "反方向解"原方程, 因为那样即使成功了解出来的也是一个随机变量, 对我们的问题没有任何帮助; 其次, 现在涉及随机积分, 什么叫"反方向解"呢? 怎么样才能赋予"反方向解"正确的合理的含义? 还有, 即使能对 $X(T, x)$ "反方向解"原方程, 那当 x 跑遍全空间时, $X(T, x)$ 也几乎必然跑遍全空间吗? 而如果不是, "反方向解"又有什么意义呢?

这些拦路虎有办法征服吗?

Paul Malliavin 想到的办法是用常微分方程来逼近随机微分方程, 这样一旦逼近关系成立, 原则上就可以充分利用常微分方程的已有结果来导出随机微分方程的结果, 这个原则被 Malliavin 称为"转换原理". 注意这里只是说"原则上", 因为原则确立之后, 仍然有大量的技术性问题构成严重挑战[①]. 利用转换原理, 加上强大的技术力量, Malliavin 成功地扫除了上面的那些拦路虎, 建立了性质 (iii). 这个成功有力地证明了转换原理的有效性. 实际上, 上节所证明的有关对于初值的可微性结果, 最早也是用这种方法获得的, 虽然后来的方法更为简单, 但这一结果的正确性却是经由转换原理预报、宣示和首次证明的. 我们下面就沿着 Malliavin 开辟的大道, 结合 [3] 和 [59] 的细节方法介绍相关结果[②].

设 B 是定义在概率空间 $(\Omega, \mathscr{F}, P)$ 上的 Brown 运动, $\sigma \in C_b^2(\mathbb{R}^d)$, $b \in C_b^1(\mathbb{R}^d)$. 考虑 Stratonovich 积分意义下的 Markov 型方程

$$\begin{cases} dX(t) = \sigma(X(t)) \circ dB(t) + b(X(t))dt, & t \in [0, T], \\ X(0) = x. \end{cases} \tag{10.27}$$

再设 B_δ 是光滑轨道, 且 $\|B_\delta - B\|_T \to 0$. 考虑下面的常微分方程

$$\begin{cases} dX_\delta(t) = \sigma(X_\delta(t))dB_\delta(t) + b(X_\delta(t))dt, \\ X_\delta(0) = x. \end{cases} \tag{10.28}$$

由于 Stratonovich 积分满足和确定性微积分同样的链导法则, 因此猜测 $\|X_\delta - X\| \to 0$ 是有道理的. 如果这个结果成立, 就奠定了转换原理的基石, 因为它提供

---

① 所以说超一流棋手都是相似的: 具有良好的大局观, 知道行棋的方向, 同时具有局部最强的手筋.

② 需要说明的是, 后来 H. Kunita 按上面所说的"反方向解"的思想也发展出了一套方法处理这个问题, 见 [40].

了一个由常微分方程向随机微分方程过渡的渡轮, 在引导人们由常微分方程的结果猜测随机微分方程的结果的同时, 也提供了有用的证明思路和方法.

这一思想方法是 [47, 48] 中首先提出的, 之后被许多人研究过, 最一般的结果见 [27]. 根据不同的目的, 可以选择不同的 B_δ. 本书只考虑最简单的逼近, 即所谓 Stroock-Varadhan 逼近 (亦称 Wong-Zakai 逼近).

对 $s \geqslant 0$, 令 $s_n := 2^{-n}[2^n s]$, $s_n^+ := 2^{-n}([2^n s] + 1)$, 其中 $[t]$ 表示 t 的整数部分. 再令

$$\dot{B}_n(t) := 2^n (B(t_n^+) - B(t_n)).$$

将方程写为

$$\begin{cases} dX(t) = \sigma_i(X(t)) \circ dB^i(t) + b(X(t))dt, \\ X(0) = x. \end{cases} \quad (10.29)$$

其唯一解记为 $X(t, x)$. 所谓上面这个随机微分方程的 Stroock-Varadhan 逼近是指下面的带参数 ω 的常微分方程:

$$\begin{cases} dX_n(t) = \sigma_i(X_n(t)) \dot{B}_n^i(t)dt + b(X_n(t))dt, \\ X_n(0) = x. \end{cases} \quad (10.30)$$

其唯一解记为 $X_n(t, x)$. 令

$$\varphi(\alpha, t, x) := \begin{cases} X(t, x) & \alpha = 0, \\ X_n(t, x) & \alpha = 2^{-n}, \\ X_{n+1}(t, x) + 2^{n+1}(\alpha - 2^{-n-1}) \\ \quad \cdot (X_n(t, x) - X_{n+1}(t, x)) & \alpha \in (2^{-n-1}, 2^{-n}). \end{cases}$$

本节的主要结果如下:

定理 10.10.1 设 $\sigma \in C_b^2(\mathbb{R}^d)$, $b \in C_b^1(\mathbb{R}^d)$. 则任给 $T > 0$, $M > 0$, $p \geqslant 2$, 存在常数 $C = C(T, M, p)$, 使得对任意 $s, t \in [0, T]$, $|x| \leqslant M$, $n \in \mathbb{N}$ 有

$$E[|\varphi(\alpha, s, x) - \varphi(\beta, t, y)|^{2p}] \leqslant C(|s - t|^p + |x - y|^{2p} + |\alpha - \beta|^p).$$

证明 贯穿整个证明, 固定 T, M, p. 具体值不重要且可随地变动的常数将统一用 C 表示, 其值可以依赖于 T, M, p, 但不依赖 n.

第一步: 固定 n, x. 令

$$\varphi(s) = X_n(s, x).$$

往证

$$E[|\varphi(s) - \varphi(t)|^{2p}] \leqslant C|s - t|^p. \tag{10.31}$$

首先, 我们有

$$\varphi(t) - \varphi(s) = \int_s^t \sigma_i(\varphi(u))\dot{B}_n^i(u)du + \int_s^t b(\varphi(u))du =: I_1 + I_2.$$

显然

$$E[|I_2|^{2p}] \leqslant C|t - s|^{2p}. \tag{10.32}$$

I_1 的估计就没有这样容易了, 因其被积函数可能很大 (随着 n 的增大而增大). 为了得到不依赖于 n 的估计, 我们需要把它拆成两部分: 一部分的被积函数仍然可能很大, 但具有适应性, 因而可转化为随机积分; 另一部分的被积函数则不会随着 n 的增大而增大. 具体地说, 是拆成如下两部分:

$$I_1 = \int_s^t \sigma_i(\varphi(u_n))\dot{B}_n^i(u)du + \int_s^t (\sigma_i(\varphi(u)) - \sigma_i(\varphi(u_n)))\dot{B}_n^i(u)du$$

$$=: I_{11} + I_{12}.$$

令 $\xi_i(u) := 2^n(u_n^+ \wedge t - u_n \vee s)\sigma_i(\varphi(u_n))$, 则

$$I_{11} = \int_{s_n}^{t_n^+} \xi_i(u)dB^i(u).$$

因此由 BDG 不等式,

$$E[|I_{11}|^{2p}] \leqslant C\sum_{i=1}^r E\left[\int_{s_n}^{t_n^+} |\xi_i(u)|^2 du\right]^p$$

$$= C\sum_{i=1}^r E\left[\int_s^t |\sigma_i(\varphi(u_n))|^2 du\right]^p$$

$$\leqslant C|t - s|^p.$$

再利用

$$|\varphi(u) - \varphi(u_n)| \leqslant C|u - u_n|(|\dot{B}_n(u)| + 1)$$

$$\leqslant C2^{-n}(|\dot{B}_n(u)| + 1),$$

知

$$|(\sigma_i(\varphi(u)) - \sigma_i(\varphi(u_n)))\dot{B}_n^i(u)| \leqslant C2^{-n}(|\dot{B}_n(u)|^2 + 1).$$

由此易得

$$E[|I_{12}|^{2p}] \leqslant C|t - s|^{2p}.$$

结合起来便得 (10.31).

第二步: 对固定的 n, 令

$$\varphi(t, x) := X_n(t, x).$$

则

$$\varphi(t, x) - \varphi(t, y) = x - y + \int_0^t (\sigma_i(\varphi(u, x)) - \sigma_i(\varphi(u, y)))\dot{B}_n^i(u)du$$

$$+ \int_0^t (b(\varphi(u, x)) - b(\varphi(u, y)))du$$

$$=: x - y + J_1 + J_2.$$

易见

$$E[|J_2|^{2p}] \leqslant C \int_0^t E[|\varphi(u, x) - \varphi(u, y)|^{2p}]du.$$

为处理 J_1, 令

$$\gamma_i(u) := 2^n(t \wedge u_n^+ - u_n)(\sigma_i(\varphi(u_n, x)) - \sigma_i(\varphi(u_n, y))).$$

则

$$J_1 = \int_0^t \gamma_i(u)\dot{B}_n^i(u)du$$

$$+ \int_0^t du \int_{u_n}^u \left[\frac{\partial \sigma_i(\varphi(v, x))}{\partial x} b(\varphi(v, x)) - \frac{\partial \sigma_i(\varphi(v, y))}{\partial x} b(\varphi(v, y)) \right] \dot{B}_n^i(v)dv$$

$$+ \int_0^t du \int_{u_n}^u \left[\frac{\partial \sigma_i(\varphi(v, x))}{\partial x} \sigma_j(\varphi(v, x)) - \frac{\partial \sigma_i(\varphi(v, y))}{\partial x} \sigma_j(\varphi(v, y)) \right]$$

$$\dot{B}_n^j(v)\dot{B}_n^i(v)dv$$

$$= J_{11} + J_{12} + J_{13}.$$

易见

$$J_{11} = \int_0^t \gamma_i(u)dB^i(u).$$

故由 BDG 不等式有

$$E[|J_{11}|^{2p}] \leqslant CE \int_0^t |\varphi(u_n, x) - \varphi(u_n, y)|^{2p}du.$$

对 J_{13}, 利用 σ 与 σ' 的 Lipschitz 性有

$$E[|J_{13}|^{2p}] \leqslant C \sum_{i=1}^{r} E\left[\int_0^t du \int_{u_n}^u |\varphi(v,x) - \varphi(v,y)||\dot{B}_n^i(v)|^2 dv\right]^{2p}.$$

由于 $\dot{B}_n$ 在 $[k2^{-n}, (k+1)2^{-n})$ 上为常数, 故

$$|\varphi(s,x) - \varphi(s,y)|$$

$$\leqslant |\varphi(s_n,x) - \varphi(s_n,y)|$$

$$+ \int_{s_n}^s [|b(\varphi(u,x)) - b(\varphi(u,y))| + |\sigma_i(\varphi(u,x)) - \sigma_i(\varphi(u,y))|]|\dot{B}_n^i(u)|du$$

$$\leqslant |\varphi(s_n,x) - \varphi(s_n,y)| + C(1 + |\dot{B}_n^i(s_n)|)\int_{s_n}^s |\varphi(u,x) - \varphi(u,y)|du.$$

因此由 Gronwall 不等式有

$$|\varphi(s,x) - \varphi(s,y)| \leqslant |\varphi(s_n,x) - \varphi(s_n,y)| \exp[C(1 + |\dot{B}_n(s_n)|)(s - s_n)].$$

再由 $\varphi(s_n,x) - \varphi(s_n,y)$ 与 $\dot{B}_n^i(s_n)$ 的独立性有

$$E[|\varphi(s,x) - \varphi(s,y)||\dot{B}_n^i(s)|^2]^{2p}$$

$$\leqslant E[|\varphi(s_n,x) - \varphi(s_n,y)|^{2p}|\dot{B}_n^i(s_n)|^{4p} \exp(C2^{-n}(1 + |\dot{B}_n^i(s_n)|))]$$

$$\leqslant E[|\varphi(s_n,x) - \varphi(s_n,y)|^{2p}]E[|\dot{B}_n^i(s_n)|^{4p} \exp(C2^{-n}(1 + |\dot{B}_n^i(s_n)|))]$$

$$\leqslant C2^{2np}E[|\varphi(s_n,x) - \varphi(s_n,y)|^{2p}].$$

因此

$$E[|J_{13}|^{2p}] \leqslant C\int_0^t E[|\varphi(s_n,x) - \varphi(s_n,y)|^{2p}]ds.$$

使用同样的 (实际上更简单一些的) 推理可以证明

$$E[|J_{12}|^{2p}] \leqslant C\int_0^t E[|\varphi(s_n,x) - \varphi(s_n,y)|^{2p}]ds.$$

于是, 令

$$h_t := E[|\varphi(t,x) - \varphi(t,y)|^{2p}].$$

则有

$$h(t) \leqslant C|x - y|^{2p} + C\left[\int_0^t h(s)ds + \int_0^t h(s_n)ds\right]. \tag{10.33}$$

再令

$$r(t) := \sup_{s \leqslant t} h(s).$$

则 r 为大于 h 的最小的单调上升函数. 但 (10.33) 之右端显然是 t 之单调上升函数, 因此

$$r(t) \leqslant |x - y|^{2p} + C \left[\int_0^t h(s)ds + \int_0^t h(s_n)ds \right]$$

$$\leqslant |x - y|^{2p} + C \int_0^t r(s)ds.$$

所以由 Gronwall 引理

$$r(t) \leqslant C|x - y|^{2p}.$$

第三步: 现将方程写为 Itô 形式:

$$\begin{cases} dX(t) = \sigma(X(t)) \cdot dB(t) + \left[\dfrac{1}{2}(\nabla\sigma_i \cdot \sigma_i) + b \right](X(t))dt, \\ X(0) = x. \end{cases} \tag{10.34}$$

将 $X(t,x)$ 简记为 $X(t)$. 由与前面类似的推理, 有

$$X_n(t) = x + \int_0^t \zeta_i(s)dB^i(s) + \int_0^t ds \int_{s_n}^s [\nabla\sigma_i \cdot \sigma_j](X_n(u))\dot{B}_n^j(u)\dot{B}_n^i(u)du$$

$$+ \int_0^t ds \int_{s_n}^s \nabla\sigma_i \cdot b(X_n(u))\dot{B}_n^i(u)du + \int_0^t b(X_n(s))ds,$$

其中

$$\zeta_i(s) := 2^n \sigma_i(X_n(s_n))(s_n^+ \wedge t - s_n).$$

因此

$$X_n(t) - X(t) = K_1 + K_2 + K_3 + K_4,$$

其中

$$K_1 := \int_0^t \zeta_i(s)dB^i(s) - \int_0^t \sigma_i(X(s))dB^i(s),$$

$$K_2 := \int_0^t ds \int_{s_n}^s (\nabla\sigma_i \cdot \sigma_j)(X_n(u))\dot{B}_n^j(u) \cdot \dot{B}_n^i(u)du - \frac{1}{2}\int_0^t \nabla\sigma_i \cdot \sigma_i(X(s))ds,$$

$$K_3 := \int_0^t ds \int_{s_n}^s \nabla\sigma_i \cdot b(X_n(u))\dot{B}_n^i(u)du,$$

$$K_4 := \int_0^t b(X_n(s))ds - \int_0^t b(X(s))ds.$$

由 σ 的 Lipschitz 性及第一步,

$$E[|K_1|^{2p}] \leqslant C \int_0^t E[|\sigma_i(X_n(s_n)) - \sigma_i(X(s))|^{2p}]ds$$

$$\leqslant C \int_0^t E[|X_n(s_n) - X_n(s)|^{2p}]ds + C \int_0^t E[|X_n(s) - X(s)|^{2p}]ds$$

$$\leqslant C2^{-np} + C \int_0^t E[|X_n(s) - X(s)|^{2p}]ds.$$

类似地

$$E[|K_4|^{2p}] \leqslant C \int_0^t E[|X_n(s) - X(s)|^{2p}]ds.$$

又易见

$$E[|K_3|^{2p}] \leqslant C \int_0^t E[|B(s_n^+) - B(s_n)|^{2p}]ds \leqslant C2^{-np}.$$

下面处理 K_2. 我们有

$$K_2 = \left(\int_0^t (\nabla\sigma_i \cdot \sigma_j)(X_n(s_n))(s - s_n)\dot{B}_n^j(s) \cdot \dot{B}_n^i(s)ds - \frac{1}{2} \int_0^t \nabla\sigma_i \cdot \sigma_i(X(s))ds \right)$$

$$+ \int_0^t ds \int_{s_n}^s [(\nabla\sigma_i \cdot \sigma_j)(X_n(u)) - (\nabla\sigma_i \cdot \sigma_j)(X_n(s_n))]\dot{B}_n^j(u) \cdot \dot{B}_n^i(u)du$$

$$=: K_{21} + K_{22}.$$

由 σ 及 σ' 的 Lipschitz 性,

$$|K_{22}| \leqslant C2^{-n} \int_0^t |X_n(s) - X_n(s_n)||\dot{B}_n(s)|^2 ds.$$

所以由第一步,

$$E[|K_{22}|^{2p}] \leqslant C2^{-np}.$$

最后来看 K_{21}. 因为

$$\int_0^t (\nabla\sigma_i \cdot \sigma_j)(X_n(s_n))(s - s_n)\dot{B}_n^j(s)\dot{B}_n^i(s)ds$$

$$= \frac{1}{2} \int_0^{t_n^+} (s_n^+ \wedge t - s_n)^2 2^{3n} (\nabla\sigma_i \cdot \sigma_j)(X_n(s_n))$$

$$(B^i(s_n^+) - B^i(s_n))(B^j(s_n^+) - B^j(s_n))ds$$

$$= \frac{1}{2} \int_0^{t_n^+} (s_n^+ \wedge t - s_n)^2 2^{3n} (\nabla \sigma_i \cdot \sigma_j)(X_n(s_n)) [\int_{s_n}^{s_n^+} (B^i(u) - B^i(s_n))dB^j(u)$$

$$+ \int_{s_n}^{s_n^+} (B^j(u) - B^j(s_n))dB^i(u) + \delta_{ij}(s_n^+ - s_n)]ds$$

$$= \frac{1}{2} \int_0^{t_n^+} (s_n^+ \wedge t - s_n)^2 2^{2n} (\nabla \sigma_i \cdot \sigma_j)(X_n(s_n)) [(B^i(s) - B^i(s_n))dB^j(s)$$

$$+ (B^j(s) - B^j(s_n))dB^i(s)] + \frac{1}{2} \delta_{ij} \int_0^{t_n^+} (s_n^+ \wedge t - s_n)^2 2^{2n} (\nabla \sigma_i \cdot \sigma_j)(X_n(s_n))ds,$$

所以由 BDG 不等式有

$$E[|K_{21}|^{2p}] \leqslant C2^{-np} + \int_0^{t_n^+} E[|X_n(s_n) - X(s)|^{2p}]ds$$

$$\leqslant C2^{-np} + \int_0^t E[|X_n(s) - X(s)|^{2p}]ds.$$

综合所有这些估计得

$$E[|X_n(t) - X(t)|^{2p}] \leqslant C2^{-np} + C \int_0^t E[|X_n(s) - X(s)|^{2p}]ds.$$

因此由 Gronwall 不等式得

$$E[|X_n(t) - X(t)|^{2p}] \leqslant C2^{-np}.$$

于是, 对 $n < m$ 有

$$E[|X_n(t) - X_m(t)|^{2p}] \leqslant C2^{-np}.$$

由此容易看出,

$$E[|\varphi(\alpha, t, x) - \varphi(\beta, t, x)|^{2p}] \leqslant C|\alpha - \beta|^p.$$

第四步: 综合前面三步的结果便得到要证的不等式.　　　　　　　　□

由这个定理, 用 Kolmogorov 连续性准则, 我们得到:

推论 10.10.2　除开一个可略集外, 对所有的 T 和 M, 都有

$$\lim_{n \to \infty} \sup_{t \leqslant T, |x| \leqslant M} |X_n(t, x) - X(t, x)| = 0.$$

证明　由上一定理, 对任意正整数 m, 都有可略集 A_m, 使得 $\forall \omega \in A_m^c$, 有

$$\lim_{n \to \infty} \sup_{t \leqslant m, |x| \leqslant m} |X_n(t, x) - X(t, x)| = 0.$$

令

$$A := \bigcup_{m=1}^{\infty} A_m.$$

显然 A 可充当本推论中的可略集. □

考虑 Wiener 空间 $(W_0^r, \mathscr{W}_0^r, \mu)$, 则其上坐标 Brown 运动 $\{w_t\}$ 为 r 维 Brown 运动. 以 $X(t, x, w)$ 表 (10.29) 之强解, 以 $\hat{X}(t, x, w)$ 表 SDE

$$\begin{cases} d\hat{X}(t) = -\sigma_i(\hat{X}(t)) \circ dw^i(t) - b(\hat{X}(t))dt, \\ \hat{X}(0) = x \end{cases} \tag{10.35}$$

之强解.

利用上面的结果, 我们现在来证明:

定理 10.10.3　设 $\sigma \in C_b^2$, $b \in C_b^1$. 则对任意 $t > 0$, 存在可略集 N_t, 使得对任意 $w \in N_t^c$, $s \leqslant t$,

$$X(s, x, w) = \hat{X}(t - s, X(t, x, w), \hat{w}), \tag{10.36}$$

$$\hat{X}(t - s, x, \hat{w}) = X(s, \hat{X}(t, x, \hat{w}), w), \tag{10.37}$$

其中

$$\hat{w}(s) := \begin{cases} w(t) - w(t - s), & s \in [0, t], \\ w(s), & s \geqslant t. \end{cases}$$

特别地, 对 $\omega \in N_t^c$, 有

$$x = \hat{X}(t, X(t, x, w), \hat{w})$$
$$= X(t, \hat{X}(t, x, \hat{w}), w),$$

即对任意 $t \geqslant 0$, $\forall w \notin N_t$, $x \mapsto \{X(t, x, w)\}$ 为 $\mathbb{R}^d$ 到 $\mathbb{R}^d$ 上的同胚.

证明　首先注意, μ 在映射 $w \mapsto \hat{w}$ 下保持不变, 因此 $\hat{X}(t - s, X(t, x, w), \hat{w})$ 与 $\hat{X}(t - s, x, \hat{w})$ 的定义都没有问题.

若 $t = 1$, 则 $\hat{w}_n(s) = w_n(1) - w_n(1 - s)(s \leqslant 1)$. 故由常微分方程的性质有

$$X_n(s, x, w) = \hat{X}_n(t - s, X_n(s, x, w), \hat{w}),$$

$$\hat{X}_n(t - s, x, \hat{w}) = X_n(s, \hat{X}_n(t, x, \hat{w}), \hat{w}).$$

令 $n \to \infty$ 得到 (10.36) 与 (10.37)——在一个可能要除开的可略例外集 N_t 之外. 若 $t \neq 1$, 考虑分点为 $\{k2^{-n}t, k = 1, 2, \cdots\}$ 的 Stroock-Varadhan 型逼近, 仿 $t = 1$ 的情况即可. 特别地, 对 $w \notin N_t$, $X(t, w, \cdot)$ 与 $\hat{X}(t, \hat{w}, \cdot)$ 互为逆映射, 因此 $X(t, w, \cdot)$ 为 $\mathbb{R}^d$ 到 $\mathbb{R}^d$ 上的同胚. □

10.11 随机同胚流

10.10 节我们证明了对任意 t, 都存在一个可能依赖于 t 的可略集 N_t, 使得对任意 $w \in N_t^c$, $X(t, w, \cdot)$ 都为 $\mathbb{R}^d$ 到 $\mathbb{R}^d$ 上的同胚. 现在我们问: 有可能除开一个对所有 t 均适用的公共可略集, 使得在此之外 $X(t, w, \cdot)$ 对所有的 t 都是同胚吗?

为回答这个问题, 我们先证明一个初级结果, 这就是下面的引理.

引理 10.11.1 设 $\sigma \in C_b^2$, $b \in C_b^1$. 则

1. 存在可略集 A, 使得对任意 $t \in \mathbb{Q}_+$ 及 $w \in A^c$, $X(t, \cdot, w)$ 为 $\mathbb{R}^d$ 到 $\mathbb{R}^d$ 上的同胚;

2. 存在可略集 A (可能与上面的 A 不一样), 使得对任意 $t \in \mathbb{R}_+$ 及 $w \in A^c$, $X(t, \cdot, w)$ 为 $\mathbb{R}^d$ 到开集 $X(t, \mathbb{R}^d, w)$ 上的同胚.

证明 第一个结论是上节最后一个定理的直接推论. 往证第二个. 由于对几乎所有的 w, $\nabla X(t, x, w)$ 对所有的 t 及 x 非退化, 因此必要时在第一个结论中的可略集上再加上一个可略集, 可以假定在 A 之外, 这两个性质都成立. 因此由反函数定理, 立即推出对任意 $t \in \mathbb{R}_+$ 及 $w \in A^c$, $X(t, \mathbb{R}^d, w)$ 是开集. 往证对所有的 t 及 $w \in A^c$, $X(t, \cdot, w)$ 是单射. 设否, 则存在 $w \in A^c$, $t \in \mathbb{R}_+$ 及 $x, y \in \mathbb{R}^d$, 使得 $x_1 \neq x_2$ 而 $X(t, x_1, w) = X(t, x_2, w) = z$. 由于 $\nabla X(t, x_1, w)$ 与 $\nabla X(t, x_2, w)$ 均非退化, 且 $(s, x) \mapsto (X(t, x, w), \nabla X(t, x, w))$ 连续, 所以由定理 12.6.1 知, 当 s 充分靠近 t 时, 存在 x_1 与 x_2 的两个不相交邻域 U 与 V, 使得方程 $X(t, y, w) = z$ 在 U 和 V 内各有一解. 然而当 s 为有理数时, 这与 $X(s, \cdot, w)$ 是 $\mathbb{R}^d$ 到 $\mathbb{R}^d$ 上的同胚矛盾. 所以 $X(t, \cdot, w)$ 是单射. $\qquad\square$

所以现在我们差的就是: 是否可除开一个公共的可略集, 使得在此之外, 对所有的 t, $X(t, \cdot, w)$ 为满射? 为回答这一问题, 我们需要下面的结果并使用截口定理.

引理 10.11.2 设 τ 为停时, 则存在可略集, 使得在其外对所有的 $(s, x) \in \mathbb{R}_+ \times \mathbb{R}^d$ 均有

$$\tau(w) < \infty \Longrightarrow X(s + \tau(w), x, w) = X(s, X(\tau(w), x, w), \theta_\tau(w)). \tag{11.38}$$

证明 对固定的 (s, x), 这就是定理 10.7.2. 先注意在 $\{\tau < \infty\}$ 上, 除开一个可略集外, 等式 (11.38) 的左边是 (s, x) 的连续函数; 又由 Brown 运动的强 Markov 性, 测度

$$Q(A) := \frac{P(\theta_\tau^{-1}(A) \cap \{\tau < \infty\})}{P(\tau < \infty)}, \quad A \in \mathscr{W}_0^r,$$

与 Wiener 测度恒等. 因此在 $\{\tau < \infty\}$ 上, 除开另一个可略集后, 等式 (11.38) 的右边也是 (s, x) 的连续函数. 从而除开一个可略集外, 等式 (11.38) 的两边均是

(s, x) 的连续函数. 故可对所有的 s, x 除开公共的可略集, 使得在此集之外, 该等式成立. □

现在我们可以证明:

定理 10.11.3 除开一个可略集外, 对一切 t, $X(t, \cdot)$ 为 $\mathbb{R}^d$ 到 $\mathbb{R}^d$ 上的同胚.

证明 令

$$A := \{(w, t) : X(t, \mathbb{R}^d, w) = \mathbb{R}^d\},$$

$$B := \{(w, t) : \overline{X(t, \mathbb{R}^d, w)} = \mathbb{R}^d\},$$

$$C := \{(w, t) : \lim_{\|x\| \to \infty} |X(t, x, w)| = \infty\}.$$

则由习题 11,

$$A = B \cap C.$$

因为对固定的 x, $X(\cdot, x)$ 是可选过程, 而

$$B = \cap_{x \in \mathbb{Q}^d} \{(w, t) : \inf_{y \in \mathbb{Q}^d} |x - X(t, y, w)| = 0\},$$

所以 B 是可选集; 同样, 由于

$$C := \{(w, t) : \sup_n \inf_{|x| \geqslant n} |X(t, x, w)| = \infty\},$$

C 也是可选集. 于是 A 是可选集, 从而 A^c 也是可选集. 这样, 为证明定理, 只需证明 $D_{A^c} = \infty$, a.s., 此地 D_{A^c} 是 A^c 的初遇. 设否. 那么根据截口定理, 势必存在停时 τ, 使得 $P(\tau < \infty) > 0$ 且 $[\tau] := \{(w, \tau(w)) : w \in W_0^r\} \subset A^c$. 取 n 充分大使得 $P(\tau < n) > 0$. 则由引理 10.11.2, 在 $\{\tau < n\}$ 上有

$$X(n, x, \omega) = X(n - \tau(w), X(\tau(w), x), \theta_\tau(w)), \quad \forall x.$$

由于在 $\{\tau < \infty\}$ 上 $X(\tau(w), \mathbb{R}^d, w) \neq \mathbb{R}^d$, 而 $X(n - \tau(w))$ 为单射, 故在 $\{\tau < \infty\}$ 上

$$X(n, \mathbb{R}^d, w) \neq \mathbb{R}^d.$$

这与 $X(n, \cdot)$ 几乎必然是 $\mathbb{R}^d$ 到 $\mathbb{R}^d$ 上的同胚矛盾. □

习　题　10

1. 设 X 是 $(\Omega, \mathscr{F}, (\mathscr{F}_t), P)$ 上的连续适应过程, f 是 W 上的循序轨道泛函. 证明: $f(t, X)$ 为 $(\Omega, \mathscr{F}, (\mathscr{F}_t), P)$ 上的循序过程. 这里及下题中, $(W, \mathscr{W})$ 上的 σ-代数流取为 $(\mathscr{W}_t)$.

2. 设 X 是 $(\Omega, (\mathscr{F}_t))$ 上的可选过程. 定义 $\mathbb{R}_+ \times \Omega$ 到 $\mathbb{R}_+ \times W$ 的映射:

$$F(t, \omega) := (t, X_\cdot(\omega)).$$

证明: $F \in \mathscr{O}/\mathscr{O}_W$, 其中 $\mathscr{Q}_W$ 表 W 上的可选 σ-代数.

3. 设 σ, b 为满足线性增长条件的 Lipschitz 函数, $X(t, x)$ 是方程 (1.4) 的解, D 是 X 的无穷小算子. 证明:

(a) $C_b^2 \subset D$.

(b) 设 $\sigma, b \in C_b^3$ 且 $f \in C_b^2$, 令 $u(t, x) := E[f(X(t, x))]$. 证明 $u \in C^{1,2}(\mathbb{R}_+ \times \mathbb{R}^n)$ 且

$$\frac{\partial u(t, x)}{\partial t} = Lu,$$

其中

$$L = \frac{1}{2}(\sigma\sigma^*(x))^{ij}\partial u_{ij}^2 + b^i(x)\partial u_i.$$

4. 设 Z_t 如本章引言中所定义. 计算 $E[Z_t^2]$.

5. 设 σ, b 有界, Lipschitz 连续. 考虑 $[0, T]$ 上的连续适应过程 X 组成的空间:

$$H = \{X : \|X\|_\beta < \infty\},$$

其中

$$\|X\|_\beta^2 := E[\sup_{0 \leqslant t \leqslant T} e^{-\beta t}|X_t|^2].$$

在 H 中定义映射

$$\psi(X)(\cdot) := x + \int_0^\cdot \sigma(X(u))dB_u + \int_0^\cdot b(X(u))du.$$

证明: 可选合适的 β 使得 ψ 为 H 中的压缩映射, 并由此证明 (1.4) 的解的存在性和轨道唯一性.

6. 设 $c > 0$ 为常数, 且对系数 (σ, cb), (1.4) 存在唯一强解. 以 $X(t, x)$ 表示其初值为 x 的解. 证明: 对任意 x, 过程 $t \mapsto X(t, x)$ 与 $t \mapsto cX(c^{-2}t, c^{-1}x)$ 同分布.

7. 设 $\sigma_n, b_n, n = 0, 1, 2, \cdots$ 均连续, 且

(a) 存在 $C > 0$ 使得

$$\sup_n(|\sigma_n(x)| + |b_n(x)|) \leqslant C(1 + |x|);$$

(b) 对任意紧集 K 有

$$\lim_{n \to \infty} \sup_{x \in K}(|\sigma_n(x) - \sigma_0(x)| + |b_n(x) - b_0(x)|) = 0;$$

(c) 对任意 n, 任意初值 x, 方程

$$dX(t) = \sigma_n(X(t))dB(t) + b_n(X(t))dt$$

都在某个 (不依赖于 n 的) 架构上存在初值为 x 的解 $X_n(t, x)$, 且对 $n = 0$, 该方程具有轨道唯一性.

证明:

(a) 若 $\lim_{n \to \infty} x_n = x$, 则 $\forall T > 0$,

$$\lim_{n \to \infty} E[\sup_{0 \leqslant t \leqslant T} |X_n(t, x_n) - X_0(t, x)|] = 0;$$

(b) 对任意 $T > 0$ 及任意有界集 K,

$$\lim_{n\to\infty} \sup_{x\in K} E[\sup_{0\leqslant t\leqslant T} |X_n(t,x) - X_0(t,x)|] = 0.$$

8. 设 σ, b 连续且满足

(a) 局部单边 Lipschitz 条件: 即对任意 N, 存在常数 C_N 使得

$$|\sigma(x) - \sigma(y)|^2 + (x - y, b(x) - b(y)) \leqslant C_N|x - y|, \quad \forall |x|, |y| \leqslant N;$$

(b) 线性增长条件: 存在常数 C 使得

$$|\sigma(x)| + |b(x)| \leqslant C(1 + |x|).$$

证明 (1.4) 存在唯一强解.

9. 设

(a) σ, b 有界连续且关于其变量的每个分量都是以 1 为周期的周期函数;

(b) (1.4) 存在唯一强解.

令

$$\mathbb{T} := \{x = (x^1, \cdots, x^d) \in \mathbb{R}^d : 0 \leqslant x_i \leqslant 1, \forall i\}.$$

定义 $\varphi : \mathbb{R}^d \mapsto \mathbb{T}^d$ 为

$$\varphi(x) = (\{\tilde{x}^1\}, \cdots, \{\tilde{x}^1\}),$$

其中对 $u \in \mathbb{R}$, $\{u\}$ 表示 u 的分数部分. 以 $X(t,x)$ 表示其初值为 x 的解, 并令

$$\tilde{X}(t,x) := \varphi(X(t,x)).$$

证明 $\tilde{X}$ 是取值于 $\mathbb{T}^d$ 的 Markov 族.

10. 举例说明, (X, Y) 是 Markov 过程时, X 未必是. (提示: 考虑本章引言中的 (X, Z).)

11. 设 φ 是 $\mathbb{R}^d$ 到 $\mathbb{R}^d$ 中的双边连续的单射. 证明: φ 为满射的充要条件是

(a) $\overline{\varphi(\mathbb{R}^d)} = \mathbb{R}^d$;

(b) $\lim_{\|x\|\to\infty} |\varphi(x)| = \infty$.

12. 设 σ 满足 Yamada-Watanabe 定理的条件, b^1, b^2 均连续有界, 且至少其中之一满足 Yamada-Watanabe 定理的条件. 设

$$X_t^i = X_0^i + \int \sigma(X_s^i)dB_s + \int_0^t b^i(X_s)ds, \quad i = 1, 2.$$

证明: 若 $X_0^1 \geqslant X_0^2$, $b^1 \geqslant b^2$, 则 $X_t^1 \geqslant X_t^2$.

13. 设 σ, b 有界连续且方程 (1.4) 的解具有轨道唯一性. 作 Euler-Maruyama 折线:

$$X_n(t) = x + \int_0^t \sigma(X_n(s_n))dB_s + \int_0^t b(X_n(s_n))ds,$$

其中 $s_n := \sum_{k=0}^{\infty} k2^{-n}1_{(k2^{-n},(k+1)2^n]}(s)$. 证明

$$\lim_{n\to\infty} \sup_{0\leqslant t\leqslant T} E|X_n(t) - X(t)|^p = 0, \quad \forall T > 0, p \geqslant 1.$$

14. 设 F 是随机微分方程

$$dX_t = \sigma(X_t)dB_t + b(X_t)dt$$

的唯一强解. 设 $h \in \mathscr{L}^2$. 证明: $Y_t := F\left(x, B. + \int_0^{\cdot} h(s)ds\right)(t)$ 满足方程

$$dY_t = \sigma(Y_t)dB_t + b(Y_t)dt + h_t\sigma(Y_t)dt.$$

15. 设 σ, b, φ 及 f 均为线性增长的 Lipschitz 函数, 且满足

$$\sigma(x)\varphi(x) = f(x).$$

设在 $[0,T]$ 上, X, Y 分别满足方程

$$X_t = x + \int_0^t \sigma(X_s)dB_s + \int_0^t b(X_s)ds,$$

$$Y_t = x + \int_0^t \sigma(Y_s)dB_s + \int_0^t (b+f)(Y_s)ds.$$

设 μ_X, μ_Y 分别是 X,Y 在 $C([0,T])$ 上的分布. 证明 μ_X 与 μ_Y 等价, 且

$$\frac{d\mu_Y}{d\mu_X}(X) = \exp\left\{\int_0^T \varphi(X_s)dB_s - \frac{1}{2}\int_0^T |\varphi(X_s)|^2 ds\right\}.$$

16. 设 σ, b 连续, 线性增长, 且方程

$$dX_t = \sigma(X_t)dB_t + b(X_t)dt$$

有轨道唯一性. 设 $(\mathscr{F}_t)$ 与 $(\mathscr{F}_t')$ 是同一个概率空间 $(\Omega, \mathscr{F}, P)$ 上的两个架构, B 同时是 $(\mathscr{F}_t)$-Brown 运动与 $(\mathscr{F}_t')$-Brown 运动. 设 X, X' 分别是这两个架构下的解. 证明: 若 $X_0 = X_0'$ a.s., 则 X 与 X' 无区别.

17. 设 σ, b 为 Lipschitz 函数, 设 $X(t,\xi)$ 为下面方程

$$\begin{cases} dX(t) = \sigma(X(t))dB(t) + b(X(t))dt, \\ X(0) = \xi \end{cases}$$

的唯一解, 其中 $\xi \in \mathscr{F}_0$. 本题的目的是证明 $X(t,x)$ 的非接触 (non-contact) 性质, 又称非汇流 (non-confluence 或 non-coalescence) 性质, 即

$$\xi, \eta \in \mathscr{F}_0,\ \xi \neq \eta \Longrightarrow P(X(t,\xi) \neq X(t,\eta), \forall t) = 0.$$

(a) 设 $x,y \in \mathbb{R}^d$, $x \neq y$. 令

$$\varphi(u) := u - 1 - \log u, \quad u \in (0,\infty),$$

$$\sigma_m := \inf\{t : |X(t,x) - X(t,y)| \leqslant m^{-1}\},$$

$$\sigma := \inf\{t : |X(t,x) - X(t,y)| = 0\}.$$

证明: 对任意 t,

$$E[\varphi(|X(t,x) - X(t,y)|)] < \infty.$$

(b) 证明

$$P(\sigma_m < t) \leqslant \varphi(m^{-1})E[\varphi(|X(t,x) - X(t,y)|)].$$

(c) 证明

$$\lim_{m \to \infty} P(\sigma_m < t) = 0, \quad \forall t,$$

从而证明

$$P(\sigma = \infty) = 1.$$

(d) 证明

$$\xi, \eta \in \mathscr{F}_0, \ \xi \neq \eta \Longrightarrow P(X(t,\xi) \neq X(t,\eta), \forall t) = 0.$$

18. 设 σ_i, $i = 1, \cdots, d$ 及 b 都是定义在 $\mathbb{R}^d$ 中的单位球 S^{d-1} 上的 Lipschitz 函数, 且 $\forall x \in S^{d-1}$, 向量 b 及 $\sigma_i(x)$ 都与 x 垂直; w 是 d 维 Brown 运动; $x_0 \in S^{d-1}$. 证明: 存在唯一一个取值于 S^{d-1} 的过程 X, 满足

$$X_t = x_0 + \int_0^t \sigma_i(X_s) \circ dw_s^i + \int_0^t b(X_s)ds, \quad \forall t \geqslant 0.$$

第 11 章　随机微分方程与偏微分方程

本章沿用第 10 章中 σ, b 的含义, 即 σ 为 $d \times r$ 矩阵, b 为 d 维列向量. 设 $X(t, x)$ 为方程

$$\begin{cases} dX(t) = \sigma(X(t))dB(t) + b(X(t))dt, \\ X(0) = x \end{cases}$$

的唯一解. 假设它对任意初值 x 均有唯一解. 由第 10 章习题 11, 在 σ 和 b 充分光滑的情况下, 若 f 也充分光滑, 则函数

$$u(t, x) := E[f(X(t, x))]$$

满足方程

$$\partial_t u(t, x) = Lu(t, x).$$

因此 u 是这个方程的满足初始条件 $u(0, x) = f(x)$ 的经典解. 将这一关系与一阶偏微分方程中的特征理论对照, 也许我们可以说二阶抛物及椭圆方程的特征是随机微分方程.

由于在强解存在的情况下, $X(t, x)$ 是驱动该方程的 Brown 运动也即 B 的函数, 所以上面定义 u 的等式中右边的期望可以理解为连续函数空间上的积分, 因此又称为泛函积分. 用泛函积分来表示偏微分方程的经典解, 并利用这个表达式研究偏微分方程的性质, 是联系随机分析与经典分析的重要纽带, 是用概率方法解决分析问题的必由之路, 同时也是推动随机分析发展的重要引擎. 这方面的专著可见 [20, 21, 50].

但如果 σ, b, f 都不够光滑, 那么这样定义出来的 u 就不一定是光滑函数. 于是问题来了: 这个函数还是不是方程的某种弱意义下的解?

本章就研究这个问题及相关问题. 偏微分方程的最流行的有两种意义下的弱解. 第一种是分布解, 第二种是粘性解. 粘性解在这里更自然也更合适一些. 事实上, 粘性解的概念本身就是从随机微分方程的控制问题中提出来的, 所以它天然就带有概率属性. 这一套理论的系统介绍, 可见 [5, 37].

不过, 在很多情况下, 现在已经知道, 粘性解和分布解是等价的, 例如见 [26, 45, 61]——也许你能证明, 在更多的情况下, 它们依然是等价的?

11.1　基本记号和假设

本章全部假设 σ 与 b 都是局部 Lipschitz 函数, 满足线性增长条件. 在典则架构 $(W_0^r, \mathscr{W}_0^r, (\mathscr{G}_t), P, w)$(注意这里将 μ 写为 P 了, 因为不会有其他的概率空间从而不会有其他的 P 了, 而我们更加偏爱用 P 表示概率) 上考虑随机微分方程

$$\begin{cases} dX_t = \sigma(X_t)dB(t) + b(X_t)dt, \\ X_0 = x. \end{cases} \tag{1.1}$$

在所给条件下, 我们可以构造出此方程的强解 $X = X(t, x, w)$. 根据第 10 章的结果, X 除了是 (t, x, w) 的三元可测函数之外, 还几乎必然地为 (t, x) 的二元连续函数.

W_0^r 上的推移算子记为 θ_s, 即

$$\theta_s w(t) = w(t + s) - w(s), \quad \forall t \geqslant 0.$$

于是由第 10 章的结果, 我们知道: 对任意停时 $\tau > 0$, 除开一个可略集之外, 在 $\{\tau < \infty\}$ 上有

$$X(t + \tau(w), x, w) = X(t, X(\tau(w), x, w), \theta_{\tau(w)}(w)), \quad \forall t, x.$$

这是一个我们会反复使用的性质, 故再次记录于此, 以示重要, 以利使用.

我们将需要一个简单的线性代数引理.

引理 11.1.1　设 A, B 为 d 阶对称非负定方阵, 则 $\operatorname{tr}(AB) \geqslant 0$.

证明　取正交阵 Q 使得 $QAQ^{-1} = \operatorname{diag}(\lambda)$, 其中 $\lambda_i \geqslant 0$, $i = 1, \cdots, d$ 为 A 的特征根. 由此

$$\operatorname{tr}(AB) = \operatorname{tr}(QAQ^{-1}QBQ^{-1}) = \sum_{i=1}^{d} \lambda_i \theta_i,$$

其中 $\theta_1, \cdots, \theta_d$ 是 QBQ^{-1} 的对角线元素. 由于 $QBQ^{-1} \geqslant 0$, 故 $\theta_i \geqslant 0$, $\forall i$. 所以 $\operatorname{tr}(AB) \geqslant 0$. □

记 $a = \sigma\sigma^*$. 设 f 和 c 为线性增长的连续函数. 令

$$H(x, u, p, M) := -\frac{1}{2}(a(x)M) - b(x) \cdot p + c(x)u - f(x).$$

这里 $x \in \mathbb{R}^d$, $u \in \mathbb{R}$, $p \in \mathbb{R}^d$, $M \in S_d$, 其中 S_d 表示 $d \times d$ 对称矩阵全体. 由于 $a(x) \geqslant 0$, $\forall x$, 所以由上面的引理, H 满足如下的所谓椭圆性质:

$$M \leqslant N \implies H(x, u, p, M) \geqslant H(x, u, p, N),$$

这里 $M \leqslant N$ 表示 $N - M$ 为非负定矩阵. 小心这里的椭圆性定义与一般偏微分方程书里的定义中的不等号是反向的——这是为了适应下面粘性解中上下解定义的传统习惯, 一如上下鞍的定义中的不等式的方向与我们最初的期待——如果你有期待的话——相反.

对 $\varphi \in C^{1,2}((0, \infty) \times \mathbb{R}^d)$, 令

$$\dot{\varphi}(t, x) := \frac{\partial \varphi}{\partial t}(t, x),$$

$$D\varphi(t, x) := \left(\frac{\partial \varphi}{\partial x_1}(t, x), \cdots, \frac{\partial \varphi}{\partial x_d}(t, x) \right)^*,$$

$$D^2\varphi(t, x) := \left(\frac{\partial^2 \varphi}{\partial x_i \partial x_j}(t, x) \right)_{1 \leqslant i, j \leqslant d}.$$

11.2 椭 圆 方 程

设开区域 $O \subset \mathbb{R}^d$, 边界为 ∂O. 设 $f \in C_b(O)$, $g \in C_b(\partial O)$. 考虑 Dirichlet 问题

$$\begin{cases} H(x, u, Du, D^2u) = 0, & x \in O, \\ u(x) = g(x), & x \in \partial O. \end{cases} \tag{2.2}$$

由 H 的结构, 这是一个椭圆方程. 用传统的形式写出来, 这方程就是

$$\begin{cases} -Lu(x) + c(x)u(x) - f(x) = 0, & x \in O, \\ u(x) = g(x), & x \in \partial O. \end{cases}$$

我们先给出粘性解的定义.

定义 11.2.1 1. 设 u 是 $\bar{O}$ 上的上半连续函数. 若 u 满足

A. 在 ∂O 上 $u \leqslant g$;

B. 对任意 $\varphi \in C^2(O)$ 及任意 $u - \varphi$ 的极大值点 $x \in O$, 有

$$-L\varphi(x) + c(x)u(x) - f(x) \leqslant 0,$$

则 u 称为粘性下解, 简称下解.

2. 设 u 是 $\bar{O}$ 上的下半连续函数. 若 u 满足:

A. 在 ∂O 上 $u \geqslant g$;

B. 对任意 $\varphi \in C^2(O)$ 及任意 $u - \varphi$ 的极小值点 $x \in O$, 有

$$-L\varphi(x) + c(x)u(x) - f(x) \geqslant 0,$$

则 u 称为粘性上解, 简称上解.

若 u 既是上解又是下解, 则称为粘性解, 简称解.

注 1 由定义, 解自动是连续函数, 因为它既上半连续又下半连续.

注 2 C^2-光滑的粘性解为经典解.

注 3 显然, 通过简单的上下平移, 在下解的定义中, (B) 可用下列条件代替:

(B′) 对任意 $\varphi \in C^2(O)$, 任意 $x \in O$, 若 $u \leqslant \varphi$ 且 $u(x) = \varphi(x)$, 则

$$-L\varphi(x) + c(x)u(x) - f(x) \leqslant 0.$$

平行地, 在上解的定义中, (B) 可用下列条件代替:

(B′) 对任意 $\varphi \in C^2(O)$, 任意 $x \in O$, 若 $u \geqslant \varphi$ 且 $u(x) = \varphi(x)$, 则

$$-L\varphi(x) + c(x)u(x) - f(x) \geqslant 0.$$

注 4 可以证明 (例如见 [37]), 在下 (上) 解的定义中, 在 u 在任意紧集上下 (上) 有界的附加条件下, 条件 (B) 中的对整体极大 (小) 点成立等价于对局部极大 (小) 点成立.

若函数 u 本身就是在 $C^2(O)$ 中, 且在 O 中 $H(x, u, Du, D^2u) = 0$, 在 ∂O 上 $u = g$, 则由极大值原理 (参见本章习题 3), 易见 u 为粘性解. 因此若存在经典解的话, 此解一定也是粘性解.

一般地, 粘性解不一定可微, 因此不能直接把 Du 和 D^2u 代入 H 中去. 此时人们想到的办法就是用一个 C^2 函数去拟合它, 也就是说, 我们是通过 $\varphi \in C^2(O)$ 去观察 u 是否 "满足" 方程的. 所以 φ 有一个很贴切的名字, 叫测试函数.

由偏微分方程的粘性解理论, 这个方程最多只可能存在一个粘性解. 其唯一性的证明基本上是基于所谓的比较定理, 例如见 [37, 45, 55], 在此不予赘述. 但也可能根本没有解, 例如, $L \equiv 0$, $c(x) \equiv 1$, $f \equiv 1$ 时, $u \equiv 1$ 是唯一可能的粘性解, 然而除非 $g \equiv 1$, $u \equiv 1$ 就不可能是解, 因而方程无解.

我们感兴趣的是在一定条件下用概率方法找到一个解——那个解, 因为解是唯一的.

对 $x \in \bar{O}$, 令

$$\tau_x(w) := \inf\{t : X(t, x, w) \in \partial O\}.$$

易证 τ 是 (x, w) 的二元可测函数. 再令

$$u(x) := E\left[\int_0^{\tau_x} f(X(t, x)) \exp\left\{-\int_0^t c(X(s, x))ds\right\} dt\right]$$
$$+ E\left[g(X(\tau_x, x)) \exp\left\{-\int_0^{\tau_x} c(X(s, x))ds\right\}\right].$$

注意上式右边的积分不一定存在, 甚至期望里头的东西搞不好连定义也没有, 如果 $\tau_x = \infty$ 的话. 但若假设

$$\sup_{x \in \bar{O}} E[\tau_x] < \infty, \tag{2.3}$$

或

$$\inf_{x \in \bar{O}} c(x) > 0, \tag{2.4}$$

则右边的积分存在, 因此 u 是有明确意义的. 注意若是第二种条件, 有可能发生 $\tau_x = \infty$ 的情况, 此时两个需要求期望的随机变量均按极限理解为 0.

条件 (2.4) 当然是一个纯假设, 没有什么好多谈的. 但条件 (2.3) 什么时候能满足呢? 习题 3 给出了一些充分条件.

本节的主要结果是:

定理 11.2.2 假定 (2.3) 或 (2.4) 成立. 若 u 连续, 则 u 为此方程的粘性解.

为证明它, 我们需要如下引理.

引理 11.2.3 任给 $x \in \bar{O}$, $(X(t \wedge \tau_x, x), (\mathscr{G}_{\tau_x \wedge t}))$ 为 Markov 过程, 即 $\forall f \in b\mathscr{B}$, $\forall s < t$, $E[f(X(t \wedge \tau(x), x)) | \mathscr{G}_{\tau(x) \wedge s}]$ 关于 $\sigma(X(s \wedge \tau_x, x))$ 可测.

证明 设 $s < t$, 则

$$\tau(x, w) \wedge t = \tau(x, w) \wedge s + \tau(X(s \wedge \tau(x, w), x, w), \theta_{s \wedge \tau(x,w)}(w)) \wedge (t - s).$$

故

$$\begin{aligned}
&X(t \wedge \tau(x, w), x, w) \\
&= X(\tau(X(s \wedge \tau(x, w), x, w), \theta_{s \wedge \tau(x,w)}(w)) \\
&\quad \wedge (t - s), X(s \wedge \tau(x, w), x, w), \theta_{s \wedge \tau(x,w)}(w)).
\end{aligned}$$

因此

$$\begin{aligned}
&E[f(X(t \wedge \tau_x(w), x, w) | \mathscr{G}_{\tau_x \wedge s}] \\
&= E[f(X(\tau_y(\theta_{s \wedge \tau(x,w)}(w)) \wedge (t - s), y, \theta_{s \wedge \tau(x,w)}(w)))]|_{y = X(s \wedge \tau_x(w), x, w)}.
\end{aligned}$$

由于 $w \mapsto \theta_{s \wedge \tau(x,w)}(w)$ 保持 Wiener 测度不变, 故

$$\begin{aligned}
\varphi(y) &:= E[f(X(\tau_y(\theta_{s \wedge \tau(x,w)}(w)) \wedge (t - s), y, \theta_{s \wedge \tau(x,w)}(w)))] \\
&= E[f(X((t - s) \wedge \tau_y(w), y, w))],
\end{aligned}$$

易见这最后一项是 y 的 Borel 函数 (利用第 1 章习题 22), 所以我们得到了所宣示的可测性. $\square$

下面进一步证明:

引理 11.2.4　$(X(t \wedge \tau_x, x), (\mathscr{G}_t))$ 为 Markov 族.

证明　设 f 有界可测. 我们有

$$E[f(X(t \wedge \tau_x, x))|\mathscr{G}_s]$$
$$= E[f(X(t \wedge \tau_x, x))1_{\tau_x \leqslant s}|\mathscr{G}_s] + E[f(X(t \wedge \tau_x, x))1_{\tau_x > s}|\mathscr{G}_s]$$
$$= f(X(s \wedge \tau_x, x))1_{\tau_x \leqslant s} + E[f(X(t \wedge \tau_x, x))1_{\tau_x > s}|\mathscr{G}_s]$$
$$= 1_{\tau_x \leqslant s}E[f(X(t \wedge \tau_x, x))|X(s \wedge \tau_x, x)] + E[f(X(t \wedge \tau_x, x))1_{\tau_x > s}|\mathscr{G}_s].$$

$\forall A \in \mathscr{G}_s$, 易证 $A \cap \{\tau_x > s\} \in \mathscr{G}_{\tau_x \wedge s}$. 因此

$$E[f(X(t \wedge \tau_x, x))1_{\tau_x > s}1_A]$$
$$= E[1_{\tau_x > s}1_A E[f(X(t \wedge \tau_x, x))|\mathscr{G}_{\tau_x \wedge s}]]$$
$$= E[1_{\tau_x > s}1_A E[f(X(t \wedge \tau_x, x))|X(s \wedge \tau_x, x)]].$$

所以

$$E[f(X(t \wedge \tau_x, x))1_{\tau_x > s}|\mathscr{G}_s] = 1_{\tau_x > s}E[f(X(t \wedge \tau_x, x))|X(s \wedge \tau_x, x)].$$

相加即得

$$E[f(X(t \wedge \tau_x, x))|\mathscr{G}_s] = E[f(X(t \wedge \tau_x, x))|X(\tau_x \wedge s, x)]. \qquad \square$$

现在我们可以证明:

引理 11.2.5　设 $x \in \bar{O}$.　令

$$M_t^x := u(X(t \wedge \tau_x, x)) \exp\left\{-\int_0^{t \wedge \tau_x} c(X(s, x))ds\right\}$$
$$+ \int_0^{t \wedge \tau_x} f(X(s \wedge \tau_x, x)) \exp\left\{-\int_0^s c(X(u, x))du\right\}ds.$$

则 $(M_t^x, \mathscr{G}_t)$ 为鞅. 特别地, 对任意有界停时 σ 有

$$u(x) = E[M_\sigma^x]$$
$$= E\left[u(X(\sigma \wedge \tau_x, x)) \exp\left\{-\int_0^{\sigma \wedge \tau_x} c(X(s, x))ds\right\}\right.$$
$$\left. + \int_0^{\sigma \wedge \tau_x} f(X(s \wedge \tau_x, x)) \exp\left\{-\int_0^s c(X(u, x))du\right\}ds\right]$$

证明 注意 $M_t^x = M_{t \wedge \tau_x}^x$. 由定理 4.2.9, 只需证 $(M_t^x, \mathscr{G}_{t \wedge \tau_x})$ 为鞅. 为简化记号, 定义

$$\hat{\tau}_x(w) := \tau(X(t \wedge \tau_x(w), x, w), \theta_{t \wedge \tau_x(w)}(w)),$$

$$\hat{X}(s, x, w) = X(s, X(t \wedge \tau_x(w), x, w), \theta_{t \wedge \tau_x(w)}(w)).$$

则

$$\hat{\tau}_x = \tau_x - t \wedge \tau_x,$$

$$\hat{X}(s, x, w) = X(s + t \wedge \tau_x(w), x, w).$$

因此由引理 11.2.3,

$$u(X(t \wedge \tau_x, x))$$

$$= \left\{ E \left[\int_0^{\tau_y} f(X(s, y)) \exp \left\{ - \int_0^s c(X(u, y)) du \right\} ds \right] \right.$$

$$\left. + E \left[g(X(\tau_y, y)) \exp \left\{ - \int_0^{t \wedge \tau_y} c(X(s, y)) \right\} ds \right] \right\}_{y = X(t \wedge \tau_x, x)}$$

$$= E \left[\left\{ \int_0^{\tau_y(\theta_{\tau_x(w) \wedge t}(w))} f(X(s, y, \theta_{\tau_x(w) \wedge t}(w))) \right. \right.$$

$$\left. \left. \exp \left\{ - \int_0^s c(X(u, y, \theta_{\tau_x(w) \wedge t}(w))) du \right\} ds \right\}_{y = X(t \wedge \tau_x, x)} \bigg| \mathscr{G}_{t \wedge \tau_x(w)} \right]$$

$$+ E \left[\left\{ g(X(\tau_y(\theta_{\tau_x(w) \wedge t}(w)), y, \theta_{\tau_x(w) \wedge t}(w))) \right. \right.$$

$$\left. \left. \exp \left\{ - \int_0^{t \wedge \tau_y(\theta_{\tau_x(w) \wedge t}(w))} c(X(s, y, \theta_{\tau_x(w) \wedge t}(w))) \right\} ds | \mathscr{G}_{t \wedge \tau_x(w)} \right\}_{y = X(t \wedge \tau_x, x)} \right]$$

$$= E \left[\int_0^{\hat{\tau}_x} f(\hat{X}(s, x, w)) \exp \left\{ - \int_0^s c(\hat{X}(u, x, w)) du \right\} ds | \mathscr{G}_{t \wedge \tau_x(w)} \right]$$

$$+ E \left[g(X(\hat{\tau}_x(w), y)) \exp \left\{ - \int_0^{t \wedge \hat{\tau}_x(w)} c(\hat{X}(s, x, w)) \right\} ds \bigg| \mathscr{G}_{t \wedge \tau_x(w)} \right]$$

$$= E \left[\int_0^{\tau_x - t \wedge \tau_x} f(X(s + \tau_x \wedge t, x, w)) \right.$$

$$\left. \exp \left\{ - \int_0^s c(X(s + \tau_x \wedge t, x, w)) du \right\} ds \bigg| \mathscr{G}_{t \wedge \tau_x(w)} \right]$$

$$+ E\left[g(X(\hat{\tau}_x(w), X(t \wedge \tau_x, x), \theta_{\hat{\tau}_x(w)}(w))) \right.$$

$$\left. \exp\left\{ -\int_0^{t \wedge \hat{\tau}_x(w)} c(X(s + \tau_x \wedge t, x, w)) \right\} ds \middle| \mathscr{G}_{t \wedge \tau_x(w)} \right]$$

$$= E\left[\int_{t \wedge \tau_x}^{\tau_x} f(X(s, x, w)) \exp\left\{ -\int_{\tau_x \wedge t}^s c(X(u, x, w)) du \right\} ds \middle| \mathscr{G}_{t \wedge \tau_x(w)} \right]$$

$$+ E\left[g(X(\tau_x(w), x, w)) \exp\left\{ -\int_{\tau_x \wedge t}^{\tau_x} c(X(s, x, w)) \right\} ds \middle| \mathscr{G}_{t \wedge \tau_x(w)} \right],$$

所以

$$M_t^x = E\left[\int_0^{\tau_x} f(X(s, x, w)) \exp\left\{ -\int_0^s c(X(u, x, w)) du \right\} ds \middle| \mathscr{G}_{t \wedge \tau_x(w)} \right]$$

$$+ E\left[g(X(\tau_x(w), x, w)) \exp\left\{ -\int_0^{\tau_x} c(X(s, x, w)) ds \right\} \middle| \mathscr{G}_{t \wedge \tau_x(w)} \right],$$

而有着这样的表达式的过程当然是鞅. 　　　　　　　　　　　　　　□

另一种大同小异的证明方法是在证明中直接使用 $\mathscr{G}_t$ 而非 $\mathscr{G}_{t \wedge \tau_x(w)}$, 然后用引理 11.2.4. 你可以自己试试看.

定理 11.2.2 的证明:

证明　首先很清楚, 当 $x \in \partial O$ 时, $u(x) = g(x)$.

设 $x_0 \in O$, 而 $\varphi \in C^2(O) \cap C_b(\bar{O})$ 使得

$$\begin{cases} u(x_0) = \varphi(x_0), \\ u(x) \leqslant \varphi(x), \quad \forall x \in C_b(\bar{O}). \end{cases}$$

于是对任意 $t > 0$,

$$\varphi(x_0) = u(x_0) = E[u(M_t^{x_0})]$$

$$\leqslant E\left[\varphi(X(t, x_0)) \exp\left\{ -\int_0^t c(X(s, x_0)) ds \right\} 1_{t < \tau_{x_0}} \right.$$

$$+ g(X(\tau_{x_0}, x)) \exp\left\{ -\int_0^{\tau_{x_0}} c(X(s, x)) ds \right\} 1_{\tau_{x_0} \leqslant t}$$

$$\left. + \int_0^{t \wedge \tau_{x_0}} f(X(s \wedge \tau_{x_0}, x_0)) \exp\left\{ -\int_0^s c(X(u, x_0)) du \right\} ds \right].$$

在上式中, 对 $\varphi(X(t, x_0))$ 用 Itô 公式, 将 $\varphi(x_0)$ 移到右边, 除以 t, 取期望, 令 $t \to 0$, 并注意由习题 3 可知, 对任意小 t 有

$$P(\tau_{x_0} \leqslant t) \leqslant c_1 e^{-c_2 t^{-1}},$$

即得

$$-L\varphi(x_0) + c(x_0)u(x_0) - f(x_0) \leqslant 0.$$

因此 u 为下解. 同理可证 u 为上解. $\qquad\qquad\qquad\qquad\qquad\square$

注意定理中有一个条件: u 连续. 因此 u 是否连续, 就成了一个很关键的问题. 但同时这也是一个很复杂的问题. 从 u 的表达式不能得出它是连续的, 因为 $x \mapsto \tau_x$ 可能不连续. 事实上它的确可以是不连续的, 连续是需要理由的. 在 [45, 71] 中给出了许多它连续的条件. 下面就是 [71] 中的一个极特殊的情形:

设 O 为 C^2 区域, ψ 是其定义函数, 即

$$\begin{cases} O = \{x : \psi(x) > 0\}, \\ \partial O = \{x : \psi(x) = 0\}, \\ \nabla\psi \neq 0 \in \partial O. \end{cases}$$

若在 ∂O 上 $\langle \nabla\psi, a\nabla\psi \rangle > 0$, 则 u 连续.

最后我们指出, 若 $O = \mathbb{R}^d$, 则无边界条件可言. 此时 (2.2) 化为平稳问题:

$$H(x, u, Du, D^2 u) = 0, \quad x \in \mathbb{R}^d.$$

用类似的方法且更简单的计算 (因为此时不涉及停时) 可以证明: 函数

$$u(x) := E \int_0^\infty f(X(t, x)) \exp \left\{ -\int_0^t c(X(s, x)) ds \right\} dt.$$

在 f 有界及 $\inf_{x \in \mathbb{R}^d} c(x) > 0$ 的假设下是其粘性解.

11.3 抛 物 方 程

设 $O \subset \mathbb{R}^d$ 为开区域, ∂O 为其边界, $\bar{O} = O \cup \partial O$ 为其闭包. 考虑方程

$$\dot{u}(t, x) + H(x, u, Du, D^2 u) = 0, \quad x \in O.$$

我们可以允许系数 σ 与 b 也依赖于 t, 并假设 σ 与 b 在 $[0, \infty) \times \mathbb{R}^d$ 上有界连续, 对固定的 t 关于 x 为 Lipschitz 连续, 且 Lipschitz 系数与 t 无关. 我们将 t 也视为空间变量, 即将 t 与 x 的地位等同, 因而上述方程可视为 $\mathbb{R}^{d+1}$ 中的椭圆方程. 具体地说, 令

$$H(x, t, u, p, q, M) = -\frac{1}{2}\text{tr}(a(x, t)M) - b(x, t)p + q - c(x, t)u.$$

这里 x, p 为 d 维向量, t, q 为一维向量即数量, $M \in S_d$. 因为方程里不出现对时间的二阶导数, 因此 M 只是 $d \times d$ 而非 $(d+1) \times (d+1)$ 对称矩阵.

我们首先考虑下面的 Cauchy-Dirichlet 问题:

$$
\begin{cases}
H(x, t, u, Du, D_t u, D^2 u) = 0, & x \in O, \\
u(0, x) = g(x), & x \in \bar{O}, \\
u(t, x) = f(t, x), & t \geqslant 0, x \in \partial O,
\end{cases}
\tag{3.5}
$$

其中 $c(t, x)$, $g(x)$, $f(t, x)$ 均是其定义域上的有界连续函数, 且 $f(0, x) = g(x)$, $\forall x \in \partial O$. 与此方程对应的随机微分方程是

$$
\begin{cases}
dX_s = b(\alpha_s, X_s)ds + \sigma(\alpha_s, X_s)dB(s), \\
d\alpha_s = -ds, \\
X_0 = x, \\
\alpha_0 = t.
\end{cases}
\tag{3.6}
$$

在所给条件下, 这个方程有唯一解, 记为 $(X_s^{t,x}, \alpha_s^{t,x})$. 注意这里的记号, (t, x) 是初始点, 时间变量是 s.

在此观点之下, 这个问题实际上是椭圆方程的 Dirichlet 问题的特殊情况, 并且更加简单, 因为现在区域是 $\mathbb{R}_+ \times O$, $(\alpha^{t,x}, X^{t,x})$ 跑出这个区域的时刻最多是 t, 所以条件 $E[\tau_{t,x}] < \infty$ 永远是满足的. 因此我们得到:

定理 11.3.1   令

$$
\tau_{t,x} := \inf\{s : X_s^{t,x} \in \partial O\} \wedge t,
$$

$$
u(t, x) := E\left[f(t - \tau_{t,x}, X_{\tau_{t,x}}^{t,x}) 1_{\tau < t} \exp\left[\int_0^{\tau_{t,x}} c(X_s^{t,x}, t - s)ds \right] \right.
$$
$$
\left. + E\left[g(X_t^{t,x}) 1_{\tau \geqslant t} \exp\left\{ \int_0^t c(X_s^{t,x}, t - s)ds \right\} \right] \right].
$$

若 u 连续, 则 u 为 (3.5) 的唯一粘性解.

如果 $O = \mathbb{R}^d$, 则 Cauchy-Dirichlet 问题退化为 Cauchy 问题:

$$
\begin{cases}
H(x, t, u, Du, D_t u, D^2 u) = 0, \\
u(0, x) = g(x).
\end{cases}
\tag{3.7}
$$

此时 $\tau_{t,x} \equiv t$, $\forall t, x$. 因此得到:

定理 11.3.2 设 g 为多项式增长, 令

$$u(t,x) := E\left[g(X_t^{t,x})\exp\left\{\int_0^t c(X_s^{t,x}, t-s)ds\right\}\right].$$

则 u 为 Cauchy 问题

$$\begin{cases} H(x, t, u, Du, D_t u, D^2 u) = 0, \\ u(0, x) = g(x) \end{cases}$$

的唯一粘性解.

尽管抛物方程作为椭圆方程的特殊情境已经处理完毕, 然而大概率会使人犯嘀咕的是, t 的地位和 x 的地位毕竟还是不一样的啊, 难道真的没有办法体现、利用这种差异性吗?

答案是: 有的. 例如在 [33] 中就提出了一个称为抛物粘性解的定义, 并证明了此定义实际上与上面视该方程为特殊形式的退化椭圆方程时的粘性解的定义等价. 因为此定义提供了一个新视角看问题, 所以有时是方便的、有用的. 这个视角是, 仍然令

$$H(x, t, u, p, M) := -\frac{1}{2}(a(x,t)M) - b(x,t) \cdot p - c(x,t)u.$$

我们有

定义 11.3.3 1. 设 u 是 $(0,\infty) \times O$ 上的上半连续函数. 若对任意 $\varphi \in C^2 = C^2((0,\infty) \times O)$ 及满足 $u(t_0, x_0) = \varphi(t_0, x_0)$, 且

$$u(t,x) \leqslant \varphi(t,x), \quad \forall t \leqslant t_0, \ x \in O$$

的点 $(t_0, x_0) \in \mathbb{R}_+ \times O$, 有

$$\dot{\varphi}(t_0, x_0) + H(x_0, u(t_0, x_0), D\varphi(t_0, x_0), D^2\varphi(t_0, x_0)) \leqslant 0,$$

则称 u 为 (3.5) 的抛物粘性下解, 简称抛物下解.

2. 设 u 是 $(0,\infty) \times O$ 上的下半连续函数. 若对任意 $\varphi \in C^2 = C^2((0,\infty) \times O)$ 及满足 $u(t_0, x_0) = \varphi(t_0, x_0)$, 且

$$u(t,x) \geqslant \varphi(t,x), \quad \forall t \leqslant t_0, \ x \in O$$

的点 $(t_0, x_0) \in O$, 有

$$\dot{\varphi}(t_0, x_0) + H(x_0, u(t_0, x_0), D\varphi(t_0, x_0), D^2\varphi(t_0, x_0)) \geqslant 0,$$

则称 u 为 (3.5) 的抛物粘性上解, 简称抛物上解.

3. 若 u 既是抛物粘性上解又是抛物粘性下解, 则称为抛物粘性解, 简称抛物解.

最后我们指出, 这里只考虑了 Dirichlet 问题. 如果要考虑 Neumann 问题, 则需要引入反射扩散过程, 见 [61].

习　题　11

1. 证明: 对椭圆方程来说, 粘性解 u 为经典解的充要条件是 $u \in C^2(O)$.

2. 证明: 在椭圆方程的粘性下 (上) 解的定义中, (B) 可换为

(B″) 对任意 $\varphi \in C^2(O)$ 及任意 $u - \varphi$ 满足

$$(u - \varphi)(x_0) = 0 > (u - \varphi)(x) \ (<) \ \forall x \in O \setminus \{x_0\}$$

的 $x_0 \in O$, 有

$$-L\varphi(x_0) + c(x_0)\varphi(x_0) - f(x_0) \leqslant \ (\geqslant 0).$$

3. 设 M 为取值 $\mathbb{R}^d$ 的鞅, $M_0 = 0$, 且存在正常数 c 使得 $[M]_t \leqslant ct, \forall t$. 对 $r > 0$, 令 $\tau := \inf\{s : |M_s| \geqslant r\}$. 证明存在正常数 $c_1, c_2 > 0$ 使得

$$P(\tau \leqslant t) \leqslant c_1 e^{-\frac{c_2 r^2}{t}}.$$

4. 证明: 若 a 一致椭圆, O 是有界区域,

$$\tau_x := \inf\{t : X(t, x) \in \partial O\},$$

则 $\sup_{x \in \bar{O}} E[\tau_x] < \infty$.

5. 设 D 为有界区域, 且下面三条件中至少一条满足

(a) 存在 $f \in C_b^2(\mathbb{R}^n)$ 使得

$$f(x) \geqslant 0, \quad Lf(x) \leqslant -1, \ \forall x \in D.$$

(b) 存在 $T, \delta > 0$ 使得

$$P(\tau_x < T) \geqslant \delta, \quad \forall x \in D.$$

(c) 存在 $i \in \{1, 2, \cdots, n\}$ 及常数 $a, r > 0$ 使得 $D \subset \{x : x^i \in [-r, r]\}$, 且或者 $\inf_{x \in D} a^{ii}(x) > a$, 或者 b^i 在 D 中不变号且 $\inf_{x \in D} |b(x)| > a$.
则

$$\lim_{t \to \infty} \sup_{x \in D} P(\tau_x > t) = 0,$$

且

$$\sup_x E[\tau_x] < \infty.$$

6. 设

$$Lu = \frac{1}{2} a_{ij} \frac{\partial^2 u}{\partial x_i \partial x_j} + b_i \frac{\partial u}{\partial x_i} + cu.$$

设 $c(\cdot) \leqslant 0$. 证明: 若 $u \in C^2(D)$ 在 D 中某点 x 取得非负极大值, 则 $Lu(x) \leqslant 0$.

7. 设 $O \subset \mathbb{R}^d$ 为有界开集. 考虑 Dirichlet 问题

$$\begin{cases} |Du|^2 = 1, & D\text{内}, \\ u = 0, & \partial D\text{上}, \end{cases}$$

证明该问题没有经典解, 而函数

$$u(x) = \text{dist}(x, \partial O) := \inf_{y \in \partial O} |x - y|$$

是其 (唯一) 粘性解.

第 12 章 附 录

本章收录一些正文里用到的结果.

12.1 不 等 式

定理 12.1.1 (Bihari 不等式) 设 φ 与 ψ 是 $\mathbb{R}_+$ 上的非负连续函数 (ψ Lebesgue 可积即可), h 是 $\mathbb{R}_+$ 上的递增函数, $h(0) = 0$, 且 $t > 0$ 时 $h(t) > 0$. 设 $x \geqslant 0$ 且

$$\varphi(t) \leqslant x + \int_0^t \psi(s)h(\varphi(s))ds, \quad \forall t \geqslant 0.$$

令

$$H(t) = \int_{t_0}^t h^{-1}(s)ds, \quad t \geqslant 0.$$

这里 $t_0 \geqslant 0$, 且当

$$\int_{0+} h^{-1}(s)ds < \infty$$

时可取 $t_0 = 0$, 否则 $t_0 > 0$. 则

$$\varphi(s) \leqslant H^{-1}\left(H(x) + \int_0^t \psi(s)ds \right).$$

证明 首先注意 $H : \mathbb{R}_+ \mapsto [-\infty, \infty)$ 是连续递增函数.

设 $x > 0$. 令

$$f(t) := x + \int_0^t \psi(s)h(\varphi(s))ds.$$

由 h 的单调性有

$$h(\varphi(t)) \leqslant h(f(t)),$$

即

$$\frac{h(\varphi(t))\psi(t)}{h(f(t))} \leqslant \psi(t),$$

也即

$$H'(f(t)) \leqslant \psi(t).$$

从 0 到 t 积分得

$$H(f(t)) - H(f(0)) \leqslant \int_0^t \psi(s)ds.$$

但 $f(0) = x$, 故

$$H(f(t)) \leqslant x + \int_0^t \psi(s)ds.$$

所以

$$\varphi(t) \leqslant f(t) \leqslant H^{-1}\left(x + \int_0^t \psi(s)ds\right).$$

$x > 0$ 的情况获证. 若 $x = 0$, 则对任意 $x > 0$ 均有

$$\varphi(t) \leqslant x + \int_0^t \psi(s)h(\varphi(s))ds, \quad \forall t \geqslant 0.$$

故

$$\varphi(t) \leqslant f(t) \leqslant H^{-1}\left(H(x) + \int_0^t \psi(s)ds\right).$$

取 $x \downarrow 0$ 即得

$$\varphi(t) \leqslant f(t) \leqslant H^{-1}\left(H(0) + \int_0^t \psi(s)ds\right). \qquad \square$$

细心的读者可能已经注意到, 此定理中 t_0 的选取有无穷种可能. 但实际上所有的可能最终给出的界其实是一样的, 你可以自己验证一下.

很多熟知的结果都是 Bihari 不等式的推论. 例如我们有:

1. 取 $h(t) = t$, $t_0 = 1$(例如). 则得到 Gronwall 不等式.

推论 12.1.2 (Gronwall 不等式) 若

$$\varphi(t) \leqslant x + \int_0^t \psi(s)\varphi(s)ds, \quad \forall t \geqslant 0,$$

则

$$\varphi(t) \leqslant x \exp\left\{\int_0^t \psi(s)ds\right\}.$$

2. 取 $h(t) = t^{1-\alpha}$, $\alpha \in (0,1)$, $t_0 = 0$, 则得到 Zakai 不等式.

定理 12.1.3 (Zakai 不等式, 见 [85]) 设 φ_s 是 $[0, T]$ 上的非负连续函数, ψ_s 为非负 Lebesgue 可积函数, $\alpha \in (0, 1)$. 若

$$\varphi_t \leqslant \beta + \int_0^t \psi_s \varphi_s^{1-\alpha}ds,$$

则

$$\varphi_t \leqslant \left(\beta^\alpha + \alpha \int_0^t \psi_s ds\right)^{1/\alpha}.$$

下面是 Zakai 不等式的进一步推论:

推论 12.1.4　$\varphi,\ \psi,\ \alpha$ 及 β 如上. 若

$$\varphi_t \leqslant \beta + \int_0^t ds \int_0^s \psi_u \varphi_u^{1-\alpha} du,$$

则

$$\varphi_t \leqslant \left(\beta^\alpha + \alpha \int_0^t ds \int_0^s \psi_u du\right)^{1/\alpha}.$$

证明　令

$$h_t := \max_{0 \leqslant s \leqslant t} \varphi_s.$$

则 h 是盖住了 φ 的最小增函数. 由于 $\int_0^t ds \int_0^s \psi_u \varphi_u^{1-\alpha} du$ 是增函数, 因此

$$h_t \leqslant \beta + \int_0^t ds \int_0^s \psi_u \varphi_u^{1-\alpha} du$$

$$\leqslant \beta + \int_0^t ds \int_0^s \psi_u h_u^{1-\alpha} du$$

$$\leqslant \beta + \int_0^t h_s^{1-\alpha} ds \int_0^s \psi_u du.$$

然后用上面推论即可.　　　　　　　　　　　　　　　　　　　　　　　　　$\square$

3. 此外还有

推论 12.1.5　若

$$\varphi(t) \leqslant \int_0^t \psi(s) h(\varphi(s)) ds, \quad \forall t \geqslant 0,$$

且

$$\int_{0+} h^{-1}(s) ds = \infty,$$

则 $\varphi \equiv 0$.

事实上, 此时 (随便取 $t_0 > 0$) $H(0) = -\infty$, 故

$$H(0) + \int_0^t \psi(s) ds = -\infty, \quad \forall t \geqslant 0,$$

而 $H^{-1}(-\infty) = 0$.

12.2 凸 函 数

命题 12.2.1 1. 设 ν 为 $(\mathbb{R}, \mathscr{B}(\mathbb{R}))$ 上具有紧支集的非负测度. 令

$$f(x) := \int |x-y| \nu(dy).$$

则 f 为 $\mathbb{R}$ 上的凸函数.

2. 设 f 为 $\mathbb{R}$ 上的凸函数. 以 μ 表示 f'_- 生成的 Lebesgue-Stieltjes 测度, 并设 μ 具有紧支集. 则存在常数 α, β 使得

$$f(x) = \alpha x + \beta + \frac{1}{2} \int |x-y| \mu(dy).$$

证明 1. 由控制收敛定理易证

$$f'_-(x) = \int \operatorname{sgn}(x-y) \nu(dy).$$

所以 f'_- 为增函数, 因此 f 为凸函数 (见 [60]. 不过那里用的是右导数, 但不难证明, 将右导数换为左导数后, 所有结论依然成立).

2. 令

$$g(x) := \frac{1}{2} \int |x-y| \mu(dy).$$

则由刚刚证明的结论, g 为凸函数, 且

$$g'_-(x) := \frac{1}{2} \int \operatorname{sgn}(x-y) \mu(dy).$$

我们有, $\forall a < b$,

$$\int_{[a,b)} dg'_-(x) = \frac{1}{2} \int_{[a,b)} dF(x),$$

其中

$$F(x) = \mu((-\infty, x)) - \mu([x, \infty)).$$

从而

$$\int_{[a,b)} dg'_-(x) = \mu((-\infty, b)) - \mu((-\infty, a)) = \int_{[a,b)} df'_-(x).$$

因此 $df'_- = dg'_-$. 由此有 $f'_- = g'_- + \alpha$, 即 $f(x) = g(x) + \alpha x + \beta$, 其中 α, β 是常数. $\qquad \square$

12.3   Helly 第二定理

设 $-\infty < a < b < \infty$, $F_n(n = 1, 2, \cdots)$ 及 F 为 $[a, b]$ 上的左连续增函数, 且 a 与 b 均为 F 的连续点. 若 F_n 在 F 的所有连续点上均收敛于 F, 则对 $[a, b]$ 上的任意连续函数 f 均有

$$\lim_{n \to \infty} \int_a^b f(x) dF_n(x) = \int_a^b f(x) dF(x).$$

这就是 Helly 第二定理. 今天我们都知道这个定理是测度的弱收敛理论的一个极其特殊的情况. 但也唯其特殊, 所以记在此地以直接引用, 而不必绕一大弯从一般理论推出.

12.4   特 征 函 数

设 B 是可分 Banach 空间, B^* 是其拓扑对偶空间, $\mathscr{B}$ 是其 Borel 代数. 则我们知道 B^* 也为可分 Banach 空间, 且

$$\mathscr{B} = \sigma(\varphi(x): \ \varphi \in B^*). \tag{4.1}$$

定义 12.4.1   设 μ 为 $(B, \mathscr{B})$ 上有界赋号测度. μ 的特征函数定义为

$$F_\mu(\varphi) := \int_B e^{i\varphi(x)} \mu(dx), \quad \varphi \in B^*.$$

我们有以下的唯一性定理.

定理 12.4.2   设 μ 与 ν 为 $(B, \mathscr{B})$ 上赋号测度. 若 $F_\mu = F_\nu$, 则 $\mu = \nu$.

证明   只要证

$$F_\mu = 0 \Longrightarrow \mu = 0.$$

而这又只要证

$$F_\mu = 0 \Longrightarrow \int_B f d\mu = 0, \quad \forall f \in b\mathscr{B}. \tag{4.2}$$

设 $F_\mu = 0$. 令

$$\mathscr{L} := \left\{ f \in \mathscr{B} : \int_B f d\mu = 0 \right\}.$$

则 $\mathscr{L}$ 为单调族, 对一致收敛封闭, 且 $1 \in \mathscr{L}$. 再令

$$\mathscr{L}_0 := \left\{ \sum_{k=1}^{n} c_k e^{i\varphi_k(x)} : n = 1, 2, \cdots, c_k \in \mathbb{C}, \varphi_k \in B^* \right\}.$$

则 $\mathscr{L}$ 为线性代数. 因此由 [60, 推论 1.6.16], $\mathscr{L} \supset b\sigma(\mathscr{L}_0)$. 但显然 $\sigma(\mathscr{L}_0) = \sigma(\varphi(x), \varphi \in B^*)$, 而由 (4.1), $\sigma(\varphi(x), \varphi \in B^*) = \mathscr{B}$. (4.2) 获证. $\qquad\square$

12.5 递 增 函 数

引理 12.5.1 设 $-\infty < a < b < \infty$, $I = [a, b]$, $A \subset I$ 为 Borel 集, φ 是 I 上连续递增函数, 且限制在 A 上是严格递增的. 设 $n \in \mathbb{N}_+$. 归纳地定义

$$\sigma_0^n := a, \quad \sigma_k^n := \inf\{t > \sigma_{k-1}^n : \varphi(t) - \varphi(\sigma_{k-1}^n) \geqslant 2^{-n}\}, \quad k \geqslant 1.$$

令

$$\mathscr{G}_n := \sigma([\sigma_{k-1}^n, \sigma_k^n), \ k \geqslant 1), \quad \mathscr{G} := \vee_{n=1}^{\infty} \mathscr{G}_n.$$

则

$$\mathscr{G} \cap A = \mathscr{B} \cap A,$$

其中 $\mathscr{B}$ 是 $\mathbb{R}$ 上的 Borel σ-代数.

证明是显然的.

引理 12.5.2 保持上一引理的记号, 并设

$$\varphi(b) - \varphi(a) = 1.$$

设 μ 是 φ 在 I 上生成的 Lebesgue-Stieltjes 测度. 考虑概率空间 $(\Omega, \mathscr{F}, P) := (I, \mathscr{B} \cap I, \mu)$. 则 $\forall f \in b\mathscr{F}$,

$$E[f | \mathscr{G} \cap I] = f.$$

证明 令

$$\psi(t) := \inf\{s : \varphi(s) > t\}.$$

以 $D = \{t_i, i = 1, 2, \cdots\}$ 表示 ψ 的间断点全体. 令

$$A := I \setminus \bigcup_{t_i \in D} \varphi^{-1}(\{t_i\}).$$

则 A 为 Borel 集且 φ 限制在 A 上是严格递增的. 因此由上一引理,

$$f|_A \in \mathscr{G} \cap A,$$

即

$$f1_A \in \mathscr{G}.$$

再注意 $P(A^c) = 0$, 这样我们便有

$$\begin{aligned} E[f|\mathscr{G}] &= E[f1_A|\mathscr{G}] + E[f1_{A^c}|\mathscr{G}] \\ &= E[f1_A|\mathscr{G}] \\ &= f1_A \\ &= f. \end{aligned} \qquad \square$$

12.6　反函数定理

检查反函数定理的证明 (例如 [58]), 我们可以得到:

定理 12.6.1　设 $O \subset \mathbb{R}^d$ 是一含原点的区域, A 是一非退化 $d \times d$ 矩阵. 则存在只依赖于 A 的常数 $\lambda > 0, \delta > 0$, 使得对任意满足下列条件:

(i) $f \in C^1(O, \mathbb{R}^d)$;

(ii) $f(0) = 0$, 且对任意 $x \in O$, $|\nabla f(x) - A| \leqslant \delta$

的 f 及对任意满足 $B_\rho(0) \subset O$ 的 ρ, 都有 $f(B_\rho(0)) \supset B_{\lambda\rho}(0)$. 这里

$$B_\rho(0) := \{x : |x| < \rho\}.$$

参 考 文 献

[1] Adams R A. Sobolev Spaces. New York: Academic Press, 1978.

[2] Airault H, Ren J. Modulus of continuity of the canonic Brownian motion "on the group of diffeomorphisms of the circle". J. Funct. Anal., 2002, 196(2): 395-426.

[3] Bismut J M. Mécanique Aléatoire. Lecture Notes in Mathematics, 866. Berlin: Springer, 1981.

[4] Bogachev V I. Measure Theory II. Berlin, Heidelberg: Springer, 2007.

[5] Crandall M G, Ishii H, Lions P L. User's guide to viscosity solutions of second order partial differential equations. Bull. Amer. Math. Soc. (N.S.), 1992, 27 (1): 1-67.

[6] Chung K L, Doob J L. Fields, optionality and measurability. Amer. J. Math., 1965, 87: 397-424.

[7] Chung K L, Williams R J. Introduction to Stochastic Integration. 2nd ed. Boston: Birkhäuser, 1990.

[8] Dieudonné J. Calcul Infinitésimal, Deuxieme éditions revue et corrigée. (1980). Hermann, Editeurs des Sciences et des Arts, Paris, 1997.

[9] Dellacherie C, Meyer P A. Probabilités et Potentiel, Chaps. I-VI, Hermann, Paris, 1975; Chaps. V-VIII, Hermann Paris, 1980; Chaps. IX-XI, Hermann, Paris, 1983; Chaps XII-XVI, 1987.

[10] Doob J L. Measure Theory. New York: Springer, 1994.

[11] Doob J L. Stochastic Processes. New York: Wiley/Chapman & Hall, 1953.

[12] Doob J L. Classical Potential Theory and Its Probabilistic Counterpart. New York: Springer, 1981.

[13] Doss H. Liens entre équations différentielles stochastiques et ordinaires. Ann. Inst. H. Poincaré, B., 1977, 13: 99-125.

[14] Durrett R. Probability Theory and Examples. 4th ed. Cambridge: Cambridge University Press, 2010.

[15] Dynkin E B. Markov Processes (vols.I, II). Berlin: Springer, 1965.

[16] Eithier S N, Kurtz T G. Markov Processes: Characterization and Convergence. New York: Wiley, 1986.

[17] Feller W. Introduction to Probability Theory and Its Applications. vol. 1. 2nd ed. New York: Wiley, 1957; vol. 2, New York: Wiley, 1966.

[18] Feller W. Selected Papers I, II. Schilling R L, Vondraček Z, Woyczyński W A. Springer, Cham, 2015.

[19] Freedman D. Brownian Motion and Diffusion. San Francisco: Holden-Day, 1971.

[20] Freidlin M I. Functional Integration and Partial Differential Equations. Ann. Math. Studies. Princeton: Princeton University Press, NJ, 1985.

[21] Friedman A. Stochastic Differential equations and Applications. New York: Dover Publications, Inc. Mineola, 2004.

[22] Hewitt E, Stromberg K. Real and Abstract Analysis. 3rd ed. New York, Heidelberg, Berlin: Springer-Verlag, 1975.

[23] Hille E, Philips R S. Functional Analysis and Semi-Groups. Providence: American Mathematiocal society, 1957.

[24] 华罗庚. 高等数学引论, 第一册. 北京: 高等教育出版社, 2009.

[25] 黄志远. 随机分析学基础. 北京: 科学出版社, 2001.

[26] Ishii H. On the equivalence of two notions of weak solutions, viscosity solutions and distribution solutions. Funkcial. Ekvac., 1995, 38(1): 101-120.

[27] Ikeda N, Watanabe S. Stochastic Differential Equations and Diffusion Processes. 2nd ed. North-Holland: Elsevier, 1989.

[28] Itô K. Differential equations determining a Markoff process. Selected papers, 42-75. Translated from the original Japanese. First published in Jour. Pan-Japan Math. Coll., No. 1077, 1942.

[29] Itô K. Selected Papers. Stroock D W, Varadhan S R S. New York: Springer, 1987.

[30] Itô K. Stochastic Processes. O. E. Barndorff-Nielsen, Keniti Satoed. Stochastics, 2019, 91(8): 1186-1189.

[31] Itô K, Mckean H P, Jr. Diffusion Processes and Their Sample Paths. New York: Springer, 1974.

[32] Itô K, Nisio M. On the convergence of sums of Banach space valued random variables. Osaka J. Math., 1968, 5: 35-48.

[33] Juutinen P. On the definition of viscosity solutions for parabolic equations. Proc. AMS, 2001, 129(10): 2907-2911.

[34] Kallenberg O. On the existence of universal functional solution to classical SDEs. Ann. Probab., 1996, 24: 196-205.

[35] Kaneko H, Nakao S. A note on approximation for stochastic differential equations. Séminaire de Probabilités XXII (Lecture Notes in Mathematics. 1321: 155-162) Berlin, Heidelberg: Springer, 1988.

[36] Khasminskii R. Stochastic Stability of Differential Equations. 2nd. ed. Berlin, Heidelberg: Springer-Verlag, 2012.

[37] Koike S. A Beginner's Guide to The Theory of Viscosity Solutions. MSJ Memoirs, 13. Tokyo: Mathematical Society of Japan, 2004.

[38] Krylov N V. Introduction to the Theory of Diffusion Processes. Translation of Mathematical Monographs, vol.42. American Mathematical Society, 1995.

[39] Krylov N V. A few comments on a result of A. Novikov and Girsanov's theorem. https://arxiv.org/abs/1903.00759v1.

[40] Kunita H. On backward stochastic differential equations. Stochastics, 1982, 6: 293-313.

[41] Kunita H. Stochastic differential equations and stochastic flows of diffeomorphisms. Lecture Notes in Math. Berlin: Springer, 1984, 1097: 143-303.

[42] Langevin P. Sur la théorie du movement Brownien. C. R. Acad. Sci. Paris, 1908, 146: 530-533.

[43] Le Gall J F. Applications du temps local Aux equations differentielles stochastiques uni-dimensionelles. Séminaire de Probabilités XVII, Lecture Notes in Mathematics. Berlin: Springer, 1983: 15-31.

[44] 林正炎, 白志东. 概率不等式. 北京: 科学出版社, 2008.

[45] Lions P L. Optimal control of diffusion processes and Hamilton-JacoNBellman equations. Part 1: The dynamic programming principle and applications and Part 2: Viscosity solutions and uniqueness. Comm. P. D. E., 1983 (8): 1101-1174, 1229-1276.

[46] 刘寄星. 两位中国女物理学家对非平衡统计物理学的重要贡献. 物理, 2004, 33(3): 157-164.

[47] Malliavin P. Stochastic calculus of variation and hypoelliptic operators, Proc. Intern. Symp. SDE Kyoto 1976 . Itô K. ed. Tokyo: Kinokuniya, 1978: 195-263.

[48] Malliavin P. Géométrie Différentielle Stochastique. Montréal: Les Presses de lÚniversité de Montréal, 1978.

[49] Malliavin P. Integration and Probability. With the collaboration of Héléne Airault, Leslie Kay and Gérard Letac. Edited and translated from the French by Kay. With a foreword by Mark Pinsky. Graduate Texts in Mathematics, 157. New York: Springer-Verlag, 1995.

[50] Malliavin P. Stochastic Analysis. Grundlehren Math Wiss. 313. Berlin: Springer-Verlag, 1997.

[51] Meyer P A. Probability and Potentials. Blaisdel, Waltham: Massachusetts, 1966.

[52] Nelson E. Dynamical Theories of Brownian Motion. Princeton: Princeton University Press, 1967.

[53] Paley R C, Wiener N. Fourier transforms in the complex domain. Amer. Math. Soc. Coll. Publ., 1934, 19.

[54] Pazy A. Semigroups of Linear Operators and Applications to Partial Differential Equations. New York: Springer-Verlag, 1983.

[55] Peng S. Nonlinear Expectation and Stochastic Calculus under Uncertainty. Berlin: Springer-Verlag, 2019.

[56] Perkins E. Local Time and Pathwise Uniqueness for Stochastic Differential Equations. Séminaire de Probabilités XVI. Lecture Notes in Mathematics 920. Berlin: Springer, 1982: 201-208.

[57] Pleis J, Röler A. A note on some martingale inequalities. https://arxiv.org/abs/2006.16048.

[58] 齐民友. 重温微积分. 北京: 高等教育出版社, 2004.

[59] Ren J. Analyse quasi-sûre des equations differentielles stochastiques. Bull. Sciences Math., 1990, 114: 187-214.

[60] 任佳刚, 巫静. 测度与概率教程. 北京: 科学出版社, 2018.

[61] Ren J, Wu J, Zheng M. On the equivalence of viscosity and distribution solutions of second-order PDEs with Neumann boundary conditions. Stochastic Processes. Appl., 2020, 130 (2): 656-676.

[62] Revuz D, Yor R. Continuous Martingales and Brownian Motion. 3rd ed. New York: Springer, 2004.

[63] Rio E. Moment inequalities for sums of dependent random variables under projective conditions. J. Theoret. Probab., 2009, 22: 146-163.

[64] Rogers L C G, William S D. Diffusions, Markov processes and martingales, vol. 1. 2nd ed. New York: Wiley and Sons, 1994.

[65] Rogers L C G, William S D. Diffusions, Markov processes and martingales, vol. 2. New York: Wiley and Sons, 1987.

[66] Shiryaev A N. Probabilty. 2nd ed. New York: Springer, 1989.

[67] Shigekawa I. Stochastic Analysis. Translations of Mathematical Monograps, v.224. American Math. Soc. Providence, Rhode Island, 1998.

[68] Stroock D W, Varadhan S R S. Multidimensional Diffusion Processes. Berlin: Springer, 1979.

[69] Sommerfeld A. 热力学与统计 I. 胡海云, 李军刚译. 北京: 科学出版社, 2018.

[70] Stroock D W. Probability Theory: An Analytic View. Cambridge: Cambridge University Press, 1993.

[71] Stroock D W, Varadhan S R S. On degenerate elliptic parabolic operators of second order and their associated diffusions. Comm. Pure Appl. Math., 1972, 25: 651-713.

[72] Sussman H J. On the gap between deterministic and stochastic ordinary differential equations. Ann. Prob., 1978, 6: 19-41.

[73] Uhlenbeck G E, Ornstein L S. On the theory of the Brownian motion I. Phys. Rev., 1930, 36: 823-841.

[74] 汪嘉冈. 现代概率论基础. 2 版. 上海: 复旦大学出版社, 2005.

[75] Wang M C, Uhlenbeck G E. On the theory of the Brownian motion II. Rev. Modern Phys., 1942, 17: 323-345.

[76] 王梓坤. 随机过程论. 北京: 科学出版社, 1965.

[77] Watanabe S, Yamada T. On the uniqueness of solutions of stochastic differential equations. II. J. Math. Kyoto Univ., 1971, 11: 553-563.

[78] Wentzell A D. A Course in The Theory of Stochastic Process. Mc Graw-Hill Inc., 1981.

[79] Wiener N. Differential space. J. Math. Phys., 1923, 2: 131-174.

[80] Yamada T, Ogura Y. On the strong comparison theorems for solutions of stochastic differential equations. Z. Wahrsch. Verw. Gebiete, 1981, 56(1): 3-19.

[81] Yamada T, Watanabe S. On the uniqueness of solutions of stochastic differential equations. J. Math. Kyoto Univ., 1971, 11: 155-167.

[82] 应坚刚, 金蒙伟. 随机过程基础. 3 版. 上海: 复旦大学出版社,2021.

[83] Yosida K. Functional Analysis. 6th ed. New York: Springer-Verlag, 1980.

[84] 许以超. 线性代数与矩阵论. 2 版. 北京: 高等教育出版社, 2008.

[85] Zakai M. Some moment inequalities for stochastic integrals and for solutions of stochastic differential equations. Israel J. Math., 1967, 5: 170-176.

[86] Zvonkin A K. A tranformation of the phase space of a diffusion process that removes the drift. Math. USSR Sbornik., 1974, 22: 129-149.

索　引

《现代数学基础丛书》已出版书目

（按出版时间排序）